“十二五”职业教育国家规划教材

经全国职业教育教材审定委员会审定

普通高等教育“十一五”国家级规划教材

机械制造基础与实训

第 3 版

主　编　赵玉奇

副主编　李凤银

参　编　常新中　张九强

主　审　张恩祥

U0173884

机械工业出版社

本书是"十二五"职业教育国家规划教材，经全国职业教育教材审定委员会审定。本书内容除绪论外，包括机械工程材料、铸造、金属压力加工、焊接、金属切削加工、钳工共计6部分内容。本书注重理论与实践相结合，根据培养目标的需要，共计安排38个有针对性的实训项目。根据知识学习、技能技巧形成的认知规律，实训项目从设备器械的识别、选择、调节、使用入手，到工艺参数的选择、技能的学习训练，使技能的形成由简单到复杂、由具体到综合，逐步深化，从而实现全面素质与综合职业能力的培养。实训项目附有相应的考核标准，以便实训教学与考核。

本书可作为高等职业院校机械类及工程技术类专业的教材，也可作为相关专业工程技术人员的参考用书。

本书配有电子课件，凡使用本书作为教材的教师可登录机械工业出版社教育服务网 www.cmpedu.com 注册后下载。咨询邮箱：cmpgaozhi@sina.com。咨询电话：010 - 88379375。

图书在版编目（CIP）数据

机械制造基础与实训/赵玉奇主编. —3 版. —北京：机械工业出版社，2017. 12（2023.6 重印）

"十二五"职业教育国家规划教材　经全国职业教育教材审定委员会审定　普通高等教育"十一五"国家级规划教材

ISBN 978-7-111-58592-3

I. ①机… Ⅱ. ①赵… Ⅲ. ①机械制造—高等学校—教材 Ⅳ. ①TH

中国版本图书馆 CIP 数据核字（2017）第 295150 号

机械工业出版社（北京市百万庄大街 22 号　邮政编码 100037）
策划编辑：刘良超　　　　责任编辑：刘良超
责任校对：佟瑞鑫　刘　岚　封面设计：鞠　杨
责任印制：邓　博
北京盛通商印快线网络科技有限公司印刷
2023 年 6 月第 3 版第 7 次印刷
184mm × 260mm · 21. 25 印张 · 516 千字
标准书号：ISBN 978-7-111-58592-3
定价：59. 80 元

电话服务　　　　　　　　　网络服务
客服电话：010-88361066　　机 工 官 网：www.cmpbook.com
　　　　　010-88379833　　机 工 官 博：weibo.com/cmp1952
　　　　　010-68326294　　金 书 网：www.golden-book.com
封底无防伪标均为盗版　　　机工教育服务网：www.cmpedu.com

前　言

本书是"十二五"职业教育国家规划教材，经全国职业教育教材审定委员会审定。本书是以《机械制造基础与实训（第2版）》为基础，并结合近年来高等职业院校教学改革的经验和"机械制造基础与实训"课程教学的实际情况进行修订的。

《机械制造基础与实训（第2版）》有效地实现了"理论联系实际、形成技能技巧、发展应用能力、直观易教乐学"的功能，是理论教学与实训教学相结合的理实一体化教材，并荣获2009年全国普通高等教育精品教材（教高司函【2009】203号）。

本书结合课程教学要求，积极实施"工学交替、任务驱动、项目导向、顶岗实习"等有利于增强学生职业能力的课程教学模式，从而培养素质高、专业技术全面、技能熟练的大国工匠和高技能人才。本书具体特色如下：

1）突出理论与实践一体化。为了加强理论与实践联系，本书采用了理论与实践一体化的编写模式，实训项目紧随学习任务之后，理论知识又穿插于实训项目之中。本书对理论知识的学习和实训项目内容进行了合理的配置与构建，可边学边做，方便实施理实一体化教学，可满足"教、学、做"合一要求。全书共计安排了38个实训项目，各实训项目以职业技能技巧的形成为核心，难度适当，便于组织落实，并制订了科学的技术操作规程和具体操作步骤；为了增强实训的目的性和考核的透明度，每个实训项目都附有相应的考核标准，考核标准既重视对实训结果的检验，又重视对实训过程的考核，可操作性强，突出了对学生职业能力的培养。

2）体现科学性和职业性结合。本书贯彻以机械加工制造过程为导向，体现校企合作、工学结合的职业教育理念，体现"以就业为导向，突出职业能力培养"精神，内容反映职业岗位能力要求，采用了以职业能力为目标，以实训项目设计为载体，以工作过程为指导思想的编写思路，让学生在完成具体实训项目的过程中学会完成相应工作任务，并构建相关理论知识体系。每个理论知识的学习任务均由任务目标、任务描述、知识准备、任务实施及任务拓展等环节组成。这种编写模式突出了对学生实践能力的培养，适合于在"工学交替、任务驱动、项目导向、顶岗实习"等现代职业教育课程教学模式中进行教学使用，也完全符合现代高职教育"工学结合、岗位需求、高技能"的教学要求。

3）内容体现实用性和应用性。本书内容以实用性和应用性为原则，以"必需、够用"为度，将国家职业标准融入书中，将实训过程与实际生产过程相对接。在实训项目内容的选取上充分注意与课堂教学的分工和衔接，合理调整了理论教学和实践教学内容；叙述上力求深入浅出、简明扼要、图文并茂，并全面贯彻现行国家标准。

4）校企合作的编写队伍。编写人员除职业院校骨干教师外，还邀请了实践经验丰富的企业工程技术人员参与修订时的研讨和审阅工作。

本书的编写得到了河南省职业技能鉴定指导中心张志林主任等的大力支持。北京联合大学机电学院院长张恩祥教授、郑州煤矿机械集团股份有限公司李向阳高级工程师、宇通重工有限公司许治宇高级工程师、正星科技股份有限公司杨永昶高级工程师对本书进行了审阅，并由张恩祥教授担任主审。

本书由河南应用技术职业学院赵玉奇任主编，李凤银任副主编，负责全书的修订和统稿工作。赵玉奇编写绪论、第二部分和第四部分，李凤银编写第三部分和第六部分，常新中编写第一部分，张九强编写第五部分。本书在编写过程中得到编者所在学校的大力支持；同时得到了许多同行的支持和帮助，如郜海超、张光锋、郭瑞鹏等，在此一并致谢。

由于编者水平有限，教材中难免有疏漏和错误，恳请有关专家和广大读者批评指正。

编 者

目　录

前言

绪论 ·· 1

第一部分

机械工程材料 ······························· 3

学习任务一　金属材料的性能 ·············· 4

实训项目一　金属材料强度和塑性的测定 ····· 12

实训项目二　金属材料硬度的测定 ·········· 15

实训项目三　金属材料冲击韧度的测定 ····· 19

学习任务二　钢的热处理 ··················· 20

实训项目四　钢的普通热处理 ·············· 36

实训项目五　钢的表面热处理和
　　　　　　　化学热处理 ·················· 38

学习任务三　钢铁材料 ····················· 39

学习任务四　非铁金属 ····················· 57

*非金属材料 ······························· 63

复习思考题 ································· 64

第二部分

铸造 ·· 67

学习任务　砂型铸造 ······················· 68

复习思考题 ································· 87

第三部分

金属压力加工 ······························· 89

学习任务一　锻造 ························· 91

学习任务二　板料冲压 ····················· 107

复习思考题 ································· 111

第四部分

焊接 ·· 113

学习任务　焊条电弧焊 ····················· 115

实训项目一　焊条电弧焊设备、工具的
　　　　　　　安装与调整 ·················· 134

实训项目二　电焊条的识别、使用与保管 ····· 144

实训项目三　填写焊接工艺细则卡 ·········· 147

实训项目四　焊条电弧焊的引弧和平敷焊 ··· 149

实训项目五　I 形坡口平对接双面焊 ········· 156

实训项目六　V 形坡口平对接双面焊 ········ 160

实训项目七　管 – 管 V 形坡口垂直固定焊 ··· 164

复习思考题 ································· 168

第五部分

金属切削加工 ······························· 169

学习任务一　金属切削加工基础 ·············· 170

学习任务二　金属切削机床的分类与型号 ··· 184

车削加工实训 ····························· 189

实训项目一　卧式车床的组成 ·············· 190

实训项目二　工件的装夹及其所用附件 ····· 191

实训项目三　车床的调整与空车练习 ······· 195

实训项目四　车刀的种类及车削工作 ······· 198

实训项目五　车削加工 ····················· 202

实训项目六　车削综合练习 ················· 209

刨削加工实训 ····························· 212

实训项目七　牛头刨床的组成及运动 ······· 212

实训项目八　刨刀的种类及刨削工作 ········ 214

实训项目九　牛头刨床的调整、空车
　　　　　　　练习及试切削 ··············· 217

实训项目十　刨削加工 ····················· 219

铣削加工实训 ····························· 221

实训项目十一　铣床的组成及附件 ·········· 222

实训项目十二　铣刀的种类及铣削工作 ····· 225

实训项目十三　铣床的调整、空车
　　　　　　　　练习及试切削 ············· 228

实训项目十四　铣削加工 ··················· 231

磨削加工实训 ····························· 233

实训项目十五　磨削加工 ··················· 233

实训项目十六　数控加工 ··················· 239

复习思考题 ································· 250

第六部分

钳工 ……………………………………… 251

钳工入门 …………………………………… 252

实训项目一　常用量具的使用 …………… 254

实训项目二　划线 ………………………… 261

实训项目三　錾削 ………………………… 271

实训项目四　锯削 ………………………… 276

实训项目五　锉削 ………………………… 281

实训项目六　钻孔与铰孔 ………………… 286

实训项目七　攻螺纹与套螺纹 …………… 292

实训项目八　综合训练 …………………… 297

实训项目九　机械装置的拆卸 …………… 305

实训项目十　装配 ………………………… 313

参考文献 ………………………………… 331

绪　　论

人类在改造客观世界的过程中，大量地使用了各种各样的机器与设备，如交通运输中的汽车、火车、轮船、飞机、宇航器；建筑施工中的起重设备；石油、化工、轻工行业中的管道、压力容器；机械加工中的各种机床；工业、民用制冷空调机组等。这些机械产品都经历设计、制造、使用3个阶段。其中，制造阶段是将设计蓝图变为现实产品，保证产品质量和使用性能的关键阶段，也是一个复杂的生产过程。

一、机械制造的过程

机器是由零件组成的，而零件都是由工程材料（钢铁材料、非铁金属、工程塑料等）制成的。简单的零件可以直接由型材加工制成；对于形状复杂的零件，可以通过铸造、压力加工、焊接等方法形成毛坯（也可直接制成零件），再经过切削加工制成零件。在由材料制成零件的过程中，可以安排热处理工艺，以改善材料的加工工艺性能。零件经检验装配后制成机器。机械制造的过程是"毛坯制造→零件加工→机器装配"的过程，如图0-1所示。

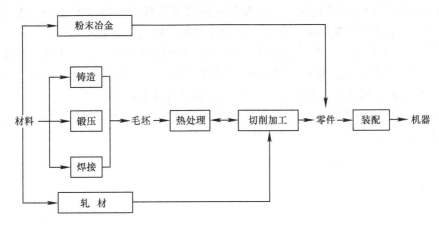

图 0-1　机械制造的过程

二、本课程的性质与任务

"机械制造基础与实训"就是研究机械工程材料和机械制造工艺过程的一般规律，指导实训教学的综合性技术课程。其主要任务是通过理论教学、实训教学使学生获得机械工程材料和机械制造的基本知识和操作技能，为后续课程的学习和从事技术工作奠定坚实的基础。

1. 理论教学目标

1）初步掌握常用金属材料的种类、牌号、性能及应用，了解非金属材料的类型、特性和用途。

2）了解金属热处理的基本原理，掌握常用热处理方法及其使用范围。

3）了解铸造、锻造、焊接、金属切削加工的基本原理，熟悉工艺特点、工艺设计的基本知识和应用范围。

4）熟悉零件结构工艺性的基本知识，具有分析零件结构工艺性的初步能力。

5）了解选择材料、毛坯和加工方法的原则，具有选择材料、毛坯、加工方法和制订加工工艺路线的能力。

2. 实训教学目标

1）具有对常用金属材料鉴别、性能测定的能力，了解碳钢热处理的过程。

2）了解铸造、锻压、焊接、切削加工的生产过程及其工艺特点。

3）了解焊条电弧焊所用设备、工具的结构、性能、用途，掌握其使用方法；掌握焊条电弧焊的基本操作技术。

4）了解车、刨、铣、磨所用设备、工具、附件的结构、性能、用途及其使用方法；掌握车削加工、刨削加工的基本技术。

5）掌握钳工设备、工具的结构、性能、用途及其使用方法；熟练掌握锯、锉、钻孔、攻螺纹、机器装拆的基本技能。

6）掌握各相关工种的安全技术操作规程，做到安全生产、安全实训。

7）培养理论联系实际、严肃认真、耐心细致的科学作风和工程素养。

三、本课程的特点与学习方法

本课程为理论教学与实训教学一体化的课程，实践性很强。在教学过程中，要注意理论联系实际，要加强实践技能的培养与训练。

1）正确处理理论与实训的关系，自觉用机械制造的理论指导生产实践，用实训检验机械制造理论，丰富工程实践经验，为进一步学习理论、提高技能奠定基础。

2）积极参加生产实践，并按照相关工种《中华人民共和国工人技术等级标准》《职业技能鉴定规范》严格要求，做到仔细观察，积极思考，勇于实践，勤学苦练，练好基本功和基本技能，争做作风扎实、技术过硬、技艺精湛的高技术人才。

3）在实训过程中，要贯彻"安全第一、预防为主"的指导思想，按照安全技术操作规程科学、文明生产。

第一部分

机械工程材料

工程材料是现代工业、农业、国防和科学技术赖以存在和发展的物质基础。工程材料分金属材料和非金属材料两大类。常用的金属材料有钢铁材料、非铁金属材料及其合金、粉末冶金。常用的非金属材料有高分子材料、陶瓷材料和复合材料等。目前，金属材料仍然是机械工程中应用的主要材料，这是因为它具有加工过程和使用过程中所需要的各种性能。为了合理地选用材料，必须研究材料的结构、组织与性能之间的关系，以充分发挥材料的潜力，改善和提高材料的性能。

学习任务一　金属材料的性能

任务目标

1）掌握金属材料常用力学性能指标的含义及其测定方法。

2）能利用实验数据计算出金属材料的力学性能指标，并会正确查阅常用金属材料的力学性能指标。

任务描述

在了解国家标准关于强度、硬度及韧性测定等试验规定的基础上，能根据试验数据正确计算出强度、塑性、硬度及冲击韧度等力学性能指标，并能根据手册查取常用力学性能指标。

知识准备

金属材料的性能主要包括使用性能和工艺性能。使用性能是指金属材料在使用过程中表现出来的性能，它包括力学性能、物理性能和化学性能等；工艺性能是指金属材料对各种加工工艺适应的能力，它包括铸造、锻造、焊接、切削加工和热处理工艺性能等。为了能够正确地选择和使用金属材料，学生应当了解和掌握金属材料的各种性能。

一、金属材料的力学性能

金属材料的力学性能是指金属材料在外力作用下所表现出来的性能。力学性能是金属材料的主要性能，是机械设计、制造过程中选择材料的主要依据。其主要性能指标有强度、塑性、冲击韧度、疲劳强度等。

金属材料在加工和使用过程中所受到的外力称为载荷。根据载荷作用性质的不同，它又可分为静载荷、冲击载荷及疲劳载荷3种。

（一）强度

强度是指金属材料在载荷作用下抵抗永久变形（塑性变形）和断裂的能力。根据载荷的作用形式不同，强度又分为抗拉强度、抗压强度、抗弯强度、抗扭强度和抗剪强度5种。工程上常以屈服强度和抗拉强度作为强度指标。

强度指标一般是通过金属的拉伸试验来测定的。按照标准规定，把拉伸试样装夹在试验机上，在对试样逐渐施加拉伸载荷的同时连续测量力和相应的伸长量，直到试样拉断为止，根据测得数据绘出力-伸长曲线，求出相关的力学性能指标。

1. 低碳钢的力-伸长曲线

退火低碳钢的力-伸长曲线如图1-1所示。图中纵坐标表示力 F，单位为 N；横坐标表示试样伸长量 Δl，单位为 mm。由图可见，低碳钢试样在拉伸过程中，有以下几个变形阶段：

（1）*OE*——弹性变形阶段 这时由于载荷 *F* 不超过 F_e，伸长量与拉力成正比，试样只产生弹性变形，当外力去除后，试样能恢复到原来的长度。F_e 为能恢复原状的最大拉力。

（2）*ES*——屈服阶段 当载荷超过 F_e 时，试样除产生弹性变形外，还产生部分塑性变形，此时若卸载，试样不能恢复原来的长度。当外力达到 F_s 时，力-伸长曲线上会出现一段水平或锯齿形线段，表示当 F_s 不变或略有变化的情况下，试样继续发生明显的塑性变形。这种现象称为屈服，F_s 称为屈服载荷。

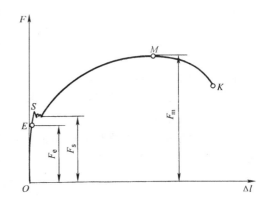

图 1-1 低碳钢的力-伸长曲线

（3）*SM*——强化阶段 当载荷超过 F_s 后，试样的伸长量与载荷又成曲线关系上升。由图可看出，在载荷增加不大的情况下，而变形量却很大，表明当载荷超过 F_s 值后，试样开始产生大量的塑性变形。图中 F_m 为拉伸试验时的最大载荷。

（4）*MK*——缩颈阶段 当载荷达到 F_m 时，试样的局部截面积缩小，这种现象称为"缩颈"。由于试样局部截面积的逐渐减小，故载荷也逐渐降低，当达到曲线上的 *K* 点时，试样被拉断。

2. 强度指标

工程上常用的强度指标为屈服强度和抗拉强度。

（1）屈服强度 当金属材料呈现屈服现象时，在试验期间达到塑性变形发生而力不增加的应力点，称为屈服强度，它分为上屈服强度和下屈服强度。上屈服强度是试样发生屈服而力首次下降前的最大应力，用 R_{eH} 表示；下屈服强度是在屈服期间，不计初始瞬时效应时的最小应力，用 R_{eL} 表示。图 1-1 中载荷 F_s 对应应力为下屈服强度。其计算公式为

$$R_{eL} = \frac{F_s}{S_o}$$

式中，R_{eL} 是下屈服强度（MPa）；F_s 是试样产生屈服时的最小载荷（N）；S_o 是试样原始横截面积（mm²）。

（2）抗拉强度 材料在拉断前所承受的最大拉应力称为抗拉强度，用符号 R_m 表示。其计算公式为

$$R_m = \frac{F_m}{S_o}$$

式中，R_m 是抗拉强度（MPa）；F_m 是试样断裂前所承受的最大载荷（N）；S_o 是试样原始横截面积（mm²）。

R_m 越大，说明材料抵抗破坏的能力越强。因此，R_m 也是一个重要的强度指标。

（二）塑性

塑性是指材料在载荷作用下，产生永久变形而不断裂的能力。常用的塑性指标是拉断后的断后伸长率和断面收缩率。

1. 断后伸长率

断后伸长率是指试样拉断后标距的伸长量与原始标距的百分比，用符号 *A* 表示。其计算

公式为

$$A = \frac{L_u - L_o}{L_o} \times 100\%$$

式中，L_u 是试样拉断后的标距（mm）；L_o 是试样的原始标距（mm）。

标距 $L_o = 10d_o$（d_o 为试样直径）时，伸长率用 A_{10} 表示；$L_o = 5d_o$ 时，伸长率用 A_5 表示。

2. 断面收缩率

断面收缩率是指试样拉断后缩颈处横截面积的最大缩减量与原始横截面积的百分比，用符号 Z 表示。其计算公式为

$$Z = \frac{S_o - S_u}{S_o} \times 100\%$$

式中，S_o 是试样的原始横截面积（mm^2）；S_u 是试样拉断处的最小横截面积（mm^2）。

（三）硬度

硬度是指材料抵抗局部变形，特别是塑性变形、压痕或划痕的能力。硬度是衡量金属软硬的重要性能指标。硬度越高，材料的耐磨性能越好。

硬度的测量方法有压入硬度试验法，划痕硬度试验法，回跳硬度试验法，超声波试验法等。其中，压入硬度试验法应用最为普遍。在压入法中根据载荷、压头和表示方法的不同，常将硬度分为布氏硬度（HBW）、洛氏硬度（HRA、HRB、HRC）和维氏硬度（HV）三种。

1. 布氏硬度

布氏硬度试验（GB/T 231.1—2009）的原理图如图1-2所示。它是用试验力 F 将直径为 D 的硬质合金球压入试样表面，保持规定的时间后，卸除试验力 F，在试样表面留下球形压痕，用读数显微镜测量其球面压痕直径 d，根据压痕直径 d 计算出压痕表面积 S，用 F/S 值来表示试样的布氏硬度。硬度值以符号 HBW 表示为

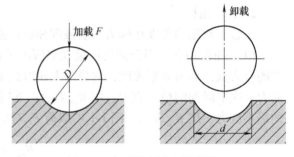

图1-2 布氏硬度试验原理图

$$HBW = 0.102 \times \frac{2F}{\pi D(D - \sqrt{D^2 - d^2})}$$

式中，F 是所加的试验力（N）；D 是硬质合金球直径（mm）；d 是压痕平均直径（mm），$d = \frac{d_1 + d_2}{2}$，d_1、d_2 为两相互垂直方向测量的压痕直径。

布氏硬度的单位为 N/mm^2，通常只写出数值而不标出单位。在实际测量时，硬度值不必用上述公式计算，而是用专用的刻度放大镜量出压痕直径，然后根据压痕直径的大小，再从专门的硬度表中查出相应的布氏硬度值。

在进行硬度试验时，压头球体的直径 D、实验力 F 以及试验力保持时间 t，应根据被测金属材料的种类、硬度值的范围及金属的厚度进行选择。

常用的压头球体直径 D 有 1mm、2.5mm、5mm 和 10mm 4 种。试验力 F 可在 9.807N ~ 29.42kN 范围内，试验力-压头球直径平方的比率应根据材料和硬度值选择，见表1-1。试验力保持时间，一般钢铁材料为 10~15s；非铁金属材料为 30s 左右；布氏硬度小于 35HBW 时为 60s。

表 1-1　不同材料的试验力 - 压头球直径平方的比率

材料	布氏硬度 HBW	$0.102 \times F/D^2$ / （N/mm²）	材料	布氏硬度 HBW	$0.102 \times F/D^2$ / （N/mm²）
钢及铸铁	<140 ≥140	10 30	轻金属及其合金	<35 35～80 >80	2.5 5，10，15 10，15
铜及其合金	<35 35～200 >200	5 10 30	铅、锡	—	1

注：1. 当试验条件允许时，应尽量选用直径为 10mm 的球。

2. 对于铸铁试验，压头的名义直径应为 2.5mm、5mm 或 10mm。

布氏硬度试验的优点为：试验时使用的压头直径较大，在试样表面上留下的压痕也较大，因而测量的精度较高，能较真实地反映出金属材料的平均性能，试验结果较准确。

布氏硬度试验的缺点为：对金属表面的损伤较大，不易测试太薄工件和成品件的硬度。另外，操作的时间较长，对不同的材料需要更换压头和实验力，压痕测量也较费时。在进行高硬度材料试验时，由于球体本身的变形会使测量结果不准确。因此，不能用于测定高于650HBW 的材料，否则压头会发生变形或损坏。

2. 洛氏硬度

洛氏硬度是以顶角为 120° 的金刚石圆锥体或直径为 $\phi1.588$mm 的淬火钢球作压头，以规定的载荷使其压入试样表面，以测量被测金属材料的硬度值。试验时先加初载荷，然后再加主载荷。压入表面之后卸除主载荷，在保持初载荷的情况下，测出试样由主载荷引起的残余压入深度 h，再由 h 值来确定被测量金属材料的洛氏硬度值。洛氏硬度用 HR 表示。

洛氏硬度试验原理图如图 1-3 所示。图中 0-0 位置为压头和试样未接触的位置，1-1 位置为加上 100N 初载荷后压头所处的位置，此时压入的深度为 ab，目的是为了消除由于试样表面不光洁对试验结果的精确性造成不良影响。2-2 位置为再加上主载荷之后压头所处的位置，此时压入的深度为 ac，ac 包括由加载所引起的弹性变形和塑性变形。当卸除主载荷后，由于弹性变形恢复而稍提高到 3-3 位置，此时压头的实际压入深度为 ad。洛氏硬度就以主载荷所引起的残余压

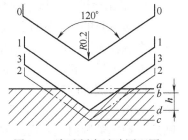

图 1-3　洛氏硬度试验原理图

入深度 h（h = ad - ab = db）来表示。但是这样直接以压入深度的大小表示硬度，将会出现硬的金属硬度值小而软的金属硬度值大的现象。为了与习惯上数值越大硬度值越高的概念一致，采用一常数 N 减去主载荷所引起的残余压入深度 h 的差值来表示硬度值。为简便，规定每 0.002mm 压入深度作为一个硬度单位。洛氏硬度的计算公式如下：

$$HR = N - \frac{h}{0.002}$$

式中，HR 是洛氏硬度值；N 是常数，采用金刚石圆锥压头进行试验时 N = 100（用于 HRA、HRC）；采用钢球压头进行试验时 N = 130（用于 HRB）；h 是受主载荷作用引起的残余压入深度（mm）；ad 是卸除主载荷后试样压入深度（mm）；ab 是初载荷作用后试样压入深度（mm）。

为了能用同一硬度计测定由软到硬各种金属材料的硬度，扩大洛氏硬度试验机的使用范

围，根据被测材料的不同，可采用不同的压头和试验力，组成不同的洛氏硬度标准，洛氏硬度常用的三种硬度试验规范见表1-2。

表1-2 常用的三种洛氏硬度试验规范

标尺	压头类型	试验力/N	硬度值有效范围	应用举例
HRA	120°金刚石圆锥体	588.4	60～85HRA	测量硬质合金、表面淬火层或渗碳层
HRB	ϕ1.588mm (1/16in) 淬火钢球	980.7	25～100HRB	测量有色金属、退火及正火钢
HRC	120°金刚石圆锥体	1471	20～67HRC	测量淬火钢、调质钢

以上洛氏硬度中，以 HRC 应用最多，一般经淬火处理的钢或调质钢都采用 HRC 测量。

洛氏硬度试验的优点是：操作简单，效率高，直接从指示器上读出硬度值；压痕小，故可直接测量成品或较薄工件的硬度；对于 HRA 和 HRC 采用金刚石压头，可测量高硬度薄层和深层的材料。

洛氏硬度试验的缺点是：由于压痕较小，测得的数值不够准确，通常要在试样不同部位测定四次以上，取平均值作为该材料的硬度值。

(四) 冲击韧性

许多机器的零件在实际工作中往往要受到冲击载荷作用，其瞬时冲击引起的应力和变形都要比静载荷大得多，此时其材料的性能指标不能单纯用静载荷作用下的指标来衡量，而必须考虑材料抵抗冲击载荷的能力。

冲击韧性是指材料抵抗冲击载荷作用而不破坏的能力。许多机械零件在工作中往往会受到冲击载荷的作用，如活塞销、锻锤杆、冲模、锻模等。制造这类零件必须考虑所用材料的冲击韧性。

1. 夏比摆锤冲击试验的基本原理

金属材料的冲击韧性目前是通过冲击试验来测定的。夏比摆锤冲击试验是应用普遍的一种冲击试验方法。图1-4所示为冲击试验原理的示意图，它是将待测的金属材料按国家标准加工成一定形状和尺寸的标准试样，然后将试样放在冲击试验机的支座上。放置时，试样的缺口应背向摆锤的冲击方向，如图1-4a所示。再将具有一定重力 G 的摆锤举至一定的高度 H_1，如图1-4b所示，使其获得一定的势能 GH_1，然后摆锤自由落下，将试样冲断。试样冲断后，摆锤继续向左升高到 H_2 的高度，摆锤的剩余势能为 GH_2。根据能量守恒原理：试样被冲断过程中吸收的能量等于摆锤冲击试样前后的势能差。试样冲断所吸收的能量即是摆锤冲击试样所做的功，称为冲击吸收能量，用符号 K 表示，单位为 J。其计算公式如下：

$$K = GH_1 - GH_2 = G(H_1 - H_2)$$

式中，K 是冲击吸收能量 (J)；G 是摆锤的重力 (N)；H_1 是摆锤举起的高度 (m)；H_2 是试样冲断后摆锤回升的高度 (m)。

在摆锤一次冲击试验的实际操作中，冲击吸收能量 K 的值可在冲击试验机的刻度盘上直接读出。当摆锤从一定高度自由落下一次将试样击断时，试样缺口处单位横截面积上所吸收的功，称为冲击韧度，用符号 a_K 表示，即

$$a_K = \frac{K}{S_0}$$

式中，a_K 是冲击韧度 (J/cm^2)；K 是冲击吸收能量 (J)；S_0 是试样缺口处原始横截面积 (cm^2)。

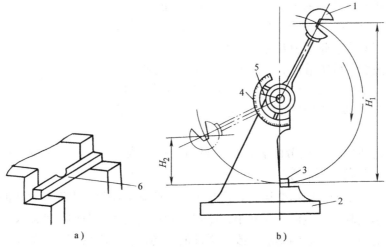

图 1-4　夏比摆锤冲击试验示意图

1—摆锤　2—机架　3—试样　4—刻度盘　5—指针　6—冲击方向

2. 冲击试样

为了使测试的结果不受试样形状、尺寸和表面质量等因素的影响，试样应按 GB/T229—2007 规定，制成标准试样。其缺口有 U 型和 V 型之分，其标准试样如图 1-5 所示。摆锤刀刃尺寸有 2mm 和 8mm 两种，因此使用不同类型的试样进行试验时，其冲击吸收能量应分别标为 KU_2、KU_8 和 KV_2、KV_8。

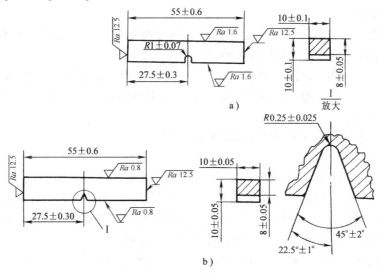

图 1-5　冲击试样

a）U 型缺口　b）V 型缺口

研究结果表明，多次冲击寿命取决于强度和塑性的综合性能指标。在大能量多次冲击时，材料的寿命主要取决于塑性；在小能量多次冲击时，材料的寿命则主要取决于强度。

（五）疲劳强度

金属材料的疲劳（又称为疲劳断裂）是指金属材料在循环应力作用下，经过一定循环次数后产生裂纹或突然发生断裂的过程。据统计，金属零件断裂的原因 80% 是由于疲劳造成的。

金属材料抵抗交变载荷作用而不发生破坏的能力称为疲劳强度,用 S 表示。疲劳强度指标用疲劳极限 σ_D 来衡量。实际试验时规定,钢铁材料在经受 10^7 次、非铁金属材料经受 10^8 次交变载荷作用时不产生断裂的最大应力称为疲劳极限。如图 1-6 所示,金属材料承受的交变应力越大,断裂时循环次数越少,即零件的寿命越短;反之,则寿命越长。

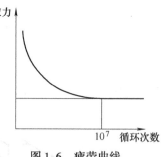

图 1-6 疲劳曲线

机械零件之所以产生疲劳断裂是由于材料表面或内部有缺陷(夹杂、尖角、划痕等),这些地方的局部应力大于屈服强度,从而产生局部塑性变形而导致开裂,这些微裂纹随应力循环次数的增加而逐渐扩展,直至最后承受载荷的截面大大减小,以致不能承受所加载荷而突然断裂。

疲劳极限受到很多因素的影响。改善零件的结构形状、降低零件表面粗糙度以及采取各种表面强化的方法,都能提高零件的疲劳强度。

二、金属材料的物理性能和化学性能

1. 金属材料的物理性能

金属材料的物理性能主要包括密度、熔点、导热性、导电性、热膨胀性和磁性等。

(1) 密度 表示单位体积金属的质量,是金属的特性之一。材料不同,其密度也各不相同。利用这一特性,可以通过测量金属的密度来鉴别金属或确定某些金属零件的致密度。

(2) 熔点 金属材料由固态向液态转变时的温度。熔点表征金属材料的耐热性能,熔点的高低由金属材料的成分决定。

(3) 导热性 金属材料传导热量的能力。热导率是衡量金属材料导热性的主要指标。热导率越大导热性就越好,其散热性也越好。

(4) 导电性 金属材料传导电流的能力。电导率是衡量金属材料导电性的主要指标。

(5) 热膨胀性 随着温度的变化金属体积发生膨胀或收缩的特性。一般金属材料是受热膨胀而冷却收缩。

(6) 磁性 金属材料在磁场中受到磁化的能力。

2. 金属材料的化学性能

金属材料的化学性能主要包括耐蚀性、抗氧化性和化学稳定性等。

(1) 耐蚀性 金属材料在高温下抵抗氧、水蒸气等化学介质腐蚀破坏作用的能力。腐蚀对金属的危害性很大,每年都有大量的金属材料因腐蚀而损耗掉。因此,提高金属的耐蚀性,对于节约材料、延长零件使用寿命具有十分重要的意义。

(2) 抗氧化性 金属材料在高温条件下抵抗氧化作用的能力。金属材料的氧化随温度升高而加速。为避免金属材料被氧化,常在金属材料周围造成一种保护气氛。

(3) 化学稳定性 化学稳定性是金属材料的耐蚀性和抗氧化性的总称。

三、金属材料的工艺性能

金属材料的工艺性能是指对金属材料进行某种加工以获得合格产品的可能性或难易程度,是金属材料力学性能、物理性能、化学性能的综合。它包括铸造性能、锻压性能、焊接性能、切削加工性能和热处理性能。工艺性能的好坏直接影响零件加工质量和生产成本,所以它是选择材料和制订零件加工工艺必须考虑的因素之一。

任务实施

1. 计算钢的力学性能指标

使用退火 Q235、正火 Q235 的圆形截面标准试样各一个，在万能材料试验机上分别进行拉伸试验，得到数据见表1-3。按照表1-3中的数据计算表1-4中的力学性能指标。

表1-3 拉伸试验数据

试样	材料	原始尺寸			断后尺寸			载荷/N	
		L_o/mm	d_o/mm	S_o/mm²	L_u/mm	d_u/mm	S_u/mm²	F_s	F_m
1	Q235 退火	50	10	78.5	67.74	5.74	25.88	19615	31156
2	Q235 正火	50	10	78.5	68.53	6.03	28.65	20729	34781

表1-4 Q235 的强度和塑性指标

试样	材料	下屈服强度/MPa	拉伸强度/MPa	断后伸长率（%）	断面收缩率（%）
		$R_{eL} = F_s/S_o$	$R_m = F_m/S_o$	$A = (L_u - L_o)/L_o \times 100\%$	$Z = (S_o - S_u)/S_o \times 100\%$
1	Q235 退火	249.87	396.89	35.48	67.03
2	Q235 正火	264.06	443.07	37.06	63.50

根据表1-4讨论，同一种材料，不同的热处理后力学性能是否相同？

2. 查取材料的力学性能

利用机械设计手册，按照表1-5查取材料的力学性能指标，并比较不同材料的力学性能差异。

表1-5 不同材料力学性能指标

材料	屈服强度/MPa	抗拉强度/MPa	断后伸长率（%）	硬度 HBW
Q235	235	365	26	110
20 钢	245	410	25	156
45 钢	355	600	16	230
HT250	—	250	—	180 ~ 225

任务拓展

常用力学性能指标新旧符号对照表见表1-6。

表1-6 常用力学性能指标新旧符号对照表

性能名称	新标准（GB/T 228—2010）符号	旧标准（GB/T 228—1987）符号
断面收缩率	Z	Ψ
断后伸长率	A	δ
屈服强度	—	σ_s
上屈服强度	R_{eH}	σ_{sU}
下屈服强度	R_{eL}	σ_{sL}
抗拉强度	R_m	σ_b
规定非比例延伸强度	R_p	σ_p

实训项目一 金属材料强度和塑性的测定

一、实训目的

1）熟悉拉伸试验机的结构原理及基本操作方法。

2）通过试验观察在拉伸过程中材料所呈现出的力学性能。

3）通过拉伸试验测定出低碳钢的强度和塑性指标：下屈服强度 R_{eL}、抗拉强度 R_m、断后伸长率 A 和断面收缩率 Z。

4）进一步加深对力-伸长曲线的了解。

二、实训准备

1. 拉伸试验设备

万能材料试验机是拉伸试验的主要设备，其构造示意图如图1-7所示。

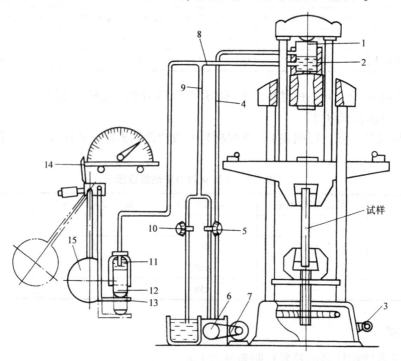

图1-7 万能材料试验机的构造示意图

1—大活塞 2—工作液压缸 3—下夹头电动机 4—渗油回油管 5—送油阀
6—液压泵 7—电动机 8—测力油管 9—送油管 10—回油阀 11—测力
液压缸 12—测力活塞 13—测力拉杆 14—推杆 15—摆锤

万能材料试验机的结构主要由主体和测力计两部分组成。

右半部是主体部分，用来完成对试样的装夹和拉伸（或压缩、弯曲及剪切）。试样通过上夹头和下夹头上的钳口座进行固定，钳口座内装有楔形块，可通过更换楔形块内不同的钳口来夹持不同截面的试样进行拉伸试验。上钳口座与下钳口座之间为拉伸区域。下夹头装在机座中心的丝杠上端，丝杠受螺母及蜗轮控制。当开启下夹头电动机3时，由于蜗杆带动蜗轮、螺母旋转，使丝杠带动下夹头做上升或下降运动，就能按试验要求把下夹头升降到需要的位置。下夹头电动机 3 由主体支柱上的"向上"和"向下"字样的按钮控制。上夹头的运动受液压泵 6 的控制，当从液压泵 6 来的油液使工作活塞上升时，通过横梁和拉杆，带动上夹头上升，这样，在拉伸区域即可完成拉伸试验。

左半部是测力计部分。当液压泵 6 起动时，在液压油的作用下测力活塞 12 向下移动，通过测力拉杆 13 及上部的铁块使主轴摆杆及摆锤 15 产生角位移，这个角位移的大小与加到测力活塞上的载荷大小成正比，它推动推杆 14，使刻度盘指针指出作用在试件上的载荷数值。

试验机上的装夹装置和绘图装置在示意图上未画出。装夹装置是用来支承和夹持试样的，而绘图装置则可以自动绘出材料的力－伸长曲线。

2. 拉伸试样

国家标准（GB/T 228—2010）中对拉伸试样的形状、尺寸、截取部位以及切取方法都有明确规定。常用的试样截面为圆形，如图 1-8 所示，图中 d_o 为试样的直径，L_o 为试样原始标距。根据标距与直径之间的关系，试样可分为长试样（$L_o = 10d_o$）和短试样（$L_o = 5d_o$）两种。

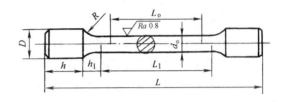

图 1-8　圆形拉伸试样示意图

三、实训步骤

1. 拉伸试验的基本过程

首先把试样装夹在拉伸试验机上，然后开动试验机对试样逐渐施加拉伸力。在加力试验过程中，一边观察试样发生的特殊形变，同时通过试验机上的测力装置测量出某些特定变形时的试验力并做好记录，直至试样被拉断为止。

2. 试验的方法及步骤

（1）测量有关数据　测量试样的有关数据并填入表格。

1）试样原始直径 d_o 的测量。用游标卡尺分别在标距的中间和两端取 3 个测量位置，每个位置在互相垂直的两个方向上各测量 1 次，取其算术平均值，最后以 3 个平均值的最小值作为 d_o。把测量的各个数据填入表 1-7 内。

表 1-7　拉伸试样尺寸记录表　　　　　　　　　　　　　　（单位：mm）

测量项目	拉伸试验前			拉伸试验后		
标　距	L_o			L_u		
	测量位置	左截面	中间截面	右截面	左截面	中间截面	右截面
直径	方位 1						
	方位 2						
	平均直径						
	d_o			d_u			

2）试样原始标距长度 L_o 的测量。用游标卡尺测量标距长度时，应沿试样圆周间隔一定角度分别测量几次，最后取其平均值作为 L_o。

（2）熟悉万能材料试验机的结构与工作原理并估计本试验的载荷使用量程　首先应认

真阅读万能材料试验机的使用说明书，在老师的指导下，结合实物，熟练掌握万能材料试验机的正确使用方法、技能及应注意的事项，并能初步估算出本试验的载荷使用量程。

（3）试验之前的检查和调整 检查测力指针是否指零；试样的装夹是否偏斜及夹入部分是否过短；自动描图机构运作是否自如。若存在不符合要求的情况应予以调整。

（4）开机试验过程 试验过程中要认真观察试样的形状变化、力－伸长曲线的变化和测力指针的走动情况，并及时记录下必要的数据。当测力指针来回摆动或几乎不动时（绘图纸上出现平台或锯齿形），材料即发生了"屈服"，记下此时屈服的试验力 F_s。当试验力继续上升到某一数值后，测力指针开始回转，此时试样产生"缩颈"现象，记录下最大试验力 F_m。此后试样将急剧伸长，直至被拉断。

（5）拉断之后试样尺寸的测量 当试样被拉断之后，应先关闭机器，然后取下拉断的试样，再将试样对合起来，先测量断裂后的标距长度 L_u，再测量缩颈处的最小直径 d_u，其测量方法同上。把测量的各数据填入表 1-7 内。

（6）分析自动记录纸上的力－伸长曲线 在力－伸长曲线（图 1-1）上标出弹性变形阶段 OE、屈服阶段 ES、强化阶段 SM、缩颈阶段 MK，并在曲线上标出屈服载荷 F_s 和最大载荷 F_m 的位置。

（7）统计结果 对试验结果进行统计，见表 1-8。

表 1-8 试验结果统计表

测量项目	d_o/mm	L_o/mm	d_u/mm	L_u/mm	F_s/N	F_m/N
测量数据						
计算项目	S_o/mm²	S_u/mm²	R_{eL}/MPa	σ_m/MPa	A	Z
计算数值						

四、实训考核

拉伸试验考核标准见表 1-9。

表 1-9 拉伸试验考核标准

序 号	检测项目	配 分	技 术 标 准	实测情况	得 分
1	游标卡尺使用	10	使用和读数正确		
2	标距测定	10	数据准确		
3	断面测定	10	数据准确		
4	试样装夹	10	装夹正确		
5	拉伸试验机操作	10	操作规范		
6	力－伸长曲线标注	10	标注正确，错一处扣 2 分		
7	R_{eL} 的计算	10	计算的数据准确		
8	R_m 的计算	10	计算的数据准确		
9	A 的计算	10	计算的数据准确		
10	Z 的计算	10	计算的数据准确		
11	安全生产与文明生产	违者每次扣 3 分	符合安全操作规程，工具及场地整齐、清洁		
	总 分	100	实训成绩		

实训项目二　金属材料硬度的测定

金属材料的硬度通常是通过硬度试验来测定的。常见的硬度测定方法有布氏硬度（主要用于原材料检验）、洛氏硬度（主要用于热处理后的产品检验）、维氏硬度（主要用于薄板材料及材料表层的硬度检验）、显微硬度（主要用于测定金属材料的显微组织及各组成相的硬度检验）。本实训主要介绍布氏硬度和洛氏硬度的试验方法。

一、布氏硬度试验

（一）实训目的

1）初步掌握布氏硬度测定的基本原理及应用范围。

2）初步掌握布氏硬度试验机的基本构造和操作方法。

1. 布氏硬度试验机

测量布氏硬度时所需要的设备为布氏硬度试验机。图 1-9 所示为 HB-3000 型布氏硬度试验机构造示意图，它主要由机体、工作台、减速器、杠杆机构、换向开关等部分组成。

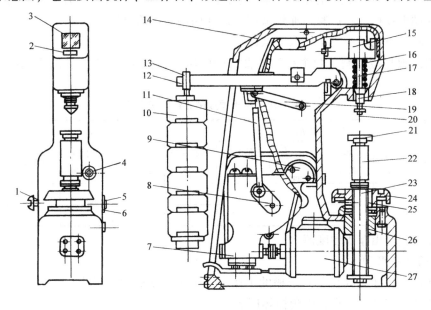

图 1-9　HB-3000 型布氏硬度试验机结构简图

1—电源开关　2—加力指示灯　3—电源指示灯　4—加力开关　5—压紧螺钉　6—圆盘
7—减速器　8—曲轴　9—换向开关　10—砝码　11—边杆　12—大杠杆　13—吊环
14—机体　15—小杠杆　16—弹簧　17—压轴　18—主轴衬套　19—摇杆
20—压头　21—可更换工作台　22—工作台立柱　23—丝杠
24—升降手轮　25—螺母　26—套筒　27—电动机

布氏试验机的主要部件及作用如下：

（1）机体与工作台　机体一般为铸铁件。在机体前台面上安装了丝杠座，其中装有丝杠，丝杠上装有立柱和工作台，可上下移动。

（2）杠杆机构　杠杆系统通过电动机可将载荷自动加在试样上。

（3）压轴部分　用以保证工作时试样与压头中心对准。

（4）减速器部分　带动曲柄连杆，在电动机转动及反转时，将载荷加到压轴上或从压轴上卸除。

（5）换向开关系统　它是控制电动机回转方向的装置，使加、卸载荷自动进行。

2. 试验材料及机具

试验材料：不同材料的试样若干（适合于测量布氏硬度）。

试验机具：HB-3000 型布氏硬度试验机、读数显微镜。

（二）实训步骤

1. 布氏硬度试验的方法及步骤

1）准备试样。试样表面必须无氧化皮或其他污物且平整光滑，保证压痕边缘清晰，以确保精确测量压痕直径。

2）根据表 1-1 选择钢球直径、试验力及保持时间，并填入表 1-10 所示的试验记录表。

3）将试样平稳放置在压头正下方的工作台上，顺时针方向转动工作台升降手轮，使压头与试样接触，直到手轮与升降螺母产生相对运动时为止。为保证试验结果准确，相邻两压痕的中心距离应不小于压痕直径的 4 倍；压痕中心距试样边缘的距离不小于压痕直径的 2.5 倍。

4）开动电动机，将试验力加到试样上，并保持一定的时间。

5）逆时针方向转动手轮，取下试样。

6）用读数显微镜测量两个相互垂直方向的压痕直径 d_1 和 d_2，求出平均值 d，并填入表 1-10。

表 1-10　布氏硬度试验结果记录表

项目 材料	试 验 规 范				实 验 结 果				换 算 值	
	钢球直径 D/mm	试验力 F/N	$0.102\dfrac{F}{D^2}$ $N\cdot mm^{-2}$	保持时间 t/s	压痕直径 d_1/mm	压痕直径 d_2/mm	平均压痕 直径 d/mm	HBW	HRC

7）用公式求出布氏硬度值。

2. 试验注意事项

1）圆柱形试样应放在有 V 形槽的工作台上操作，以防试样滚动。

2）加载时应小心操作，以免损坏压头。

3）加载时力的作用线必须垂直于试样表面。

4）卸载后，必须使压头完全脱离试样后再取下试样。

5）应根据硬度计的使用范围，按规定合理选用不同的载荷和压头，若超过使用范围将不能获得准确的硬度值。

（三）考核标准

布氏硬度试验考核标准见表 1-11。

二、洛氏硬度试验

（一）实训目的

1）初步掌握洛氏硬度测定的基本原理及应用范围。

2）初步掌握洛氏硬度试验机的基本构造和操作方法。

表 1-11　布氏硬度试验考核标准

序号	检测项目	配　分	技术标准	实测情况	得　分
1	数据的测量	15	数据测量准确		
2	钢球直径的选择	15	选择正确		
3	试验力的取值	15	取值正确		
4	保持时间选择	15	选择正确		
5	布氏硬度试验机的操作	15	操作规范		
6	HBW 值的计算	25	计算数据准确		
7	文明生产与安全生产	违者每次扣 5 分	符合安全操作规程，工具及场地整齐、清洁		
	总　　分	100	实训成绩		

（二）实训准备

1. 洛氏硬度试验机

测量洛氏硬度所需要的设备为 HR-150 型洛氏硬度试验机，其结构示意图如图 1-10 所示。

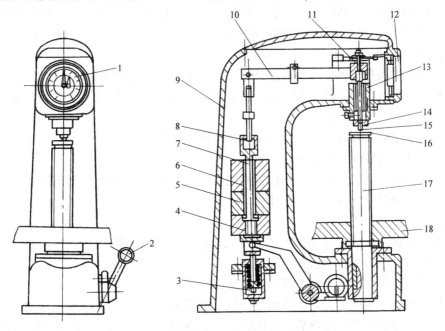

图 1-10　HR-150 型洛氏硬度试验机结构示意图

1—指示器　2—手柄　3—缓冲器　4—砝码座　5、6—砝码　7—吊杆　8—吊套
9—机体　10—加载杠杆　11—顶杆　12—调整套　13—主轴　14—压头
15—试样　16—工作台　17—升降丝杠　18—手轮

洛氏硬度试验机的主要部件及作用如下：

（1）机体及工作台　试验机的机体一般为铸铁件。在机体前面安装有不同形状的工作台，通过手轮转动可使工作台上升或下降。

（2）加载机构　由加载杠杆及挂重架等组成，通过杠杆系统将载荷传至压头而压入试样，借助扇形齿轮的传动完成加载或卸载任务。

（3）千分表指示盘 通过刻度盘的指示来读取不同的硬度值。

2. 试验材料及机具

试验材料：不同材料的试样若干（适合于测量洛氏硬度）。

试验机具：HR-150 型洛氏硬度试验机、读数显微镜。

（三）实训步骤

1. 洛氏硬度试验的方法与步骤

1）准备试样。试样表面应光洁平坦，无油脂、氧化皮、裂纹或其他污物。

2）根据试样材料、形状和大小，按表 1-2 选择压头、试验力，并填入表 1-12。

表 1-12 洛氏硬度试验结果记录表

项目 材料	试验规范		实验结果				换算值
	压头	试验力/N	第一次	第二次	第三次	平均值	HBW

3）试样平稳放置到工作台上，顺时针方向转动手轮，使试样升到与压头相接触，当表盘上小指针移动至红点处时，停止转动手轮。此时大指针应垂直向上，左右偏移不超过 5 格。试样此时即已施加了 100N 的初载荷。应当注意的是，试样上各压痕中心的距离及压痕中心至试样边缘的距离均不得小于 3mm。

4）调整读数表盘，使大指针对准"0"位（测量 HRB 时对准"30"）。

5）平稳地操纵手柄 2 向后推，加上主试验力，待大指针停住后，保留试验力 10s，再将手柄扳回，卸除主试验力。

6）读取硬度值。表盘上大指针指示的数值即为硬度读数。

7）逆时针方向转动手轮，降下工作台，取下试样。

8）用同样的方法在试样的不同位置再测量两个数据，取其算术平均值即为该试件的硬度值。若三个值相差过于悬殊，应予以重测。

2. 试验注意事项

1）圆柱形试样应放在有 V 形槽的工作台上操作，以防试样滚动。

2）加载时应小心操作，以免损坏压头。

3）加载时力的作用线必须垂直于试样表面。

4）卸载后，必须使压头完全脱离试样后再取下试样。

5）金刚石压头属于贵重物品，使用时应小心谨慎，严禁与试样或其他物件相碰撞。

6）应根据硬度计的使用范围，按规定合理选用不同的载荷和压头，若超过使用范围，将不能获得准确的硬度值。

（四）考核标准

洛氏硬度试验考核标准见表 1-13。

表 1-13 洛氏硬度试验考核标准

序号	检测项目	配 分	技术标准	实测情况	得 分
1	数据的测量	20	数据测量准确		
2	压头的选择	20	选择正确		

（续）

序号	检 测 项 目	配　　分	技 术 标 准	实测情况	得　　分
3	试验力的取值	20	取值正确		
4	洛氏硬度试验机的操作	20	操作规范		
5	HRA、HRC 值的计算	20	计算数据准确		
6	文明生产与安全生产	违者每次扣 5 分	符合安全操作规程，工具及场地整齐、清洁		
总　　分		100	实训成绩		

实训项目三　金属材料冲击韧度的测定

一、实训目的

1）掌握金属材料在常温下冲击韧度的测定方法。

2）了解冲击试验机的基本构造原理及操作方法。

二、实训准备

试验设备：摆锤式冲击试验机、游标卡尺。

试验材料：低碳钢及铸铁冲击试样若干个。

三、实训步骤

试验时的基本方法及步骤如下：

1）检查试样有无明显缺陷。用游标卡尺测量缺口处的断面尺寸，并记下测量数据，并填入表 1-14 中。

2）检查试验机的结构，看其工作是否正常。

3）将试样放在钳口支架上，试样缺口背向摆锤刃口。

4）将试验机上操纵手柄扳至预备位置，然后扬起摆锤，使摆锤处于冲击前的预备位置。同时将指针拨至刻度最大读数处。

5）将手柄从预备位置拨至冲击位置，这时摆锤就以摆轴为旋转中心而自由下落，进行冲击。当摆锤停止摆动后，在刻度盘上读取冲击吸收能量 K。

表 1-14　结果记录表

试验材料	试样缺口处断面尺寸			冲击吸收能量 K/J	冲击韧度 $a_K/(J \cdot cm^{-2})$	断口特征
	高/cm	宽/cm	断面面积/cm²			

四、考核标准

冲击韧度试验考核标准见表 1-15。

表 1-15　冲击韧度试验考核标准

序号	检 测 项 目	配分	技 术 标 准	实测情况	得分
1	游标卡尺使用	10	游标卡尺使用正确		
2	数据的测量是否准确	20	数据测量准确		

（续）

序号	检测项目	配分	技术标准	实测情况	得分
3	冲击试验机的操作	20	操作规范		
4	冲击吸收能量的读取	20	读数准确		
5	冲击韧度值的计算	30	计算值精确		
6	安全生产与文明生产	违者每次扣5分	符合安全操作规程，工具及场地整齐、清洁		
总　　分		100	实训成绩		

学习任务二　钢的热处理

任务目标

1）了解金属及合金的晶体结构及其结晶规律。

2）掌握铁碳合金的基本知识，了解 Fe－Fe₃C 状态图及其应用。

3）掌握钢的退火、正火、淬火和回火等普通热处理的加热温度、保温时间及冷却方式选择等热处理工艺知识。

4）了解钢的表面热处理和化学热处理的原理、方法、特点及应用。

任务描述

图 1-11 所示为某一连杆螺栓的零件图。请根据该连杆螺栓的工作受力状况，确定其材料及热处理工艺。

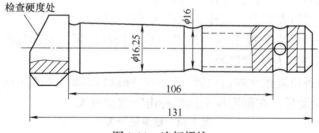

图 1-11　连杆螺栓

知识准备

一、金属的晶体构造

不同的金属材料具有不同的力学性能和某些物理与化学性能。即使是同一种金属材料，不同化学成分和不同状态下的性能也会有很大差异。差异的原因是材料内部结构的不同。

自然界中的固体物质按原子在其内部排列的特征不同可分为晶体和非晶体两大类。固态下原子按一定几何形式做有规则排列的物质称为晶体，食盐、金刚石、石墨、多数金属及合金都是晶体。晶体中原子排列情况的模型如图 1-12a 所示。而原子杂乱无序、做无规则排列的物质则称为非晶体，如普通玻璃、松香和塑料等。

（一）金属晶体的结构

1. 晶格和晶胞

（1）晶格　为了形象地表示晶体中原子的排列规律，可将原子看成是一个几何质点，用假想的线将这些点连接起来，就构成了一个具有一定几何形式的空间格子。这种表示原子在晶体中排列规律的空间格子称为晶格，如图 1-12b 所示。

（2）晶胞　人们把晶格中能代表原子排列规则的最小几何单元称为晶胞。晶胞的各棱边长为 a、b、c，称为晶格常数；各棱边所夹的角分别为 α、β、γ。当 $a=b=c$ 时，$\alpha=\beta=\gamma=90°$，这种晶胞称为简单立方晶胞，如图 1-12c 所示。

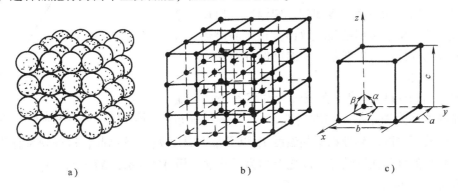

a)　　　　　　　　b)　　　　　　　　c)

图 1-12　简单立方晶体结构示意图

a）原子排列模型　b）晶格　c）晶胞

2. 金属晶格的类型

金属晶格的类型很多，但大部分金属属于下列 3 种晶格类型：

（1）体心立方晶格　它的晶胞是一个立方体，立方体的 8 个顶角和中心各有 1 个原子，晶胞示意图如图 1-13a 所示。属于该晶格类型的金属有铬（Cr）、钒（V）、钨（W）、钼（Mo）、α-铁（α-Fe）等金属。

（2）面心立方晶格　它的晶胞也是一个立方体，原子位于立方体的 8 个顶角及 6 个面的中心，如图 1-13b 所示。属于该晶格类型的金属有铝（Al）、铜（Cu）、铅（Pb）、镍（Ni）及 γ-铁（γ-Fe）等金属。

（3）密排六方晶格　它的晶胞是一个正六方柱体，原子排列在柱体的每个顶角和上、下底面的中心，另外 3 个原子排列在柱体内，如图 1-13c 所示。属于该晶格类型的金属有镁（Mg）、锌（Zn）、铍（Be）、镉（Cd）、α-钛（α-Ti）等。

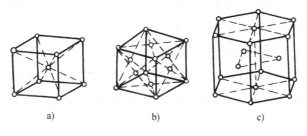

a)　　　　　　　　b)　　　　　　　　c)

图 1-13　常见金属晶格的类型

a）体心立方晶格　b）面心立方晶格　c）密排六方晶格

（二）金属的结晶

1. 金属的结晶

金属由液体状态冷却后转变为晶体状态的过程称为结晶。

2. 纯金属的冷却曲线

纯金属的结晶过程可以用热分析法来研究。当金属液缓慢冷却时，观察并记录温度随时间而变化的数据，并将数据描绘在温度-时间坐标系上，得到如图 1-14 所示的纯金属结晶的冷却曲线。从冷却曲线可以看出，纯金属液温度随时间而下降，冷却到一定温度，出现一个水平线段。这是由于金属结晶时放出大量结晶潜热，补偿了金属液向周围散失的热量，使温度保持不变。

3. 过冷现象

从图 1-14 中可以看出，在缓慢冷却状态下，纯金属的结晶温度称为理论结晶温度（T_0）。在实际结晶过

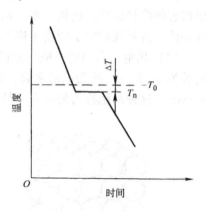

图 1-14　纯金属结晶的冷却曲线

程中，金属液都是冷却到理论结晶温度 T_0 以下某个温度 T_n 时才结晶，这种现象称为过冷现象。理论结晶温度与实际结晶温度之差称为过冷度，用 ΔT 表示，$\Delta T = T_0 - T_n$。

4. 纯金属的结晶过程

金属的结晶过程由晶核的形成和晶核的长大两个基本过程组成。纯金属的结晶过程如图 1-15所示。金属液冷却到结晶温度时，首先在金属液内部有一些原子自发地聚集在一起，并按金属晶体的规则排列起来，形成规则排列的原子集团而成为结晶核心，称为晶核。然后，晶核周围的原子不断地向晶核聚集，并按固有的规律排列，使晶核长大，形成许多小晶体。在小晶体长大的同时，新的晶核又继续产生。在整个结晶过程中，形核和成长不断地进行，直至金属液耗尽为止，晶体相互接触，结晶过程结束。金属结晶后，形成许多外形不规则、大小不等、排列方向不相同的小颗粒晶体。这些小颗粒晶体称为晶粒。晶粒与晶粒之间的界面称为晶界。固态金属就是由许多小颗粒晶体组成的多晶体，如图 1-16 所示。

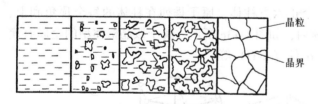

图 1-15　纯金属的结晶过程

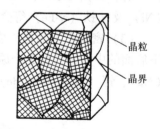

图 1-16　金属多晶体示意图

金属结晶后晶粒的大小对金属的力学性能有重大影响。晶粒越细，金属的强度和硬度越高，塑性和韧性越好。工业上为了提高金属的力学性能，常用增加过冷度、变质处理和振动的方法来细化晶粒。

（三）金属的同素异构转变

大多数金属在固态下的晶格都保持不变。但是，有些金属在固态下存在两种或两种以上的晶格类型，如铁（Fe）、钛（Ti）、铬（Cr）等。

金属在固态下因温度的改变，由一种晶格转变为另一种晶格的现象，称为金属的同素异构转变。由同素异构转变得到的不同晶格类型的晶体称为同素异构体。

铁是典型的具有同素异构转变特性的金属，其冷却曲线如图 1-17 所示。由图可知，当液态纯铁冷却到 1538℃ 时开始结晶并成为具有体心立方晶格的 δ-Fe；当继续冷却到 1394℃ 时发生同素异构转变，由体心立方晶格的 δ-Fe 转变成为面心立方晶格的 γ-Fe；再继续冷却到 912℃ 时再次发生同素异构转变，由面心立方晶格的 γ-Fe 转变成为具有体心立方晶格的 α-Fe。当再继续冷却时，晶格的类型不再改变。

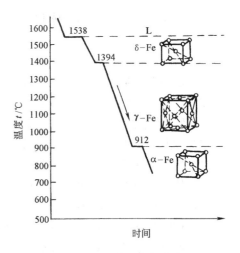

图 1-17　纯铁的冷却曲线

同素异构转变不仅存在于纯铁中，而且还存在于以铁为基体的钢铁材料中，并能通过各种热处理进一步改善其组织与性能。

金属的同素异构转变与液态金属的结晶过程有许多相似之处，有一定的转变温度，转变时有过冷现象，放出或吸收热量，转变过程也有一个晶核形成和晶核长大的过程。通过控制冷却速度，可以改变同素异构转变后的晶粒大小，改变其性能。但同素异构转变属于固态相变。

（四）合金的晶体结构

1. 合金的基本概念

（1）合金　由两种或两种以上的金属元素或金属与非金属元素，经熔炼、烧结或其他方法结合而成具有金属特性的物质。合金的力学性能优于纯金属。工程中广泛使用的金属材料多数是合金。

（2）组元　组成合金最基本的、最独立的物质称为组元，简称元。组元可看作是组成合金的元素。根据合金中组元数目的多少，合金可分为二元、三元和多元合金。

（3）合金系　由两个或两个以上组元按不同的比例配制成一系列不同成分的合金，该合金系列称为合金系。例如，碳素钢、铸铁就是由铁和碳为主组成的合金系；黄铜是由铜和锌组成的二元合金系。

（4）相　合金中具有相同成分、同一聚集状态、同一结构和性质的均匀组成部分称为相。

（5）组织　借助光学或电子显微镜所观察到的材料的相组成、相形态、大小和分布状况特征的部分称为组织。

2. 合金的组织结构

大多数合金的组元在液态下都能够相互溶解而形成单一均匀的液相。在结晶时，根据各个组元之间相互作用的不同，固态合金组织可分为固溶体、金属化合物和机械混合物 3 种类型。

（1）固溶体　固溶体是指合金的组元在固态下能相互溶解而形成的一种成分均匀的新的晶体。合金中晶格形式被保留的组元称为溶剂，溶入的组元称为溶质。按原子在溶剂晶格中所占的位置不同，固溶体又分为置换固溶体和间隙固溶体。根据组元相互间溶解能力的不同，固溶体又可分为有限固溶体和无限固溶体。

1）置换固溶体。溶剂结点上的部分原子被溶质原子所替代而形成的固溶体，称为置换固溶体。

2）间隙固溶体。溶质原子进入溶剂晶格的间隙而形成的固溶体，称为间隙固溶体。

（2）金属化合物　合金各组元间发生相互作用而形成的一种新相物质，称为金属化合物。其晶格类型和性能完全不同于任一组元。金属化合物具有熔点高、硬度高及脆性大等特点。

（3）机械混合物　两相或两相以上的相按照一定比例组成的物质，称为机械混合物。机械混合物中各相仍保持自己原有的晶格类型和性能，彼此无交互作用，其性能主要取决于各组成相的性能以及相的数量、形状、大小和分布状态等。

（五）二元合金相图的概念

合金相图是在相平衡的条件下，用来表征合金的组织与成分、温度之间关系的一种图形，又可称为合金状态图或合金平衡图。利用相图可以分析不同成分的合金在不同温度下相的组成情况，不但为合金材料的分析和研究提供了理论基础，而且还是制订铸造、锻压、焊接、热处理工艺的重要理论依据。

1. 二元合金相图的建立

二元合金相图是通过试验的方法建立起来的。目前相图的测绘方法有很多，常用的是热分析法。下面以 Cu-Ni 合金为例来说明二元合金相图的建立方法和步骤。

1）首先配制一系列不同成分的 Cu-Ni 合金，见表 1-16。

表 1-16　Cu-Ni 合金的成分和转变温度

合金成分	Cu	100	80	60	40	20	0
（%）	Ni	0	20	40	60	80	100
结晶开始温度/℃		1083	1175	1260	1340	1410	1452
结晶终止温度/℃		1083	1130	1195	1270	1360	1452

2）用分析法测出所配各种合金的冷却曲线，如图 1-18a 所示。

3）找出各冷却曲线上的相变点。

4）将找出的相变点分别标注在温度-成分坐标图中相应的成分曲线上。

5）用平滑的曲线将相同意义的相变点连接起来，所得到的曲线称为 Cu-Ni 合金相图，如图 1-18b 所示。

2. 二元合金相图的分析

（1）典型二元合金相图分析　两组元在液态与固态下均能无限互溶所构成的合金相图，称为二元匀晶相图，如 Cu-Ni、Fe-Cr、Au-Ag 等合金的相图均属于该类相图。下面以 Cu-Ni 合金为例，对二元合金结晶过程进行分析。

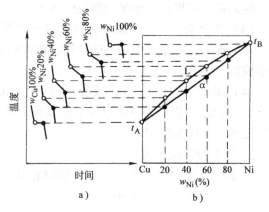

图 1-18　Cu-Ni 合金的冷却曲线及相图
a）冷却曲线　b）相图

Cu-Ni 合金相图如图 1-19a 所示。图中的 *A* 点（1083°C）是纯铜的熔点，*B* 点（1452°C）是纯镍的熔点。图中 $Aa_3a_2a_1B$ 线是合金开始结晶的温度线，称为液相线；图中 $Ab_3b_2b_1B$ 是合金结晶终止的温度线，称为固相线。液相线和固相线把整个相图分为 3 个不同相区：液相线以上是单相的液相区，以 "L" 表示；固相线以下是单相的固相区，为 Cu 与 Ni 组成的无限固溶体，以 "α" 表示；在液相线与固相线之间是液相和固相的两相共存区，以 "L + α" 表示。

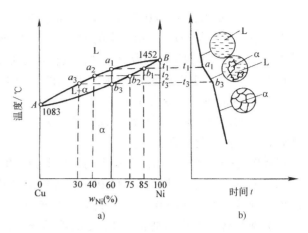

图 1-19 Cu-Ni 合金相图及结晶过程
a）Cu-Ni 合金相图 b）冷却曲线

（2）合金结晶过程分析 以 $w_{Ni} = 60\%$ 的合金为例说明 Cu-Ni 合金的结晶过程。由图 1-19a 可知，$w_{Ni} = 60\%$ 的 Cu-Ni 合金，其成分垂线与液、固相线分别交于 a_1、b_3 点。当合金以极缓慢的速度冷却至 t_1 时，开始从液相中析出 α 相。随着温度的不断降低，α 相不断增多，而剩余的液相 L 不断减少，并且液相和固相的成分通过原子扩散而分别沿着液相线和固相线变化。当结晶终止时，获得与原合金成分相同的 α 相固溶体，其结晶过程如图 1-19b 所示。

（3）枝晶偏析 合金在结晶过程中，只有在极其缓慢冷却条件下原子才具有充分扩散的能力，固相的成分才能沿固相线均匀变化。但在实际生产条件下，冷却速度较快，原子来不及充分扩散，导致先、后结晶出的固相成分存在差异。这种晶粒内部化学成分不均匀的现象称为晶内偏析，又称为枝晶偏析。

偏析的存在，对合金的力学性能和加工工艺性能有严重的影响，生产中常采用扩散退火工艺来消除它。

二、铁碳合金

铁碳合金是目前工业生产中应用广泛的金属材料，它是以铁和碳为基本组元组成的合金。为了在生产中合理选择铁碳合金，就必须研究铁碳合金的成分、组织和性能之间的关系。

（一）铁碳合金的基本组织

在固态铁碳合金中，由于铁和碳的交互作用可形成的基本组织有铁素体、奥氏体、渗碳体、珠光体和莱氏体等。其中，铁素体、奥氏体和渗碳体是组成铁碳合金的基本相。珠光体和莱氏体则是由固溶体（奥氏体、铁素体）和金属化合物（Fe_3C）组成的两种机械混合物组织。

（1）铁素体 碳溶解在 α-Fe 中形成的间隙固溶体称为铁素体，用符号 F 表示。铁素体保持 α-Fe 的体心立方晶格结构。由于其晶格间隙较小，因而碳在 α-Fe 中的溶解度较小，在 727°C 时溶解度最大，w_C 为 0.0218%。随着温度的降低，溶解度逐渐减少，在室温时碳在 α-Fe 中的溶解度几乎等于零。

由于碳在铁素体中的溶解度较小，其力学性能与纯铁相似，即强度、硬度较低，而塑性和冲击韧度较好。

（2）奥氏体 碳溶解在 γ-Fe 中所形成的间隙固溶体称为奥氏体，用符号 A 表示。奥氏体保持 γ-Fe 的面心立方晶格结构。由于其晶格间隙较大，因而碳在 γ-Fe 中的溶解度较大，在

727°C 时溶解度最大，w_C 为 0.77%，在 1148°C 时 w_C 可达到 2.11%。稳定的奥氏体在碳素钢内存在的最低温度为 727°C。由于碳的大量溶入，使奥氏体具有一定的强度和硬度。奥氏体的塑性很好，是绝大多数钢在高温进行锻造或轧制时所要求的组织。另外，奥氏体没有磁性。

（3）渗碳体 渗碳体是铁和碳所形成的具有复杂晶格结构的金属化合物，用分子式 Fe_3C 表示，碳的质量分数为 6.69%。

渗碳体的硬度很高，而塑性与韧性几乎为零，脆性极大。渗碳体不能单独使用，主要作为铁碳合金中的强化相而存在。

渗碳体是一种亚稳定相，在一定的条件下会发生分解，形成石墨状的自由碳。

（4）珠光体 珠光体是铁素体和渗碳体组成的机械混合物，用符号 P 表示。珠光体中碳的质量分数平均值 $w_C = 0.77\%$，其力学性能介于铁素体与渗碳体之间，综合性能良好。

（5）莱氏体 莱氏体是 $w_C = 4.3\%$ 的铁碳合金，缓慢冷却到 1148°C 时从液相中同时结晶出由奥氏体和渗碳体组成的机械混合物，这种混合物称为高温莱氏体，用符号 Ld 表示。冷却到 727°C 时，奥氏体将转变为珠光体，所以室温下莱氏体由珠光体和渗碳体组成，称为低温莱氏体，用符号 Ld′表示。

莱氏体内由于有大量渗碳体存在，其性能与渗碳体相似，硬度较高、塑性较差。

（二）$Fe-Fe_3C$ 状态图

铁碳合金状态图又称为铁碳合金相图，它是表示在缓慢冷却（或缓慢加热）条件下，不同成分的铁碳合金在不同温度下所具有的组织状态的一种图形。

1. 铁碳合金相图的组成

实践证明，$w_C > 6.69\%$ 的铁碳合金脆性极大，没有实用价值，所以在铁碳合金相图中，仅研究 $w_C \leqslant 6.69\%$ 的 $Fe-Fe_3C$ 部分。一般所说的铁碳合金相图，均指的是 $Fe-Fe_3C$ 相图，如图 1-20 所示。图中纵坐标为温度，横坐标为碳的质量分数。

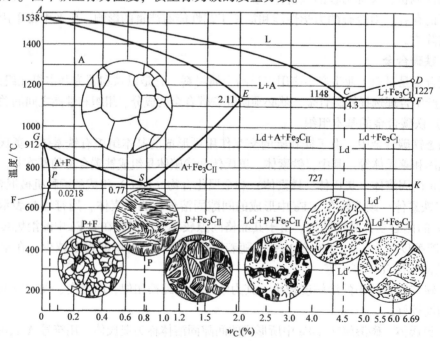

图 1-20 $Fe-Fe_3C$ 相图

2. Fe-Fe₃C 相图的分析

1）Fe-Fe₃C 相图中各特性点的温度、碳的质量分数及其含义见表1-17。

表1-17　Fe-Fe₃C 相图中的特性点

符号	温度/℃	碳的质量分数（%）	说　明
A	1538	0	纯铁的熔点或结晶温度
C	1148	4.3	共晶点，$L_C \rightleftharpoons A + Fe_3C$
D	1227	6.69	渗碳体的熔点
E	1148	2.11	碳在 γ-Fe 中的最大溶解度
G	912	0	纯铁的同素异构转变点 α-Fe $\rightleftharpoons$ γ-Fe
P	727	0.0218	碳在 α-Fe 中的最大溶解度
S	727	0.77	共析点 $A_S \rightleftharpoons Fe + Fe_3C$

2）Fe-Fe₃C 相图中特性线及其含义见表1-18。

表1-18　Fe-Fe₃C 相图中的特性线

特性线	含　义
ACD	液相线
AECF	固相线
GS	冷却时，从奥氏体中结晶出铁素体的开始线
ES	碳在奥氏体中的溶解度曲线
ECF	共晶线
PSK	共析线，又称 A_1 线

（三）典型铁碳合金的组织转变

1. 铁碳合金分类

铁碳合金相图上的铁碳合金，依据碳的质量分数和室温组织的不同，可分为以下几类。

（1）工业纯铁　$w_C < 0.0218\%$ 的铁碳合金，其室温组织为铁素体。

（2）钢　$0.0218\% \leqslant w_C \leqslant 2.11\%$ 的铁碳合金，其高温固态组织为奥氏体。根据其碳的质量分数及室温组织的不同，又可分为：

亚共析钢　$0.0218\% \leqslant w_C < 0.77\%$，其组织为 F + P。

共析钢　$w_C = 0.77\%$，其组织为 P。

过共析钢　$0.77\% < w_C \leqslant 2.11\%$，其组织为 P + Fe₃C_II。

（3）白口铸铁　$2.11\% < w_C < 6.69\%$ 的铁碳合金，其特点是高温时发生共晶反应生成莱氏体。依据其碳的质量分数及室温组织的不同，又可分为：

亚共晶白口铸铁　$2.11\% < w_C < 4.3\%$，其组织为 P + Fe₃C_II + Ld′。

共晶白口铸铁　$w_C = 4.3\%$，其组织为 Ld′。

过共晶白口铸铁　$4.3\% < w_C < 6.69\%$，其组织为 Fe₃C + Ld′。

2. 铁碳合金的结晶过程及组织转变

为了进一步了解 Fe-Fe$_3$C 相图，下面分析几种典型铁碳合金结晶过程中的组织转变规律。

（1）共析钢 如图 1-21 所示，图中合金 I 为 $w_C = 0.77\%$ 的共析钢。当其温度降到 1 点时，开始从液相中析出奥氏体；降至 2 点时，液相全部结晶成与原合金成分相同的奥氏体；冷却到 3 点（727℃）时，发生共析转变，即 A$_S$→P（F + Fe$_3$C），共析产物为珠光体。共析钢的组织转变过程如图 1-22 所示。随着温度的降低，珠光体不再发生变化。

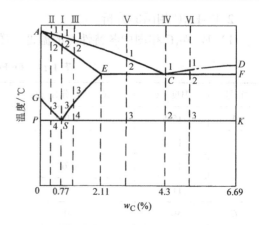

图 1-21 典型铁碳合金在 Fe-Fe$_3$C 相图中的位置

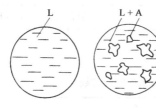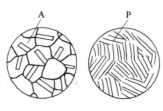

图 1-22 共析钢组织转变过程示意图

（2）亚共析钢 如图 1-21 所示，图中合金 II 为 $w_C = 0.4\%$ 的亚共析钢。在 3 点以上部分，合金的冷却过程与合金 I 的相似；当冷却到 3 点再继续冷却时，开始有铁素体析出并不断增多，奥氏体不断减少，铁素体、奥氏体中碳的质量分数分别沿 GP、GS 线变化。当温度降至与 PSK 线相交的 4 点温度（727℃）时，奥氏体 $w_C = 0.77\%$，即发生共析反应，奥氏体转变成珠光体。4 点温度以下，组织不再发生改变。因此，亚共析钢冷却到室温的显微组织是铁素体和珠光体，其组织转变过程如图 1-23 所示。

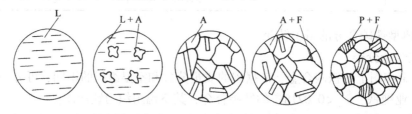

图 1-23 亚共析钢组织转变过程示意图

所有亚共析钢的结晶过程均与合金 II 的类似，所不同的是由于含碳量的不同，组织中铁素体和珠光体的相对含量也不相同。亚共析钢的显微组织如图 1-24 所示。

（3）过共析钢 如图 1-21 所示，图中合金 III 为 $w_C = 1.20\%$ 的过共析钢。在 1 点到 3 点温度间合金的冷却结晶过程与合金 I 的相似，当合金冷却到与 ES 线相交于 3 点时，奥氏体中含碳量达到饱和而开始析出二次渗碳体，并沿奥氏体晶界呈网状分布。当温度

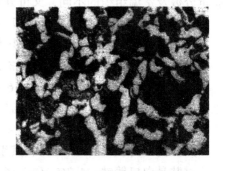

图 1-24 亚共析钢的显微组织

降至 4 点时，奥氏体 w_C 达到 0.77%，即发生共析反应，转变成珠光体。4 点以下至室温组织不再发生改变。过共析钢的组织转变过程如图 1-25 所示。

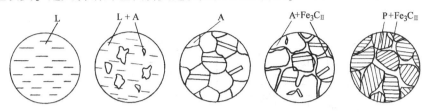

图 1-25　过共析钢组织转变示意图

过共析钢室温下显微组织是珠光体和网状二次渗碳体，如图 1-26 所示。

（4）共晶白口铸铁　如图 1-21 所示，图中合金 Ⅳ 为 $w_C = 4.3\%$ 的共晶白口铸铁。当其冷却到 1 点时，将发生共晶转变，形成高温莱氏体组织，即 $L_C \rightarrow Ld$（$A_E + Fe_3C$）。随着温度继续下降，奥氏体成分沿着 ES 线变化，从中析出二次渗碳体。当温度降至 2 点时，奥氏体开始发生共析转变，形成珠光体。所以，共晶白口铁室温组织是由珠光体、二次渗碳体和共晶渗碳体组成的混合物，又称之为低温莱氏体。其组织转变过程如图 1-27 所示。

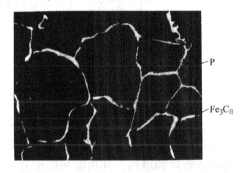

图 1-26　过共析钢的显微组织

图 1-27　共晶白口铸铁组织转变示意图

室温下共晶白口铸铁的显微组织如图 1-28 所示，图中黑色为珠光体，白色基体为渗碳体。

（四）含碳量对碳素钢性能的影响

从铁碳合金状态图的分析可知，在一定的温度条件下，合金的化学成分决定合金的组织和性能，碳的含量对铁碳合金的组织和性能有着重大的影响。

1. 含碳量对铁碳合金组织的影响

铁碳合金的成分、组织和性能之间的关系如图 1-29 所示。

从图中可以看出，铁碳合金组织的变化规律为：随着碳的质量分数的增加，不仅组织中渗碳体的数量增多，而且渗碳体的大小、形态和分布也随之变化。在亚共析钢中，铁素体含量逐渐减少，渗碳体在铁素体基体内呈层状分布；在过共析钢中，二次渗碳体随之增加，并在晶界上呈网状

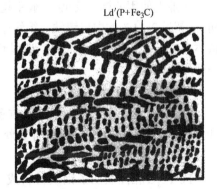

图 1-28　共晶白口铸铁的显微组织

分布；在亚共晶白口铸铁中，渗碳体又作为基体出现；在过共晶白口铸铁中，渗碳体显著增加，并呈粗大条状分布。这就是含碳量不同的合金具有不同的组织，从而决定它们具有不同性质的原因。

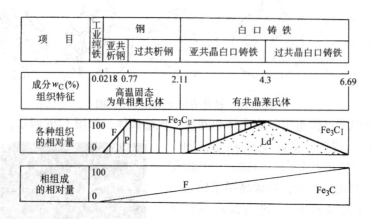

项　目	工业纯铁	钢		白口铸铁	
		亚共析钢	过共析钢	亚共晶白口铸铁	过共晶白口铸铁
成分 w_C(%)	0.0218　0.77		2.11	4.3	6.69
组织特征		高温固态为单相奥氏体		有共晶莱氏体	

图 1-29　铁碳合金成分、组织与性能的对应关系

2. 含碳量对铁碳合金力学性能的影响

在铁碳合金中，渗碳体一般被看作是一种强化相。如果铁碳合金的基体是铁素体，则随着渗碳体数量的增加，其强度和硬度升高，而塑性和韧性降低。当这种硬而脆的渗碳体以网状分布在晶界，特别是作为基体出现时，将使铁碳合金的塑性、韧性大大下降。这正是高碳钢和白口铸铁脆性高的原因。

碳的质量分数对碳钢力学性能的影响如图 1-30 所示。由图可知，随着钢中含碳量的增加，钢的强度、硬度升高，塑性和韧性下降，这是由于组织中渗碳体含量的不断增多造成的。当 $w_c = 0.9\%$ 时，由于网状二次渗碳体的存在，强度明显下降。

工业上使用的钢，其 w_c 一般不超过 1.3%。而 w_c 超过 2.11% 的白口铸铁，组织中有大量渗碳体存在，使其性能硬而脆，难以切削加工，一般用于铸造。

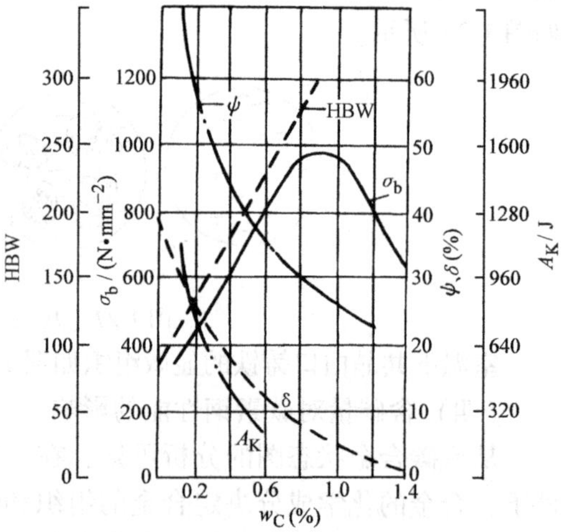

图 1-30　碳的质量分数对碳钢力学性能的影响

（五）Fe-Fe₃C 状态图的应用

Fe-Fe₃C 状态图对工业生产具有重要的指导意义，它是分析钢铁材料平衡组织和制订钢铁材料各种热加工工艺的基础性资料。

1. 在选材方面的应用

Fe-Fe₃C 相图表明了钢铁材料成分、组织的变化规律，依此可判断出力学性能的变化，从而为选材提供了可靠的依据。例如，建筑结构和各种型钢需要塑性、韧性好的材料，应采用低碳钢；各种机械零件需要强度、塑性及韧性都好的材料，应采用中碳钢；各种工具需要硬度高、耐磨性好的材料，应采用高碳钢。

2. 在制订热加工工艺规范方面的应用

（1）在铸造工艺方面的应用　依据 Fe-Fe$_3$C 相图的液相线，可以确定合适的浇注温度。由相图可知，共晶成分的合金，其凝固温度区间最小，故流动性好，分散缩孔较小，可得到致密的铸件。另外，共晶成分的合金熔化温度较低，其所需熔炼设备较简易，故具有良好的铸造性能。因此，接近共晶成分的铸铁在铸造生产中被广泛应用。

（2）在锻造工艺方面的应用　由 Fe-Fe$_3$C 相图可知，钢在高温时可获得单相奥氏体组织，而奥氏体的强度较低、塑性较好，有利于塑性变形加工。因此，钢材的轧制或锻造温度范围多选在单一奥氏体范围内。一般始锻温度不宜过高，以免钢材氧化严重；而终锻温度也不能太低，以免钢材塑性较差而导致产生裂纹。

（3）在焊接方面的应用　焊接时，焊缝到母材各区域的加热温度是不同的。由 Fe-Fe$_3$C 相图可知，在不同的加热条件下会产生不同的高温组织，随后的冷却也就有可能出现不同的组织与性能，这就需要焊接后采取热处理的方法加以改善。

（4）在热处理方面的应用　各种热处理都与 Fe-Fe$_3$C 相图有着密切的关系。退火、正火、淬火的温度选择都是以 Fe-Fe$_3$C 相图为依据来确定的。

相图尽管应用较为广泛，但仍有一定的局限性，主要表现在以下几个方面：

1）相图仅反映出了平衡条件下的组织转变规律（缓慢冷却或加热），没有体现出时间的作用，因此，实际生产中，冷却速度较快时不能用此相图分析问题。

2）相图反映出了二元合金中相平衡的关系，若钢中有其他元素，其平衡关系将会发生改变。

3）相图不能反映实际组织状态，只给出了相的成分和相对量的信息，不能给出形状、大小和分布特征。

三、钢的普通热处理

钢的热处理就是将钢在固态状态下加热、保温、按选定的冷却速度冷却，以改变其内部组织结构，从而获得所需组织和性能的一种工艺方法。热处理可大幅度地改善金属材料的工艺性能和使用性能，绝大多数机械零件必须经过热处理。热处理可分为普通热处理、表面热处理和化学热处理 3 类。

普通热处理主要指退火、正火、淬火和回火等。在进行退火、正火、淬火和回火操作时，主要的因素是加热温度、保温时间和冷却方式，正确选择三者的规范，是热处理质量保证的关键。

1. 加热温度的选择

（1）退火加热温度　退火是将钢通过加热、保温，然后随炉缓慢冷却的一种热处理工艺方法。亚共析钢一般加热至 Ac_3 以上 30～50℃ 进行完全退火，以消除铸锻后的组织缺陷、细化晶粒、消除应力、降低硬度，为以后的加工及热处理作组织和性能准备。共析钢和过共析钢一般加热至 Ac_1 以上 20～30℃ 进行球化退火，以获得球状渗碳体，降低硬度、改善切削加工性，并可以减轻淬火时的变形和开裂倾向。

（2）正火加热温度　正火是将钢通过加热、保温，然后在空气中冷却的热处理工艺方法。亚共析钢和共析钢的正火加热温度为 Ac_3 以上 30～50℃，过共析钢的正火温度为 Ac_{cm} 以上 30～50℃，以消除铸锻后的组织缺陷、细化晶粒、消除应力、改善可加工性。过共析钢正火还可以抑制网状渗碳体组织的出现。

退火及正火的加热温度范围示意及热处理工艺曲线如图 1-31 所示。

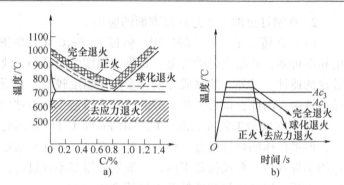

图 1-31　退火和正火加热温度范围及热处理工艺曲线
a) 加热温度范围　b) 热处理工艺曲线

（3）淬火加热温度　淬火是将钢通过加热、保温，然后在水或油中迅速冷却的热处理工艺方法。亚共析钢的淬火一般加热至 Ac_3 以上 $30 \sim 50°C$，共析钢和过共析钢的淬火则一般加热至 Ac_1 以上 $30 \sim 50°C$。通过淬火可改变钢的内部组织结构，获得高的硬度和耐磨性。

（4）回火加热温度　钢经淬火后会产生内应力，使工件容易变形或开裂，故钢经淬火后都要回火。回火温度决定于最终所要求的组织和性能。按加热温度高低，回火可分为三类。

1）低温回火。回火温度为 $150 \sim 250°C$，材料为高碳钢，所得组织为回火马氏体、残余奥氏体和碳化物，硬度一般为 $58 \sim 64HRC$。其目的是降低淬火应力及脆性，同时保持淬火后的高硬度。

2）中温回火。回火温度为 $350 \sim 500°C$，所得组织为回火托氏体，硬度一般为 $35 \sim 45HRC$。其目的是获得良好的弹性和强度，同时保持一定的韧性和较高的硬度。主要用于弹簧钢处理。

3）高温回火。回火温度为 $500 \sim 650°C$，所得组织为回火索氏体，硬度一般为 $25 \sim 35HRC$，其目的在于获得既有一定强度、硬度，又有良好塑性和韧性的综合力学性能。常用于中碳结构钢。

需要指出的是，不论在退火、正火或淬火时，均不能任意提高加热温度。温度过高，晶粒易粗大，工件容易氧化、脱碳和变形。

2. 保温时间的选择

为了使工件内外各部分均达到充分奥氏体化的要求，必须在加热温度下保温一段时间。保温时间要综合考虑钢的成分与原始组织、工件形状与尺寸、装炉量与装炉方式、热处理的要求和目的等因素来确定。实际工作中，一般是根据经验大致估算加热时间。一般规定，在空气介质中升到规定温度后的保温时间，对于碳钢，按工件厚度（$1 \sim 1.5$）min/mm 估算；合金钢按 $2min/mm$ 估算。在盐浴炉中，保温时间则缩短一半以上。

3. 冷却方式

退火一般采用随炉冷却。正火则采用空气冷却，大件可采用吹风冷却。

淬火冷却方式非常重要，它直接影响到钢淬火后的组织和性能。冷却时应使冷却速度大于淬火临界冷却速度，以保证获得马氏体组织；在这一前提下又应尽量缓慢冷却，以减小内应力，避免变形与开裂。为此，可根据等温转变图使淬火工件在过冷奥氏体最不稳定的温度范围（$650 \sim 550°C$）内进行快冷，而在较低温度范围（$300 \sim 100°C$）内的冷却速度则尽可能小些。

四、钢的表面热处理和化学热处理

（一）钢的表面热处理

钢的常用表面热处理方法主要是指表面淬火，所谓表面淬火是指仅对工件表面进行淬火的热处理工艺。通过淬火可使工件表面层获得马氏体组织，具有较高硬度、高耐磨性；内部仍保持淬火前组织，具有足够的强度和韧性。

目前常用的表面淬火方法有感应淬火和火焰淬火。

1. 感应淬火

感应淬火是利用感应电流通过工件时所产生的热效应，使工件表面、局部或整体加热并进行快速冷却的淬火工艺。

（1）感应淬火的基本原理　如图 1-32 所示，将工件放入空心的感应器内，给感应器通入一定频率的交流电，在其周围产生频率相同的交变磁场，于是在工件内部产生出频率相同、方向相反的感应电流。由于感应电流的集肤效应和热效应，使工件表层迅速加热到淬火温度，而心部则仍处于相变点温度以下，然后立即冷却，从而达到表面淬火的目的。

（2）感应淬火的特点　与普通加热淬火相比，感应淬火具有以下优点：

1）加热速度快，时间短，表面淬火组织为细小的隐晶马氏体，表面硬度比普通淬火高 2～3HRC，且脆性较小。

2）工件基本无氧化、脱碳，变形小。

3）淬硬层深度易于控制。

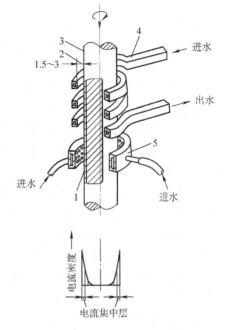

图 1-32　感应淬火示意图
1—加热淬火层　2—间隙
3—工件　4—加热感应圈
5—淬火喷水套

4）能耗低，生产效率高，易实现机械化和自动化，适于大批量生产。

感应淬火主要用于中碳钢和中碳低合金钢工件。

2. 火焰淬火

火焰淬火是利用氧—乙炔（或其他可燃烧气体）火焰对零件表面进行加热，随之淬火冷却的工艺。其操作方法如图 1-33 所示。

火焰表面加热淬火的操作简便，不需要特殊设备，成本低；淬硬层深度一般为 2～6mm；适用于大型、小型、单件或小批量工件的表面淬火，如大模数齿轮、小孔、顶尖、凿子等。但因火焰温度高，若操作不当，工件表面容易过热或加热不均匀，淬火质量难以控制。

（二）钢的化学热处理

将工件置于一定温度的活性介质中保温，使一

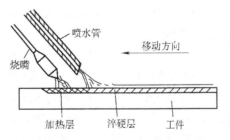

图 1-33　火焰淬火示意图

种或几种元素渗入其表面层，以改变表面层的化学成分、组织和性能的热处理工艺，称为化学热处理。

化学热处理的过程一般由分解、吸收和扩散 3 部分组成。分解时，活性介质析出活性原子，活性原子以溶入固溶体或形成化合物的方式被工件表面吸收，并逐步向工件内部扩散，

形成一定深度的渗层。

化学热处理的方法主要包括渗碳、渗氮、碳氮共渗等。

1. 渗碳

渗碳是为了增加工件表面层的碳的质量分数和形成一定的碳浓度梯度，将工件在渗碳介质中加热并保温，使碳原子渗入表层的化学热处理工艺。

渗碳工件常选用低碳钢或低碳合金钢制造，以保证工件心部具有良好的韧性。然后通过渗碳，把工件表面层的碳的质量分数提高到 0.85% ~ 1.05%，再进行淬火和低温回火，使工件表面具有高的硬度和耐磨性。

根据采用的渗碳剂的不同，渗碳方法可分为固体渗碳、液体渗碳和气体渗碳 3 种。其中气体渗碳的生产率高，过程易于控制，在生产中应用较为广泛。

气体渗碳就是工件在气体渗碳介质中进行渗碳的工艺。气体渗碳炉示意图如图 1-34 所示。将装挂好的工件装入密封的渗碳炉内，滴入煤油、丙酮或甲醇等渗碳剂并加热到 900 ~ 950℃，渗碳剂在高温下分解，产生的活性碳原子渗入工件表面并向内部扩散形成渗碳层，从而达到渗碳的目的。渗碳的深度主要取决于渗碳时间，生产中一般按每小时 0.10 ~ 0.15mm 估算，或用试棒实测确定。

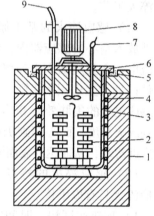

图 1-34 气体渗碳炉示意图
1—炉体 2—工件 3—耐热罐
4—电阻丝 5—砂封 6—炉盖
7—废气火焰 8—风扇电动机
9—煤油

2. 渗氮

渗氮是在一定温度下（一般在 Ac_2 温度以下）使活性氮原子渗入工件表面层的化学热处理工艺。其目的是提高表面的硬度、耐磨性以及疲劳强度和耐蚀性。

根据渗氮的主要目的，氮化可分为抗磨渗氮和抗蚀渗氮两种。

抗磨渗氮常用于含有铬、钼、铝等元素的中碳合金钢，最典型的钢种是 38CrMoAl。这种钢渗碳后表面硬度可超过 950HV，因而耐磨性很高。抗蚀渗氮多用于价格便宜的碳钢和低合金钢，如 20、30、40 等。由于渗氮温度低，且渗氮后不必再进行淬火，故渗氮工件的变形很小。

常用的渗氮方法有气体渗氮和离子渗氮等。

（1）气体渗氮 在气体介质中进行渗氮，称为气体渗氮。它是将工件放在有氨气的加热炉中进行的。

$$2NH_3 \rightarrow 3H_2 + 2[N]$$

分解出的活性氮原子被工件表面吸收、扩散，形成一定深度的渗氮层。

抗磨氮化的氮化温度一般为 500 ~ 550℃，时间长达几十个小时。工件渗氮后的表面硬度远比渗碳后要高，为保证工件心部的力学性能，在抗磨氮化之前，工件应先进行调质处理。

抗蚀氮化只需得到极薄的氮化层，氮化温度一般为 600 ~ 620℃，渗氮时间约 2 ~ 4h，获得 0.015 ~ 0.06mm 的耐蚀层。

（2）离子渗氮 离子渗氮是在低于一个大气压的渗氮气氛中，利用工件的阴极和炉壳阳极之间产生的辉光放电进行渗氮的工艺，如图 1-35 所示。与气体渗氮相比，离子渗氮的速度较快，工艺周期约为气体渗氮的 1/3 左右；氮化层脆性小；工件变形极小；节省能源。

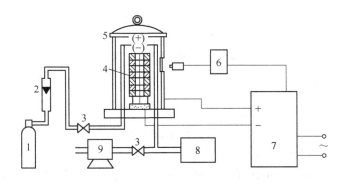

图 1-35 离子氮化装置示意图

1—氮气或氨气瓶 2—流量 3—真空阀 4—工件
5—真空容器 6—测温调节计 7—整流电源
8—真空压力计 9—真空泵

3. 钢的碳氮共渗和氮碳共渗

（1）碳氮共渗 碳氮共渗是在一定温度下同时将碳、氮渗入工件表面层奥氏体中，并以渗碳为主的化学热处理工艺。其目的主要是提高工件表面的硬度和耐磨性。

碳氮共渗有气体碳氮共渗和液体碳氮共渗两种，目前常用的是气体碳氮共渗。气体碳氮共渗的工艺与渗碳的基本相似，常用渗剂为煤油＋氨气等，加热温度为 820～860℃。与渗碳相比，碳氮共渗的加热温度低，零件变化小，生产周期短，渗层有较高的硬度、耐磨性和疲劳强度，常用于汽车变速箱齿轮和轴类零件。

（2）氮碳共渗 氮碳共渗即低温氮碳共渗，是使工件表面渗入氮和碳并以渗氮为主的化学热处理工艺。它所用渗剂为尿素，加热温度为 560～570℃，时间仅为 1～4h。与一般渗氮相比，渗层硬度较低，脆性小，故也称为软氮化。氮碳共渗不仅适用于碳素钢和合金钢，也可用于铸铁，常用于模具、高速钢刃具以及轴类零件。

任务实施

（1）受力分析 连杆螺栓工作时除了承受交变拉应力外，还受弯曲应力，截面上的应力分布基本上是相同的。主要失效形式是疲劳断裂。

（2）性能要求 根据其受力分析，该连杆螺栓要求具有较高的屈服强度和疲劳强度，足够的刚度和韧性，即要求良好的综合力学性能。还要根据连杆尺寸考虑钢材的淬透性。

（3）材料选择 中、小型内燃机连杆可选 40、40Cr、40MnB 等材料；大功率内燃机连杆可选 42CrMo、40CrNi 等材料。

（4）技术要求 调质处理后工件组织为回火索氏体，硬度为 30～38HRC。

（5）工艺路线确定 以选择 40Cr 为例，其加工工艺路线为：下料→锻造→退火或正火→粗加工→调质→精加工。

（6）热处理工艺确定 热处理工艺确定如图 1-36 所示。

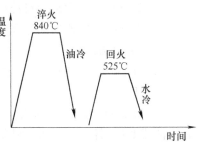

图 1-36 连杆螺栓的热处理工艺

任务拓展

热处理工序位置的确定

（1）热处理工序的分类

1）预备热处理。主要有退火、正火、调质等。

2）最终热处理。主要有淬火 + 回火、化学热处理等。

（2）预备热处理的工序位置

1）退火、正火。退火、正火通常安排在毛坯生产之后，切削加工之前。

2）调质。调质通常安排在粗加工之后，精加工或半精加工之前。

（3）预备热处理的目的

预备热处理的目的是调整硬度，改善可加工性，消除毛坯内应力，细化晶粒，均匀组织，为最终热处理做好组织准备。

（4）最终热处理的工艺路线

1）调质件热处理工艺路线：

下料→锻造→正火（退火）→粗加工（半精加工）→调质→精加工。

2）表面淬火件热处理工艺路线：

下料→锻造→正火→粗加工→（调质）→精加工→表面淬火及回火→精磨。

3）渗碳件热处理工艺路线：

下料→锻造→正火或退火或调质→粗加工、半精加工→渗碳→淬火、低温回火→磨削。

4）渗氮件热处理工艺路线：

下料→锻造→正火（退火）→粗加工→调质→精加工→去应力退火→粗磨→渗氮→精磨或研磨。

实训项目四　钢的普通热处理

一、实训目的

1）熟悉钢的几种普通热处理（退火、正火、淬火、回火）基本操作方法。

2）分析碳钢在热处理时加热温度、冷却速度及回火温度对其组织与硬度的影响。

3）分析碳钢的含碳量对淬火后硬度的影响。

4）观察碳钢在普通热处理后的组织，并区别其组织特征。

二、实训准备

（1）试验设备　试验用箱式电阻加热炉（附测温控温装置）、洛氏硬度机、布氏硬度机、金相显微镜。

（2）试验材料　淬火水槽（盛质量分数为 8% ~ 10% 的 NaCl 水溶液）、淬火油槽（盛矿物油或变压器油）、夹钳、砂纸、游标尺、金相试样一套。

（3）试验试样　20 钢、45 钢、T8（T10）钢试样，直径尺寸均为 $\phi12 ~ \phi20mm$、高度为 15 ~ 25mm。

三、实训步骤

1. 试验的基本方法及步骤

1）试验分成两组，第一组领取 20 钢、45 钢的试样各 3 只；第二组领取 45 钢、T8（T10）钢的试样各 3 只。

2）加热前先测定全部试样的原始硬度，并将记录填入表 1-19 中。

3）根据试样牌号，按照 Fe-Fe$_3$C 相图确定加热温度及保温时间。冷却方式：第一组对每种材料均采取 3 种冷却方式，即水冷、油冷和空冷；第二组对 T8（T10）钢试样也采用 3 种冷却方式，而 45 钢试样全部采用水冷方式。

4）各组将淬火及正火后的试样表面用砂纸磨平，并测出硬度值（HRC）填入表 1-19 中。

5）将第二组的 3 只水冷的 45 钢试样分别进行 250℃、450℃、650℃ 回火，保温30～60min，然后取出试样，将表面用砂纸磨平，并测出硬度值（HRC）填入表 1-19 中。

表 1-19　热处理试验结果记录表

试样材料	原始硬度 HBW	加热温度 $T/℃$	保温时间 t/min	冷却方式	冷却后硬度 HRC	回火温度 $T/℃$	保温时间 t/min	回火后硬度 HRC

2. 实训中应注意的事项

1）往炉中放入或取出试样时必须先切断电源，以防触电。

2）在炉中取放试样时，夹钳应擦干，不能沾有水或油。

3）在炉中取放试样时，操作者应戴上手套使用夹钳，以免烫伤。

4）取放试样及开关炉门应迅速，以免温度下降，影响淬火质量。

5）试样在淬火介质中淬火时应不断搅动，以保证充分均匀冷却。

6）淬火时水温应保持在 20～30℃ 左右，水温过高时应及时换水。

7）测定硬度前，必须用砂纸除去试样表面氧化皮并加以磨光。每个试样的硬度测试应在不同部位测定 3 次，然后计算其平均值。

四、考核标准

热处理试验考核标准见表 1-20。

表 1-20　热处理试验考核标准

序号	检测项目	配分	技术标准	实测情况	得分
1	各种操作	10	各种操作应规范		
2	原始硬度值（HBW）的测定	13	原始硬度值（HBW）的测定是否准确		
3	加热温度	10	加热温度是否正确		
4	保温时间	10	保温时间是否正确		
5	冷却方式的选择	10	冷却方式的选择是否正确		
6	冷却后硬度值（HRC）的测定	13	冷却后硬度值（HRC）的测定是否准确		

（续）

序号	检测项目	配分	技术标准	实测情况	得分
7	回火温度的选择	10	回火温度的选择是否正确		
8	回火保温时间	10	回火保温时间是否正确		
9	回火后硬度值（HRC）的测定	14	回火后硬度值（HRC）的测定是否准确		
10	安全生产与文明生产	违者每次扣4分	符合安全操作规程,工具及场地整齐、清洁		
	总　分	100	实训成绩		

实训项目五　钢的表面热处理和化学热处理

一、实训目的

1）掌握钢的表面淬火的基本原理、特点及其应用。

2）掌握钢的渗碳、渗氮等常见的化学热处理方法。

3）了解钢的常用表面热处理和化学热处理方法对金属材料性能的影响。

二、实训准备

（1）试验设备　感应淬火炉、可控气氛多用热处理炉、布氏硬度计、表面维氏硬度计或表面洛氏硬度计。

（2）试验材料　水、L-AN15全损耗系统用油（使用温度约20℃）、夹钳、砂纸等。

（3）试验试样　45钢（3块/组）、20钢（3块/组）、38CrMoAl钢（3块/组）。

三、实训步骤

1. 试验的基本方法及步骤

1）将学生分为3个小组，按组领取实验试样，并打上钢号，以免混淆。

2）第一组学生将45钢试样进行感应淬火处理，然后测定热处理后试样的硬度，并做好记录。

3）第二组学生将20钢试样进行渗碳处理，然后分别进行直接淬火、一次淬火、二次淬火，统一进行180℃回火，分别测定回火后试样的硬度，并做好记录。

4）第三组学生将38CrMoAl钢试样进行渗氮→淬火调质处理，并测定它们的硬度，做好记录。

5）三组学生互相交换数据，各自整理，并将试验数据填入表1-21中。如果有条件，以上实验每组学生都可做一遍。

表 1-21　钢的表面热处理和化学热处理试验结果记录表

试样材料	原始表面硬度 HBW	热处理方法	热处理规范参数	热处理后表面硬度 HRC 或 HV

2. 试验中应注意的事项

1) 学生在实验中要有所分工，各负其责。

2) 淬火冷却时，试样要用夹钳夹紧，动作要迅速，并要在冷却介质中不断搅动。夹钳不要夹在测定硬度的表面上，以免影响硬度值。

3) 测定硬度前，必须用砂纸将试样表面的氧化皮除去并磨光；应在每个试样不同部位测定 3 次硬度，并计算其平均值。

4) 热处理时应严格遵守相应安全操作规程。

四、考核标准

钢的表面热处理和化学热处理试验考核标准见表 1-22。

表 1-22　钢的表面热处理和化学热处理试验考核标准

序号	检测项目	配分	技术标准	实测情况	得分
1	各种操作	20	各种操作应规范		
2	原始硬度值 HBW 的测定	15	原始硬度值 HBW 的测定是否准确		
3	热处理方法的选择	15	加热温度是否正确		
4	热处理规范参数的选择	20	保温时间是否正确		
5	冷却后表面硬度值的测定	30	冷却后硬度值 HRC 的测定是否准确		
6	安全生产与文明生产	违者每次扣 4 分	符合安全操作规程，工具及场地整齐、清洁		
总　分		100	实训成绩		

学习任务三　钢铁材料

任务目标

1) 掌握钢铁材料的分类、牌号、性能及应用范围。

2) 掌握典型零件的钢铁材料选择。

任务描述

图 1-37 所示为某一级圆柱齿轮减速器立体结构图，要求列举其主要组成零部件所用钢铁材料种类及其牌号。

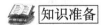知识准备

一、钢的分类和编号

（一）常存杂质元素的影响

碳钢中除铁和碳两种基本元素之外，一般还存在少量的其他元素，如硅、锰、硫、磷、氧和氢等，这些元素的存在必然对钢的性能产生影响。

1. 硅的影响

硅是铁和钢在冶炼过程中作为脱氧剂而加入的。硅能溶于铁素体而形成固溶体起强化作用，能提高钢的强度和硬度，因此硅是钢中的有益元素。

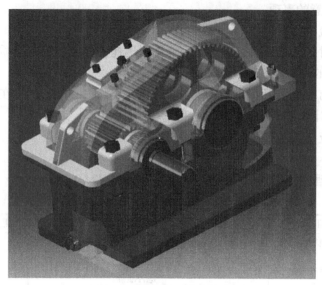

图 1-37　减速器立体结构图

2. 锰的影响

锰也是在炼钢时作为脱氧剂而加入的。残留在钢中的锰可溶于铁素体和渗碳体中起强化作用，能提高钢的强度和硬度。此外，锰还能和硫反应生成 MnS，从而减少硫对钢的危害性，所以锰也是钢中的有益元素。锰在钢中的质量分数一般为 0.25% ~ 0.80%。

3. 硫的影响

硫是在炼钢时由矿石和燃料带入钢中的有害元素。在固态下硫不溶于铁，而是与钢中的铁生成 FeS。FeS 与铁形成低熔点的共晶体（Fe + FeS），分布在晶界上。当钢材加热到 1000 ~ 1200°C 进行压力加工时，沿晶界分布的低熔点共晶体（Fe + FeS）发生熔化，使钢沿晶界开裂，这种现象称为热脆。因此，钢中硫的质量分数应严格控制。

为了消除硫所形成的热脆性，在炼钢时必须加入锰。由于锰能与硫形成高熔点的 MnS，并呈粒状分布在晶粒内，高温时具有一定的韧性，从而避免了钢的热脆。

硫虽然是有害元素，但当硫的质量分数适当时，可以改善钢的可加工性。

4. 磷的影响

磷是由生铁带入钢中的杂质。磷能部分溶解在铁素体中形成固溶体，起强化作用，可提高铁素体的强度和硬度。另外，部分磷在结晶时形成脆性很大的化合物（Fe_3P），使钢在室温下的塑性和韧性急剧下降，这种现象称为冷脆。所以，磷是一种有害元素，其质量分数应严格控制。但在易切削的钢中，适当地提高磷的质量分数，增加钢的脆性，有利于提高切削效率和延长刀具的使用寿命。

（二）钢的分类

钢按化学成分可分为碳素钢和合金钢。就钢的生产来讲，世界各国生产的碳素钢约占 80%，合金钢约占 20%。

1. 碳素钢的分类

（1）根据碳的质量分数分类

低碳钢　$w_C < 0.25\%$，它的强度较低，塑性和焊接性能较好。

中碳钢 $0.25\% \leqslant w_C \leqslant 0.60\%$，它具有较高的强度，塑性和焊接性能较差。

高碳钢 $w_C > 0.60\%$，它的塑性和焊接性能较差，但热处理后有很高的强度和硬度。

（2）根据钢中有害元素硫、磷的质量分数分类

普通钢 $w_S \leqslant 0.050\%$，$w_P \leqslant 0.045\%$。

优质钢 $w_S \leqslant 0.035\%$，$w_P \leqslant 0.035\%$。

高级优质钢 $w_S \leqslant 0.025\%$，$w_P \leqslant 0.025\%$。

特级优质钢 $w_S \leqslant 0.015\%$，$w_P \leqslant 0.015\%$。

（3）根据钢的用途分类

碳素结构钢 主要用于各种工程构件和机械零件的制造，其 $w_C < 0.70\%$。

碳素工具钢 主要用于各种刃具、模具和量具的制造，其 $w_C \geqslant 0.70\%$。

碳素铸钢 主要用于制作形状复杂、难以锻造成形的铸钢件。

2. 合金钢的分类

特意加入一种或数种合金元素的钢称为合金钢。它比碳钢具有更高的强度、韧性或具有某些特殊性能。

（1）根据合金元素总的质量分数分类

低合金钢 合金元素总含量 <5%。

中合金钢 合金元素总含量为 5% ~ 10%。

高合金钢 合金元素的总含量 >10%。

（2）根据用途分类

合金结构钢 用于制造机械零件和工程结构的钢，主要有低合金高强度结构钢、合金渗碳钢、合金调质钢、合金弹簧钢、滚动轴承钢等。

合金工具钢 用于制造各种工具的钢，主要有合金刃具钢、合金模具钢、合金量具钢等。

特殊性能钢 主要是指具有某种特殊的物理和化学性能的钢种，主要有不锈钢、耐热钢、耐磨钢等。

（三）钢的编号

1. 碳素钢的编号

（1）碳素结构钢 依据 GB/T 700—2006 的规定，碳素结构钢的牌号由代表屈服强度的字母、屈服强度数值、质量等级符号、脱氧方法 4 部分按顺序组成。

屈服强度的字母用符号 Q 表示。

屈服强度的数值用 3 位阿拉伯数字表示。

质量等级用符号 A、B、C、D 表示，共 4 个级别；A 级硫、磷含量最高，质量最差。D 级硫、磷含量最低，质量最好。

脱氧方法用符号 F、Z、TZ 表示。其中，F 表示沸腾钢（"沸"字汉语拼音首位字母），代表脱氧程度不完全的钢。Z 表示镇静钢（"镇"字汉语拼音首位字母），代表脱氧程度完全的钢。TZ 表示特殊镇静钢（"特镇"两字汉语拼音首位字母），代表脱氧程度具有特殊要求的钢。

一般情况下，符号 Z 与 TZ 在牌号表示中可省略。

例如 Q235—AF，表示 $R_{eL} \geqslant 235 MPa$ 的 A 级碳素结构钢，脱氧不完全，属沸腾钢。

常用碳素结构钢牌号、成分和力学性能见表1-23。

表1-23 常用碳素结构钢牌号、成分和力学性能

牌 号	等 级	化学成分 C（%）不大于	力学性能		
			R_{eL}/MPa 不小于	R_m/MPa	A_5（%）不小于
Q195	—	0.12	195	315~430	33
Q215	A	0.15	215	335~450	31
	B				
Q235	A	0.22	235	370~500	26
	B	0.2			
	C	0.17			
	D				
Q275	A	0.24	275	410~540	22
	B	0.21（厚度或直径≤40mm）0.22（厚度或直径>40mm）			
	C	0.20			
	D				

（2）优质碳素结构钢 优质碳素结构钢的牌号用两位数字或数字与特征符号表示。

两位数以平均万分数表示钢中平均碳的质量分数。例如，牌号45钢表示碳的平均质量分数为0.45%的优质碳素钢，08钢表示碳的平均质量分数为0.08%的优质碳素钢。

优质碳素结构钢根据含锰量的不同，可分为普通含锰量钢（$w_{Mn}≈0.25$%~0.8%）和较高含锰量（$w_{Mn}≈0.7$%~1.2%）钢两组。较高含锰量钢在牌号后面标出元素符号"Mn"或汉字"锰"，例如50Mn（50锰）。若为沸腾钢或为了适应各种专门用途的某些专用钢，则在牌号后标出规定的符号，例如10F为平均碳的质量分数为0.10%的沸腾钢；20g为平均碳的质量分数为0.20%的锅炉钢。常用优质碳素结构钢的牌号、化学成分和力学性能见表1-24。

表1-24 常用优质碳素结构钢的牌号、化学成分和力学性能

牌号	化学成分 w（%）			力学性能					HBW	
	C	Si	Mn	正火状态						
				R_m/MPa	R_{eL}/MPa	A_5（%）	Z（%）	KU_2/J	热轧	退火
08F	0.05~0.11	≤0.03	0.25~0.50	295	175	35	60	—	131	—
10	0.07~0.13	0.17~0.37	0.35~0.65	335	205	31	55	—	137	—
15	0.12~0.18	0.17~0.37	0.35~0.65	375	225	27	55	—	143	—
20	0.07~0.23	0.17~0.37	0.35~0.65	410	245	25	55	—	156	—
25	0.22~0.29	0.17~0.37	0.50~0.80	450	275	23	50	71	170	—
30	0.27~0.34	0.17~0.37	0.50~0.80	490	295	21	50	63	179	—
35	0.32~0.39	0.17~0.37	0.50~0.80	530	315	20	45	55	197	—
40	0.37~0.44	0.17~0.37	0.50~0.80	570	335	19	45	47	217	187
45	0.42~0.50	0.17~0.37	0.50~0.80	600	335	16	40	39	229	197
50	0.47~0.55	0.17~0.37	0.50~0.80	630	375	14	40	31	241	207
55	0.52~0.60	0.17~0.37	0.50~0.80	645	380	13	35	—	255	217

（续）

牌号	化学成分 w（%）			力学性能						
	C	Si	Mn	正火状态					HBW	
				R_m/MPa	R_{eL}/MPa	A_5（%）	Z（%）	KU_2/J	热轧	退火
60	0.57~0.65	0.17~0.37	0.50~0.80	670	400	12	35	—	255	229
65	0.62~0.70	0.17~0.37	0.50~0.80	695	410	10	30	—	255	229
60Mn	0.57~0.65	0.17~0.37	0.70~1.00	695	410	11	35	—	269	229
65Mn	0.62~0.70	0.17~0.37	0.90~1.20	735	430	9	30	—	285	229

（3）碳素工具钢 碳素工具钢分为优质碳素工具钢和高级优质碳素工具钢。碳素工具钢的牌号用汉字"碳"的汉语拼音首位字母"T"后面再标以阿拉伯数字表示，其数字表示钢中碳的平均质量分数千分之几。如 T9 表示碳的平均质量分数为 0.9% 的碳素工具钢。若为高级优质碳素工具钢，则在数字后加"A"。如 T10A，则表示碳的平均质量分数为 1.0% 的高级优质碳素工具钢。

另外，对于含锰量较高（$w_{Mn}\approx0.4\%\sim0.6\%$）的碳素工具钢，则在数字后面加"Mn"，例如 T8Mn、T8MnA。常用碳素工具钢的牌号、成分、性能及用途见表 1-25。

表 1-25　常用碳素工具钢的牌号、成分、性能及用途

牌号	化学成分 w（%）			硬　　度			用 途 举 例
	C	Mn	Si	退火状态	试样淬火		
				HBW 不大于	淬火温度 t/°C 和冷却剂	HBW 不大于	
T7 T7A	0.65~0.74	≤0.40	≤0.35	187	800~820 水	62	淬火、回火后，常用于制造能承受振动、冲击，并且在硬度适中情况下有较好韧性的工具，如凿子、冲头、木工工具、锤头等
T8 T8A	0.75~0.84	≤0.40	≤0.35	187	780~800 水	62	淬火、回火后，常用于制造要求有较高硬度和耐磨性的工具，如冲头、木工工具、剪切金属用剪刀等
T8Mn T8MnA	0.80~0.90	0.40~0.60	≤0.35	187	780~800 水	62	性能和用途与 T8 钢的相似，但由于加入了锰，淬透性提高，故可用于制造截面较大的工具
T9 T9A	0.85~0.94	≤0.40	≤0.35	192	760~780 水	62	用于制造具有一定硬度和韧性的工具，如冲模、冲头、凿岩石用凿子等
T10 T10A	0.95~1.04	≤0.40	≤0.35	197	760~780 水	62	用于制造耐磨性要求较高、不受剧烈振动、具有一定韧性及锋利刃口的各种工具，如刨刀、车刀、钻头、丝锥、手锯锯条、拉丝模、冲模等

（续）

牌号	化学成分 w（%）			硬度			用途举例
	C	Mn	Si	退火状态 HBW 不大于	试样淬火		
					淬火温度 t/°C 和冷却剂	HBW 不大于	
T11 T11A	1.05～1.14	≤0.40	≤0.35	207	760～780 水	62	用途与 T10 钢的基本相同，一般习惯上采用 T10 钢
T12 T12A	1.15～1.24	≤0.40	≤0.35	207	760～780 水	62	用于制造不受冲击、要求高硬度的各种工具，如丝锥、锉刀、刮刀、铰刀、板牙、量具等
T13 T13A	1.25～1.35	≤0.40	≤0.35	217	760～780 水	62	适用于制造不受振动、要求极高硬度的各种工具，如剃刀、刮刀、刻字刀具等

（4）碳素铸钢　碳素铸钢的牌号由"铸钢"两个汉字的首位汉语拼音字母"ZG"后面再加两组数字组成。第一组数字代表屈服强度值，第二组数字代表抗拉强度值。例如 ZG230—450 表示屈服强度大于 230MPa、抗拉强度大于 450MPa 的碳素铸钢。

2. 合金钢的编号

（1）低合金高强度结构钢　低合金高强度结构钢的编号与碳素结构钢的编号方法基本相同，其牌号由代表屈服强度的字母、屈服强度数值、质量等级符号 3 部分按顺序组成。

屈服强度的字母用符号 Q 表示。

屈服强度的数值用 3 位阿拉伯数字表示。

质量等级用符号 A、B、C、D、E 表示，共 5 个级别。

例如，Q345A 表示屈服强度为 345MPa、质量等级为 A 级的低合金高强度结构钢。

（2）合金结构钢　合金结构钢的编号由"两位数字＋元素符号＋数字"3 部分组成。前面两位数字代表钢中平均碳的质量分数的万分之几；元素符号则代表钢中所含的合金元素，元素后面的数字则代表该元素的百分含量。当合金元素的质量分数小于 1.5% 时，一般只标明元素而不标明数值；当质量分数为 1.5%～2.5%、2.5%～3.5%…时，则相应地以 2、3…表示。如 60Si2Mn 钢，表示碳的质量分数为 0.60%、硅的质量分数为 2%、锰的质量分数小于 1.5% 的合金结构钢。

（3）合金工具钢　合金工具钢的编号由"一位数（或不标数字）＋元素符号＋数字"3 部分组成。前面 1 位数字代表平均碳的质量分数的千分之几。当碳的平均质量分数大于或等于 1.0% 时，则不予标出。合金元素及质量分数的表示与合金结构钢的相同。如 9SiCr 钢，表示碳的质量分数为 0.9%、硅和铬的质量分数均小于 1.5% 的合金工具钢。高速工具钢平均碳的质量分数小于 1.0% 时，其碳的质量分数也不标出。如 W18Cr4V 钢，其碳的质量分数为 0.7%～0.8%。

（4）滚动轴承钢　在牌号前面加"滚"字汉语拼音的首位字母"G"，后面数字表示铬元素的质量分数的千分之几，其碳的质量分数不标出。如 GCr15 钢，表示平均铬的质量分数为 1.5% 的滚动轴承钢。铬轴承钢中含有除铬之外的其他元素时，这些元素的表示方法同一般合金结构钢。滚动轴承钢都是高级优质钢，但牌号后不加"A"。

（5）不锈钢与耐热钢 不锈钢和耐热钢用两位（万分之几）或三位（十万分之几）阿拉伯数字表示碳的质量分数最佳控制值，即只规定碳的质量分数上限者，当 $w_{C上限} \leq 0.10\%$ 时，w_C 以其上限的 3/4 表示；当 $w_{C上限} > 0.10\%$ 时，w_C 以其上限的 4/5 表示。例如：$w_{C上限}$ 为 0.20% 时，其牌号中的 w_C 以 16 表示，如 16Cr25N；$w_{C上限}$ 为 0.15% 时，其牌号中的 w_C 以 12 表示，如 12Cr13；$w_{C上限}$ 为 0.08% 时，其牌号中的 w_C 以 06 表示，如 06Cr11Ti；规定碳的质量分数上、下限者，用平均碳的质量分数 ×100 表示。对超低碳不锈钢（即 $w_C \leq 0.030\%$），用三位阿拉伯数字"以十万分之几"表示碳的质量分数，例如：$w_{C上限}$ 为 0.030% 时，其牌号中的 w_C 以 022 表示，如 022Cr25Ni7Mo4N；$w_{C上限}$ 为 0.010% 时，其牌号中的 w_C 以 008 表示，如 008Cr27Mo。

二、合金钢

随着科学技术和工业的发展，对材料提出了更高的要求，如更高的强度，抗高温、高压、低温、耐蚀、耐磨以及其他特殊物理、化学性能要求。因此，碳钢已不能完全满足生产要求。为了提高钢的性能，在碳钢的基础上特意加入合金元素而获得的钢种，称为合金钢。

（一）合金结构钢

合金钢中的合金结构钢按用途可分为：普通低合金高强度结构钢和机械制造用结构钢两类。

普通低合金高强度结构钢主要用于制造各种工程结构，如桥梁、建筑、船舶、车辆、锅炉、化工容器等。机械制造用结构钢主要用于制造各种机械零件。按用途和热处理特点的不同，机械制造用结构钢又可分为合金渗碳钢、合金调质钢、合金弹簧钢、滚动轴承钢等。

1. 普通低合金高强度结构钢

普通低合金高强度结构钢是在碳钢的基础上加入少量合金元素的工程结构用钢。为保证较好的韧性、塑性和焊接性能，其碳的质量分数一般控制在 0.2% 以下，合金元素的总的质量分数一般小于 3%。常加入的合金元素有 Mn、Si、V、Nb、Mo、Ti、Cu 等。这类钢中加入 Mn、Si 元素用以提高钢的强度；加入 Ti、V 等元素用以细化晶粒，提高钢的强度和塑性；加入适量的 Cu 以提高耐蚀性。在强度级别较高的低合金结构钢中，也加入 Cr、Mo、B 等元素，主要是为了提高钢的淬透性，以便在空冷条件下得到比碳素钢更高的力学性能。

这类钢通常是在热轧退火或正火状态下使用，在经过焊接、压力成形后一般不再进行热处理，因而其工作状态的金相组织主要由铁素体和珠光体组成。

常用低合金高强度结构钢的牌号、性能及应用见表 1-26。普通低合金高强度结构钢新旧标准对照见表 1-27。

表 1-26 普通低合金高强度结构钢的牌号、性能及应用

牌号	R_{eL}/MPa	R_m/MPa	A_5（%）	性能及应用举例
Q295	235～295	390～570	23	具有优良的韧性、塑性、冷弯性和焊接性及冲压成形性，一般在热轧或正火状态下使用。适用于制作各种容器、螺旋焊管、车辆冲压件、建筑用结构件、农用结构件、造船及金属结构等
Q345	275～345	470～630	21	具有良好的综合力学性能，塑性及焊接性良好，一般在热轧状态下使用。适用于车辆、管道、锅炉、各种容器、油罐、桥梁、低温压力容器等结构件
Q390	330～390	490～650	19	具有良好的综合力学性能，焊接性及冲击韧性较好，一般在热轧状态下使用。适用于制作中高压石油化工容器、锅炉汽包、起重机、较高负荷的焊接件、连接构件等

（续）

牌号	R_{eL}/MPa	R_m/MPa	A_5（%）	性能及应用举例
Q420	360~420	520~680	18	具有良好的综合力学性能，优良的低温韧性，焊接性好，冷热加工性良好，一般在热轧或正火状态下使用。适用于制作高压容器、重型机械、桥梁、锅炉、车辆及其他大型焊接结构件
Q460	400~460	550~720	17	

表 1-27 部分普通低合金高强度结构钢新旧标准对照表

GB/T 1591—2008	GB/T 1591—1988
—	09MnV、09MnNb、09Mn2、12Mn
Q345（A、B、C、D、E）	12MnV、14MnNb、16MnRE、18Nb
Q390（A、B、C、D、E）	15MnV、15MnTi、16MnNb
Q420（A、B、C、D、E）	15MnVN、14MnVTiRE
Q460（C、D、E）	14MnMoV、18MnMoNb

2. 合金渗碳钢

合金渗碳钢具有优良的耐磨性、耐疲劳性，又具有足够的韧性和强度。通常用来制造各种机械零件，如汽车、拖拉机中的变速齿轮，内燃机上的凸轮轴和活塞销等。

合金渗碳钢中碳的质量分数一般控制在 0.10%~0.25% 之间，目的是为了保证零件的心部具有足够的塑性和韧性。渗碳钢中加入 Ni、Mn、Si、B 等合金元素以提高其淬透性，使零件在热处理后，表面和心部得到强化。另外，为了降低钢的过热敏感性和细化晶粒，常常加入少量 V、Ti 等合金元素。

常用合金渗碳钢的牌号、热处理、性能和用途见表 1-28。

表 1-28 常用合金渗碳钢的牌号、热处理、性能和用途（GB/T 3077—1999）

牌号	试样尺寸/mm	热处理			力学性能（不小于）					钢材退火或高温回火供应状态 HBW100/3000 不大于	用材举例
		淬火温度 t/℃		回火温度 t/℃	R_{eL}/MPa	R_m/MPa	A_5（%）	Z（%）	KU_2/J		
		第一次	第二次								
20Cr	15	880 水，油	780~820 水，油	200 水，空气	540	835	10	40	47	179	齿轮，小轴，活塞销
20CrMnTi	15	880 油	870 油	200 水，空气	850	1080	10	45	55	217	汽车、拖拉机的齿轮，活塞
20MnVB	15	860 油		200 水，空气	885	1080	10	45	55	207	代替 20Cr 和 20CrMnTi
20Cr2Ni4	15	880 油	780 油	200 水，空气	1080	1180	10	45	63	269	大型渗碳齿轮曲轴
18Cr2-Ni4WA	15	950 空气	850 空气	200 水，空气	835	1180	10	45	78	269	大型渗碳齿轮曲轴

注：统一数字代号是根据 GB/T 17616—1998 规定列入，优质钢尾部数字为"2"，高级优质钢（带 A 钢）尾部数字为"3"，特级优质钢（带"E"钢）尾部数字为"6"。

合金渗碳钢的预备处理常采用正火，以消除锻件内应力和改善切削加工性能。最终热处理是渗碳后进行淬火加低温回火。合金渗碳钢的最终组织是：表层为高碳马氏体加碳化物，心部淬透时为低碳回火马氏体。

3. 合金调质钢

合金调质钢具有良好的综合力学性能，既具有很高的强度，又具有良好的塑性和韧性。常用于制造一些受力比较复杂的重要零件，如机床的主轴、电动机轴、汽车齿轮轴等轴类零件。

合金调质钢中碳的质量分数一般在 0.25% ~ 0.50% 之间，以确保合金调质钢有一定的强度、硬度和良好的塑性、韧性。另外，合金调质钢中常常加入少量的 Cr、Mn、Si、Ni、B 等合金元素以增加钢的淬透性，且使铁素体得到强化并提高韧性。加入少量的 Mo、V、W、Ti 等合金元素，可起到细化晶粒、提高钢的回火稳定性，进一步改善钢的性能的作用。

合金调质钢的预备热处理通常是正火或退火。最终热处理是调质处理，即淬火加高温回火，获得回火索氏体组织。若要求零件表面有很高的硬度及良好耐磨性，可在调质处理后进行表面淬火及低温回火处理。常用合金调质钢的牌号、热处理、性能和用途见表1-29。

表1-29　常用合金调质钢的牌号、热处理、性能和用途

牌　号	试样尺寸 /mm	热　处　理		力学性能（不小于）					钢材退火或高温回火供应状态 HBW100 /3000 不大于	用材举例
		淬火温度 $t/°C$	回火温度 $t/°C$	R_{eL} /MPa	R_m /MPa	A_5 (%)	Z (%)	KU_2/J		
40B	25	840 水	550 水	635	785	12	45	55	207	齿轮转向拉杆、轴，凸轮
40Cr	25	850 油	520 油，水	785	980	9	45	47	207	齿轮、套筒、轴、进气阀
35SiMn	25	900 水	570 水，油	735	885	15	45	47	229	传动齿轮、心轴、汽轮机叶轮
40MnB	25	850 油	500 水，油	785	980	10	45	47	207	汽车上转向轴、半轴、蜗杆
40CrNi	25	820 油	500 水，油	785	980	10	45	55	241	重型机械齿轮、轴，蒸汽涡轮机叶片
30CrMnSi	25	880 油	520 水，油	885	1080	10	45	39	229	高压鼓风机叶片、阀门
35CrMo	25	850 油	550 水，油	835	980	12	45	63	229	大截面的齿轮、轴，高压管
37CrNi3	25	820 油	500 水，油	980	1130	10	50	47	269	大截面重要的轴，曲轴，凹模
40CrNiMoA	25	850 油	600 水，油	835	980	12	55	78	269	卧式锻造机传动偏心轴
40CrMnMo	25	850 油	600 水，油	785	980	10	45	63	217	重载荷轴，齿轮，连杆

4. 合金弹簧钢

合金弹簧钢具有高的弹性极限，尤其是高的屈强比（R_{eL}/R_m）以保证弹簧有足够高的弹性变形能力和较大的承载能力。另外，还要求具有高的疲劳强度以及足够的塑性和韧性。它通常用于制造各种弹簧和弹性元件。

合金弹簧钢中碳的质量分数一般为 0.50% ~ 0.70%，以保证具有高的屈强比。在合金弹簧钢加入 Si、Mn 等合金元素，可提高钢的淬透性；同时 Si 和 Mn 也提高了屈强比。重要用途的弹簧钢还必须加入 Cr、V、W 等元素。此外，弹簧的冶金质量对疲劳强度有很大的影响，所以弹簧钢均为优质钢或高级优质钢。

弹簧按加工和热处理可分为热成形弹簧和冷成形弹簧两类。热成形弹簧用热轧钢丝或钢板制成，然后淬火和中温（450 ~ 550℃）回火，获得回火托氏体组织。它具有很高的屈服强度和弹性极限，并有一定的塑性和韧性，一般用来制作较大型的弹簧。冷成形弹簧用冷拔弹簧钢丝（片）卷成，一般用来制作小尺寸弹簧。为了提高弹簧的疲劳寿命，目前还广泛采用喷丸强化处理。

常用合金弹簧钢有 60Si2Mn 和 50CrVA 两种。60Si2Mn 是以 Si、Mn 为主要合金元素的弹簧钢，这类钢的价格便宜，淬透性明显优于 65Mn 等碳素弹簧钢；由于 Si、Mn 的复合合金化，性能比只用 Mn 的好得多，主要用于汽车、拖拉机上的板簧和螺旋弹簧。50CrVA 是含 Cr、V、W 等元素的弹簧钢，由于 Cr、V 的复合合金化，不仅大大提高了钢的淬透性，而且还提高了钢的高温强度、韧性和热处理工艺性能，可用于制作在 350 ~ 400℃ 温度下承受重载的较大弹簧。

5. 滚动轴承钢

滚动轴承钢应具有高的接触疲劳强度、高的硬度和耐磨性、足够的韧性和淬透性；此外，还要求在大气和润滑介质中有一定的耐蚀能力和良好的尺寸稳定性。滚动轴承钢主要用来制造滚动轴承的滚动体（滚珠、滚柱、滚针）和内、外套圈等。

滚动轴承钢中碳的质量分数一般为 0.95% ~ 1.10%，以保证其高硬度、高耐磨性和高强度；铬的含量为 0.40% ~ 1.65%，为组成滚动轴承钢的基本合金元素，这是因为铬能提高其淬透性；形成合金渗碳体 $(Fe, Cr)_3C$ 呈细密、均匀分布，从而提高钢的耐磨性，特别是疲劳强度；在钢中加入 Si、Mn 可进一步提高淬透性，便于制造大型轴承；V 部分溶于奥氏体中，部分形成碳化物 VC，提高钢的耐磨性并防止过热。

滚动轴承钢的预备热处理为球化退火，最终热处理为淬火和低温回火。进行球化退火的目的不仅是降低钢的硬度，以利于切削加工，更重要的是获得细的球状珠光体和均匀分布的过剩的细粒状碳化物，为零件的最终热处理做组织准备。滚动轴承钢进行淬火和低温回火的组织为极细的回火马氏体、均匀分布的粒状碳化物以及少量残余奥氏体。精密轴承必须保证在长期存放和使用中不变形。引起变形和尺寸变化的原因主要是存在内应力和残余奥氏体发生转变。为了稳定尺寸，淬火后可立即进行"冷处理"（−60 ~ −50℃），并在回火和磨削加工后，进行低温时效处理（120 ~ 130℃，保温 5 ~ 10h）。

滚动轴承钢最常用的是 GCr15，其使用量占轴承钢的绝大部分。为了节约铬，加入 Mo、V 可得到无铬轴承钢，如 GSiMnMoV、GSiMnMoVRE 等，其性能与 GCr15 的相近。

（二）合金工具钢

合金工具钢按其用途可分为合金刃具钢、合金模具钢和合金量具钢，但实际应用界限并非绝对。

1. 合金刃具钢

合金刃具钢要求具有高硬度（60HRC 以上）、高耐磨性、高热硬性及足够的塑性和韧性，主要用于制造各种金属切削刀具，如车刀、铣刀、钻头等。常用的合金刃具钢有低合金刃具钢和高速工具钢两种。

（1）低合金刃具钢 低合金刃具钢中碳的质量分数为 0.9% ~ 1.1%，以保证高硬度和高耐磨性；通常在钢中加入 Cr、Mn、Si、W、V 等合金元素。加入 Cr、Mn、Si 主要是提高钢的淬透性，Si 还能提高钢的回火稳定性；加入 W、V 能提高硬度和耐磨性，并防止加热时过热，保持细小的晶粒。低合金刃具钢的最高工作温度不超过 300℃，主要用于制造低速切削刀具，如板牙、丝锥、钻头、铰刀等。

低合金刃具钢的预备热处理为球化退火，最终热处理为淬火和低温回火。热处理后的组织为回火马氏体、剩余碳化物和少量残余奥氏体。常用的低合金刃具钢有 9SiCr 和 CrWMn 两种。9SiCr 可制作板牙、丝锥、钻头、铰刀、齿轮铣刀、冲模、冷轧辊等；CrWMn 可制作板牙、拉刀、量规、形状复杂且精度高的冲模等。

（2）高速工具钢 高速工具钢是高合金刃具钢，具有很高的热硬性，高速切削中刃部温度达 600℃时，其硬度无明显下降。因适合于高速切削，故得名。

高速工具钢中碳的质量分数在 0.70% 以上，最高可达 1.5% 左右。它一方面要保证能与 W、Cr、V 等形成足够数量的碳化物；另一方面还要有一定数量的碳溶于奥氏体中，以保证马氏体的高硬度。通常在高速工具钢中加入 Cr、W、Mo、V 等合金元素，加入 Cr 可提高淬透性，加入 V 可提高耐磨性，细化晶粒，加入 W、Mo 可保证高的热硬性。在退火状态下，W、Mo 以碳化物的形式存在。这类碳化物一部分在淬火后存在于马氏体中，在随后的 560℃ 回火时形成 W_2C 或 Mo_2C 弥散分布，造成二次硬化。这种碳化物在 500 ~ 600℃ 温度范围内非常稳定，从而使钢具有良好的热硬性。

高速工具钢最终热处理时的淬火温度较高（一般为 1220 ~ 1280℃），然后经 550 ~ 570℃ 三次高温回火。回火后的组织为回火马氏体、细粒状碳化物及少量残余奥氏体。典型高速工具钢牌号为 W18Cr4V。W18Cr4V 钢的热硬性较好，热处理时的脱碳和过热倾向较小，常用于制造一般高速切削用车刀、刨刀、钻头、铣刀等。

2. 合金模具钢

合金模具钢按其用途分为冷作模具钢和热作模具钢两大类。

（1）冷作模具钢 冷作模具钢在工作时承受很大的压力、弯曲力、冲击载荷和摩擦，其主要失效形式是磨损，也常出现崩刃、断裂和变形等失效现象。因此，冷作模具钢应具有高硬度（一般为 58 ~ 62HRC）、高耐磨性、足够的韧性和疲劳抗力等。冷作模具钢主要用于制造各种冷冲模、冷镦模、冷挤压模和拉丝模等，工作温度不超过 200 ~ 300℃。

冷作模具钢中碳的质量分数多在 1.0% 以上，特殊的甚至达到 2.0%，以保证高的硬度和高耐磨性；加入 Cr、Mo、W、V 等合金元素形成难熔碳化物，提高耐磨性，尤其是 Cr。冷作模具钢的典型钢种是 Cr12，其中铬的质量分数高达 12%。铬与碳形成 Cr_7C_3 型碳化物，能极大提高钢的耐磨性，铬还可较大地提高钢的淬透性。

冷作模具钢的热处理与低合金刃具钢的类似，热处理后的组织为回火马氏体、碳化物和残余奥氏体。大部分要求不高的冷模具用低合金刃具钢制造，如 9Mn2V、9SiCr、CrWMn

等。Cr12 属于大型冷作模具用钢，热处理变形很小，常用于制造重载和形状复杂的模具。

（2）热作模具钢　热作模具钢用于制造各种热锻模、热压模、热挤压模和压铸模等，工作时型腔表面温度可达 600℃ 以上。因此要求其具有高的热硬性、高温耐磨性、高的抗氧化性能、高的抗热疲劳性、高的热强性和足够的韧性；由于热模具一般较大，所以还要求热作模具钢有高的淬透性和导热性。

热作模具钢中碳的质量分数一般为 0.3% ~ 0.6%，以保证高强度、高韧性、较高的硬度（35 ~ 52HRC）和较高的热疲劳抗力。在此类钢中加入较多的是提高淬透性的 Cr、Ni、Mn、Si 等元素，如 Cr 是提高淬透性的主要元素，同时又可和 Ni 一起提高钢的回火稳定性，Ni 在强化铁素体的同时还增加钢的韧性，并与 Cr、Mo 一起提高钢的淬透性和耐热疲劳性能；另外，在钢中还加入能产生二次硬化的 Mo、W、V 等元素，如 Mo 能防止产生第二类回火脆性，提高高温强度和回火稳定性。

热作模具钢中热锻模具的热处理和调质钢的相似，淬火后高温（550℃ 左右）回火，以获得回火索氏体和回火托氏体组织；热压模具淬火后在略高于二次硬化峰值的温度（600℃ 左右）下回火，其组织为回火马氏体、粒状碳化物和少量残余奥氏体，与高速工具钢的类似。为了保证热硬性，要进行多次回火。生产中，5CrMnMo、5CrNiMo 等常用于制作对韧性要求高而热硬性要求不太高的热锻模；3Cr2W8V、4Cr5MoSiV 等常用于制作热强性更好的大型锻压模或压铸模。

3. 合金量具钢

合金量具钢在使用过程中要求测量精度高，不能因磨损或尺寸不稳定影响测量精度。对其性能的主要要求是高硬度（大于 56HRC）、高耐磨性、高尺寸稳定性及热处理变形小，在存放和使用过程中，尺寸不发生变化。合金量具钢主要用于制造各种测量工具，如卡尺、千分尺、螺旋测微仪、量块、塞尺等。

合金量具钢的成分与低合金刃具钢的相同，即为高碳（w_C 为 0.9% ~ 1.5%）和加入提高淬透性的元素 Cr、W、Mn 等。合金量具钢在淬火和低温回火处理时应采取措施以提高组织的稳定性，如淬火后立即进行 -70 ~ -80℃ 的冷处理，使残余奥氏体尽可能地转变为马氏体，然后再进行低温回火。对于精度要求高的量具，在淬火、冷处理和低温回火后，尚需进行 120 ~ 130℃、几小时至几十小时的时效处理，使马氏体正方度降低、残余的奥氏体稳定和消除残余应力。

生产中对于尺寸小、形状简单、精度较低的量具，可选用高碳钢制造；对于复杂的精密量具一般选用低合金刃具钢；精度要求高的量具选用 CrMn、CrWMn、GCr15 等制造。如 CrWMn 钢的淬透性较高，淬火变形小，主要用于制造高精度且形状复杂的量块等；GCr15 钢的耐磨性、尺寸稳定性较好，多用于制造高精度量块、螺旋塞头、千分尺等；9Cr18、4Cr13 可用于制作在腐蚀介质中使用的量具。

（三）不锈钢

不锈钢属于具有特殊物理、化学性能的特殊性能钢，它是指在空气、水、弱酸、碱和盐溶液或其他腐蚀介质中具有高度化学稳定性的合金钢的总称。在酸、碱、盐溶液等强腐蚀性介质中能抵抗腐蚀的钢称为耐蚀钢（或称为耐酸钢）。

1. 不锈钢的成分与耐蚀性能

通常采用以下几种措施来提高金属的耐蚀性能：

1）使金属表面形成致密的氧化膜。

2）提高金属基体的电极电位。

3）使金属呈单相组织。

大多数不锈钢中碳的质量分数为 0.1% ~ 0.2%，耐蚀性越高，碳的质量分数应越低。为了提高金属的耐蚀性，在不锈钢中常常加入 Cr、Ti、Mo、Nb、Ni、Mn、N 等合金元素。加入 Cr 的主要作用是形成致密的氧化铬保护膜，同时提高铁素体的电极电位。另外，Cr 还能使钢呈单一的铁素体组织。所以 Cr 是不锈钢中的主要元素，应适当提高 Cr 的含量。加入 Ti 元素能优先与碳形成碳化物，使 Cr 保留在基体中，从而减轻钢的晶间腐蚀倾向。加入 Ni、Mn、N 可获得奥氏体组织，并能提高铬不锈钢在有机酸中的耐蚀性能。

2. 常用不锈钢的类型

按化学成分的不同，不锈钢可分为铬不锈钢和铬镍不锈钢两大类；按组织的不同，又可分为马氏体型不锈钢、奥氏体型不锈钢、铁素体型不锈钢、奥氏体-铁素体型不锈钢和沉淀硬化型不锈钢 5 种类型。

（1）马氏体型不锈钢　马氏体型不锈钢中碳的质量分数和铬的质量分数均较高，淬透性较好，但耐蚀性稍差。这类钢需要经淬火加高（低）温回火后使用。常用于制作耐蚀性要求不高，而力学性能要求较高的零件。常用的有 12Cr13、20Cr13 等不锈钢。

（2）奥氏体型不锈钢　奥氏体型不锈钢是目前工业上应用最广泛的不锈钢，其 Cr、Ni 的含量较高。奥氏体型不锈钢在常温下可得到单相奥氏体组织，通常称为 18-8 型铬镍不锈钢。常用的牌号有 06Cr19Ni10、12Cr18Ni9 等。奥氏体型不锈钢具有良好的韧性、塑性、耐蚀性和焊接性，主要用于制造强腐蚀介质中工作的零件及构件，如吸收塔、储槽、管道等。

（3）铁素体型不锈钢　这类不锈钢中，碳的质量分数较低，而铬的质量分数较高。因此，在室温到高温均为单相铁素体组织。其耐蚀性、塑性、韧性和焊接性能均优于马氏体不锈钢，但其强度较低。常用的牌号有 10Cr17、022Cr18Ti、10Cr17Mo 等。它主要用于力学性能要求不高，而对耐蚀性要求较高的零件或构件，如硝酸吸收塔、热交换器、管路等。

（4）奥氏体-铁素体型不锈钢　这类不锈钢中含有的合金元素有 Cr、Ni，还有少量的 Mo、Ti、Pb 等。其组织为奥氏体 + 铁素体，其性能兼有奥氏体和铁素体的特征。常用的牌号有 14Cr18Ni11Si4AlTi、022Cr19Ni5Mo3Si2N 等。

（5）沉淀硬化型不锈钢　这类不锈钢中含有的主要合金元素有 Cr、Ni 等。常用于轴类、弹簧和有一定耐蚀要求的高强度容器等。常用的牌号有 07Cr17Ni7Al、07Cr15Ni7Mo2Al 等。

三、铸铁

铸铁通常是指碳的质量分数大于 2.11% 的铁碳合金，并且含有较多的硅、锰、硫、磷等元素。铸铁具有良好的减振、减摩作用，良好的铸造性能及切削加工性能，且价格低廉，因而在各种机械中得到广泛的应用。

在铸铁中，碳可以以游离态的石墨（G）形式存在，也可以以化合态的渗碳体形式存在。根据碳在铸铁中存在形式的不同，铸铁可分为以下几类：

（1）灰铸铁　碳主要以石墨形式存在，其断口呈暗灰色，故称灰铸铁。其硬度低，塑性、韧性较差；工艺性能较好，如铸造、切削加工等；生产设备和工艺简单，成本低廉，应用十分广泛。

（2）白口铸铁　碳主要以渗碳体形式存在，断面呈银白色，故称白口铸铁。其硬度高，脆性大，塑性、韧性差；不便于切削加工。主要用作炼钢原料，可锻铸铁毛坯，耐磨损零件，如轧辊、犁铧和球磨机磨球等。

（3）可锻铸铁 碳主要以团絮状石墨形式存在的铸铁。它由白口铸铁通过高温石墨化退火而获得，比灰铸铁有较高的强度和韧性，可以用来制造承受冲击和振动的薄壁小型零件。

（4）球墨铸铁 碳主要以球状石墨形式存在的铸铁。这种铸铁可以用球化处理方法获得，其强度高、综合力学性能接近于钢，主要用来制造受力比较复杂的零件，如曲轴、齿轮、连杆等。

（5）蠕墨铸铁 碳主要以蠕虫状石墨形式存在的铸铁。强度接近于球墨铸铁，并且有一定的韧性，是一种高强度铸铁。常用于生产气缸套、气缸盖、液压阀等铸件。

铸铁中的碳原子析出并形成石墨的过程称为铸铁的石墨化。铸铁中的石墨可由液体或奥氏体中析出，也可由渗碳体分解得到。石墨化过程主要受化学成分和铸件冷却速度的影响。

铸铁中的碳和硅是具有强烈促进石墨化的元素，其含量越高，石墨化越易进行；磷元素对石墨化也稍有促进作用。硫元素则对石墨化有阻碍作用，还会降低铁液的流动性，应限制其质量分数。锰元素对石墨化虽有阻碍作用，但它能减轻硫的有害作用，应在铸铁中保持一定的质量分数。

铸铁结晶时，冷却速度越慢，原子扩散时间越充分，越有利于石墨化的充分进行，结晶出的石墨又多又大；而快速冷却则阻碍石墨化、促使白口化。冷却速度的快慢与浇注速度、铸件壁厚和铸型材料的热传导性等因素均有关。

（一）灰铸铁

1. 灰铸铁的组织特点

灰铸铁的组织是由非合金钢组织作为基体并以片状石墨分布在基体组织上组成的。基体分为铁素体、铁素体 + 珠光体、珠光体，如图1-38所示。因石墨的强度、硬度很低，塑性、韧性几乎为零，因此，灰铸铁的组织相当于在钢的基体上分布着许多细小的裂纹和空洞。

2. 灰铸铁的性能特点

由于片状石墨破坏了基体的连续性，并在石墨的尖端处易产生应力集中，故灰铸铁的抗拉强度、塑性和韧性都较差。但石墨对灰铸铁的抗压强度影响不大，所以灰铸铁的抗压强度与相同基体的钢差不多。由于石墨的存在，也使灰铸铁获得了良好的耐磨性、抗振性、切削加工性和铸造性能。

灰铸铁由于以上优良性能和低廉的价格，所以在生产上得到了广泛的应用。它常用于制造形状复杂而力学性能要求不高的工件，承受压力、要求消振的工件，以及一些耐磨工件。

3. 灰铸铁常用的热处理

热处理只能用来改变灰铸铁的基体组织，而不能改变石墨的形状、大小和分布，故热处理一般只用于消除铸件内应力和白口组织，稳定尺寸和提高工件表面硬度、耐磨性。常用的热处理工艺有消除应力退火，消除白口组织的退火和表面淬火。

4. 灰铸铁的孕育处理

灰铸铁的孕育处理能够改善灰铸铁的组织和性能。孕育处理就是在浇注前向铁液中加入少量孕育剂（如硅铁、硅钙合金等），以改善铁液结晶条件，获得细小、均匀分布的片状石墨和细小的珠光体组织。经过孕育处理后的灰铸铁称为孕育铸铁。

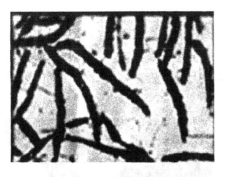 

a)   b)

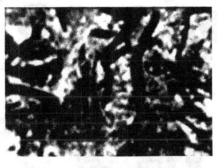

c)

图 1-38　灰铸铁的显微组织

a）铁素体基体　b）铁素体+珠光体基体　c）珠光体基体

5. 灰铸铁的牌号和用途

灰铸铁的牌号用"灰铁"两个汉字的首位汉语拼音字母"HT"及后面一组数字组成，数字表示抗拉强度值。灰铸铁的牌号、性能及主要用途见表 1-30。

表 1-30　灰铸铁的牌号、性能及主要用途

灰铸铁牌号	抗拉强度 R_m/MPa≥	相当于旧牌号（GB 976—1967）	硬度 HBW	主 要 用 途
HT100	100	HT10—26	≤170	低载荷和不重要的零件，如盖、手轮、支架等
HT150	150	HT15—33	125～205	受一般载荷的铸件，如底座、机箱、刀架座等
HT200	200	HT20—40	150～230	承受中等载荷的重要零件，如气缸、齿轮、齿条、一般机床床身等
HT250	250	HT25—47	180～250	承受较大载荷的重要零件，如气缸、齿轮、凸轮、液压缸、轴承座、联轴器等
HT300	300	HT30—54	200～275	承受高强度、高耐磨性、高度气密性的重要零件，如重型机床床身、机架、高压液压缸、车床卡盘、高压液压泵、泵体等
HT350	350	HT35—60	220～290	

注：1. 本表灰铸铁牌号和抗拉强度值摘自 GB/T 9439—2010。

　　2. 抗拉强度用 ϕ30mm 的单铸试棒加工成试样进行测定。

（二）球墨铸铁

铁液经球化处理和孕育处理，使石墨全部或大部分呈球状的铸铁称为球墨铸铁。

1. 球墨铸铁的组织特点

球墨铸铁根据基体组织的不同，可分为铁素体球墨铸铁、铁素体 + 珠光体球墨铸铁和珠光体球墨铸铁 3 种。其显微组织如图 1-39 所示。

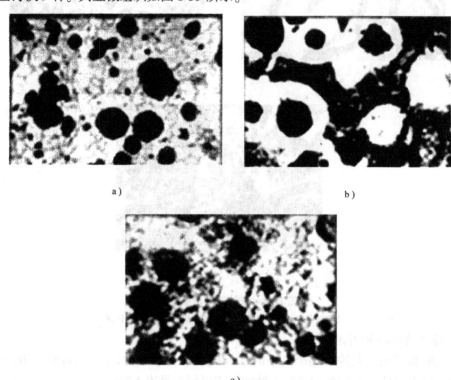

a）

b）

c）

图 1-39　球墨铸铁的显微组织

a）铁素体基体　b）铁素体 + 珠光体基体　c）珠光体基体

2. 球墨铸铁的性能特点

因球状石墨对铸铁基体的割裂作用及应力集中很小，基体性能得到改善，使得球墨铸铁有较高的抗拉强度和抗疲劳极限，塑性、韧性也比灰铸铁好得多，可与铸钢媲美。此外，球墨铸铁的铸造性能、耐磨性、消振性、切削加工性都比钢的好。

球墨铸铁常用于制造载荷较大且受磨损和冲击作用的重要零件，如汽车、拖拉机的曲轴、连杆和机床的蜗杆、蜗轮等。

3. 球墨铸铁的热处理

由于球状石墨对基体的割裂作用较小，而基体组织对球墨铸铁的性能影响较大，所以球墨铸铁常通过各种热处理来改善基体组织，提高球墨铸铁的力学性能。另外，还可通过热处理来改善其切削加工性，消除内应力。生产中球墨铸铁常用的热处理方式有退火、正火、调质及等温淬火。

4. 球墨铸铁的牌号及用途

球墨铸铁牌号由"球铁"两字首位汉语拼音字母"QT"及两组数字组成。两组数字分别表示抗拉强度和伸长率。如 QT400—15 表示其抗拉强度为 400MPa、伸长率为 15% 的球墨铸铁。球墨铸铁的牌号、力学性能和用途见表 1-31。

表 1-31 球墨铸铁的牌号、力学性能和用途（摘自 GB/T 1348—2009）

牌号	基体组织	力学性能				主要用途
		R_m/MPa	$R_{p0.2}$/MPa	A（%）	硬度 HBW	
		不小于				
QT400—18	铁素体	400	250	18	120～175	承受冲击、振动的零件，如汽车、拖拉机的轮毂、驱动桥壳、减速器壳、齿轮箱、飞轮壳、中低压阀门等
QT400—15	铁素体	400	250	15	120～180	
QT450—10	铁素体	450	310	10	160～210	
QT500—7	铁素体+珠光体	500	320	7	170～230	机器座架、传动轴、飞轮、电动机机架、铁路机车车辆轴瓦等
QT600—3	珠光体+铁素体	600	370	3	190～270	载荷大、受力复杂的零件，如汽车、拖拉机的曲轴、连杆、气缸套，部分磨床、铣床、车床的主轴、各种齿轮、小型水轮机主轴等
QT700—2	珠光体	700	420	2	225～305	
QT800—2	珠光体或回火组织	800	480	2	245～335	
QT900—2	贝氏体或回火马氏体	900	600	2	280～360	高强度齿轮，如大减速器齿轮，内燃机曲轴

（三）耐蚀铸铁

耐蚀铸铁是指在酸、碱、盐等腐蚀介质中工作时具有耐蚀能力的铸铁。

由于普通铸铁组织中的石墨或渗碳体有促使铁素体腐蚀的作用，所以普通铸铁的耐蚀性能较差。为了提高其耐蚀性能，目前主要采取通过加入 Si、Al、Cr 等合金元素，使其在铸铁表面形成一层连续致密的保护膜，可有效地提高铸铁的耐蚀性。在铸铁中加入 Cr、Si、Mo、Cu、Ni、P 等合金元素，可提高铁素体的电极电位，以提高其耐蚀性。通过合金化，还可以获得单相金属基体组织，以减少铸铁中的微电池，从而提高其耐蚀性。

耐蚀铸铁主要用于制造化工机械零部件，如阀门、容器、管道和耐蚀泵等。

 任务实施

减速器主要组成零部件的钢铁材料选用

1）让学生拆装图 1-37 所示的一级圆柱齿轮减速器，并熟悉减速器结构。

2）让学生认真观察和分析圆柱齿轮减速器各零部件的结构组成及其功用。

3）根据减速器各主要组成零部件的结构及其功用，利用前面所学的钢铁材料知识，完成表 1-32 所示的减速器主要组成零部件的钢铁材料选用。

表 1-32 减速器主要组成零部件的钢铁材料选用

序号	零件名称	材料种类	材料牌号	选用依据
1	箱体	灰口铸铁	HT200	箱体起密封和支承作用，要求有足够的强度和刚度，高的耐磨性和良好的减振性，箱体尺寸大，适宜铸造方法制造毛坯

（续）

序号	零件名称	材料种类	材料牌号	选用依据
2	箱盖	灰口铸铁	HT200	同上
3	输入轴	优质碳素结构钢	45	45 钢是工程中常见的优质碳素结构钢，经过适当的热处理后能获得良好的综合力学性能，适合制造在一般条件下工作的轴、齿轮等零件
4	输入轴齿轮	优质碳素结构钢	45	同输入轴
5	输入轴轴承	滚动轴承钢	GCr15	轴承工作时承受着高而集中的交变应力，还有强烈的摩擦，因此滚动轴承钢必须具有高而均匀的硬度和耐磨性，高的疲劳强度，足够的韧性和淬透性以及一定的耐蚀性等
6	联接螺栓	普通碳素钢	Q235	属于标准件，受力不复杂

 任务拓展

国产常用钢铁材料中外牌号对照

常用优质碳素结构钢和合金结构钢的中外牌号的对照分别见表 1-33 和表 1-34。

表 1-33 常用优质碳素结构钢中外牌号对照表

种类	中国	苏联	美国	英国	日本	德国
	GB	ГОСТ	ASTM	BS	JIS	DIN
优质碳素结构钢	08	08	1008	045M10	S9CK	C10
	15	15	1015	095M15	S15C	C15，CK15
	20	20	1020	050A20	S20C	C22，CK22
	30	30	1030	060A30	S30C	
	35	35	1035	060A35	S35C	C35，CK35
	40	40	1040	080A40	S40C	
	45	45	1045	080M46	S45C	C45，CK45
	50	50	1050	060A52	S50C	CK53
	55	55	1055	070M55	S55C	
	60	60	1060	080A62	S58C	C60，CK60

表 1-34 常用合金结构钢中外牌号对照表

种类	中国	苏联	美国	英国	日本	德国
合金结构钢	30Mn2	30Г2	1330	150M28	SMn433H	30Mn5
	50Mn2	50Г2				
	35SiMn	35СГ		En46		37MnSi5
	45B		50B46H			
	45MnB		50B44			
	15Cr	15X	5115	523M15	SCr415（H）	15Cr3

（续）

种类	中国	苏联	美国	英国	日本	德国
合金结构钢	45Cr	45X	5145，5147	534A99	SCr445	
	38CrSi	38XC				
	15CrMo	15XM	A－387Cr.B	1653	STC42	16CrMo44

学习任务四 非铁金属

任务目标

1）掌握非铁金属的分类、牌号、性能及应用范围。

2）掌握典型零件的非铁材料选择。

任务描述

你了解非铁金属材料在生产和生活中的应用吗？请举出一些应用实例。

知识准备

非铁金属通常是指钢铁之外的其他金属材料。非铁金属具有钢铁所不具备的许多特殊性能，如密度小、强度高、导电导热性较好、耐蚀等。因此，非铁金属被广泛应用于机械制造、化工、航天和电器等行业。

常用的非铁金属种类有铜及其合金、铝及其合金、钛及其合金等。

一、纯铜及其合金

（一）纯铜

纯铜俗称紫铜，通常呈紫红色，具有面心立方晶格，无同素异构转变，密度为8.96g/cm^3，熔点为1083℃。

纯铜具有良好的导电性、导热性及抗大气腐蚀性能，其导电性和导热性仅次于金和银，是常用的导电、导热材料。纯铜还具有强度低、塑性好、便于冷热压力加工的性能。常用于制造导线、散热器、铜管、防磁器材及配制合金等。

工业纯铜的牌号有T1、T2、T3、T4共4种。序号越大，纯度越低。

（二）铜合金

因纯铜的强度较低，不适于制作结构件，所以常加入适量的合金元素制成铜合金。

根据加入合金元素的不同，铜合金可分为黄铜、青铜和白铜。其中青铜和黄铜在生产中应用最普遍。

1. 黄铜

黄铜是以锌为主要合金元素的铜合金，因其颜色呈黄色，故称黄铜。依据化学成分的不同，黄铜可分为普通黄铜和特殊黄铜两类。

（1）普通黄铜　铜中加入锌所组成的合金称为普通黄铜。普通黄铜又可分为单相黄铜和双相黄铜两类。锌的含量对普通黄铜的组织和性能有着重要的影响。黄铜的力学性能与锌的质量分数的关系如图1-40所示。

当 w_{Zn} < 32% 时，锌全部溶于铜中形成单相 α 固溶体，称为单相黄铜。当 w_{Zn} > 32% 时，组织中出现了以 CuZn 为基体的 β′ 相固溶体，称双相黄铜（α + β′）。随含锌量的增加，黄铜的塑性下降、强度升高，当 w_{Zn} > 45% 后，组织全部由 β′ 相组成，强度、塑性急剧下降，脆性很大，已无使用价值。

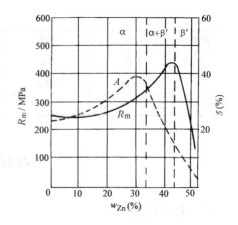

图 1-40　锌的质量分数对黄铜力学性能的影响

单相黄铜塑性好，可进行冷热加工。双相黄铜强度高，价格便宜，但塑性不好，适宜热加工。

黄铜不但有较高的力学性能，而且有良好的导电、导热性能，以及良好的耐蚀性。但当黄铜产品中存在残余应力时，其耐蚀性将下降，如果处在腐蚀介质中时，则会开裂。因此，冷加工后的黄铜产品要进行去应力退火。

黄铜的牌号用"黄"字首位汉语拼音字母"H"加数字表示，数字表示铜的平均质量分数。如 H68，表示铜的平均质量分数为 68% 的普通黄铜。

（2）特殊黄铜　在普通黄铜中加入铅、铝、硅、锡等元素所组成合金称为特殊黄铜，其目的是为改善黄铜的某些性能。如加入铅，能改善切削加工性和耐磨性；加入硅可提高强度和硬度；加入锡可提高强度和海水中的耐蚀性。

特殊黄铜按加工方式的不同可分为压力加工黄铜和铸造加工黄铜两种。前者合金元素少、塑性高；后者合金元素较多、强度高、铸造性好。

压力加工特殊黄铜牌号用"H + 主加元素符号（锌除外）+ 铜的质量分数 + 主加元素质量分数"表示。例如 H-Mn58-2 表示铜的质量分数为 58%、锰的质量分数为 2%，其余为锌的锰黄铜。

铸造黄铜牌号用"ZCu + 主加元素的含量 + 其他加入元素的符号及含量"来表示。例如 ZCuZn31Al2 表示锌的质量分数为 31%，铝的质量分数为 2%，其余为铜的铸造黄铜。

2. 青铜

青铜是指黄铜和白铜以外的所有铜合金。按成分不同，青铜可分为锡青铜和特殊青铜等，按加工方式的不同可分为压力加工青铜和铸造青铜两大类。

压力加工青铜的牌号由"Q" + 主加元素符号及含量 + 其他元素的含量来表示。如 QSn4—3 表示 w_{Sn} 为 4%、w_{Zn} 为 3%、其余为铜的锡青铜。铸造青铜牌号的表示方法和铸造黄铜的表示方法相同。

（1）锡青铜　以锡为主加元素的铜合金。锡青铜分为压力锡青铜和铸造锡青铜两类。

压力加工锡青铜中锡的质量分数一般小于 10%，其塑性较好，适于冷热压力加工。这类合金经过形变强化后，强度、硬度得到提高，但塑性有所下降。它主要用于仪表上耐磨、耐蚀零件，弹性零件及滑动轴承、轴套等。

铸造锡青铜中锡的质量分数在 10% ~ 14% 之间，塑性较差，流动性小，易形成疏松，铸件致密性差，所以铸造锡青铜只适合于用来制造强度和密封性要求不高，但形状较复杂的铸件，如制造阀、泵壳、齿轮、蜗轮等零件。

锡青铜在淡水、海水中的耐蚀性高于纯铜和黄铜，但在氨水和酸中的耐蚀性较差。锡青铜还有良好的耐磨性。因此，锡青铜常用于制造耐磨、耐蚀工件。

（2）特殊青铜

1）铍青铜。铍青铜是以铍为主加元素的铜合金，铍的质量分数一般为 1.6% ~ 2.5%，常用代号为 QBe2。

因铍在铜中的溶解度变化较大，所以淬火后进行人工时效可获得较高的强度、硬度、抗蚀性和抗疲劳性。另外，其导电、导热性也特别好。铍青铜主要用于制造仪器仪表中重要的导电弹簧、精密弹性元件、耐磨工件和防爆工具。

2）铝青铜。铝青铜是以铝为主加元素的铜合金，铝的质量分数一般为 5% ~ 11%，常用代号有 QAl19-4、ZCuAl10Fe3 等。

铝青铜比黄铜和锡青铜具有更好的耐磨性、耐蚀性和耐热性，且具有更好的力学性能，常用来制造承受重载荷、耐蚀和耐磨零件，如齿轮、轴套、蜗轮等。

二、铝及其合金

（一）纯铝

纯铝呈银白色，是一种密度仅为 2.72g/cm³ 的轻金属，是自然界中储量最为丰富的金属元素，产量仅次于钢铁。

铝具有面心立方晶格，无同素异构转变，熔点为 660°C。其特点是导电性和导热性好、耐蚀性好。纯铝还具有塑性好、强度低的特性，所以能通过各种压力加工，制成板材、箔材、线材、带材及型材。纯铝的主要用途是制作导线、配制铝合金以及制作一些器皿垫片等。

根据 GB/T 3190—2008 的规定，铝及铝合金的牌号应采用国际 4 位数字体系进行表述。常用工业纯铝的牌号有 1070A、1060、1050A 等。

国际 4 位数字体系牌号的第 1 位数字表示铝及铝合金的组别，即：

1×××——纯铝（铝的质量分数不小于 99.00%）；

2×××——以铜为主要合金元素的铝合金；

3×××——以锰为主要合金元素的铝合金；

4×××——以硅为主要合金元素的铝合金；

5×××——以镁为主要合金元素的铝合金；

6×××——以镁和硅为主要合金元素并以 Mg2Si 相为强化相的铝合金；

7×××——以锌为主要合金元素的铝合金；

8×××——以其他合金元素为主要合金元素的铝合金；

9×××——备用合金组。

国际 4 位数字体系牌号的第 2 位字母或数字表示原始纯铝或铝合金的改型情况。如果是字母 A，则表示为原始纯铝或原始合金；如果是 B ~ Y 中的某一字母，则表示为原始合金的改型合金；如果是数字，则表示为合金元素或杂质极限含量的控制情况，0 表示其杂质极限无特殊控制，1 ~ 9 表示对一项或一项以上的单个杂质或合金元素极限含量有特殊控制。

国际 4 位数字体系 2××× ~ 8××× 牌号系列中最后两位数字仅用来识别同一组中不同合金或铝的纯度。其第 2 位为 0，表示原始合金；1 ~ 9 表示改型合金。

（二）铝合金

纯铝的强度较低，不宜制作承受重载荷的结构件。当纯铝中加入适量的硅、铜、锰、镁、锌等合金元素，可形成强度较高的铝合金。铝合金具有密度小、导热性好、比强度高等特性，再进一步经过冷变形和热处理，其强度还可进一步提高，故铝合金应用较为广泛。

铝合金根据成分和生产工艺特点，可分为形变铝合金和铸造铝合金两大类。变形铝合金加热时能形成单相固溶体组织，塑性好，宜于压力加工。铸造铝合金具有较低的熔点，且流动性较好，故适用于铸造成形。

1. 形变铝合金

常用形变铝合金的类型有防锈铝合金、硬铝合金、超硬铝合金、锻铝合金等。

（1）防锈铝合金　防锈铝合金的主加元素是锰和镁的合金。加入锰主要是提高合金的耐蚀能力和产生固溶强化作用。加入镁主要起固溶强化和降低合金密度的作用。

防锈铝合金强度比纯铝高，并且具有良好的耐蚀性、塑性和可焊性。但切削加工性较差，不能进行热处理强化，只能进行冷塑变形强化。

防锈铝合金的典型牌号有 5A05、3A21，主要用于经冲压法制成的轻负荷焊件或容器、管道、油箱等。

（2）硬铝合金　硬铝合金的主加元素为铜和镁的合金。加入铜和镁的作用是在时效过程中产生强化作用。这类合金可通过热处理强化来获得较高的强度和硬度，还可进行变形强化。

硬铝合金的典型牌号有 2A01、2A11，主要用于航空工业中，如制造飞机构架、叶片、螺旋桨等。

（3）超硬铝合金　超硬铝合金的主加元素为铜、镁、锌等的合金。这类合金经淬火加人工时效后，可获得更高的强度和硬度，切削性能良好，是目前强度最高的铝合金，但耐蚀性和焊接性较差。

超硬铝合金的典型牌号有 7A04，主要用于制造飞机上的受力部件，外形复杂的锻件和模锻件。

（4）锻铝合金　锻铝合金的主加元素为铜、镁、硅等的合金。其合金元素的含量较少，在加热状态下具有良好的塑性和耐热性，锻造性能好。

锻铝合金的典型牌号有 2A50、2A70，主要用于中等强度、形状复杂的锻件和模锻件。

2. 铸造铝合金

按加入主元素的不同，铸造铝合金主要分为铝硅系、铝铜系、铝镁系及铝锌系 4 类，其中铝硅系的应用最为广泛。

铸造铝合金的代号用"铸铝"两字的汉语拼音首位字母"ZL"及后面 3 位数字表示。第 1 位数字表示合金类别（1 为铝硅合金；2 为铝铜合金；3 为铝镁合金；4 为铝锌合金）；后两位数表示合金顺序号。

（1）铝硅铸造铝合金（俗称硅铝明）　铸造性能较好，但铸造组织粗大，在浇注时应进行变质处理细化晶粒，以提高其力学性能。

（2）铝铜铸造铝合金　具有较好的高温性能，但铸造性和耐蚀性较差，而且密度大；主要用于制造要求高强度或在高温条件下工作的零件。

（3）铝镁铸造铝合金　具有较高的强度和良好的耐蚀性，密度小，铸造性能差；主要用于制造在腐蚀性介质中工作的零件。

（4）铝锌铸造铝合金 具有较高的强度，热稳定性和铸造性能也较好，但密度大，耐蚀性差；主要用于制造结构形状复杂的汽车、飞机零件等。

三、钛及其合金

由于钛及其合金的密度小、强度高、耐高温、耐蚀、低温下韧性好，且资源丰富，现已被广泛应用于航空航天、造船、化工等行业。

1. 工业纯钛

钛为银白色的金属，其特性是密度小（$4.5g/cm^3$），熔点为 1725℃。纯钛还具有塑性好、强度低、易成形加工的性能。钛在 550℃ 以下时具有较好的耐蚀性、不易氧化，在海水及其蒸汽下的抗蚀能力比铝合金、不锈钢和镍合金的强。

钛具有同素异构现象，在 882℃ 以下时为密排六方晶格，称为 α-Ti；在 882℃ 以上时为体心立方晶格，称为 β-Ti。工业纯钛的力学性能与其纯度有密切的关系。工业纯钛的牌号有：TA1、TA2、TA3、TA4、TA28。T 是钛的首位汉语拼音字母，序号为纯度，序号越大，纯度越低。部分工业纯钛的牌号、力学性能及用途见表 1-35。

表 1-35 部分工业纯钛的牌号、力学性能及用途

牌号	材料状态	力学性能（退火状态）			用途
		R_m/MPa	R_{eL}（%）	a_K/（J·cm^{-2}）	
TA1	板材	350~500	30~40	—	航空：飞机架、发动机零部件 化工：热交换器、泵体、搅拌器 造船：耐海水腐蚀的管道、阀门、泵、柴油发动机活塞、连杆 机械：在低于350℃条件下工作且受力较小的零件
	棒材	343	25	80	
TA2	板材	450~600	25~30	—	
	棒材	441	20	75	
TA3	板材	550~700	20~25	—	
	棒材	539	15	50	

2. 钛合金

在钛中常常加入铝、锡、铜、铬、钼和钒等合金元素，以提高钛在室温时的强度和高温下的耐热性能。根据室温组织的不同，钛合金可分为 α 钛合金、β 钛合金和 α + β 钛合金 3 大类，其牌号分别用 TA、TB、TC 和编号数字来表示。如 TA5，表示 5 号 α 钛合金。

（1）α 钛合金 α 钛合金的主加元素为铝和锡。由于此类合金的 α 钛合金与 β 钛合金相互转化的温度较高，因而在室温或高温时均为 α 单相固溶体组织，不能进行热处理强化。α 钛合金具有较高的强度和韧性、热稳定性，较好的抗氧化性和良好的焊接性。

（2）β 钛合金 β 钛合金一般情况下的主加合金元素为钼、铬、钒和铜等。其性能为强度高、塑性好，但耐热性和抗氧化性不好，性能不太稳定，生产工艺复杂，密度大，因此应用不多。

（3）α + β 钛合金 α + β 钛合金的主加合金元素为铝、锡、锰、铬和钒等。其强度、耐热性和塑性都较好，并可以进行热处理强化，应用较为广泛。

常用钛合金的牌号、力学性能及用途见表 1-36。

表1-36 常用钛合金的牌号、力学性能及用途

牌 号	力学性能（退火状态）		用 途
	R_m/MPa	A_5（%）	
TA5	686	15	与工业纯钛的用途相似
TA6	686	20	飞机骨架、气压泵壳体、叶片、温度低于400°C环境下的焊件
TA7	785	20	温度低于500°C环境下长期工作的零件和各种模锻件
TC1	588	25	低于400°C环境下工作的焊接件和模锻件
TC2	686	15	低于500°C环境下工作的焊接件和模锻件
TC4	902	12	低于400°C环境下长期工作的零件，各种锻件、各种容器、泵
TC6	981	10	低于350°C环境下工作的零件
TC10	1059	10	低于500°C环境下长期工作的零件，如飞机构件，导弹发动机外壳等

任务实施

在生产和生活中，非铁金属的一些应用举例见表1-37。

表1-37 非铁金属的应用举例

序号	应用实例	材料种类	牌号	选用原因
1	铝锅	工业纯铝	1A97	轻，导热快，不易生锈
2	铆钉	形变铝合金	2A11	强度硬度高，加工性能好
3	汽车活塞	铸造铝合金	ZAlCu5Mn	重量轻，耐热性好，强度高
4	弹壳	普通黄铜	H70	塑性好，冷成形性好
5	蜗轮	锡青铜	QSn4-3	耐磨性、耐蚀性好，铸造性能良好

任务拓展

常用非铁金属材料中外牌号对照见表1-38。

表1-38 常用非铁金属材料中外牌号对照表

种 类	中国 GB	国际标准 ISO	苏联 гOCT	德国 DIN	日本 JIS
普通黄铜	H96	CuZn5	л96	CuZn5	C2100
普通黄铜	H90	CuZn10	л90	CuZn10	C2200
普通黄铜	H85	CuZn15	л85	CuZn15	C2300
普通黄铜	H80	CuZn20	л80	CuZn20	C2400
普通黄铜	H70	CuZn30	л70	CuZn30	C2600
锡青铜	QSn6.5-0.1	CuSn6	БpOф6.5-0.15	CuSn6	C5191
锡青铜	QSn6.5-0.4	CuSn6	БpOф6.5-0.4	CuSn6	C5191
锡青铜	QSn7-0.2	CuSn8	БpOф7-0.2	CuSn8	C5212
铝青铜	QAl10-3-1.5	CuAl10Fe5Ni5	БpAжMц10-3-1.5	CuAl10Fe3Mn2	C6161
白铜	BFe30-1-1	CuNi30Mn1Fe	МНжMц30-1-1	CuNi30Mn1Fe	C7060
白铜	BMn3-12		МНMц3-12	CuMn12Ni	C7150

（续）

种　　类	中国 GB	国际标准 ISO	苏联 rOCT	德国 DIN	日本 JIS
形变铝合金	1A99	1199	AB000	A199.98	
形变铝合金	1A97		AB00		A1095
铸造铝合金	ZL102	A1-Si12	Aл2	G-A1Si12	AC4A
铸造铝合金	ZL104	A1-Si10Mg	Aл4	G-A1Si10Mg	AC4D

* 非金属材料

工程材料分为金属材料和非金属材料两大类。由于金属材料具有良好的力学性能和工艺性能，所以工程材料大多以金属材料为主。近年来，随着科学技术的发展，许多非金属材料得到了迅速的发展，越来越多的非金属材料被应用在各个领域，取代部分金属材料，获得了巨大的技术经济效益，并已成为科学技术革命的重要标志之一。

常用的非金属材料可分为 3 大类型：高分子材料（如塑料、胶粘剂、合成橡胶、合成纤维等）、陶瓷（如日用陶瓷、金属陶瓷）、复合材料（钢筋混凝土、轮胎、玻璃钢）。

一、塑料

高分子材料是以高分子化合物为主要组分的材料。高分子化合物是指相对分子量大于5000 的化合物，它由一种或几种简单的低分子化合物重复连接而成。高分子化合物按其来源的不同可分为天然的（如蚕丝、天然橡胶等）和合成的（如塑料、合成橡胶和合成纤维等）两大类。其中，塑料是应用最广的有机高分子材料，也是主要的工程结构材料之一。所以，这里仅介绍机械工程中常用的塑料。

1. 塑料的组成

塑料是以有机合成树脂为主要成分，并加入多种添加剂的高分子材料。添加剂的种类有填料、增强材料、增塑剂、润滑剂、稳定剂、着色剂、阻燃剂等。

在塑料中加入填料是为了改善塑料的性能并扩大它的使用范围；加入增塑剂是为了提高树脂的可塑性和柔软性；加入稳定剂是为了防止某些塑料在光、热或其他因素作用下过早老化，以延长制品的使用寿命；加入润滑剂是为了防止塑料在成型过程中产生粘模，便于脱模，并使制品表面光洁美观；着色剂常加入装饰用的塑料制品中。

2. 塑料的性能

（1）物理性能　密度较小，仅为钢铁的 1/8 ~ 1/4；泡沫塑料更轻，密度为 0.02 ~ 0.20g/cm^3。塑料的绝缘性能较好，是理想的电绝缘材料，常用于要求减轻重量的车辆、飞机、船舶、电器、电动机、无线电等方面。

（2）化学性能　塑料一般具有良好的耐酸、碱、油、水及大气等腐蚀的性能，如聚四氟乙烯能承受"王水"的浸蚀。

（3）力学性能　塑料具有良好的耐磨和减摩性能，大部分塑料的摩擦因数较低。另外，塑料还具有自润滑性能，所以特别适合制造在干摩擦条件下工作的工件。塑料的缺点是强度

＊　表示选学内容

和刚度低；耐热性差，大多数塑料只能在100℃以下使用；易老化等。

3. 常用的工程塑料

根据树脂的热性能，塑料可分为热塑性塑料和热固性塑料两大类。

（1）**热塑性塑料** 热塑性塑料的特点是受热时软化而冷却后固化，再受热时又软化，具有可塑性和重复性。常用的热塑性塑料有聚烯烃、聚氯乙烯、聚苯乙烯、ABS、聚酰胺、聚甲醛、聚碳酸酯、聚四氟乙烯和聚甲基丙烯酸甲酯等。

（2）**热固性塑料** 热固性塑料大多数是以缩聚树脂为基础，加入多种添加剂而成。其特点是：初加热时软化，可注塑成型，但冷却固化后再加热时不再软化，不溶于溶液，也不能再熔融或再成型。常用的热固性塑料有环氧塑料和酚醛塑料等。

环氧塑料（EP）是由环氧树脂加入固化剂后形成的热固性塑料。它的强度较高，韧性较好，并具有良好的化学稳定性、绝缘性以及耐热、耐寒性，成型工艺性好；可制作塑料模具、船体、电子工业零件。

酚醛塑料（PF）是由酚类和醛类经缩聚反应而制成的树脂。根据不同的性能要求加入各种填料便制成各种酚醛塑料。常用的酚醛塑料是由苯酚和甲醛为原料制成的，称简 PF。

二、玻璃钢

玻璃钢是一种复合材料，又称为玻璃纤维增强材料。

由两种或两种以上不同性质的材料经人工组合而成的多相材料，称为复合材料。复合材料具有比强度和比模量高，抗疲劳性能好，良好的减振性、减摩性和耐磨性等特点；但抗冲击性差。

1. 玻璃钢的类型

根据粘结剂的不同，玻璃钢可分为热塑性玻璃钢和热固性玻璃钢两类。

2. 玻璃钢的性能特点

热塑性玻璃钢是以尼龙、聚烯烃类、聚苯乙烯类等热塑性树脂为粘结剂制成的玻璃钢，具有较高的机械、介电、耐热和抗老化性能，工艺性能也较好。与基体材料相比，强度和疲劳性能可提高 2~3 倍，冲击韧度提高 1~4 倍。热塑性玻璃钢可制造轴承、齿轮、仪表盘、壳体、叶片等零件。

热固性玻璃钢是以环氧树脂、酚醛树脂、有机硅树脂、聚酯树脂等热固性树脂为粘结剂制成的玻璃钢，具有密度小、强度高，介电性和耐蚀性良好及成型工艺性能好的优点。热固性玻璃钢可制造车身、船体、直升飞机旋翼等。

复 习 思 考 题

1. 何谓金属材料的力学性能？常用的力学性能指标有哪些？

2. 材料的工艺性能包括哪些方面？

3. 金属材料有哪些物理和化学性能？它们有何实用意义？

4. 晶体和非晶体的主要区别是什么？

5. 何谓金属的结晶？

6. 何谓过冷度？影响过冷度的主要因素是什么？

7. 晶粒大小对材料的力学性能有何影响？如何细化晶粒？

8. 何谓金属的同素异构转变？

9. 解释下列名词：

      铁素体   奥氏体   渗碳体   珠光体   莱氏体

10. 画出简化后的 $Fe\text{-}Fe_3C$ 相图，指出图中 A、C、D、E、P、S 及 ACD、$AECF$、GS、ES、ECF、PSK 等各点、线的意义，并标出各相区的相组分和组织组分。

11. 随着钢中含碳量的增加，钢的力学性能有何变化？为什么？

12. 08F 钢、45 钢、T8A 钢按质量、含碳量和用途分，各属于哪一类钢？

13. 指出下列牌号的含义：

      Q235B   15Mn   T12A   10F   ZG270-500

14. 渗碳钢和调质钢各有什么特点？其加入的合金元素有什么不同？

15. 简述不锈钢耐蚀的原因。各类不锈钢的性能和用途如何？

16. 何谓铸铁的石墨化？影响石墨化的因素有哪些？

17. 何谓孕育铸铁？它的组织性能有什么特点？

18. 何谓球墨铸铁？它主要有哪些性能特点？它常用的热处理方式有哪些？

19. 耐蚀铸铁中常加入的合金元素有哪些？

20. 形变铝合金分为几类？各有什么性能特点和用途？

21. 何谓黄铜、青铜？

22. 黄铜中含锌量对其组织和性能有何影响？

23. 钛合金分为哪几类？各自的性能特点是什么？

第二部分

铸　　造

把熔化的金属液浇注到具有和零件相适应形状的铸型空腔中，待其凝固、冷却后获得毛坯（或零件）的方法称为铸造。

铸造生产在机械工业中占有很重要的地位，是制造毛坯或零件的重要方法之一。在一般机器设备中，铸件占总质量的 40% ~ 90%；在农业机械中占 40% ~ 70%；在金属切削机床中占 70% ~ 80%；在重型机械、矿山机械及水力发电设备中占 85% 以上。在国民经济的其他部门中，也广泛采用各种铸件。

铸造生产的方法可分为砂型铸造和特种铸造两大类。生产中以砂型铸造为主，其生产的铸件约占总产量的 80% 以上。

特种铸造方法主要有金属型铸造、压力铸造、离心铸造、熔模铸造和壳型铸造、陶瓷型铸造等。

铸造生产具有以下特点：

1）铸造可以生产形状复杂，特别是内腔复杂的毛坯；铸件的轮廓尺寸可从几毫米至几十米；质量可从几克到几百吨。例如机床床身、内燃机的缸体和缸盖、阀体、箱体，以及水压机横梁等的毛坯均为铸件。

2）铸造可用各种合金来生产铸件，如碳素钢、合金钢、铸铁、铜合金、铝合金、锌合金及镁合金等。

3）铸造既可用于单件生产，也可用于成批或大批生产。

4）铸件与零件的形状、尺寸很接近，因而铸件的加工余量小，可以节约金属材料和加工工时。

5）铸造所用的原材料大部分来源广泛、价格低廉，还可使用废料和废零件，因此铸件的成本低廉。

6）铸造生产由于工序繁多，一些工艺过程难以控制，易出现铸造缺陷，使得铸件的质量不够稳定；铸件由于内部组织粗大、不均匀等原因，其力学性能不如同类材料的锻件高；此外，目前铸造生产还存在劳动强度大、劳动条件差等问题。

随着现代科学技术的进步，铸造生产技术取得快速发展，铸造生产的面貌发生了巨大的变化。新技术、新工艺、新设备的推广与使用，实现了机械化、自动化生产，使铸件的质量和生产率都得到很大提高，劳动条件得到显著地改善。

学习任务 砂型铸造

任务目标

1）了解铸造的种类、特点及应用。

2）熟悉砂型铸造的一般生产工艺过程。

3）了解合金的铸造性能及铸铁的熔炼。

4）了解铸造工艺的制订原则及铸造工艺参数的确定。

5）了解其他特种铸造方法。

任务描述

选取减速器上齿轮零件的毛坯作为砂型铸造的零件，通过学习齿轮毛坯的铸造过程掌握砂型铸造的一般方法和工艺流程。

 知识准备

一、砂型的制造

(一) 模样与木模 (芯盒)

模样与木模 (芯盒) 用来形成铸型型腔, 对保证铸件质量、提高生产率具有重要作用。

1. 模样材料

模样材料可根据铸件结构、造型方法和生产批量来选用。单件、小批量生产中广泛地使用木材制造模样和芯盒, 因为木材质轻、易加工、有一定的强度、成本低廉; 但木材的强度和硬度较低, 容易变形和损坏, 寿命较短。中批、大批量生产中都采用强度较高、寿命长的金属型, 其中铸铝合金用得最多; 但加工较麻烦。对成批生产的形状复杂、机械加工困难的模样多采用塑料模, 制造较简单, 易于修复。

2. 模样的结构特点

模样的结构特点取决于铸造工艺特点。分型面是确定模样结构的首要因素, 分型面确定后就确定了造型方法及模样的形式 (整体的、分开的或带活块的等)。考虑模样易于从砂型中取出, 其侧壁要做出起模斜度, 壁和壁之间应为圆角连接。考虑零件加工面的要求, 该处铸件尺寸应加上一个加工余量, 因此模样尺寸也随之加大。考虑金属冷却凝固时有较大的收缩, 模样的所有尺寸应比铸件相应尺寸大一个金属的收缩量。不同的金属具有不同的收缩率, 灰铸铁为 0.8% ~ 1%, 铸钢为 1.8% ~ 2.2%, 因此, 不同材质铸件的模样的实际尺寸是不一样的。为便于砂芯固定, 芯盒上应做出芯头, 模样上则做出相应的型芯座, 因此铸件上的空腔部分在模样上是实心的, 并凸出一个圆锥台 (或圆柱) 形的型芯座。

3. 木模 (芯盒) 的制造过程

木模 (芯盒) 的制造过程包括: 制订模型图, 制备木材坯料, 木材坯料的加工及模型装配, 木模标记和涂漆。

(二) 造型材料

制造砂型的造型材料包括型砂、芯砂及涂料等。造型材料质量的优劣对铸件质量具有决定性的影响, 因此, 应合理地选用和配制造型材料。

1. 型砂和芯砂应具备的性能

铸型在浇注凝固过程中要承受液体金属的冲刷、静压力和高温的作用, 要排出大量气体, 型芯还要受到铸件凝固时的收缩压力等, 因而对型砂和芯砂的性能有下列要求:

(1) 可塑性 造型材料在外力作用下容易获得清晰的型腔轮廓, 外力去除后仍能保持其形状的性能称为可塑性。砂子本身是几乎没有可塑性的, 粘土却有良好的可塑性, 所以型砂中粘土的含量越多, 可塑性越高; 一般含水的质量分数为 8% 时可塑性较好。

(2) 强度 铸型承受外力作用而不发生破坏的性能称为强度。铸型必须具有足够的强度, 以便在修整、搬运及金属液浇注时受冲力和压力作用而不致变形毁坏。型砂强度不足会造成塌箱、冲砂和砂眼等缺陷。

(3) 耐火度 在高温液体金属作用下, 型砂、芯砂不软化、不烧结的性能称为耐火度。型砂耐火度不足会造成铸件粘砂, 给切削加工带来困难。粘砂严重而难以清理的铸件可能成为废品。

（4）透气性 型砂由于内部砂粒之间存在空隙而能够通过气体的能力，称为透气性。当高温液体金属注入铸型后，会产生气体；砂型和型芯中也会产生大量气体。透气性差时，会有部分气体留在铸件内部不能排出，造成气孔等缺陷。

（5）退让性 铸件凝固后冷却收缩时，砂型和型芯的体积可以被压缩的性能，称为退让性。退让性差，则阻碍金属收缩，使铸件产生内应力，甚至造成裂纹等缺陷。为了提高退让性，可在型砂中加入附加物，如草灰和木屑等，使砂粒间的空隙增加。

2. 型砂的组成

型砂是由原砂、粘结剂、附加材料、旧砂和水混合搅拌而成的。型砂的结构如图 2-1 所示。

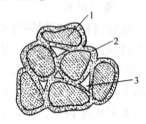

图 2-1 型砂的结构示意图
1—砂粒 2—粘土膜
3—空隙

（1）原砂（SiO_2） 采自山地、海滨或河滨，要求 SiO_2 的含量高，砂粒大小均匀，形状以球形为佳。SiO_2 的含量与型砂耐火度有直接的关系，SiO_2 的含量越高，耐火度越好。

（2）粘结剂 一般为粘土和膨润土两种，有时也用水玻璃、植物油作粘结剂。在型砂中加入粘结剂的目的是使型砂具有一定的强度和可塑性。膨润土质点比普通粘土更为细小，粘结性更好。

（3）附加材料 煤粉和锯木屑是常用的廉价附加材料。加入煤粉是为了防止铸件表面粘砂，因煤粉在浇注时能燃烧产生还原性的气体，形成薄膜将金属与铸型隔开。加入锯木屑可改善型砂的退让性。

（4）旧砂 旧砂是已用过的型砂，经过适当处理后仍可掺在新砂中使用，以便节约新砂的用量。

3. 型砂的种类

型砂按照用途的不同可以分为面砂、背砂、单一砂以及芯砂 4 种。

（1）面砂 面砂是指铸型表面直接和液体金属接触的一层型砂。面砂要有较高的耐火度、可塑性和强度。面砂厚度一般为 20～30mm。

（2）背砂 用来填充砂箱中除面砂以外的其余部分的砂，称为背砂。背砂除要求有良好的透气性外，其他性能的要求不高。

（3）单一砂 在机械化车间里，使用面砂和背砂将使型砂的处理和运输复杂化，所以大多采用单一砂。

（4）芯砂 型芯在铸造过程中被液体金属所包围，因此芯砂的制配应具有更高的强度、耐火度、透气性和退让性。形状复杂或较重要的型芯，需加桐油、亚麻油等作粘结剂。

4. 辅助材料

常用的辅助材料为造型涂料和分型砂。

造型涂料的作用是防止铸件表面粘砂，因而应具有较高的耐火度。通常用于铁铸件的涂料是石墨粉，用于钢铸件的涂料为石英粉。使用时，一般涂料加水搅和后涂在铸型型腔的内壁，使型腔与液态金属隔开。

分型砂是干燥、颗粒均匀且较细的原砂。为了防止在造型过程中砂箱与底板之间、砂箱与砂箱之间的型砂层粘附，损坏铸型，可预先撒上一层分型砂使之分隔开来，造型便可顺利进行。

5. 型砂和芯砂的制备

型砂和芯砂的制备可分为原料的制备、混砂及松砂两个阶段。

（1）原料的制备　原砂、粘结剂和附加材料必须先过筛；旧砂过筛前应先除去金属块屑。大块的原料需碾碎。

（2）混砂及松砂　把准备好的原料先干混 2～3min，然后加水湿混 5～12min。这些混合都在混砂机中进行。混砂机如图2-2所示。混砂时，送到辗盘内的混合材料不断被固定在旋转直立轴上的刮板搅拌混合并推到辗轮下面碾压。混合好后的型砂由出砂口漏出。

混合好的型砂应静置 4～5min，以便使水分均匀地渗入型砂内。型砂使用前需通过松砂机松砂，还需做透气性、强度、湿度等试验。

（三）砂型和型芯的制造

砂型和型芯制造可分为手工造型、机器造型两种。一般单件或小批量生产都用手工造型。

1. 砂箱和工具

砂箱常用铝合金或灰铸铁制成，如图2-3所示，图中 1 是上砂箱（又称盖箱），2 是下砂箱（又称底箱），3 是防止型砂下落的铸肋（或称箱带），4 是把手，5 是定位销。

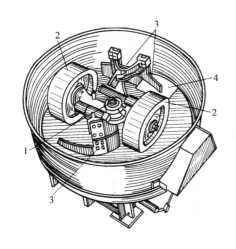

图 2-2　碾轮式混砂机

1—中心轴　2—碾轮　3—刮板　4—出砂口

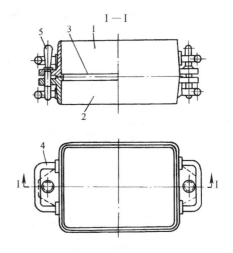

图 2-3　手工造型用砂箱

1—上砂箱　2—下砂箱　3—铸肋　4—把手　5—定位销

2. 手工造型

手工造型时所用的工具如图2-4所示。

手工造型的方法种类很多，常分为整模造型、分模造型、挖砂造型、活块造型、三箱造型和刮板造型等，其基本造型方法是一致的。现简单介绍分模两箱造型。

凸缘套筒两箱造型的工艺过程如图2-5所示。铸型分为两半，铸型型腔位于上、下两个砂箱内。把下半个模样放在底板上，套上底箱，撒分型砂，然后撒厚度约20mm 的面砂，再加背砂，每撒一层型砂要做均匀捣实，刮去多余型砂，如图2-5a 所示。底箱有时也用通气孔针扎通气孔增加透气性，但不能扎到模型。把砂箱翻转180°放在底板上，将分型面修整并撒上分型砂，放上另半个模样，再套上盖箱，放上直浇道棒，然后撒面砂，填充捣实，刮去多余型砂，扎通气孔，拔出浇道棒，把直浇道外部扩大成浇口盆，如图2-5b、c 所示。把上砂箱拿下，在下砂箱上挖出内浇道，用毛笔把模型边缘湿润，用起模针起出上下两个模样，修整型腔，吹去砂粒，撒上石墨粉，放入型芯，开排气道，如图 2-5d 所示。最后合箱，紧固上、下砂箱或放上压铁；浇注、凝固冷却，待落砂后得到如图 2-5e 所示的铸件。

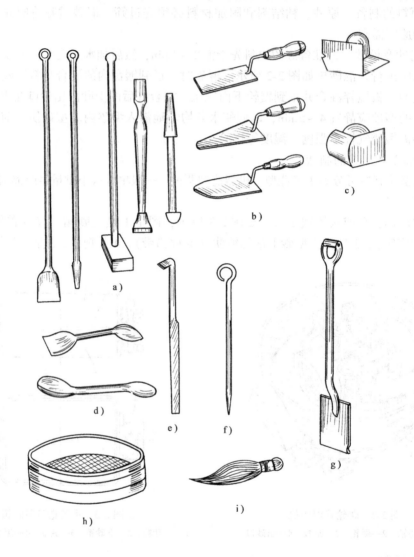

图 2-4　手工造型用工具

a）捣砂锤　b）墁刀　c）修整特殊表面的成形墁刀

d）、e）挖砂修型用的砂钩　f）起模针　g）铁铲

h）砂筛　i）润湿腔型用的毛笔

3. 型芯的制造

型芯用芯盒制造，形状复杂的型芯可分块制成，然后粘合。手工造芯可以分为整体式芯盒制芯、对分式芯盒制芯、可拆式芯盒制芯 3 种方法。对分式芯盒制芯的过程如图 2-6 所示。

型芯需在专用烘干炉内烘干。烘干温度按造型材料的不同控制在 175 ~ 325℃的范围内。

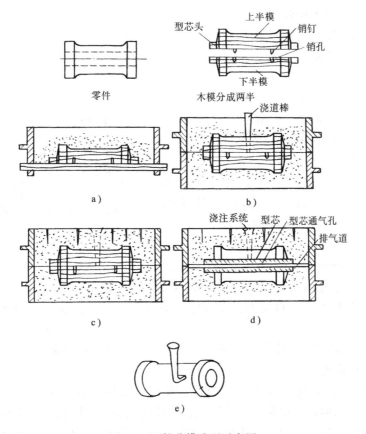

图 2-5 两箱分模造型示意图

a) 用下半模造下箱　b) 放好上半模，撒分型砂，放浇口棒，放上箱
c) 开外浇口，扎通气口　d) 起模，开内浇口，下型芯，开排气道，
准确合箱　e) 落砂后的铸件

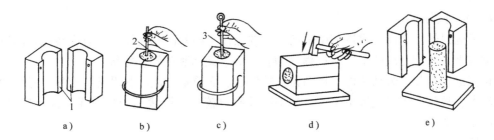

图 2-6 对分式芯盒制芯

a) 芯盒　b) 舂砂、放芯骨　c) 刮平、扎气孔　d) 敲打芯盒　e) 打开芯盒（取芯）
1—定位销和定位孔　2—芯骨　3—通气针

（四）浇注系统

液体金属流进铸型型腔的一系列通道，称为浇注系统。有时浇注系统也包括冒口在内，统称浇冒系统。

1. 对浇注系统的要求

1）能均匀连续而平稳地将液体金属引入并充满型腔，防止液体金属冲坏砂型。

2）能防止熔渣进入型腔。

3）能调节铸件凝固顺序，补给铸件冷却凝固收缩时所需的金属。

浇注系统如设置得不合理，会造成铸件冲砂、砂眼、渣眼、浇不足、气孔和缩孔等缺陷。

2. 浇注系统的组成与作用

典型的浇注系统如图 2-7 所示，它由浇口盆、直浇道、横浇道、内浇道、冒口等部分组成。

浇注系统各部分的作用如下：

（1）浇口盆　浇口盆的容积较大，液体金属在这里有短暂的停留，可以减轻对铸型的直接冲击，同时使熔渣上浮分离，阻止熔渣进入。

（2）直浇道　引导液体金属流入型腔，并产生一定的静压力。直浇道的高度影响液体金属的流速和压力，因而对较难充填的薄壁铸件，应该用较高的直浇道。小铸件只用一个直浇道，大铸件可用多个直浇道。

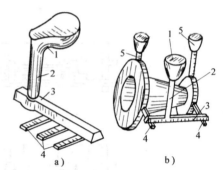

图 2-7　浇注系统
a）典型的浇注系统　b）带有浇注系统的铸件
1—浇口盆　2—直浇道　3—横浇道
4—内浇道　5—冒口

（3）横浇道　横浇道是具有梯形截面的水平通道，其作用是阻拦熔渣流入型腔，并分配液体金属流入内浇道。

（4）内浇道　它与型腔直接相连，截面为矩形、扁梯形或三角形，位于下箱的分型面上。内浇道的尺寸和数目要根据金属的种类、铸件的质量、壁厚及外形来确定。

一般情况下直浇道截面积应大于横浇道的，横浇道的截面积要大于内浇道的，以保证液体金属充满浇道，并使熔渣漂浮聚集在横浇道上部，起挡渣作用。

（5）冒口与出气孔　它们的作用是排出型腔内的气体，如图 2-7 中 5 所示。冒口还可以在金属凝固时把液体金属补给铸件。冒口一般设在铸件的最高处或铸件的厚大处、冷却凝固慢的地方。

（五）机器造型

一般的机器造型仅完成造型中的两项主要操作，即紧砂和起模。只有在较完善的造型机和自动线上，才能完成整个造型过程（包括填砂、搬运和翻转砂箱等）。

机器造型可改善劳动条件、提高铸件精度和表面质量，但因其设备、模板、专用砂箱的投资较大，故仅适用于大批量生产。如果铸件质量较大、形状过于复杂或单件小批量生产，宜采用手工造型。

机器造型的基本操作方式如下。

1. 紧砂方法

造型时通常以压缩空气为动力紧实型砂。紧砂方法可分为压实、震实、震压和抛砂 4 种基本方式，其中震压方法应用最广。

震压紧砂机的机构如图 2-8 所示。工作时先将压缩空气从震实进气口 9 引入震实气缸 1，使震实活塞带动工作台 5 及砂箱 6 一起上升；因活塞上升使气缸的震实排气口 10 打开，气体排出，工作台 5 就下降，完成一次震实。如此反复多次而将型砂震实。当压缩空气通入震实气缸 1 后，工作台 5 再次上升。型砂触及上面的压头 8 便被压实，最后使震实气缸排气，砂箱下降，完成全部紧砂过程。震压式的紧砂方法可使型砂紧实度分布均匀，生产率很高，它是大批量生产中小型铸件的基本方法。

2. 起模方法

起模机构安装在造型机上，其动力也多是应用压缩空气。目前应用较广的起模机构有顶箱、漏模和翻转 3 种，如图 2-9 所示。

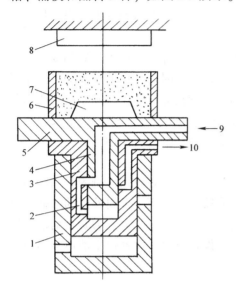

图 2-8　震压紧砂机示意图
1—震实气缸　2—震实气路　3—压实活塞
4—震实活塞　5—工作台　6—砂箱
7—模板　8—压头　9—震实进气口
10—震实排气口

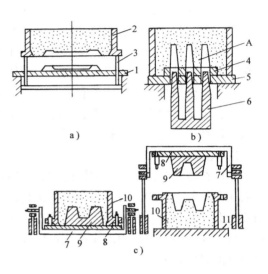

图 2-9　起模方法示意图
a）顶箱起模　b）漏模起模　c）翻转起模
1、8—模板　2—砂型　3—顶杆　4、6、9—模样
5—漏板　7—翻转台　10—砂箱
11—承受台

图 2-9a 所示为顶箱起模。型砂紧实后，开动顶箱机构使顶杆 3 上升，顶杆穿过模板 1 的通气孔顶起砂型 2，这样可完成起模工序。这种方式结构较简单，但容易掉砂。

对于形状复杂的铸件，为便于起模，在造型机上安装漏模机构，如图 2-9b 所示。它将模样 4 上难以起模的部分制成可漏下的模样 6，在起模时由漏板 5 托住图中 A 处的型砂，避免了掉砂。

图 2-9c 所示为翻转起模。型砂紧实后，翻转台 7、模样 9 和砂箱 10 一起翻转 180°，然后砂箱随承受台 11 下降，与模板 8 脱离而起模。这种方法不易掉砂，适用于模样较高而复杂的铸型。

（六）合箱与铸型检查

铸型的装配工序简称合箱。合箱过程包括修补砂型和型芯、安放及固定型芯、通导砂芯和砂型的排气道、检查型腔尺寸、吹除型腔杂物、扣上型及紧固铸型等工作。合箱时使用定位销或泥号定位，应防止偏差或错箱。合箱后放置浇口杯，并将上、下两箱紧扣或放置压箱铁，以防浇注时上砂箱被金属液体抬起，造成抬箱、射箱（铁水流出箱外）或跑火（着火的气体窜出箱外）事故。

二、铸造合金和熔炼

(一) 合金的铸造性能

合金在铸造生产中所呈现的工艺性能称为铸造性能。它是保证铸件质量的重要因素。合金的铸造性能主要有流动性、收缩性、偏析倾向等。

1. 流动性

液态金属充填铸型的能力称为流动性。流动性好的金属，其充填铸型的能力强，易于获得外形完整、尺寸准确、轮廓清晰或壁薄而复杂的铸件。

金属的流动性与合金的化学成分、浇注温度、铸型工艺及铸件结构有关。共晶成分的合金熔点低、流动性好。如浇注温度高，可使金属的液体状态保持时间长；但过高的浇注温度反而会导致金属总收缩量增加和吸收气体增多，造成缩孔和气孔等缺陷。在满足使用要求的前提下，铸件形状应力求简单，壁厚要大于规定的"最小壁厚"。铸型中水分少，设置出气冒口，增加内浇道的截面积，提高直浇道的高度等，均能提高合金的流动性。

2. 收缩性

金属在冷却时体积缩小的性能称为收缩性。金属的收缩经历液态收缩、凝固收缩和固态收缩3个阶段。其中，液态收缩发生在高温状态，只造成铸型冒口部分金属液面的降低；凝固收缩会造成缩松、缩孔等现象；固态收缩受到阻碍时，则产生铸造应力。为防止缩松或缩孔，应扩大内浇道，利用浇注系统直接补缩，或在壁厚处设置冒口，由冒口中液体金属补充壁厚处的凝固收缩。

3. 偏析倾向

金属或合金的液相线和固相线温度间隔越大则偏析越为显著。另外，如灰铸铁中硫、磷和碳的含量较高时，容易产生偏析。浇注温度高和冷却速度慢也能造成偏析。铸件偏析不太严重时可以用退火处理来消除。

(二) 常用合金的铸造性能

常用的铸造合金有铸铁、铸钢、铜合金、铝合金等。各种铸造合金由于化学成分不同，在铸造工艺中表现出不同的特性。

1. 铸铁的铸造特性

铸铁具有良好的铸造性。它熔点较低，对砂型的耐火度要求不高；流动性良好，可浇注形状复杂的薄壁铸件；由于具有熔点低和良好的流动性，可以减少气孔、渣眼、冷隔和浇不足等缺陷。此外，由于铸铁中析出石墨，凝固收缩量小，因而产生缩孔和裂纹的倾向也比较小。

在常用的各种铸铁中，灰铸铁的铸造性能最好，几乎集中了上述全部优点，因而灰铸铁件的铸型对型砂要求不高，很少设置冒口（只要出气冒口即可）；除大型铸件外，一般都可用湿型浇注，设备简单，操作方便，生产率很高。

球墨铸铁由于通过球化处理后铁液温度下降，因而流动性也有所降低。球墨铸铁的液态收缩量和凝固收缩量较大，容易形成缩孔和缩松，故在铸造工艺上应采用快速浇注、顺序凝固、加大浇注系统和增设冒口等措施。由于铁液中硫化镁（MgS）与砂型中的水分作用会生成硫化氢（H_2S）气体，易产生气孔，因此必须严格控制含硫量及型砂中的水分。

可锻铸铁是由白口铸铁经石墨化退火而成的。白口铸铁由于碳、硅的含量较低、熔点高（约1300℃）、流动性差、收缩大，易产生冷隔、浇不足、缩孔、缩松及裂纹等缺陷，生产形状复杂的壁薄铸件时应采用高温浇注、顺序凝固、增设冒口和提高砂型的退让性等措施。

2. 铸钢的铸造特性

铸钢的综合力学性能比铸铁的高，但铸造性能低于铸铁。铸钢的流动性差，为防止浇不足等缺陷，铸钢件壁厚不能小于8mm，浇注系统的截面积必须大于铸铁件的。铸型常采用干型或热型。

铸钢的熔点较高，浇注温度相应也较高，一般为1520～1600℃；它的收缩率也比较大，因而极易产生粘砂、缩孔、裂纹等缺陷。为此，铸钢的型砂应采用耐火度较高的硅砂，铸件的壁厚要均匀，要提高砂型和型芯的退让性，并在厚壁处多设冒口，以利于补缩等。

3. 有色合金的铸造特性

铸造铜合金常在电热炉或坩埚炉中熔化。铜合金的熔点一般在1200℃左右，流动性好，可浇注最小壁厚约3mm的复杂铸件。浇注温度低，对型砂和芯砂的耐火度要求不高，因此可采用细砂造型，以提高铸件表面质量和精度，并可减少机械加工余量。铜合金易氧化，常用玻璃、食盐、氟石和硼砂等作熔剂，使氧化物和非金属夹杂物浮于液体金属表面。铜合金收缩性较大，易形成集中缩孔，需在壁厚部位设置冒口进行补缩。

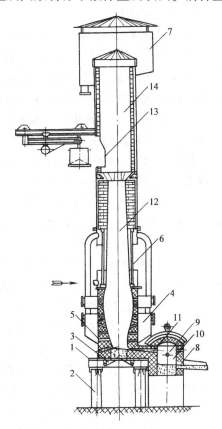

铸造铝合金也在电热炉或坩埚炉内熔化。铝合金熔点低，一般在660℃左右，流动性好，可浇注最小壁厚为2.5mm的铸件。铝合金在高温下的氧化吸气能力很强，为避免氧化和吸气，熔炼时要与炉气隔绝。浇注系统应在横浇道上多设内浇道，使液体金属平稳并较快地充满型腔，以防止氧化吸气和浇不足等缺陷。

（三）铸铁的熔炼

熔炼铸铁可用冲天炉，也可用电弧炉、工频感应电炉、中频感应电炉等。铸铁的熔化大部分在冲天炉内进行。冲天炉熔炼的铁液质量不及电炉好，但操作方便、可连续熔炼、生产率高、设备投资少、成本仅为电炉的十分之一。

1. 冲天炉的构造

冲天炉的结构形式较多，我国目前普遍应用的是多排小风口曲线炉膛热风冲天炉，如图2-10所示。

冲天炉由下列几部分所组成：

（1）**炉底** 整座冲天炉由炉底板1下面的4根支柱2所支承。炉底板上装有两个半圆形的炉底门3。工作时，关闭炉底门，上面加型砂、碳素材料或老煤粉一起捣实。熔化终了时打开炉底门，便可清除余料和修炉。

（2）**炉体** 炉体由炉身和炉缸两部分组成。从炉底板至第一排风口为炉缸；从第一排风口至加料口为炉身。炉体外壳由6～12mm的钢板焊成，内砌耐

图2-10 冲天炉的构造

1—炉底板 2—支柱 3—炉底门 4—风箱
5—风口 6—预热炉胆 7—除尘装置
8—出铁口 9—出渣口 10—前炉
11—过桥 12—炉身 13—加料口
14—烟囱

火砖，或由硅砂和耐火泥混合料制成炉衬。

炉身下部有环形风箱 4。风箱内侧有多排风口通向炉内。下面一排为主风口，上面几排为辅助风口。由鼓风机鼓入的冷风经过预热炉胆 6（热风装置）转变为热风，再经风箱 4 和风口 5 吹入炉内。主风口上一般还安有窥视装置，以观察炉内情况。

（3）烟囱 从加料口至炉顶为烟囱。烟囱外壳和炉身连成一体，内砌耐火砖，起到引出废气和火花、加快炉内气体流动的作用。烟囱顶部附有除尘装置 7，用来收集火花和烟尘。

（4）前炉 前炉 10 的炉壳由 6～12mm 的钢板焊成，内衬耐火材料。前炉的作用是储存铁液，均匀铁液的化学成分和温度，减少铁液与焦炭的接触时间，从而降低铁液的增碳和吸硫作用。前炉上开有出铁口 8 和出渣口 9。前炉通过过桥 11 与炉缸相连。熔化时，铁液经过过桥流入前炉。

冲天炉的规格以每小时熔化铁液吨数表示。冲天炉的生产率一般为 0.5～30t/h，常见的为 1.5～10t/h。炉的内径越大，生产率越高。

2. 冲天炉炉料

冲天炉熔炼用的炉料包括金属炉料、燃料和熔剂 3 部分。

（1）金属炉料 主要是高炉生铁、回炉铁（浇、冒口及废铸件）、废铁和废钢。使用硅铁、锰铁和铬铁等，可以调整铸铁的化学成分或配制合金铸铁。各种金属炉料的加入量需根据铸件化学成分要求和熔炼时各元素的烧损量计算确定。

（2）燃料 主要是焦炭，要求焦炭的碳含量高，灰分、硫、水和挥发物的含量要低，以保证焦炭有较高的发热量，并对铁液有较少的渗硫作用。

每批炉料中金属炉料与焦炭的质量比称为铁焦比。1kg 焦炭可熔化铸铁 5～10kg。铁焦比越大，说明炉子的热效率越高。

（3）熔剂 常用的熔剂有石灰石和氟石。熔剂的主要作用是降低炉渣的熔点，稀释炉渣，使熔渣与铁液分离后从出渣口排出。熔剂的加入量为焦炭加入量的 25%～30%。

3. 冲天炉的操作过程

（1）修炉与烘炉 冲天炉每次熔炼后，由于部分炉衬熔蚀损坏，故必须做修炉工作。修炉完毕后，在炉底和前炉装入木柴引火烘炉。前炉必须烘透、烘热，以保证铁液流出温度。

（2）点火与加底焦 烘炉以后，加入木柴引燃，敞开风口以便通风燃烧。木柴烧旺后装入 1/3 底焦量，待这部分底焦燃着后，再加 1/2 的底焦量，然后鼓小风吹数分钟，再补加剩余的焦炭至规定的高度。底焦高度一般是指自炉底起向上至熔化带的焦炭高度。

（3）装料 当底焦烧旺后，在底焦面上加入较小的石灰石，以防底焦烧结或堵塞过桥，然后预热一段时间，装入批料。每批料的顺序为：层焦→熔剂→废钢→新生铁→铁合金→回炉铁。炉料应装到加料口附近，以保证炉料得到充分预热。

（4）熔炼 装料完毕后，鼓风熔炼。熔化的铁液和熔渣流入前炉，每隔一定时间出铁放渣。当全部铸型浇完后，便停风打炉。待炉冷却后，再修复损坏的部分炉衬。

三、浇注、落砂和清理

（一）浇注

金属熔化后，用浇包把液体金属注入铸型内，称为浇注。浇包可分为人抬式与起重吊式两种，如图 2-11 所示。

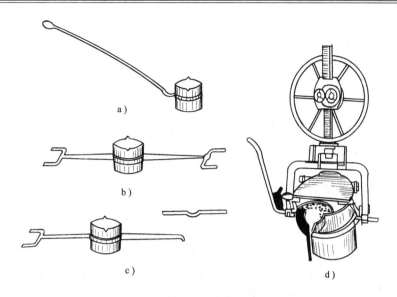

图 2-11 各种浇包
a）、b）、c）人抬式 d）起重吊式

浇注前，应去除浇包中液体金属表面上飘浮的熔渣。在浇注过程中，不允许断流注入或飞溅。

（二）落砂和清理

从砂型中取出铸件称为落砂。铸件浇注后必须在铸型中经过充分的凝固和冷却，不能过早取出，否则会因冷速过快、冷却不匀而产生内应力，甚至变形开裂。一般 10kg 左右的铸件需冷却 1～2h 才能开箱，上百吨的大型铸件需冷却十几天之久。落砂过程还包括清除铸件表面和孔穴中的浮砂和型芯砂。

清理主要是去除铸件的浇注系统、冒口以及粘砂和粗糙部分。灰铸铁件上的浇注系统、冒口可用铁锤打掉；钢铸件上的浇注系统、冒口可用气割除去，但不能损伤铸件。非铁金属铸件的浇冒口可用锯锯去。粘附在铸件表面的砂粒可用压缩空气吹掉，如属粘砂不能清除，需用砂轮打磨。

四、铸件的常见缺陷和防止方法

铸件缺陷的种类较多，常见的有以下 4 种类型。

（一）孔眼类缺陷

（1）气孔 气孔的特征是在铸件内部或表面有大小不等的光滑孔眼。其产生的原因是铸型透气性差，型砂含水过多，或金属中溶解气体太多。

防止的方法：应注意型砂含水量和透气性，浇注温度也不宜过高。

（2）缩孔和缩松 缩孔和缩松是由于铸件在凝固过程中液态收缩和凝固收缩得不到液体金属的补充所致。

防止的方法：应使浇注系统和冒口的设置有利于液体金属的补缩，并适当控制浇注温度不要过高。

（3）渣孔、砂眼和铁豆 金属液体中的熔渣进入型腔造成渣孔；砂型被破坏，型砂卷入液体金属造成砂眼；铁豆是金属液体飞溅造成的。

防止的措施：应提高砂型和型芯的紧实度，以加强型砂和芯砂的强度；起模和合箱时防止砂粒落入型腔；正确设置浇注系统，并控制浇注速度不要太快。

（二）裂纹类缺陷

这种缺陷可分为热裂和冷裂两种：

（1）热裂　热裂是在高温下形成的，裂口形状曲折而不规则，表面呈氧化色。其产生原因主要是由于金属收缩量大，含硫量过高，铸件厚薄相差太大，或型砂、型芯退让性差。

（2）冷裂　冷裂是在较低温度下形成的，裂口较直，没有分叉，呈轻微氧化色。其产生原因一般是含磷量过高、内应力过大。

为了防止裂纹产生，应把铸件壁厚做适当的过渡，加强型砂和芯砂的退让性，设置合理的浇注系统，控制硫、磷的含量及浇注温度和速度。

（三）表面缺陷

（1）粘砂　粘砂使铸件表面粗糙，难以清理，不易加工。粘砂多由型砂耐火度不足和浇注温度过高所致，砂粒粒度太大也可能造成粘砂。

防止的方法：型砂的粒度不宜太大；提高型砂和芯砂的耐火度；浇注时温度不宜过高。

（2）夹砂　又称起皮或结疤。夹砂是指在铸件表面有一层金属片状物，在金属片和铸件之间有一层型砂。夹砂是由于铸型表面砂层受热发生开裂翘起，铁液渗入开裂的砂层而造成的。

防止的方法：适当控制浇注温度，加快浇注速度；型砂不宜太湿，并减少混砂时的粘土量。

（3）冷隔　铸件上有未完全融合的接缝，交接处多呈圆形的疤痕。其产生的原因是液体金属浇注时温度太低，两股金属流汇合时表面层受氧化而不能融熔成一体。

防止的措施：注意浇注时金属液的流动性，浇注不可中断，适当提高浇注温度和设置合适的浇注系统。

（4）浇不到　铸件残缺或轮廓不完整，但边角圆且光亮，常出现在远离浇口的部位及薄壁处。防止的方法：适当提高浇注温度和浇注速度。

（四）铸件的其他缺陷

铸件的形状、尺寸不合格大多是因抬箱、错型、偏芯等原因造成的；成分、组织、性能不合格常是由炉料配料不当、熔化操作或热处理不符合工艺规程所致。

总之，发生缺陷要经过详细分析。有些在表面上的缺陷，可通过修补矫正；一些内部的缺陷则必须研究其产生的原因，以便采取相应的措施。

五、铸造工艺的制订

铸造生产要根据零件的结构、技术要求、生产批量和生产条件等确定铸造方案和工艺参数，其中主要是绘制铸造工艺图。铸造工艺图是直接在零件图上用规定的红、蓝色工艺符号表示出铸件的浇注位置、分型面，型芯的形状、数量和芯头大小，机械加工余量，起模斜度和收缩率，浇注系统以及冒口、冷铁等的工程图样。铸造工艺图是制造模样、工件和进行生产准备与验收的最基本文件。衬套的零件图和铸造工艺图（简图）如图2-12所示。

（一）铸件浇注位置的选择

铸件浇注位置的选择是指浇注时铸件在铸型中所处的位置。这个位置选择是否正确，对铸件质量影响很大。选择时应考虑下列原则：

（1）铸件的重要加工面或重要工作面应该朝下或位于侧面　这是因为浇注时铸件上部容易产生砂眼、气孔、夹渣等缺陷，而下部的缺陷较少，组织也比上部致密的缘故。如果这

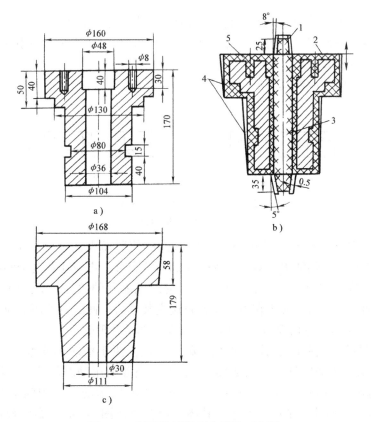

图 2-12　衬套的零件图和铸造工艺图

a）零件图　b）铸造工艺图　c）铸件图

1—型芯头　2—分型面　3—型芯　4—起模斜度　5—加工余量

些重要平面难以做到全部朝下，则应尽量使其位于侧面。当铸件上重要加工面有数个时，则应将较大的面朝下，并对朝上的表面采用加大加工余量的方法来保证铸件质量。

CA6140 型车床床身铸件的浇注位置方案如图 2-13 所示。由于床身导轨面是重要面，不允许有任何铸造缺陷，并要求硬度均匀，因此浇注时导轨面朝下。

起重机卷扬筒铸件的浇注位置方案如图 2-14 所示。因为卷扬筒圆周表面的质量要求比较高，不允许有铸造缺陷。如果采用两箱造型、卧浇，虽然工艺较简便，但圆周上部表面的质量难以保证。若用图中所示的立浇方案，虽然增大了造型、合箱的工作量，但卷扬筒的圆周表面均处于侧面，其质量均匀一致，易于获得合格的铸件。

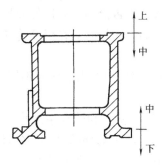

图 2-13　床身的浇注位置

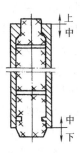

图 2-14　卷扬筒的浇注位置

（2）铸件的大平面应朝下　平板铸件的浇注位置如图 2-15 所示。在浇注过程中，因高温金属液对型腔上表面有强烈的热辐射，易使型腔上表面型砂急剧地热膨胀而拱起或开裂，使铸件表面易产生夹砂缺陷。很明显，呈水平位置的平面越厚越大，上表面越易产生夹砂。因此，对于平板类铸件应使其大平面朝下。

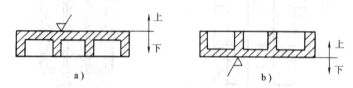

图 2-15　平板铸件的浇注位置
a) 不合理　b) 合理

（3）铸件壁薄而大的平面应朝下　薄壁铸件应使薄而大的平面朝下，或侧立、倾斜，以防止出现浇不到或冷隔缺陷。对于流动性差的铸造合金，更应注意这个问题。

（4）要便于安放冒口　对于壁厚不均匀、易形成缩孔的铸件，浇注时应将厚的部分放在上部或分型面附近，这样便于在铸件厚处直接安装冒口，使之自下而上地顺序凝固，进行补缩。如图 2-14 所示的卷扬筒铸件，其厚端放在上部是合理的。

（5）应尽量减少型芯的数量，并使之安排合理，便于型芯的安装、固定、检验和排气　图 2-16 所示的床腿铸件，按图 2-16a 的方案，空腔所用型芯尺寸大，增加了制模、制芯、烘干及合箱的工作量，提高了铸件成本。图 2-16b 所示的方案中间空腔可由自带型芯（砂垛）来形成，从而简化了造型工艺，其浇注位置也比图 2-16a 方案的合理，因为它便于合箱，型芯固定牢固，也便于排气。

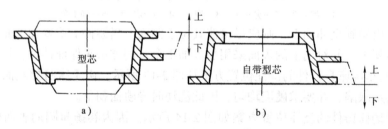

图 2-16　床腿铸件两种浇注位置方案
a) 不合理　b) 合理

（二）铸型分型面的选择

铸型的分型面是指铸型间相互接触的表面。分型面选择是否恰当，对铸件质量、造型工艺、工艺装备的设计与制作以及切削加工等均有很大的影响。选择时应在保证铸件质量的前提下，尽量简化造型工艺，主要考虑下列原则：

1）分型面应选在铸件最大截面处，造型时才能保证从铸型中取出模样而不损坏铸型。

2）分型面应尽量采用平面，以简化模具制造和造型工艺。

3）应尽量减少分型面的数量，以简化操作，提高铸件的精度和劳动生产率。绳轮铸件分型面的选择如图 2-17 所示。在大批生产时，采用图 2-17b 所示的环状型芯，使图 2-17a 的两个分型面改为一个分型面，可以变三箱造型为两箱造型，便于在造型机上生产。

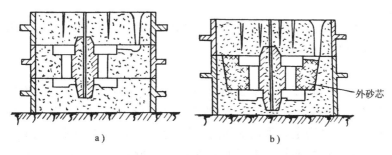

图 2-17 绳轮分型面的选择

a) 三箱造型 b) 两箱造型

4) 为了保证铸件的精度，应尽量使铸件全部或大部分放在同一个砂箱中。若铸件的加工面多，也应尽量使其加工基准面与大部分加工面放在同一砂箱内，如图 2-18 所示。图 2-18a 所示为分模造型，易错型、毛刺多、分型面位置不够合理；图 2-18b 所示为整模挖砂造型，铸件大部分在同一箱内，不易错型、毛刺少、易清理、分型面位置较合理。

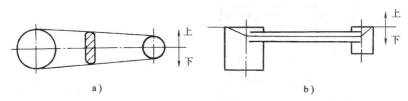

图 2-18 分模造型与整模造型的比较

a) 分模造型 b) 整模挖砂造型

5) 应便于下芯和检验。另外，分型面的选择还应尽量减少型芯和活块的数目、使铸型的总高度尽量低些。

上述几项原则对于具体铸件来说，往往彼此矛盾，难以全面符合。因此，在确定浇注位置和选择分型面时，要做全面分析，抓住主要矛盾。至于次要矛盾，可从工艺措施上设法解决。如对质量要求高的铸件来说，浇注位置的选择是主要的，分型面的选择处于从属地位；而对质量要求不高的铸件，则应主要从简化造型工艺出发，合理选择分型面，浇注位置的选择则退居次要地位。

(三) 工艺参数的确定

铸造方案确定以后，还需要选择工艺参数。

1. 机械加工余量

工艺设计中，在零件加工面上留出的供机械加工时切去的金属层厚度称为加工余量。其大小取决于铸造合金的种类、铸件的尺寸与复杂程度、加工质量要求、生产批量及铸造方法等。例如铸铁比铸钢的加工余量小，非铁金属又比铸铁的小；铸件尺寸越大、形状越复杂，加工质量要求越高，则加工余量越大；大批生产时因工艺装备完善，所留的加工余量小；铸件浇注时位于顶面的余量比底面和侧面的大些。加工余量的具体数值可参考相关资料。

铸件上待加工的孔、槽是否铸出，必须视孔尺寸与槽尺寸的大小、生产批量、合金的种类等因素而定。通常在单件、小批生产时，铸铁件上直径小于 30mm 和铸钢件上直径小于 60mm 的孔可不铸出，因为机械加工时直接钻孔更经济合理。

2. 收缩率

铸件在冷却过程中，由于收缩，铸件的尺寸比模样的尺寸要小。因此在制造模样时，其尺寸应根据线收缩率的大小而适当加大。

3. 起模斜度

起模斜度又称为铸造斜度，如图 2-19 所示的 β、β_1 和 β_2。它是为使模型（或型芯）容易从铸型（或芯盒）中取出，在垂直于分型面的壁上所加的斜度。其大小应根据模样的高度、材料、造型方法等来确定。垂直壁越高，其斜度越小；外壁的斜度比内壁小；金属型的斜度小于木模的；机器造型的斜度小于手工造型（具体数字可查有关手册）。

4. 铸造圆角

设计铸件和制作模样时，壁间的连接或拐角处要做成圆弧过渡，称为铸造圆角。铸造圆角可防止铸件转角处粘砂或由于应力集中而产生裂纹，也可避免因铸型尖角损坏而形成砂眼。它分为内、外圆角，如图 2-20 所示。其大小可从有关手册中查阅。

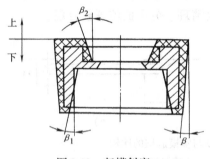

图 2-19　起模斜度

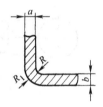

图 2-20　铸造圆角

任务实施

齿轮毛坯的砂型铸造过程如图 2-21 所示。首先制造齿轮毛坯的模样和芯盒、制备型砂和芯砂，再造型和造芯（并烘干）；然后将芯型放入砂型合箱浇注，待冷却凝固，温度降至室温，开箱取出铸件并清理毛坯表面的粘砂、去除型芯、切除浇口和冒口部位多余金属；最后检查毛坯有无表面气孔、疏松和裂纹等铸造缺陷（如有缺陷的情况较严重、无法修补，则作为废品处理，返回熔炼炉熔化重铸），将检验合格的产品入库。

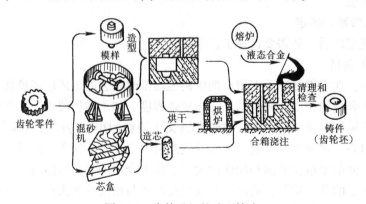

图 2-21　齿轮毛坯的砂型铸造

任务拓展

特 种 铸 造

特种铸造是与砂型铸造不同的铸造方法。常用的特种铸造方法有金属型铸造、压力铸造、离心铸造、熔模铸造、壳型铸造、陶瓷型铸造等。与砂型铸造相比，由于特种铸造能避免砂型起模时的型腔扩大和损伤、合箱时定位的偏差、砂粒造成的铸件表面粗糙和粘砂，从而使铸件精度大大提高、表面粗糙度值减小。一般特种铸造所得到的铸件都与成品零件的尺寸十分接近，可以减少切削加工余量，甚至无需切削加工即能作为成品使用。

一、金属型铸造

将液体金属注入金属（铸铁或钢）制成的铸型以获得铸件的过程，称为金属型铸造。金属型可经过几百次至几万次浇注而不致损坏，既节省造型时间和材料、提高生产率，又能改善劳动条件。所得到的铸件尺寸精确，表面光洁，机械加工余量小，结晶颗粒细，力学性能较高。垂直分型式金属型铸造如图2-22所示。

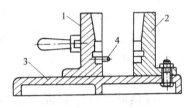

图2-22　垂直分型式金属型铸造
1—活动半型　2—固定半型
3—底座　4—定位销

金属型铸造因铸型热导率高、退让性差，故必须先作预热。金属型铸造如不断浇注，铸型吸热而温度升高，则需要设置冷却装置。

金属型铸造主要用于非铁合金（铝合金、铜合金或镁合金）铸件的生产，如活塞、气缸体、气缸盖、油泵壳体等；也可用于铸铁件生产，如辗压用的各种铸铁轧辊，其工作表面采用金属型铸造，可以得到坚硬耐磨的白口铸铁层，称为冷硬铸造。金属型铸造用于铸钢件生产较少，一般仅作钢锭模使用。

二、压力铸造

在一定压力的作用下，以很快的速度将液体金属或半液态金属压入金属型中，并在压力下凝固而获得铸件的方法，称为压力铸造。

压力铸造在压铸机上进行。压铸机可分为热压室式和冷压室式两类。热压室式以储存金属液体的坩埚作为压射机构的一部分，压室在液体金属中工作，常压制低熔点金属。冷压室式则不在压铸机内储存金属。卧式冷压室压铸机工作原理如图2-23所示。

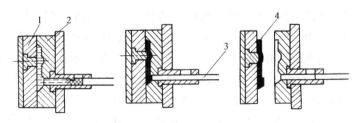

图2-23　卧式冷压室压铸机工作原理
1—动模　2—静模　3—活塞　4—铸件

压力铸造保留了金属型铸造的一些特点。金属型是依靠金属液体的重力充填铸型的，浇铸薄壁件较为困难。为了保护型壁，需涂上较厚的涂料，影响了铸件精度。而压力铸造是以高压高速金属液体注入铸型，故可得到形状复杂的薄壁件。高的压力保证了液体金属的流动性，因而可以适当降低浇注温度，不必使用涂料（或涂得很薄），即可提高零件的精度。各种孔眼、螺纹、精细的花纹图案，都可用压力铸造直接得到。

压力铸造产品质量好、生产率高，适用于大批量生产。目前压铸合金除了非铁合金外，已扩大到铸铁、碳钢和合金钢，压铸件重量从几克到数十千克。压力铸造是实现少切削和无切削加工的有效途径之一。

三、离心铸造

将熔融金属浇入绕水平、倾斜或立轴旋转的铸型中，使金属液在离心力作用下充填铸型并结晶凝固获得铸件的方法，称为离心铸造。

离心铸造可以用金属型或砂型。离心铸造机可分为立式和卧式两种，如图2-24所示。

离心铸造过程中，液体金属由于离心力作用，铸造圆形内腔时不需型芯和浇注系统。所含熔渣和气体都集中在内表面上，使金属呈方向性结晶。铸件结晶细密，防止了缩孔、气孔、渣眼等缺陷，力学性能较好。但内表面质量较差，因而此处加工余量应放大些。

离心铸造适用于制造空心旋转体铸件，如各种管道、汽车和拖拉机缸套等。还可以进行双层金属离心铸造，如用于机床主轴的封闭式钢套离心挂铜结构轴承等。

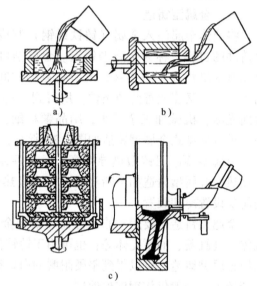

图2-24 离心铸造示意图
a）绕垂直轴旋转 b）绕水平轴旋转
c）成形铸件的离心铸造

四、熔模铸造

所谓熔模铸造，是指用易熔材料如蜡料制成和铸件形状相同的蜡模，在蜡模表面涂挂几层耐火材料和硅砂，经硬化、干燥后，将蜡模熔出，得到一个中空的型壳，再经干燥和高温焙烧，浇注铸造合金，获得铸件的工艺方法。

熔模铸造又称失蜡铸造，是一种发展较快的精密铸造方法。熔模铸造工艺过程如图2-25所示。

图2-25中母模是用钢或铜合金制成的标准铸件，用来制造压型。压型是制造蜡模的特殊铸型，常用锡铋等易熔合金或铝合金制成。把配制熔化的蜡（一般用石蜡、硬脂酸等）浇注入压型内，便成为蜡模。蜡模连接在浇注系统上，成为蜡模组，然后结壳。结壳的方法是：用水玻璃作粘结剂与石英粉配成粉涂料，将蜡模组浸以涂料，取出后撒上石英粉，然后放入氯化铵溶液中做硬化处理，如此重复直至结成5~10mm的硬壳为止，即为铸型。加热铸型使蜡熔化流出，形成铸型空腔，如图2-25g所示。再经焙烧后，将铸型放置在容器内，周围填砂，即可进行浇注。

熔模铸造的特点在于铸型是一个整体，不受分型面的限制，可以制作任何种类复杂形状的铸件，尺寸精确，表面光洁，能减少或无需切削加工，特别适用于高熔点金属或难以切削加工的铸件，如耐热合金、磁钢等。

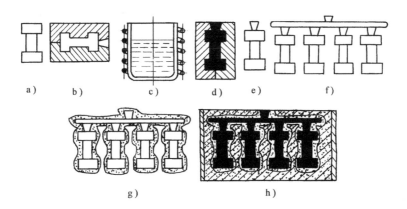

图 2-25　熔模铸造工艺过程示意图

a）母模　b）压型　c）熔蜡　d）铸造蜡模　e）单个蜡模　f）组合蜡模

g）结壳熔出蜡模　h）填砂、浇注

　　熔模铸造的主要缺点是生产工艺复杂，铸件重量不能太大，因而多用于制造各种复杂形状的小零件，例如各种汽轮机、发动机的叶片或叶轮，汽车、拖拉机、风动工具、机床上的小型零件以及刀具等。

复习思考题

　　1. 铸造生产有哪些优、缺点？

　　2. 型砂和芯砂的主要组成是什么？应具有哪几种性能？

　　3. 什么叫浇注系统？浇注系统各部分的作用是什么？

　　4. 指出卧式车床、台虎钳中哪些零件是采用铸造毛坯生产的？

　　5. 为了提高铸件的质量和有利于铸造生产，应怎样选择铸件的浇铸位置和铸型的分型面？

　　6. 金属的铸造性能有哪些？它们对铸件质量的影响是怎样的？

　　7. 冲天炉熔化铸铁用哪些炉料？什么叫铁焦比？铁焦比的大小能说明什么问题？

　　8. 试分别将金属型铸造、压力铸造、离心铸造、熔模铸造与砂型铸造相比较，说明这些特种铸造法各自的优、缺点。

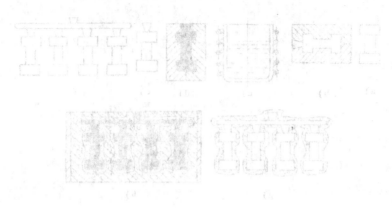

第三部分

金属压力加工

金属压力加工是指金属材料在热态或冷态下，施加外力使其产生塑性变形，以改变尺寸、形状并改善性能，从而制成机械零件、毛坯或原材料的一种成形加工方法。

金属压力加工包括锻造、板料冲压、轧制、拉制、挤压等基本生产方式。其施加的外力主要有两种性质：冲击力和压力。锤类设备产生冲击力使金属材料产生变形；轧机与压力机施加静压力使金属材料变形。

（1）锻造 锻造按金属变形时的温度不同，可分为热锻、温锻和冷锻；按设备或成形方式的不同，可分为自由锻造、模型锻造、胎模锻造和特种锻造。锻造是制造齿轮、主轴等毛坯或机械零件的主要生产方式。

（2）板料冲压 板料冲压按金属变形时温度的不同，可分为冷冲压和热冲压。一般用得较多的是冷冲压。当板料厚度超过 8～10mm 时，采用热冲压的加工方法。板料冲压广泛应用于汽车制造、半导体器件、电器、仪表、钟表及日用品工业等方面的生产。

（3）轧制、拉制和挤压 轧制、拉制和挤压主要用于钢锭的开坯及型材、线材、板材、管材等原材料的生产。现代工业已把轧制、拉制和挤压作为锻压生产新工艺而广泛应用于毛坯或零件的生产。

自由锻、模锻和板料冲压是压力加工生产的 3 种主要方法，其生产方式如图 3-1 所示。

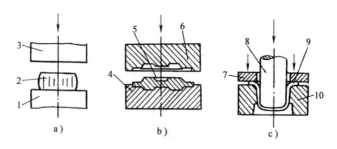

图 3-1　压力加工生产的主要方法

a）自由锻　b）模锻　c）板料冲压

1—下砧　2、5—坯料　3—上砧　4—下模　6—上模　7—压板　8—凸模　9—板料　10—凹模

压力加工是以金属材料的塑性变形为基础的。具有塑性的金属可在冷态或热态下进行压力加工，而脆性材料不能进行压力加工。由于各种类型的钢和大多数金属及其合金都具有不同程度的塑性，因此，它们都能进行压力加工。塑性很差的铸铁等脆性材料，则不能进行压力加工。压力加工的主要特点是：

1）改善金属内部组织，提高金属的力学性能。金属在压力作用下产生塑性变形，能得到较紧密的内部组织，可使组织中的内部缺陷（如微裂纹、缩孔、气孔等）在压力作用下密合。锻造时，若能合理利用金属内部的纤维方向，还可提高强度、塑性和韧性等力学性能。

2）节省金属材料和切削加工工时，降低产品成本。由于压力加工提高了金属的强度等力学性能，相对地缩小了零件的截面尺寸，减轻了零件的重量。另外，采用精密锻造时，可使锻件的尺寸精度和表面粗糙度接近成品零件要求，做到少切屑或无切屑加工。因此，对于承受同样负载的零件，使用锻件比铸件节省材料。

3）具有较高的生产率。除自由锻造外，其他压力加工如模锻、轧制、冲压等都有较高的生产率。以生产六角螺钉为例，模锻成形比切削成形效率提高约 50 倍。

4）适用范围广。能够制成各种形状较为复杂和体积较重的零件，例如百吨的大轴、一克的表针和形状复杂的叶片等。

5）尺寸精度较高。一般来讲，用压力加工制成的毛坯或零件，其尺寸精度比铸件和焊件的高。例如，采用精密模锻加工的锻件精度可达 ±0.2mm。

学习任务一　锻　　造

任务目标

1）了解金属压力加工的种类、特点及其应用。
2）了解金属加热的要求以及常见金属的锻造温度范围。
3）了解自由锻造常用工具和设备。
4）熟悉自由锻造的基本工序及其操作要点。
5）了解模锻、胎模锻等锻造方法的工艺特点及应用。

任务描述

图 3-2 所示的锻件名称为压盖，坯料质量为 32kg，坯料规格为 φ160mm×205mm，锻件材料为 35 钢，要求介绍其毛坯的自由锻造生产过程。

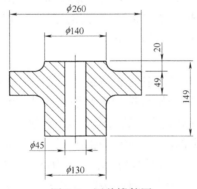

图 3-2　压盖锻件图

知识准备

一、金属的加热和锻造温度范围

（一）金属的加热

1. 加热的目的和要求

锻造前一般要对金属坯料进行加热，其目的是提高坯料的塑性和降低其变形抗力，即提高其可锻性。通常，随着温度的升高，金属材料的强度降低而塑性提高。所以，加热后锻造，可以用较小的锻打力量使坯料产生较大的变形而不破裂。

金属坯料在加热时应严格控制加热温度和加热速度。加热温度过高会产生过热、过烧；高温下停留时间过长会产生氧化、脱碳；加热速度过快容易使坯料产生较大应力而出现裂纹等。因此，加热是锻造工艺中极为重要的环节，它直接影响锻件的质量。

2. 加热过程中产生的缺陷及防止方法

（1）过热和过烧　一般把金属由于加热温度过高或高温下保持时间过长而引起晶粒粗

大的现象称为过热。过热的锻件晶粒粗大，其锻造性能和力学性能下降，锻造时容易产生裂纹，故应尽量避免。对于已产生过热但尚未锻造的坯料可用冷却后重新加热的方法来挽救。若锻后发现粗晶组织，可通过热处理（如正火）的方法细化晶粒。

坯料加热温度超过始锻温度过多，使晶界处出现氧化和熔化的现象称为过烧。过烧破坏了晶粒间的连接力，一经锻打即破碎而成为废品，是不可挽救的缺陷，故加热时不允许产生过烧现象。

（2）氧化和脱碳　坯料在加热时，金属表层的 Fe 与炉气中的 O_2、CO_2、H_2O、SO_2 等氧化性气体进行化学反应，生成 FeO、Fe_3O_4 和 Fe_2O_3 等氧化皮而导致金属烧损的现象称为氧化。氧化皮硬度较高，会加剧锻模的磨损，缩短其使用寿命，并降低模锻件精度和表面质量。

金属表层的碳与炉气中的 O_2、CO_2、H_2O 等进行化学反应，导致表层含碳量降低的现象称为脱碳。钢的表面脱碳过程也是氧化过程。脱碳可使工件表层变软，强度和耐磨性降低。由于锻件的加工余量一般大于脱碳层，因而危害性不大。

防止氧化和脱碳的方法是严格控制送风量，快速加热，或采用少、无氧化加热等。

（3）裂纹　大型锻件的坯料在加热过程中，若装炉温度过高或加热速度过快，可能造成表面与中心、形状复杂锻件坯料各部分之间的温度差，从而使同一锻件上内、外或各部分之间膨胀不一致而产生较大的应力，当应力超过金属本身强度极限时将形成裂纹。低碳钢和中碳钢的塑性好，一般不会形成裂纹；高碳钢及某些高合金钢由于热导率低、塑性差，较易形成裂纹。对于这类钢坯的加热，要严格遵守加热规范，一般坯料随炉缓慢升温，至 900℃左右保温，内外温度一致后再加热到始锻温度。

（二）锻造温度范围

锻造温度范围是指锻件由开始锻造的最高温度到终止锻造的最低温度之间的温度范围。

（1）始锻温度　金属加热后开始锻造的最高温度称为始锻温度。这一温度原则上要高，但不能过高，否则可能产生过热和过烧；始锻温度也不宜过低，因为温度过低使锻造温度范围缩小，锻造时间减少，增加锻造的困难。碳素钢的始锻温度一般低于其熔点温度 100～200℃。

（2）终锻温度　金属停止锻造时的最低温度称为该材料的终锻温度。坯料在锻造过程中，随着热量的散失，温度不断下降，因而塑性越来越差，变形抗力越来越大。温度下降到一定程度后，不仅难以继续变形，而且易于锻裂，必须及时停止锻造，重新加热。终锻温度过高，易形成粗大晶粒，降低力学性能；终锻温度过低，锻压性能变差。碳素钢的终锻温度为 800℃左右。

常用金属材料的锻造温度范围见表 3-1。

表 3-1　常用金属材料的锻造温度范围　　　　（单位：℃）

材料种类	始锻温度	终锻温度
低碳钢	1200～1250	700～800
中碳钢	1150～1200	800～850
合金结构钢	1100～1180	800～850
铝合金	450～500	350～380
铜合金	800～900	650～700

锻造时，可用仪表测量锻件的温度。但锻工一般都用观察火色的方法来大致判断，钢加

热到各种颜色时的温度范围见表3-2。

表3-2　钢加热到各种颜色时的温度范围　　　　　　　　　（单位：℃）

炽热颜色	温 度 范 围	炽热颜色	温 度 范 围
暗红色	650～750	深黄色	1050～1150
樱红色	750～850	亮黄色	1150～1250
桔红色	800～900	亮白色	1250～1300
橙红色	900～1050		

（三）加热设备

用来加热金属坯料的设备可根据热源种类的不同分为火焰炉和电炉两大类。前者用煤、重油或煤气作燃料燃烧时放出的热加热坯料，后者利用电能转变为热能加热坯料。

（1）手锻炉　手锻炉是一种简单的火焰炉，如图3-3所示。手锻炉炉膛开着，热量损失大、氧化烧损严重、热效率低、炉温不易调节且不稳定、加热温度不均匀。其优点是结构简单、体积小、升温快、生火与停炉方便，常用于单件生产的小坯料或维修工作。

（2）反射炉　反射炉是以煤为原料的火焰加热炉，其结构如图3-4所示。燃烧室中产生的火焰和炉气越过火墙进入炉膛加热坯料，其温度可达1350℃左右。废气经烟道排出。坯料从炉门装入或取出。使用反射炉，金属坯料不与固体燃料直接接触，加热均匀，且可以避免坯料受固体燃料的污染。同时，炉膛封闭，热效率高。它适用于中、小批量生产的锻造车间。

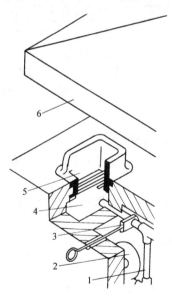

图3-3　手锻炉

1—风管　2—鼓风机　3—风门

4—灰筒　5—炉膛　6—烟罩

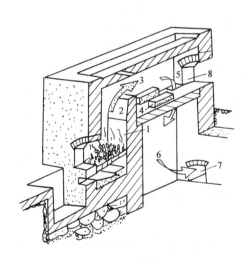

图3-4　反射炉

1—燃烧室　2—火墙　3—炉膛　4—坯料

5—孔　6—烟室　7—烟道　8—炉门

（3）油炉和煤气炉　这两种炉分别以重油和煤气为燃料。其结构基本相同，但燃油的喷嘴和燃煤气的喷嘴在结构上有所不同。油炉和煤气炉都没有专门的燃烧室，如图3-5所示。加热时，利用压缩空气将重油或煤气由喷嘴直接喷射到加热室（即炉膛）内进行燃烧加热坯料，生成的废气由烟道排出。调节重油或煤气及压缩空气的流量，可控制炉膛温度。其操作比使用固体燃料的反射炉简便，加热效率高。

（4）电阻炉　电阻炉是利用电阻发热体通电，将电能转变为热能，以辐射传热的方式加热坯料的设备。箱式电阻炉的结构如图3-6所示。用电阻炉加热坯料，其优点是操作简便，温度控制准确，加热质量高，且可通入保护性气体控制炉内气氛，以防止或减少工件加热时的氧化；但耗电多，费用较高。它主要用于精密锻造及高合金钢、非铁金属等加热质量要求高的场合。

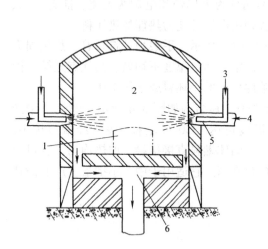

图3-5　油炉和煤气炉

1—炉门　2—炉膛　3—重油或煤气
4—空气　5—喷嘴　6—烟道

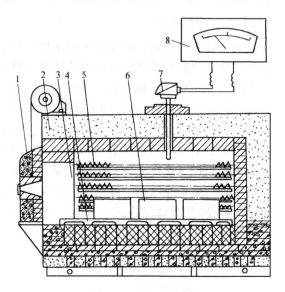

图3-6　箱式电阻炉

1—炉门　2—炉体　3—炉膛　4—耐热钢炉底板
5—电热元件　6—工件　7—热电偶　8—控温仪表

（四）锻后冷却

锻件的冷却是保证锻件质量的重要环节。锻造时，常用的冷却方法有：

（1）空冷　热态锻件在空气中冷却的方法称为空冷。空冷是冷却速度较快的一种冷却方法。

（2）堆冷　将热态锻件成堆放在空气中进行冷却的方法称为堆冷。堆冷的冷却速度低于空冷。

（3）坑冷　将热态锻件放在地坑（或铁箱）中缓慢冷却的方法称为坑冷。其冷却速度较堆冷慢。

（4）灰砂冷　将热态锻件埋入炉渣、灰或砂中缓慢冷却的方法称为灰砂冷。其冷却速度低于坑冷。锻件入砂温度一般为500℃，150℃出砂，周围蓄砂厚度不能少于80mm。

（5）炉冷　锻后锻件放入炉中缓慢冷却的方法称为炉冷。其冷却速度低于灰砂冷。

热锻成形的锻件通常要根据其化学成分、尺寸、形状复杂程度等来确定相应的冷却方法。低、中碳钢小型锻件锻后常采用空冷或堆冷的方式进行冷却；低合金钢锻件及截面厚大的锻件需要坑冷或灰砂冷；高合金钢锻件及大型锻件，尤其是形状复杂的重要大型锻件的冷却速度更要缓慢，通常要随炉缓冷。冷却方式不当，会使锻件产生内应力、变形，甚至裂纹。冷却过快会使锻件表面产生硬皮，难以切削加工。

二、自由锻造和模锻

自由锻造简称自由锻。自由锻是指只用简单的通用性工具或在锻造设备的上、下砧间直接使坯料变形而获得所需几何尺寸、形状和内部质量的锻件加工方法。自由锻工艺灵活，所用工具、设备简单，成本低。但锻件尺寸精度低，生产效率低，一般用于单件或小批量生产。

（一）自由锻的工具和设备

自由锻分为手工自由锻和机器自由锻两类。手工自由锻靠人力和手工工具对坯料施加外力，生产效率低，锤击力小，只能生产小型锻件，在现代工业中已被机器自由锻取代。机器自由锻靠机器对坯料施加外力，能够锻造各种大小的锻件。自由锻是目前在工厂中广泛采用的锻造方法之一。

1. 自由锻工具

常用的自由锻工具包括支持工具、打击工具、夹持工具、成形工具及测量工具等。

（1）支持工具（即铁砧） 根据锻件尺寸、形状不同，需采用不同形式的铁砧。常见的铁砧有平砧、槽砧、花砧、球面砧等。平砧及花砧如图3-7所示。

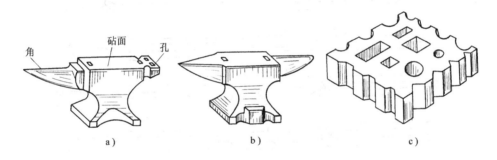

图3-7 铁砧

a）平砧（羊角砧） b）平砧（双角砧） c）花砧

（2）打击工具 手工自由锻的打击工具即大、小铁锤，如图3-8所示。锤柄与锤头的安装要牢固，操作站位要正确。工作时，司锤要听从掌钳者指挥，否则容易出现各种事故。

机器自由锻造即利用各种自由锻锤或压力机进行锻造。安装于设备上的上、下抵铁即为其打击工具和支持工具。锻打时，坯料置于下抵铁上，以上抵铁直接打击或缓压锻件，进行各种工序的操作。一般用途的抵铁为平的，有的也做成槽形的或球面的，如图3-9所示。

（3）夹持工具 选用夹钳时，钳口必须与锻件毛坯的形状和尺寸相符合，否则在锤击时容易造成锻件毛坯飞出或震伤手臂等事故。常见的钳口形式如图3-10所示。钳口的选用参考图3-11所示。操作过程中，钳口需常浸水冷却，以免钳口变形或钳把烫手。

（4）成形工具 成形工具包括各种平锤、压肩、剁刀、冲子、剁垫、垫环、漏盘等，见表3-3。

（5）测量工具 自由锻造时需要不断测量锻件尺寸。常用的测量工具有卡钳、钢直尺、样板等，如图3-12所示。

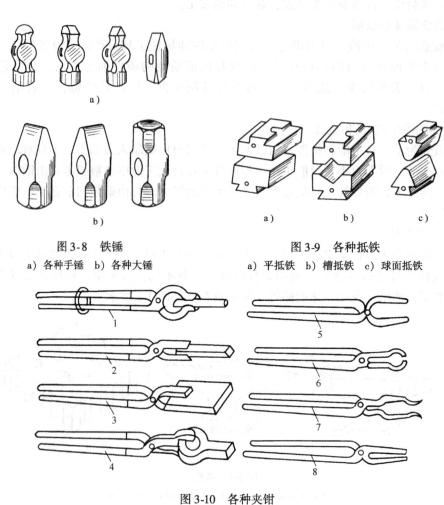

图3-8 铁锤

a）各种手锤 b）各种大锤

图3-9 各种抵铁

a）平抵铁 b）槽抵铁 c）球面抵铁

图3-10 各种夹钳

1—圆钳子 2—方钳子 3—扁钳子 4—方钩钳子 5—大口尖钳子

6—圆钩钳子 7—小尖口钳子 8—圆口尖钳子

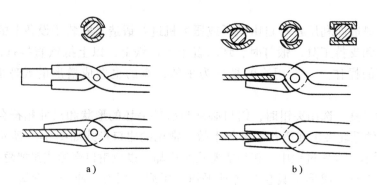

图3-11 钳口的选用

a）钳口的大小、形状合适 b）钳口的大小、形状不合适

表 3-3　常用成形工具

类　别	名　称	图　　示	应用及说明
手锻成形工具	平锤		修正平面
	压肩	上　　下	压肩、整形
	剁刀	外刃　内刃	切断、去毛刺
	冲子		冲孔
机锻成形工具	冲子		冲孔
	剁刀		切割
	剁垫		切割圆料时用
	垫环		局部镦粗
	漏盘		冲孔时用

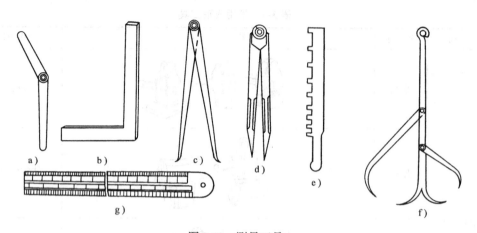

图 3-12 测量工具

a）角度规 b）90°角尺 c）内卡钳 d）划规 e）卡规 f）外卡钳 g）钢直尺

2. 空气锤

机器自由锻的设备有空气锤、蒸汽—空气锤、水压机等，其中空气锤的应用最为广泛。空气锤是生产小型锻件及胎模锻造的通用设备，主要用于单件或小批量生产。空气锤的外形及工作原理如图 3-13 所示。

（1）结构 空气锤由锤身、压缩缸、工作缸、传动机构、操纵机构、落下部分及锤砧等部分组成。

1）锤身。锤身与压缩缸、工作缸铸成一体，是空气锤的基体部件。

2）传动机构。传动机构包括带传动、齿轮减速装置及曲柄连杆机构等。其作用是把电动机的旋转运动经减速后传给曲柄 18，再通过连杆 17 驱动压缩缸 10 内活塞做上下往复运动。

3）操纵机构。操纵机构包括手柄（或踏杆）、连接杠杆、上旋阀、下旋阀。其作用是使锻锤实现各种运动。

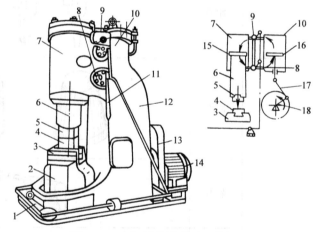

图 3-13 空气锤的外形及工作原理

1—踏杆 2—砧座 3—砧垫 4—下砧铁 5—上砧铁 6—锤头
7—工作缸 8—下旋阀 9—上旋阀 10—压缩缸 11—手柄
12—锤身 13—减速机构 14—电动机 15—工作活塞
16—压缩活塞 17—连杆 18—曲柄

4）落下部分。落下部分包括工作活塞、锤杆、锤头和上砧铁。空气锤的规格就是以落下部分的质量来表示的。锻锤产生的锤击力是落下部分质量的 1000 倍左右。例如，65kg 空气锤，就是指它的落下部分质量为 65kg，锤击力大约是 650000N，这是一种小型号的空气锤。常用的空气锤为 65 ~ 750kg。

5）锤砧部分。锤砧部分包括下砧铁、砧垫和砧座，用于承受锤击力。

（2）工作原理及基本动作 空气锤的工作原理如图 3-13 所示。电动机 14 通过传动机构带动压缩缸 10 内的压缩活塞 16 做上下往复运动。压缩活塞 16 向下运动时，压缩空气经下旋阀 8 进入工作缸 7 的下部，将锤头提起；压缩活塞 16 向上运动时，压缩空气经上旋阀 9 进入工作缸 7 的上部，使工作活塞 15 连同锤头 6、上砧铁 5 一起向下运动，锤击锻件。

通过手柄或踏杆，操纵上、下旋阀，可使空气锤完成以下动作：

1）上悬。上旋阀通大气，下旋阀单向通工作缸的下部，压缩空气使落下部分提升并停留在上部。此时，可摆放工件或工具、清除氧化皮、检查锻件尺寸等。

2）下压。下旋阀通大气，上旋阀单向通工作缸的上部，压缩空气使落下部分下落压紧工件，以便进行弯曲、扭转等操作。

3）连续打击。上、下旋阀均与压缩缸和工作缸连通，压缩空气交替进入工作缸的上部和下部，使落下部分相应做上下往复运动，进行连续打击。

4）单次打击。将踏杆踩下后立即抬起，或把手柄由上悬位置推到连续锻打位置，再迅速退回到上悬位置，使锤头完成单次打击。初学者不易掌握单打，操作稍有迟缓就会成为连续打击，此时，务必等锤头停止打击后才能转动或移动锻件。

5）空转。上、下旋阀均与大气相通，压缩空气排入空气中，落下部分靠自重停在下砧铁上，此时，电动机及减速机构空转，锻锤不工作。

（二）自由锻造的基本工序

自由锻的基本工序有镦粗、拔长、冲孔和扩孔、切割、弯曲、扭转和错移等。

1. 镦粗

使坯料高度减小、横截面积增大的锻造工序称为镦粗。镦粗分完全镦粗和局部镦粗两种。完全镦粗是整个坯料高度都镦粗，常用来制作高度小、断面大的锻件，如齿轮毛坯、圆盘等，如图 3-14 所示。局部镦粗只是在坯料上某一部分进行的镦粗，经常使用垫环镦粗坯料某个局部，常用于制作带凸座的盘类锻件或带较大头部的杆类锻件等，如图 3-15 所示。

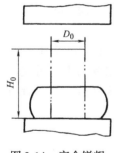

图 3-14 完全镦粗

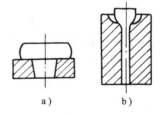

图 3-15 局部镦粗

a）在垫环中局部镦粗 b）在模具中局部镦粗

镦粗时应注意以下几点：

1）坯料尺寸。坯料的原始高度 H_0 与直径 D_0（或边长）之比应保证 $H_0/D_0 \leqslant 2.5$，否则容易镦弯。镦弯后应把工件放平，轻轻锤击校正，如图 3-16 所示。

2）坯料加热。镦粗时，坯料加热要均匀，且应不断翻转坯料，使其两端面散热情况相近，否则会因变形不均匀而产生碗形，如图 3-17 所示。

3）防止镦歪。坯料端面要平且垂直于轴线，镦粗时还应不断地将坯料绕其轴线转动，否则会产生镦歪的现象。校正镦歪的方法是将坯料斜立，轻打镦歪的斜角，然后放正，继续锻打，如图 3-18 所示。

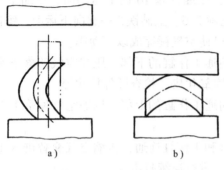

图3-16 镦弯及校正

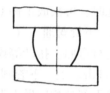

图3-17 变形不均匀

4）防止折叠。镦粗时，终锻温度不能过低，锤击力要足够，否则就可能产生双鼓形，若不及时纠正，会出现折叠，使锻件报废，如图3-19所示。

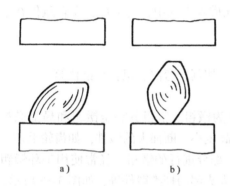

图3-18 镦歪及其校正

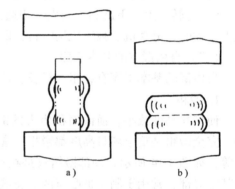

图3-19 双鼓形及折叠
a）双鼓形 b）折叠

2. 拔长

拔长是使坯料横断面积减小、长度增加的锻造工序，可分为平砧拔长和芯轴拔长两种。在平砧上拔长主要用于长度较大的轴类锻件，如图3-20所示。芯轴拔长是空心毛坯中加芯轴进行拔长，以减小空心毛坯外径（壁厚）而增加其长度的锻造工序，用于锻造长筒类锻件，也称作芯轴上拔长，如图3-21所示。

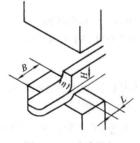

图3-20 平砧拔长

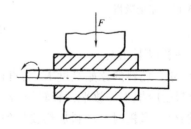

图3-21 芯轴拔长

拔长时应注意以下几点：

1）送进。拔长时，坯料应沿砧铁宽度方向送进。每次送进量 L 应为砧铁宽度 B 的 0.3 ~ 0.7 倍。送进量太大，坯料主要向宽度方向流动，降低拔长效率；送进量太小，易形成夹层。

2）锻打。将圆截面的坯料拔长成直径较小的圆截面锻件时，必须先把坯料锻成方形截面，直到边长接近要求的直径时，再将坯料锻成八角形，最后滚打成圆形，如图3-22所示。

3）翻转。拔长时，应不断翻转坯料，使坯料截面经常保持接近于方形。翻转方法如图3-23所示。采用图3-23b所示的方法翻转时，应注意工件的宽度与厚度之比不要超过2.5，否则再次翻转后继续拔长将容易形成折叠。

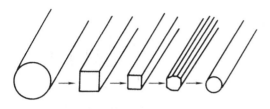

图3-22 圆截面坯料的拔长过程

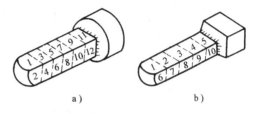

图3-23 翻转方法

4）压肩。局部拔长锻造台阶轴或带台阶的方形、矩形横截面锻件时，必须先压肩，使台阶平齐。压肩深度为台阶高度的1/2～2/3，如图3-24所示。

5）修整。锻件拔长后需进行修整，以使其尺寸准确、表面光洁。方形或矩形截面的锻件修整时，将工件沿下抵铁长度方向送进，以增加锻件与抵铁间的接触长度，如图3-25a所示。修整时应轻轻锤击，可用钢直尺的侧面检查锻件的平直度及表面是否平整。圆形截面的锻件使用摔子修整，如图3-25b所示。

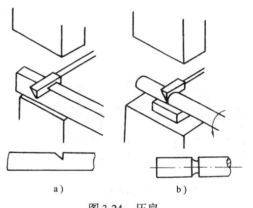

图3-24 压肩
a）方料的压肩 b）圆料的压肩

3. 冲孔和扩孔

在坯料上冲出通孔或不通孔的锻造工序称为冲孔；减小空心毛坯壁厚而增加其内外径的锻造工序称为扩孔。

（1）冲孔 冲孔主要用于锻制圆环、套筒、空心轴等带孔的锻件。冲孔有单面冲孔、双面冲孔及空心冲头冲孔3种方法。

1）单面冲孔。单面冲孔适于厚度较薄的坯料，如图3-26所示。冲孔时应将冲子大头朝下，漏盘孔径不宜太大，应仔细对正。冲子要经常蘸水冷却，防止变软。

2）双面冲孔。双面冲孔用于较厚的坯料上冲孔，如图3-27所示。冲孔前应先将坯料镦粗，以减少冲孔深度，并使端面平整。为保证孔的准确位置，应先把冲子放在坯料正中，轻轻冲出孔的凹痕，检查无偏差后，在孔的凹痕处撒上煤粉，冲到坯料深度的2/3时取出冲子，翻转坯料，对正中心后从反面把孔冲透。

3）空心冲头冲孔。单面冲孔和双面冲孔一般冲制孔径小于400mm的孔；孔径大于400mm的孔多用空心冲头冲孔，如图3-28所示。

冲孔时应注意以下两点：①冲孔时，适当提高坯料的始锻温度，并且要求均匀热透，以提高塑性，防止坯料冲裂或损坏冲子。②直径小于25mm的孔，一般不冲出，可在切削加工中钻出。

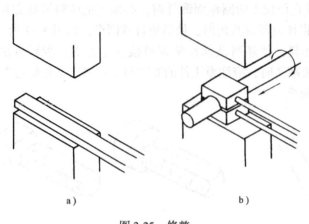

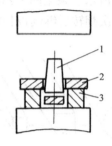

图 3-25   修整
a）方形、矩形截面锻件的修整   b）圆形截面锻件的修整

图 3-26   单面冲孔
1—冲子   2—坯料   3—漏盘

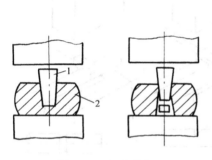

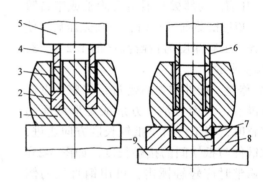

图 3-27   双面冲孔
1—冲子   2—坯料

图 3-28   空心冲头冲孔
1—坯料   2—空心冲头   3—第一节套筒   4—第二节套筒
5—上砧铁   6—第三节套筒   7—芯料   8—垫圈   9—下砧铁

（2）扩孔   对于大直径的环形锻件，可采用先冲孔再扩孔的方法进行。常用的扩孔方法有两种，一种是用扩孔冲子扩孔，如图 3-29 所示；另一种是用马杠扩孔，如图 3-30 所示。

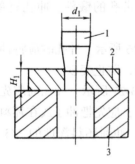

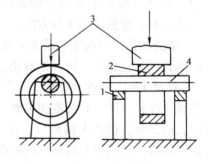

图 3-29   扩孔冲子扩孔
1—扩孔冲子   2—坯料   3—垫环

图 3-30   马杠扩孔
1—托架   2—坯料   3—上抵铁   4—马杠

4. 切割

将坯料分成几部分或部分地割开，或从坯料的外部割掉一部分，或从内部割出一部分的锻造工序称为切割。切割主要用于下料或切割料头。

　　切割方形截面工件时，先将剁刀垂直切入工件，至快断时取出剁刀，将工件翻转 180°，再用剁刀或克棍截断。方料的切割如图 3-31 所示。

　　切割圆形断面工件时，需将工件放在带有凹槽的剁垫中，边切边翻转，直到切断。圆料的切割如图 3-32 所示。

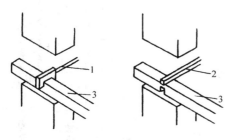
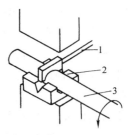

图 3-31　方料的切割　　　　　　　　　图 3-32　圆料的切割
1—剁刀　2—克棍　3—工件　　　　　　1—剁刀　2—剁垫　3—工件

5. 弯曲

　　采用一定的工、模具将坯料弯成所规定外形的锻造工序称为弯曲，如图 3-33 所示。弯曲时只将弯曲部分局部加热，先用大锤或上砧铁将坯料压住，然后锤击，将工件打弯成所需形状。弯曲主要用于制造各种弯曲形状的锻件，如吊钩、弯板、角尺等。

6. 扭转

　　扭转是将坯料一部分相对于另一部分绕其轴线旋转一定角度的锻造工序，如图 3-34 所示。扭转时，受扭转部分应加热到始锻温度，并均匀热透。扭转后应注意缓慢冷却，以防扭裂。扭转常用于多拐曲轴、连杆等锻件。

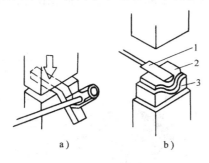
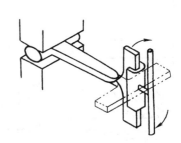

图 3-33　弯曲　　　　　　　　　　图 3-34　扭转
a) 角度弯曲　b) 成形弯曲
1—成形压铁　2—工件　3—成形垫铁

7. 错移

　　错移是指坯料的一部分相对于另一部分平移错开的工序，如图 3-35 所示。错移时，先在错移部位压肩，然后加垫板及支承，锻打错开，最后修整。错移多用于曲轴等锻件。

（三）模锻

　　模型锻造简称为模锻。模锻是把加热后的

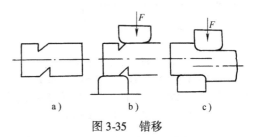

图 3-35　错移
a) 压肩　b) 锻打　c) 修整

坯料放在上、下锻模的模膛内，然后施加冲击力或压力，使坯料在模膛所限制的空间内产生塑性变形，以获得与模膛形状相同的锻件的一种加工方法。模锻生产效率高，操作简单，易于机械化，且锻件尺寸精度高，表面粗糙度值小。但模锻设备投资大，模锻成本高，主要用于中、小型锻件的成批和大量生产，如发动机曲轴、连杆、齿轮、叶片等零件毛坯。

模锻可以在多种设备上进行，其中以在模锻锤上进行的模锻应用最多，称为锤上模锻。

模锻锤的结构如图3-36所示。它的砧座比自由锻锤的大得多，而且砧座与锤身连成一个封闭的整体，锤头与导轨之间的配合也比自由锻锤精密，因而锤头运动精确，在锤击中能保证上、下模对准。

锻模分上模和下模，分别安装在模锻锤的锤头下端和砧座上的燕尾槽内，用楔铁对准和紧固。具有一个模膛的锻模称为单模膛模锻，如图3-37所示；具有两个以上模膛的锻模称为多模膛模锻，如图3-38所示。

锻模由专用的模具钢加工制成，具有较高的热硬性、耐磨性和耐冲击性能。模膛内与分模面垂直的面都有5°～10°的斜度，称为模锻斜度。其作用是便于锻件出模。所有面与面之间的交角都要做成圆角，以利于金属充满模膛及防止由于应力集中使模膛开裂。

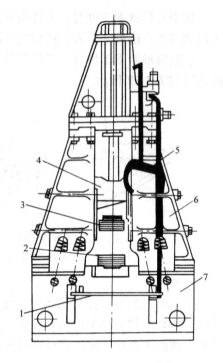

图3-36 模锻锤

1—踏杆 2—下模 3—上模 4—锤头
5—操纵机构 6—机架 7—砧座

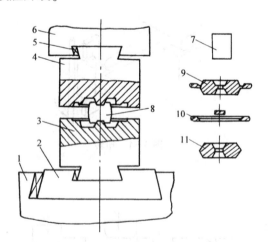

图3-37 单模膛模锻

1—砧座 2—模座 3—下模 4—上模 5—楔铁 6—锤头
7—坯料 8—锻造中的坯料 9—带飞边和带连皮的锻件
10—飞边和连皮 11—完成的锻件

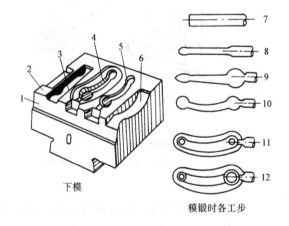

图3-38 多模膛模锻

1—检验角 2—拔长模膛 3—滚压模膛 4—终锻模膛
5—预锻模膛 6—弯曲模膛 7—原坯料 8—拔长
9—滚压 10—弯曲 11—预锻 12—终锻

为了防止锻件尺寸不足及上、下锻模冲撞，模锻件下料时，除考虑烧损量及冲孔损失外，还应使坯料的体积稍大于锻件。模腔的边缘也加工出容纳多余金属的飞边槽，在锻造过程中，多余的金属即存留在飞边槽内，锻后再用切边模将飞边切除。

同样，带通孔的锻件在锻打过程中不能直接形成通孔，总是留下一层金属，称为冲孔连皮。连皮需在模锻后冲除。

（四）胎模锻造

胎模锻造（简称为胎模锻）是介于自由锻和模锻之间的一种锻造方法，它也是在自由锻设备上使用可移动模具生产锻件的一种锻造方法。胎模锻时模具（也称胎模）不固定在锤头或砧座上，只是在使用时才放上去，用完后再搬下。胎模锻的工艺过程如图3-39所示。坯料通常先经自由锻的镦粗或拔长等工序初步制坯，然后放入胎模，经锤头终锻成形；也有直接将毛坯放入胎模内锻造成形的。

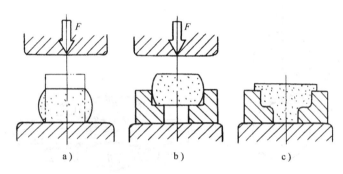

图 3-39　胎模锻的工艺过程
a）制坯　b）放入胎模　c）胎模锻成形

胎模锻与自由锻相比，具有生产率高和锻件精度高、形状复杂等优点；与模锻相比，则有设备简单和工艺灵活等优点。胎模锻的主要缺点是：模具寿命低，劳动强度大，胎模锻件的尺寸精度不如锤上模锻件的高。因此，胎模锻很适于小型锻件的小批量生产。

任务实施

对于图3-2所示的压盖锻件，当毛坯采用自由锻加工时，其锻造工艺流程如图3-40所示。

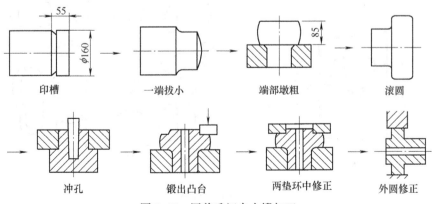

图 3-40　压盖毛坯自由锻加工

任务拓展

轧制、拉制和挤压

一、轧制

金属材料（或非金属材料）在旋转轧辊的压力作用下，产生连续塑性变形，获得所要求的截面形状并改变其性能的方法，称为轧制。

轧制的实质是将金属坯料经加热后或不加热，使之通过旋转轧辊间的孔型而产生塑性变形。它可轧制原材料，生产型材、板材和管材；也可用辊锻、辗压、螺旋斜轧、热轧等方式生产零件，如图3-41所示。

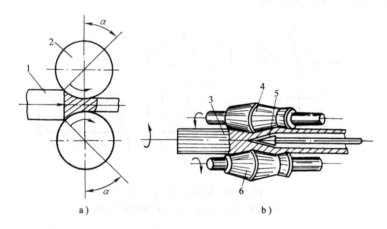

图3-41 轧制

a）轧制示意图 b）无缝钢管轧制

1—坯料 2、4、6—轧辊 3—管坯 5—芯头

二、拉制

坯料在牵引力作用下通过模孔拉出，使之产生塑性变形而截面积缩小、长度增加的工艺称为拉制，如图3-42所示。

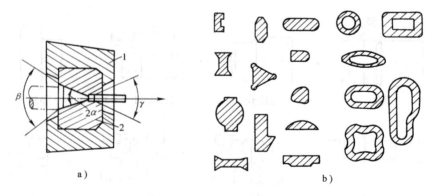

图3-42 拉制

a）拉制模 b）拉制产品截面形状

1—模套 2—模具

三、挤压

对坯料在封闭模腔内施加三向不均匀压应力作用，使其从模具的孔口或缝隙挤出、横截面积减小，成为所需制品的加工方法称为挤压。按挤压温度的不同可分为冷挤压、温挤压和热挤压。在生产实践中，冷挤压的应用较为广泛。挤压按金属流动方向和凸模运动方向的关系的不同，可分为正挤压、反挤压、复合挤压和径向挤压，如图 3-43 所示。

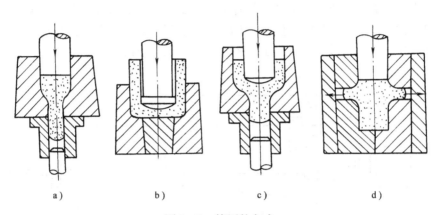

图 3-43　挤压的方式

a）正挤压　b）反挤压　c）复合挤压　d）径向挤压

学习任务二　板料冲压

任务目标

1）了解板料冲压的特点、设备及应用。
2）掌握板料冲压的基本工序及一般工艺流程。
3）了解板料冲压常用的冲模种类。

任务描述

选取减速器上的垫圈作为冲压零件，要求介绍其冲压加工方法。

知识准备

使板料经分离或成形而得到制件的加工方法称为板料冲压。板料冲压通常在室温下进行，故又称为冷冲压。冲压常用的材料有低碳钢、低合金钢、奥氏体不锈钢、铜及铜合金、铝及铝合金等低强度、高塑性板材，板料厚度小于 6mm，大都不超过 1～2mm，故也称为薄板冲压。8～12mm 以上的厚板需采用热冲压加工。某些非金属板料也可以采用冲压方法加工，如胶木板、云母片、石棉板和皮革等。

冲压操作简便，易于实现机械化和自动化，因而生产率高，制件成本低。冲压件尺寸准确，互换性好，一般不需切削加工即可投入使用。冲压件质量轻，强度、刚度高，有利于减轻结构重量。冲压的缺点是模具制造复杂、周期长、成本高。故只有在大批量生产时，采用冲压加工才是经济合理的。

一、冲压设备

冲压设备常用的是剪床和压力机。

1. 剪床

剪床的用途是将板料切成一定宽度的条料，为冲压准备毛坯或用于切断工序。剪床的结构及工作原理如图 3-44 所示。电动机 4 带动带轮 5 和齿轮 10 转动，踩下踏板后，离合器 11 闭合，带动曲轴 7 旋转，曲轴 7 又带动装有上刀刃 2 的滑块 8 沿导轨 3 做上下运动，与装在工作台 13 上的下刀刃 1 相配合，进行剪切工作。制动器 6 的作用是使上刀刃 2 剪切后停在最高位置上，为下次剪切做好准备。工件的宽度由挡铁 12 控制。

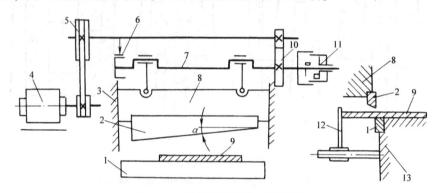

图 3-44　剪床的结构及工作原理

1—下刀刃　2—上刀刃　3—导轨　4—电动机　5—带轮　6—制动器　7—曲轴　8—滑块
9—板料　10—齿轮　11—离合器　12—挡铁　13—工作台

2. 压力机

压力机是进行冲压加工的基本设备，可用于切断、落料、冲孔、弯曲等冲压工序。其外形和传动关系如图 3-45 所示。电动机 4 通过带减速系统带动空套在轴上的带轮 9 旋转，踩下踏板 12 使离合器 8 闭合，通过曲轴 7 和连杆 5 使原处于最高极限位置的滑块 11 沿导轨 2 向下运动，进行冲压。冲压操作时，如踩下踏板后迅即松开，则离合器脱开，在制动器 6 的作用下，使滑块停止在最高位置上，完成一个单次冲压；如果不松开踏板，则可进行连续冲压。模具分为凸模（又称为冲头）和凹模，分别装在滑块的下端和工作台 1 上。

压力机的公称压力是指滑块到达下极限位置前某一个特定距离或曲轴旋转到下极限

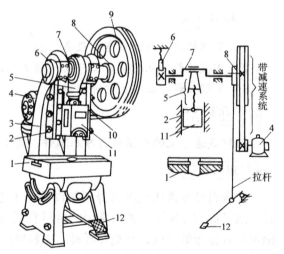

图 3-45　压力机的外形和传动关系

1—工作台　2—导轨　3—床身　4—电动机　5—连杆
6—制动器　7—曲轴　8—离合器　9—带轮　10—带
11—滑块　12—踏板

位置前某一个特定角度时，滑块上所容许的最大作用力。实现某一种冲压工艺所需变形力要低于压力机的公称压力。压力机按其床身结构的不同，分为开式和闭式两种。开式压力机装卸和操作较方便，公称压力通常为 60～2000kN。闭式压力机操作不够方便，但公称压力大，通常为 1000 ~ 30000kN。

二、板料冲压基本工序

1. 冲裁

利用冲模将板料以封闭的轮廓与坯料分离的一种冲压方法称为冲裁，它包括落料和冲孔两种。冲裁时，如果落下部分是零件，周边是废料，称为落料；如果周边是零件，落下部分是废料，称为冲孔，如图3-46所示。

冲裁所用的模具叫做冲裁模。简单的典型冲裁模如图3-47所示。它的组成及各部分的作用如下：

（1）模架　包括上、下模板和导柱、导套。上模板通过模柄安装在冲床滑块的下端，下模板用螺钉固定在冲床的工作台上。导柱和导套的作用是保证上、下模具对准。

（2）凸模和凹模　凸模和凹模是冲模的核心部分。冲裁模的凸模和凹模的边缘都磨成锋利的刃口，以便进行剪切使板料分离。

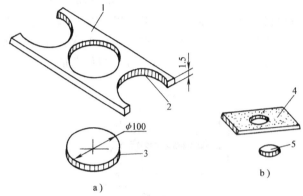

图 3-46　冲裁
a）落料　b）冲孔
1、5—废料　2—剪切面积　3、4—工件

（3）导料板和定位销　它们的作用是控制条料的送进方向和送进量，如图3-48所示。

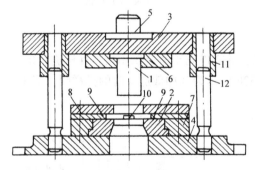

图 3-47　简单的典型冲裁模
1—凸模　2—凹模　3—上模板　4—下模板　5—模柄
6、7—压板　8—卸料板　9—导料板　10—定位销
11—导套　12—导柱

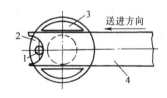

图 3-48　条料的送进
1—定位销　2—凹模　3—导料板　4—条料

（4）卸料板　它的作用是使凸模在冲裁以后从板料中脱出。

2. 弯曲

将板料、型材或管材在弯矩作用下弯成具有一定曲率和角度制件的成形方法称为弯曲，如图3-49所示。与冲裁模不同，弯曲模凸模的端部与凹模的边缘必须加工出一定的圆角，以防止工件弯裂。弯曲后，由于弹性变形的恢复，工件的弯曲角会有一定增大，称为回弹。回弹角一般为0°~10°。为保证合适的弯曲角，在设计弯曲模时，应使模具弯曲角度比成品的弯曲角

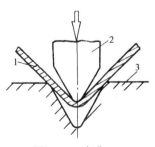

图 3-49　弯曲
1—工件　2—凸模　3—凹模

度小一个回弹角。

3. 拉深

变形区在一拉一压的应力状态作用下，利用模具使板料（或浅的空心坯）成形为空心件（深的空心件）而厚度基本不变的加工方法称为拉深，也叫拉延，如图 3-50 所示。拉深所用的坯料通常由落料工序制出。

拉深后工件直径 d 与拉深前坯料的直径 D 之比 m 称为拉深系数。它的大小表示了变形程度的大小，m 越小，变形程度越大。m 过小，将造成拉深件的起皱或拉裂，如图 3-51 所示。因此，深度大的拉深件要采用多次拉深，每次拉深中间要进行退火。使用压边圈可防止上缘起皱。压边力要适当，过大容易造成拉裂，过小则因作用力不够而仍会使拉深件起皱。

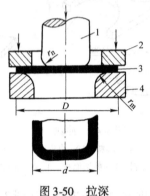

图 3-50　拉深
1—凸模　2—压边圈　3—板料　4—凹模

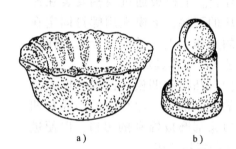

图 3-51　拉深件的起皱和拉裂
a）起皱　b）拉裂

🔧 任务实施

圆垫片为减速器等机器设备上常用的紧固件，该零件属于适合采用板料冲压进行加工的一种典型零件。图 3-52a 所示为某一圆垫片，图 3-52b 所示为其冲裁加工时的排样图，图 3-52c 所示为级进模垫片冲裁加工过程示意图。

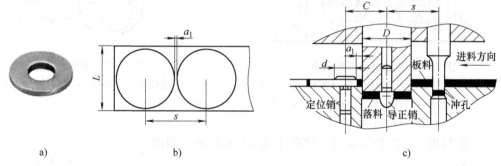

图 3-52　圆垫片的冲压加工
a）圆垫片　b）冲裁垫片排样图　c）级进模垫片冲裁过程示意图

🔧 任务拓展

冲 模 介 绍

冲模是冲压生产的主要工艺设备。按冲压工序性质，冲模可分为冲裁模、拉深模、弯曲模、翻边模、胀形模等；习惯上把冲裁模作为所有分离工序模的总称，包括落料模、冲孔模、切断模、切边模、半精冲模、精冲模及整修模等。

按冲压工序的组合方式，冲模可分为单工序模、复合模和级进模。

1）单工序模。在模具上只有一个加工工位，而且在冲床的一次行程中只能完成一个冲压工序的模具。

2）复合模。在模具上只有一个加工工位，在冲床的一次行程中，在同一工位上同时完成两道或两道以上冲压工序的模具。

3）级进模（又称为连续模）。由多个工位组成，各工位完成不同的加工，各工位顺序关联，在冲床的一次行程中，在不同的工位上同时完成两道或两道以上冲压工序的模具。

三类冲模的特点比较见表3-4。

表3-4 单工序模、复合模和级进模的特点比较

项 目	单 工 序 模	复 合 模	级 进 模
冲压精度	一般较低	中、高级精度	中、高级精度
原材料要求	不严格	除条料外，小件也可用边角料	条料或卷料
冲压生产率	低	较高	高
实现操作机械化、自动化的可能性	较易，尤其适合于在多工位压力机上实现自动化	难，只能在单机上实现部分机械操作	容易，尤其适合于在单机上实现自动化
生产通用性	好，适合于中、小批量生产及大型件的大量生产	较差，仅适合于大批量生产	较差，仅适合于中、小型零件的大批量生产
冲模制造的复杂性和价格	结构简单，制造周期短，价格低	结构复杂，制造度大，价格高	结构复杂，制造和调整难度大，价格与工位数成比例上升

复习思考题

1. 与铸造相比，压力加工有哪些特点？

2. 用于压力加工的材料主要应具有什么样的性能？常用材料中哪些可以采用压力加工，哪些不能采用压力加工？

3. 锻造前，坯料加热的作用是什么？

4. 什么是始锻温度和终锻温度？低碳钢和中碳钢的始锻温度和终锻温度分别是多少？各呈现什么颜色？

5. 为什么坯料温度低于终锻温度以后不宜继续锻造？

6. 空气锤由哪几部分组成？各部分的作用是什么？

7. 自由锻有哪些基本工序？

8. 某单位生产的带头部轴类锻件如图3-53所示，应如何锻造？

9. 模锻、胎模锻与自由锻相比，有哪些优、缺点？

10. 板料冲压有哪些基本工序？

11. 冲孔和落料有何异同点？

12. 简单冲裁模通常包括哪几个部分？各有何作用？

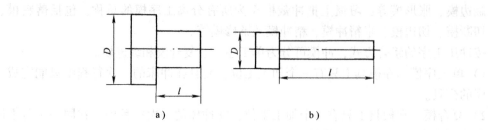

图 3-53 带头部轴类锻件

a) *D* 大 *l* 短 b) *D* 小 *l* 长

第四部分

焊　接

焊接是利用加热或加压（或两者并用）使两部分分离的金属形成原子间结合的一种连接方法。

焊接在工程上占有很重要的地位。据统计，世界上主要工业国家每年生产的焊接结构约占钢产量的 45% 左右。焊接主要用于制造金属结构，例如锅炉、压力容器、管道、汽车、飞机、船舶、桥梁、起重设备等；也用于制造机器零件，例如机座、床身、箱体等；此外，还可以用于零件的修复。

焊接具有很多明显的优点：①能减轻结构重量，节约大量的金属材料（焊接与铆接相比可节省材料 10% ~ 20%，焊件与铸件相比可节省材料 30% ~ 50%）；②生产率高，生产周期短，劳动强度低；③可以保证高的气密性，提高产品质量；④降低产品成本；⑤便于实现机械化、自动化。但焊接也有其不足之处：①焊接接头的组织和性能具有较大的不均匀性，其不均匀程度远超过铸件和锻件；②焊接结构有较大的焊接应力和变形，影响焊接结构的形状和尺寸，降低结构的承载能力；③焊接接头容易产生缺陷，并且应力集中现象比铆接接头、胶接接头严重，使应用受到一定限制。

焊接方法的类型很多，按照焊接过程的特点，可以归纳为熔焊、压焊和钎焊 3 大类。

利用局部加热，使金属加热到熔化状态而获得结合的方法，称为熔焊。

无论焊件接头是否加热，必须对其施加一定压力使其结合的方法，称为压焊。

利用低熔点的填充金属（钎料）熔化后，与固态母材相互扩散形成金属结合的方法，称为钎焊。

常用的焊接方法分类如下：

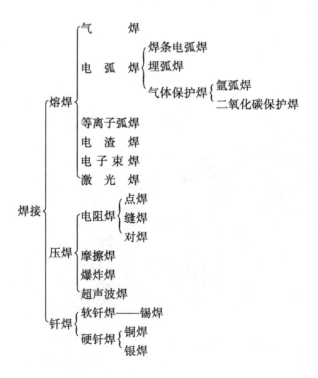

学习任务　焊条电弧焊

任务目标

1）了解焊接方法的种类和特点。

2）掌握焊条电弧焊的原理及一般工艺过程。

3）掌握焊条电弧焊的安全操作规程及工具的使用。

任务描述

选取减速器箱体，介绍其钢板拼焊的焊接制造过程。

知识准备

一、焊条电弧焊

焊条电弧焊（俗称手工电弧焊）是用手工操纵焊条进行焊接的电弧焊方法。

焊条电弧焊由弧焊电源、焊接电缆、焊钳、焊条、焊件、电弧构成焊接回路，如图 4-1 所示。在电弧的高温作用下，焊条和焊件局部被加热到熔化状态，形成熔池。随着电弧的移动，熔池也随之移动，熔池中的液态金属逐步冷却结晶后便形成焊缝，从而将两个焊件连成一个完整的整体。

焊条电弧焊是应用广泛的一种焊接方法。该法设备简单、维护方便、成本低；工艺灵活、适应性强，能进行任意空间位置和各种接头形式的焊接；对焊件的装配要求较低，易于分散应力和控制变形。但是劳动强度高、生产效率低；焊接质量对焊工的依赖性强。因此，焊条电弧焊主要用于单件小批生产，适用于焊接碳钢、低合金结构钢、不锈钢、耐热钢和对铸件的补焊等。其适宜焊接板厚为 3～20mm。

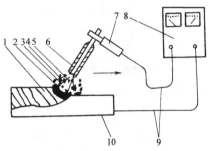

图 4-1　焊条电弧焊的焊接回路
1—焊缝　2—熔池　3—保护气体
4—电弧　5—熔滴　6—焊条
7—焊钳　8—弧焊设备
9—焊接电缆　10—焊件

（一）焊接电弧

焊接电弧是由焊接电源供给的、具有一定电压的两极间或电极与母材（被焊金属材料的统称）间在气体介质中产生的强烈而持久的放电现象。

1. 焊接电弧的产生

焊接时，焊接电源的两极分别与焊条和焊件相连接。当焊条与焊件瞬时接触时，由于短路而产生很大的短路电流，接触点在很短时间内产生大量的热，致使焊条接触端与焊件温度很快升高。将焊条提起 2～4mm 后，焊条与焊件之间就形成由高温空气、金属和药皮的蒸气所组成的气体空间。在电场的作用下，这些高温气体极容易被电离成为正离子和自由电子，正离子流向阴极，电子流向阳极。在运动途中和到达两极表面时，它们又不断地发生碰撞与结合，形成电弧并产生大量的热和光，如图 4-2 所示。电弧焊就是利用电弧放

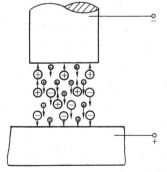

图 4-2　焊接电弧的产生
⊙—电子　⊕—正离子　⊖—负离子

出的热量熔化焊条和焊件进行焊接的。

2. 焊接电弧的温度和极性

用直流弧焊机焊接时，焊接电弧由阴极区、弧柱区和阳极区组成，如图4-3所示。

（1）焊接电弧的热量与温度 直流电弧的阴极区紧靠负电极，此区域较窄，温度约为2100℃，放出热量约占电弧总热量的36%。阳极区是指电弧紧靠正电极的区域，此区域较阴极区宽，温度为2300℃，放出热量约占电弧总热量的43%。弧柱区是指阴极区与阳极区之间的部分，温度最高为6000~8000℃，放出热量仅占电弧总热量的21%。

（2）正接法和反接法 直流电弧焊时，焊件与电源输出端正、负极的接法有正接和反接两种。

1）正接法。如图4-4a所示，焊件接电源正极、焊条接电源负极的接线法。正接时焊件温度较高，能获得较大熔深。正接法适用于焊接厚度大、高熔点的焊件。

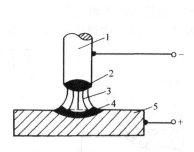

图4-3 焊接电弧的组成
1—焊条 2—阴极区 3—弧柱区
4—阳极区 5—焊件

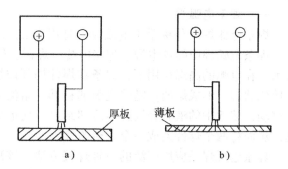

图4-4 直流电弧焊接线方法
a）正接 b）反接

2）反接法。如图4-4b所示，焊件接电源负极、焊条接电源正极的接线法。反接法适用于薄件及低熔点金属的焊接，以防焊件烧穿。此外，有色金属的焊接也常用反接法。

用交流弧焊电源焊接时，因电源极性不断交替变化，两极区的温度趋于一致，故不存在正、反接的问题。焊接电弧开始引燃时的电压称为引弧电压（电焊机空载电压），一般为50~80V。电弧稳定燃烧时的电压称为电弧电压（工作电压），一般为20~30V。

（二）电弧焊冶金过程和特点

电弧焊时，在焊接电弧作用下，焊件局部被加热到熔化状态，形成金属熔池，填充金属以熔滴形式向熔池过渡，其焊接过程如图4-5所示。焊条药皮在熔化过程中产生一定量的保护气体和液态熔渣，所产生的气体充满在金属熔滴和熔池的周围，起隔绝空气的作用。液态熔渣从熔池中浮起，盖在液态金属上面，起保护液态金属的作用。在液态金属、熔渣和气体间进行着复杂的冶金反应，这种反应起精炼焊缝金属的作用，以保证焊缝金属的性能。

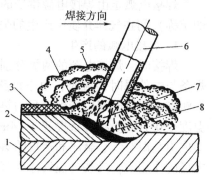

图4-5 焊条电弧焊焊接过程
1—焊件 2—焊缝 3—焊渣
4—熔渣 5—气体 6—焊条
7—熔滴 8—熔池

和一般冶炼过程相比，焊接过程中的冶金反应有其本身的特点。由于焊接电弧和熔池的温度比一般冶炼温度高,所以使得金属元素强烈蒸发和烧损;因为焊接熔池体积小($2 \sim 3cm^3$),而且从熔化到凝固的时间极短,所以熔池金属在焊接过程中温度变化很快,使得冶金反应的速度和方向发生迅速变化,有时气体和熔渣来不及浮出,就会在焊缝中产生气孔和夹渣的缺陷。

为保证焊缝金属的化学成分和力学性能,除应清除工件表面的铁锈、油污及烘干焊条外,还必须采用焊条药皮、焊剂或保护气体(如CO_2、氩气)等,将金属液与空气隔开,防止空气进入。同时,还可通过焊条药皮、焊丝或焊剂对金属液进行冶金处理(如脱氧、脱硫、去氢、渗合金等),以除去有害杂质,添加合金元素,获得优质焊缝。

(三)焊条电弧焊设备

根据焊接电流的不同,可将弧焊电源分为交流弧焊电源、直流弧焊电源和脉冲弧焊电源3种。

1. 弧焊设备的类型与特点

焊条电弧焊的主要设备是电弧焊机,它是焊接电弧的电源。焊条电弧焊电源包括弧焊变压器、直流弧焊发电机和弧焊整流器3类。

弧焊变压器供给焊接电弧的电流是交流电,其优点是结构简单、使用方便、价格便宜、易于维修及工作噪声小等。其缺点是焊接电弧不够稳定,不能用于碱性低氢型焊条的焊接,生产中较少采用。

直流弧焊发电机供给焊接电弧的电流是直流电,是一种电动机和直流发电机的组合体。其优点是焊接电弧稳定,焊接质量较好;但结构复杂、造价高、噪声大、耗电多,已被原机电部于1992年起宣布为淘汰产品,1993年6月后停止生产。

目前生产中应用较多的焊接电源是弧焊整流器,它供给焊接电弧的电流是直流电。其结构相当于在弧焊变压器上加上整流器,从而把交流电变成直流电。弧焊整流器既弥补了弧焊变压器电弧稳定性不好的缺点,又有结构简单、造价低廉、维修方便、噪声小等优点。弧焊整流器主要用于焊接质量要求高的钢结构件、非铁金属件、铸铁件和特殊钢件。

2. 弧焊设备的编号

我国弧焊电源型号按GB/T 10249—2010标准规定编制。弧焊电源型号采用汉语拼音字母及阿拉伯数字组成,其编排次序及各部分含义如下:

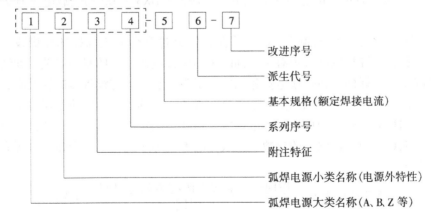

型号中1、2、3、4项称为产品符号代码,1、2、3、6项用汉语拼音字母表示,4、5、7项用阿拉伯数字表示,型号中3、4、6、7项若不用时,其他各项排紧。弧焊电源型号代表字母见表4-1。

表 4-1 弧焊电源型号代表字母

大类名称	代表含义	小类名称	代表含义	系列序号	代表含义
A	弧焊发电机	X	下降特性	1	动铁心式
				2	串联电抗器式
B	弧焊变压器	P	平特性	3	动圈式
				4	晶体管式
Z	弧焊整流器	D	多特性	5	晶闸管式
				6	变换抽头式
				7	逆变式

附注特征：晶闸管整流器用"K"表示，硅整流器用"G"表示；铝绕组用"L"表示。

3. 弧焊电源的主要技术参数

每台弧焊电源设备上都有金属铭牌，上面标有弧焊电源的主要技术参数，在没有使用说明书的情况下，它是弧焊电源可靠的原始参数。焊工应看懂铭牌并理解各项技术指标的意义。在铭牌上，列有该台弧焊电源设备的主要参数：一次电压、电流、功率、相数、二次空载电压和工作电压、额定焊接电流和焊接电流调节范围、负载持续率等。下面以 BX3—300 弧焊电源的铭牌为例，说明这些参数的意义。

BX3—300			
一次电压 380V		二次空载电压 75/60V	
相数 1		频率 50Hz	
电流调节范围 40～400A		负载持续率 60%	
负载持续率（%）	容量/kVA	一次电流/A	二次电流/A
100	15.9	41.8	232
60	20.5	54	300
35	27.8	72	400

（1）一次电压、一次电流、功率和相数 这些参数说明焊接电源接入网络时的要求。例如，BX3—300 接入单相 380V 电网，容量 20.5kVA。

（2）空载电压 表示焊接电源的空载电压。例如，BX3—300 的空载电压有 75V 和 60V 两挡。

（3）负载持续率 焊接电源工作时会发热，温升过高会使绝缘损坏而烧毁。温升一方面与焊接电源提供的焊接电流大小有关，同时也与焊接电源使用的状态有关。断续使用与连续使用的情况是不一样的。在焊接电流相同的情况下，长时间连续焊接时温升高，间断焊接时温升低。所以，为保证弧焊电源温升不超过允许值，连续焊接时电流要用得小一些，断续焊接时电流可用得大一些，即根据弧焊电源的工作状态确定焊接电流调节范围。负载持续率就是用来表示弧焊电源工作状态的参数。负载持续率就等于工作周期中弧焊电源有负载的时间所占的百分数，即

$$负载持续率 = \frac{工作周期中弧焊电源有负载的时间}{工作周期} \times 100\%$$

我国标准规定，对于容量 500kVA 以下的弧焊电源，以 5min 为一个工作周期计算负载持续率。例如，焊条电弧焊时只有电弧燃烧时电源才有负载，在更换焊条、清渣时电源没有负载。如果 5min 内有 2min 用于换焊条和清渣，那么负载时间只有 3min，负载持续率则等于

60%。对于任何一台电源，负载持续率越高，则允许使用的焊接电流越小。

（4）额定负载持续率和电源容量　设计弧焊电源时，根据其最经常的工作条件选定的负载持续率，称为额定负载持续率。额定负载持续率下允许使用的电流称为额定焊接电流。如 BX3—300 弧焊电源的额定负载持续率是 60%，这时允许的电流 300A 即为其额定电流。负载持续率增加，允许使用的焊接电流减少；反之，负载持续率减小，允许使用的焊接电流增加。如 BX3—300 弧焊电源的负载持续率为 100% 时，其允许使用的焊接电流为 232A；而当负载持续率为 35% 时，其允许使用的焊接电流为 400A。也就是说，BX3—300 弧焊电源的额定电流为 300A，最大电流为 400A。因此，使用弧焊电源时，不能超过铭牌上所规定的不同负载持续率下允许使用的焊接电流，否则会造成弧焊电源因超载而温升过高，以致烧毁。

（四）焊条

焊条是涂有药皮的供焊条电弧焊用的熔化电极。

1. 焊条的组成与作用

焊条由焊芯和药皮两部分组成，如图 4-6 所示。焊条端部未涂药皮的焊芯部分长约 10～35mm，供焊钳夹持并有利于导电，是焊条夹持端。在焊条前端药皮有 45°左右倾角，将焊芯金属露出，便于引弧。

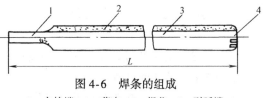

图 4-6　焊条的组成
1—夹持端　2—药皮　3—焊芯　4—引弧端

（1）焊芯　焊条中被药皮包覆的金属芯称为焊芯。焊接时焊芯有两个作用：一是传导焊接电流，产生电弧，把电能转换为热能；二是焊芯本身熔化，作为填充金属与液体母材金属熔合形成焊缝，同时起调整焊缝中合金元素成分的作用。焊芯的化学成分将直接影响焊接质量，所以焊芯是由炼钢厂专门冶炼的。目前，我国常用的碳素结构钢焊芯牌号有 H08、H08A、H08MnA 等。

焊条的直径以焊芯的直径来表示。常用的焊条直径有 $\phi2mm$、$\phi2.5mm$、$\phi3.2mm$、$\phi4.0mm$、$\phi5.0mm$ 等几种，长度为 250～450mm。

（2）药皮　药皮是压涂在焊芯表面的涂料层。药皮的主要作用是使电弧容易引燃并保持电弧稳定燃烧；药皮熔化时产生大量的气体和熔渣，可隔绝空气、保护熔池金属不被氧化；添加合金元素，提高焊缝力学性能。

2. 焊条的类型、代号及用途

（1）类型　焊条的分类方法很多，按其用途不同的分类见表 4-2。

表 4-2　焊条的分类、代号及用途

类　别	代号	用　途
碳素钢焊条	E	主要用于强度等级较低的低碳钢和低合金钢的焊接
低合金焊条	E	主要用于低合金高强度钢、含合金元素较低的钼和铬钼耐热钢及低温钢的焊接
不锈钢焊条	E	主要用于含合金元素较高的钼和铬钼耐热钢及各类不锈钢的焊接
堆焊焊条	ED	主要用于金属表面层堆焊，其熔敷金属在常温或高温中具有较好的耐磨性和耐蚀性
铸铁焊条	EZ	专用于铸铁的焊接和补焊
镍及镍合金焊条	ENi	用于镍及镍合金的焊接、补焊或堆焊
铜及铜合金焊条	ECu	用于铜及铜合金的焊接、补焊或堆焊；其中部分焊条可用于铸铁补焊或异种金属的焊接
铝及铝合金焊条	TAl	用于铝及铝合金的焊接、补焊或堆焊
特殊用途焊条	TS	用于水下焊接、切割的焊条及管状焊条等

（2）代号 焊条型号一般都由焊条类型的代号，加上其他表征焊条熔敷金属力学性能、药皮类型、焊接位置和焊接电流的分类代号组成。现以碳素钢焊条为例说明如下。

按 GB/T 5117—2012 规定，碳素钢焊条型号的编制方法为

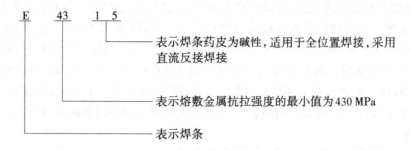

1）首字母"E"表示焊条。

2）前两位数字表示熔敷金属抗拉强度的最小值的 1/10，单位为 MPa，见示例中的"43"。

3）第 3、第 4 两位数字，表示药皮类型、焊接位置和电流类型。

3. 酸性焊条和碱性焊条

焊接过程中形成的熔渣主要由氧化物组成。这些氧化物按化学性质可分为碱性氧化物、酸性氧化物和两性氧化物。

当熔渣的成分主要是酸性氧化物（如 TiO_2、Fe_2O_3、SiO_2）时，熔渣表现为酸性，这类焊条称为酸性焊条。碳素钢焊条和低合金钢焊条中的 E××13、E03、E××01、E××20、E××10 类焊条都是酸性焊条。反之，焊条熔渣的成分主要是碱性氧化物（如 $CaCO_3$、CaF_2 等）时，熔渣就表现为碱性，这类焊条称为碱性焊条。例如碳素钢焊条和低合金钢焊条中的 E××15、E××16、E××18 等。

酸性焊条和碱性焊条的性能比较见表 4-3。

表 4-3 酸性焊条和碱性焊条的性能比较

	酸性焊条	碱性焊条
工艺性能特点	引弧容易，电弧稳定，可用交、直流电源焊接 宜长弧操作 焊接电流大 对铁锈、油污和水分的敏感性不大，抗气孔能力强。焊条使用前经 75～150℃烘焙 1h 飞溅小，脱渣性好 焊接时烟尘较少	电弧的稳定性较差，只能采用直流电源焊接 须短弧操作，否则易引起气孔 与同规格酸性焊条相比，焊接电流较小 对水分、铁锈产生气孔的敏感性较大，使用前须经 350～400℃烘焙 1h 飞溅较大，脱渣性稍差 焊接时烟尘较多
焊缝金属性能	焊缝常温与低温冲击性能一般 合金元素烧损较多 脱硫效果差，抗热裂纹能力差	焊缝常温与低温冲击性能较好 合金元素过渡效果好，塑性和韧性好，特别是低温冲击韧度好 脱氧、硫能力强。焊缝含氢、氧、硫低，抗裂性能好

通过比较可以看出，碱性焊条形成焊缝的塑性、韧性和抗裂性能均比酸性焊条的好。所以，在焊接重要结构时，一般均采用碱性焊条。

（五）焊条电弧焊工艺

1. 焊接接头

焊接的接头形式有多种，其中最主要的有对接接头、角接接头、搭接接头和T形接头4种，如图4-7所示。焊接接头形式的选择主要根据焊件厚度、结构形式、对强度的要求及施工条件等情况而定。

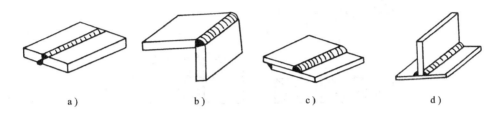

图4-7　焊接接头的基本形式

a）对接接头　b）角接接头　c）搭接接头　d）T形接头

2. 焊接位置

焊接位置分为平焊位置、横焊位置、立焊位置、仰焊位置4种形式，如图4-8所示。

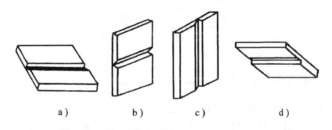

图4-8　焊接位置示意图

a）平焊位置　b）横焊位置　c）立焊位置　d）仰焊位置

3. 焊接坡口

根据设计或工艺的需要，在焊件的待焊部位加工并装配成的一定几何形状的沟槽称为坡口。

坡口的作用是为了保证焊缝根部焊透，保证焊接质量和连接强度，同时调整基本金属与填充金属的比例。

焊条电弧焊焊缝坡口的基本形式和尺寸详见 GB/T 985—2008。常用焊接接头坡口的基本形式有I形坡口、V形坡口、双V形坡口、U形坡口和双U形坡口，如图4-9所示。

4. 焊接参数的选择

焊接参数（焊接规范）是为了保证焊接质量而选定的诸如焊接电流、电弧电压、焊接速度、焊接热输入等物理量的总称。

（1）焊条直径选择　焊条直径是根据焊件厚度、焊接位置、接头形式、焊接层数等进行选择的。

首先，根据焊件的厚度选取焊条直径。厚度越大，所选焊条直径越粗。焊条直径的选择与焊件厚度的关系见表4-4。

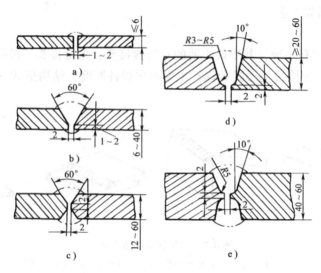

图 4-9 焊接坡口

a）Ｉ形坡口　b）Ｖ形坡口　c）双Ｖ形坡口　d）Ｕ形坡口　e）双Ｕ形坡口

表 4-4　焊条直径的选择与焊件厚度关系　　　　　　　（单位：mm）

焊件的厚度	焊条直径	焊件的厚度	焊条直径
≤1.5	1.5	4~6	3.2~4.0
2	1.5~2.0	8~12	3.2~4.0
3	2.0~3.2	≥13	4.0~5.0

焊接位置不同时，选取焊条的直径也不同。平焊时，可选用直径较大的焊条，甚至可选用 $\phi5mm$ 以上的焊条；立焊时，最大焊条直径不超过 $\phi5mm$；而仰焊、横焊时，焊条直径一般不超过 $\phi4mm$；在焊接固定位置的管道环焊缝时，为适应各种位置的操作，宜选用小直径焊条。

在进行多层焊时，为了防止根部焊不透，第一层采用小直径焊条进行打底，以后各层根据板厚情况选用较大直径焊条。

（2）焊接电流选择　焊接时流经焊接回路的电流称为焊接电流。

焊接电流是焊条电弧焊重要的焊接参数。焊接电流越大熔深越大，焊条熔化越快，焊接效率也越高。但是焊接电流越大，飞溅和烟雾越大，焊条药皮易发红和脱落，且易产生咬边、焊瘤、烧穿等缺陷；电流太小，则引弧困难，电弧不稳定，熔池温度低，焊缝窄而高，熔合不好，易产生夹渣、未焊透、未熔合等缺陷。

焊条直径越大，熔化焊条所需要的热量越大，需要的焊接电流越大。每种焊条都有一个合适的焊接电流范围，其值见表 4-5。

表 4-5　各种直径焊条使用的焊接电流

焊条直径/mm	1.6	2.0	2.5	3.2	4.0	5.0	6.0
焊接电流/A	25~40	40~65	50~80	80~130	140~200	200~270	260~300

焊接电流的大小还可以用下面的经验公式来计算：

$$I = 10d^2$$

式中，I 是焊接电流（A）；d 是焊条直径（mm）。根据上式所求的焊接电流，还需根据实际情况进行修正。

当焊接位置不同时，所用的焊接电流大小也不同。平焊时，由于运条和控制熔池中的熔化金属都比较容易，可选用较大的焊接电流。立焊时，所用的电流比平焊时小10%~15%；而横焊、仰焊时，焊接电流比平焊时要减小15%~20%；使用碱性焊条时，比酸性焊条焊接电流减小10%。

通常，焊接打底焊道时，使用的焊接电流较小，以有利于焊接操作和保证焊接质量；焊填充焊道时，通常采用较大的焊接电流；而焊盖面焊道时，为了防止咬边和获得美观的焊缝成形，使用较小的焊接电流。

焊接不锈钢时，为了减小晶间腐蚀倾向，焊接电流应选用下限值。有些材质和结构需要通过工艺试验和评定以确定焊接电流范围。

二、常用金属材料的焊接性与特点

为了提高焊接质量，必须认真分析影响焊接接头质量的因素，熟悉常用材料的焊接特点，采取正确的工艺措施。

（一）焊接接头的组织与性能

在熔焊和部分压焊中，焊件接头都经历着加热然后又迅速冷却的循环过程。因而焊缝及临近焊缝的区域，金属材料都经受到一次不同温度的热处理，其组织和性能都发生相应的变化。在熔焊的条件下，焊接接头组织可由焊缝和热影响区组成。

以低碳钢为例，对照铁碳合金相图分析焊接接头组织和性能的变化，如图4-10所示。

1. 焊缝

焊缝是指工件经焊接后所形成的结合部分。

这部分的金属温度最高，冷却时结晶从熔池壁开始，并垂直于池壁方向，最后形成柱状晶粒。但在熔池中心最后冷却的部分还聚集了各种杂质。显然，有损焊缝强度的就是熔池中心聚集了各种杂质的最后冷却部分，这对窄焊缝强度的影响尤为显著。

2. 热影响区

热影响区是指焊接（切割）过程中，材料因受热的影响（但未熔化）而发生金相组织和力学性能变化的区域。

低碳钢的焊接热影响区分为熔合区、过热区、正火区和部分相变区。

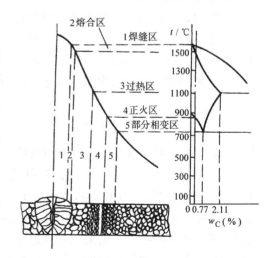

图4-10　低碳钢焊接接头组织示意图

（1）熔合区　焊接过程中该处金属最高加热到1490~1530℃（液相线和固相线之间的温度）的半熔化状态，结晶后呈铸造组织；另一部分金属为过热奥氏体组织，冷却后呈粗大晶粒。所以这一区域塑性、韧性很低，化学成分不均匀，是产生裂纹的起源处，宽度虽只有0.1~0.4mm，但对焊接性能影响很大。

（2）过热区　焊接热影响区中，具有过热组织或晶粒显著粗大的区域。焊接加热温度可达1100~1490℃，大大超过相变温度，奥氏体晶粒急剧长大，冷却后呈过热组织，冲击韧度下降25%~30%，因此，其塑性和韧性比母材的差。过热区的宽度为1~3mm。

（3）正火区　金属被加热到 Ac_3 线以上至1100℃属正火加热范围，宽度为 1.2 ～ 4.0mm。由于加热速度快，高温停留时间短，冷却后得到均匀细小的正火组织，其力学性能良好，优于母材。

（4）部分相变区　金属被加热到 Ac_1 ～ Ac_3 线之间的温度范围。此区原始组织中的铁素体没有变化，只有珠光体转变为细晶粒的奥氏体，故称为部分相变区。其晶粒大小不均匀，力学性能较差。

熔合区和热影响区是焊接接头中力学性能最差的部位，也是发生破坏的危险区，因此该区越窄越好。

影响焊接接头性能的主要因素是焊接材料（如焊条、焊丝、焊剂）、焊接方法、焊接工艺参数、接头与坡口形式、焊后冷却速度和热处理等。

（二）金属材料的焊接性

1. 焊接性的概念

焊接性是指材料在限定的施工条件下焊接成符合规定设计要求的构件，并满足预定服役要求的能力。它包括两方面的内容：一是使用性能，即在一定的焊接工艺条件下，焊接接头对使用要求的适应性，如对强度、塑性、耐蚀性等的敏感程度；二是接合性能，即在一定焊接工艺条件下，对产生焊接缺陷的敏感性，尤其是对产生焊接裂纹的敏感性。焊接性主要受材料、焊接方法、构件类型及使用要求4个因素的影响。

2. 钢焊接性的评定

影响钢焊接性的主要因素是化学成分，钢的含碳量对焊接性影响最明显。通常，将钢中合金元素（包括碳）的含量按其作用换算成碳的相当含量（称为碳当量），用它作为评定钢材焊接性的一种参考指标，用符号" w_{CE} "表示。

对于碳钢和低合金结构钢，国际焊接学会（ⅡW）推荐的碳当量计算公式为

$$w_{CE} = \left(w_C + \frac{w_{Mn}}{6} + \frac{w_{Cr} + w_{Mo} + w_V}{5} + \frac{w_{Ni} + w_{Cu}}{15} \right) \times 100\%$$

式中，w 加下标表示该元素在钢中的质量分数的上限。

经验证明：当 $w_{CE} < 0.4\%$ 时，钢材热影响区淬硬和冷裂倾向不大，焊接性优良，焊接时一般不预热；当 w_{CE} 在 0.4% ～ 0.6% 时，钢的热影响区淬硬和冷裂倾向逐渐增大，焊接性较差，焊接时需采用预热和缓冷等工艺措施；当 $w_{CE} > 0.6\%$ 时，钢的热影响区淬硬和冷裂倾向明显，焊接性很差，需采用较高温度预热和严格的工艺措施才能保证焊接质量。另外，还可以根据焊接冷裂纹敏感性系数和抗裂性试验来确定金属材料的焊接性。

（三）常用金属材料的焊接

1. 低碳钢的焊接

$w_C < 0.25\%$ 的低碳钢的焊接性优良。施焊时，不需要采用特殊的工艺措施就能获得优质的焊接接头；应用最多的是焊条电弧焊、埋弧自动焊、电渣焊、气体保护焊和电阻焊。采用焊条电弧焊焊接一般低碳钢结构件时，可选用 E4301、E4313 等焊条，而焊接承受动载荷、结构复杂或厚板重要结构件时，可选用 E4315、E4316、E5015、E5016 等焊条。埋弧自动焊一般采用 H08A 或 H08MnA 焊丝配合焊剂 HJ431 进行焊接。

2. 中、高碳钢的焊接

$0.25\% \leqslant w_C \leqslant 0.6\%$ 的中碳钢, 其焊接接头易产生淬硬组织和冷裂纹, 焊接性较差, 常用焊条电弧焊焊接, 焊前应预热工件 (200~300℃), 选用抗裂性能好的低氢型焊条, 如E5015。焊接时, 采用细焊条、小电流、开坡口、多层焊, 尽量防止含碳量高的母材过多地熔入焊缝。焊后缓冷, 以防止产生冷裂纹。

$w_C > 0.6\%$ 的高碳钢的焊接性更差。高碳钢一般不用来制作焊接结构, 但可用焊接进行修补。常采用焊条电弧焊或气焊修补高碳钢, 焊前一般要预热 (若用奥氏体不锈钢焊条可不预热) 和焊后缓冷。

3. 低合金高强度结构钢的焊接

低合金高强度结构钢属于低碳钢, 由于化学成分的不同, 其焊接性与低碳钢的不同。当 $w_{CE} < 0.4\%$ 时, 塑性、韧性好, 焊接性优良, 常用焊条电弧焊和埋弧自动焊进行焊接, 一般不需采用特殊的工艺措施。但若工件刚性和厚度大或在低温下焊接时, 应适当增大焊接电流, 减慢焊接速度, 选用低氢型碱性焊条, 如 E5015, 或焊前预热 (温度 ≥ 100℃)。当 $w_{CE} > 0.4\%$ 时, 焊接性较差, 常用焊条电弧焊和埋弧自动焊进行焊接, 一般焊前需预热 (温度 ≥ 150℃)。焊接时, 要调整焊接规范, 以严格控制热影响区的冷却速度。焊后应及时进行热处理, 以消除应力。

4. 奥氏体不锈钢的焊接

奥氏体不锈钢中应用最广的是奥氏体型不锈钢 (如 1Cr18Ni9), 其焊接性良好。施焊时不需采用特殊工艺措施, 常用焊条电弧焊和钨极氩弧焊进行焊接, 也可用埋弧焊。焊条电弧焊时, 选用与母材化学成分相同的焊条; 氩弧焊和埋弧焊时, 选用的焊丝应保证焊缝化学成分与母材的相同。

焊接奥氏体不锈钢的主要问题是晶间腐蚀和热裂纹。为防止晶间腐蚀, 可通过合理选择母材和焊接材料, 用小电流、快速焊、强制冷却等措施。为防止热裂纹, 应严格控制磷、硫等杂质的含量, 焊接时应用小电流、焊条不摆动等工艺措施。

热焊质量较高, 但工艺复杂, 生产率低, 劳动条件差。一般仅用于焊后要求切削加工或形状复杂的重要铸铁件, 如机床导轨、气缸体等。

5. 非铁金属的焊接

(1) 铝及铝合金的焊接 铝及铝合金焊接时易氧化和产生气孔。铝极易被氧化, 生成难熔 (熔点为 2050℃)、致密的氧化铝薄膜, 且密度比铝的大。焊接时, 氧化铝薄膜能阻碍金属熔合, 并易形成夹杂, 使铝件脆化。液态铝能大量溶解氢, 而固态铝几乎不溶解氢。铝的导热性好, 焊缝冷凝较快, 故氢气来不及逸出, 形成气孔。此外, 铝及铝合金由固态加热至液态时无明显的颜色变化, 故难以掌握加热温度, 易烧穿工件。焊接铝及铝合金常用的方法有氩弧焊、电阻焊、钎焊和气焊。

氩弧焊时, 氩气保护效果好, 焊缝质量好, 成形美观, 焊接变形小, 接头耐蚀性好。焊前应严格清洗工件和焊丝, 并使其干燥以保证焊接质量。氩弧焊多用于焊接质量要求高的构件, 所用的焊丝成分应与焊件成分相同或相近。

铝及铝合金在采用电阻焊时, 应采用大电流, 且焊前必须清除工件表面的氧化膜。

焊接质量要求不高的铝及铝合金构件可采用气焊。焊前要清除工件表面的氧化膜, 焊接时要用熔剂 CJ401 去除氧化膜, 选用与母材化学成分相同的焊丝; 焊后耐蚀性差; 生产率低；通常用于焊接薄板（厚度为 0.5~2mm）构件和焊补铝铸件。

（2）铜及铜合金的焊接　铜和铜合金的焊接性较差，主要是难于熔合、易变形、产生热裂纹和气孔。此外，铜及铜合金焊接接头易出现粗大晶粒，使力学性能有所下降（主要使塑性降低）。焊接纯铜时，因焊缝含有杂质及合金元素、组织不致密等，接头导电性有所降低。焊接黄铜时，锌的沸点为 907℃，故易氧化和蒸发，焊缝的力学性能和耐蚀性降低，且产生对人体有害的气体，焊接时应加强通风。

铜及铜合金的常用焊接方法有氩弧焊、气焊、手弧焊、钎焊等。

焊接薄板（厚度为 1~4mm）主要用钨极氩弧焊和气焊；焊接 5mm 以上厚板的较长焊缝时，适于用埋弧焊和熔化极氩弧焊。焊接铜及铜合金时，一般采用与母材成分相同的焊丝。氩弧焊、气焊焊接纯铜时，焊丝为 HS201 和 HS202；气焊黄铜常用焊丝 HS224；氩弧焊黄铜采用 HS211 焊丝。铜和铜合金气焊时，还需采用气焊熔剂 CJ301，以去除氧化物。采用焊条电弧焊焊接纯铜时采用纯铜电焊条 T107；焊接黄铜时用 T227 焊条。

三、焊接缺陷及焊缝质量的分析与检验

（一）焊接应力与变形

1. 焊接应力

焊接时，焊件受热是不均匀的。另外，金属在加热和冷却过程中还发生内部组织的变化，产生组织应力。当这些应力之和超过焊件的屈服强度时，将引起变形；超过焊件的强度极限时，则会产生裂纹。

2. 焊件变形的种类及原因

焊件变形的基本形式如图 4-11 所示。

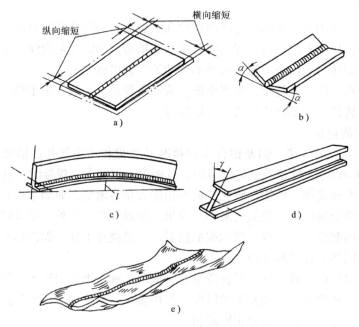

图 4-11　焊接变形的基本形式
a）纵向收缩和横向收缩　b）角变形　c）弯曲变形
d）扭曲变形　e）波浪变形

（1）纵向收缩和横向收缩　图 4-11a 所示的两块板对接，发生长度缩短和宽度变窄的变形。这主要是焊缝的纵向及横向收缩所引起的。

（2）角变形　图 4-11b 所示的是 V 形坡口对接焊后发生的角变形。这是由于焊缝截面上下大小不一，造成横向收缩上下不均匀所引起的。

（3）弯曲变形　图 4-11c 所示焊缝对整个焊件分布不对称，其纵向收缩力超过材料的弹性极限而引起弯曲变形。

（4）扭曲变形　如图 4-11d 所示，当装配质量不好、工件搁置不当以及焊接顺序和焊接方向不合理时，都可能引起扭曲变形。

（5）波浪变形　图 4-11e 所示波浪变形主要产生在薄板的焊接结构中。其产生原因是由于焊缝的纵向收缩引起的角变形，这些变形连贯起来形成了波浪变形。

3. 减少焊接应力和防止变形的方法

焊接过程中的变形和应力是相互矛盾的，应力求二者的统一。常用的方法有以下几种：

（1）预热和缓冷　生产中常用焊前预热和焊后缓冷的方法减少焊件的应力，防止焊件产生变形和裂纹。

（2）反变形法　根据焊件的结构特点，预先估计焊后的变形方向和收缩量。焊接前，预先将焊件放成相反的位置，如图 4-12 所示。焊后由于焊件的收缩变形，从而得到所需的正常状态。

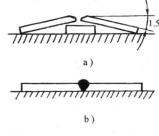

图 4-12　反变形法

a）焊前　b）焊后

（3）采用合理的焊接顺序和填敷方法　合理的焊接顺序对减少变形具有重大意义。X 形坡口的对接接头，焊接的顺序合理时，焊后正、反两个方向的角变形能互相抵消。但当焊接顺序不合理，造成正、反两条焊缝的横向收缩不相等时，也会产生角变形。

另外，焊接长焊缝时，不能按一个方向连续焊接，要采用分段反焊、逆向分段反焊等方法，以减少焊件的变形。

当焊接较厚的工件时，应采用多层焊，以减少内应力。

（4）锤击法　用小锤击打焊缝的方法，可使焊缝适当延伸，以减少接头应力。

（5）水冷法　在焊修工件中最常见的是把焊件浸在冷水中，要焊的部分露出水面，以减少主体金属受热的范围，减少焊接变形。

（6）刚性固定法　焊前先将焊件用夹具固定，以限制其变形。但此法会大大增加焊接应力。

生产中防止变形和减少应力的方法很多，以上仅是主要的几种，实际生产中应根据焊件的具体情况灵活选用。

（二）焊缝质量检查

1. 外观检查

外观检查即目视检查或用放大镜进行检查。它可以检查焊缝的表面裂纹、表面气孔、未焊透、咬边和烧穿等缺陷。此外，还可以检查焊缝的形状和尺寸是否符合要求。

2. 焊缝的致密性检查

各种储存液体或气体用的压力容器，如锅炉、管道等，要进行焊缝的致密性试验。常用的方法有水压试验、气压试验和煤油试验。

（1）水压试验 压力容器焊后必须进行水压试验。方法是将焊好的容器充满水并加压，试验压力为工作压力的1.5倍，在此压力下维持5min，然后再降至工作压力，并用锤子轻敲焊缝周围，若焊缝表面发现水滴或渗漏，即证明焊缝不致密。

（2）气压试验 气压试验可用来检查高压气体容器和输送压缩气体的导管上焊缝的致密性。因为气压试验较危险，一般都在水压试验后进行。在试验时，不得敲击和振动容器。其方法是将压缩空气通入容器内，在焊缝表面涂抹肥皂水，焊缝上有肥皂泡出现之处，即为缺陷所在。

（3）煤油试验 大部分开口容器，储存煤油、柴油、汽油的固定容器以及其他需要保证不渗漏的容器，一般都采用煤油检查焊缝的致密性。检查方法是将白垩粉与水调成浆糊状，涂在焊缝上，待干燥后，再于焊缝的另一面涂煤油。因煤油有极强的渗透能力，若焊缝有缺陷时，则会在涂有白垩粉的一面形成明显的斑痕。若经过5min左右仍未发现煤油的斑痕，则认为焊缝的致密性合格。

3. 磁力探伤

磁力线通过金属时，如果金属内无缺陷存在，则磁力线在金属截面上均匀分布。如果内部存在缺陷时，在缺陷处磁力线的分布就会发生变化。如将铁粉撒在焊缝金属表面，铁粉全吸附在缺陷处，以此可发现焊缝缺陷，如图4-13所示。此法不适用于检查埋藏较深及尺寸较小的缺陷。

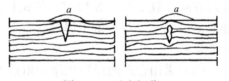

图4-13 磁力探伤

4. 超声波探伤

超声波探伤是利用超声波（频率>20000Hz）能在金属材料中传播，在通过两种介质的界面时将发生反射的特点来检查焊缝中缺陷的一种方法。当超声波自焊件表面由探头发射至金属内部，遇到缺陷和焊件底面时就分别发生反射，在荧光屏上形成脉冲波形。根据这些脉冲波形，就可以判断缺陷的位置和大小。

5. X射线、γ射线探伤

X射线和γ射线的波长较短，能穿透金属，而且当它们经过不同物质时会引起程度不同的衰减，并将这种衰减的变化在照相底片上反映出来。利用这一特点，X射线和γ射线可以用来检查焊缝内部的夹渣、气孔、未焊透、裂缝等缺陷。射线探伤的基本原理如图4-14所示。

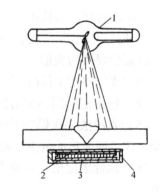

图4-14 射线探伤
1—射线发生器 2—增感纸（屏板）
3—底片 4—底片盒

X射线可由X射线管得到。γ射线由放射性元素得到，如镭（Ra）、钍（Th）、钴（Co）60等。

（三）常见焊接缺陷

焊接过程中在焊接接头处产生的金属不连续、不致密或连接不良的现象称为焊接缺陷。

焊接缺陷按其在焊缝中位置的不同，可以分为内部缺陷和外部缺陷两大类。常见的外部缺陷有焊缝尺寸不符合要求、咬边、表面气孔、表面裂纹、烧穿、焊瘤及弧坑等；内部缺陷有未焊透、内部气孔、内部裂纹、内部夹渣等。

常见焊接缺陷的特征及产生的原因见表4-6。

表4-6　常见的焊接缺陷及产生原因

缺陷名称	特征及简图	产生原因
焊缝尺寸不符合要求	焊缝高低不平，宽窄不齐，尺寸过大或过小	1）焊件坡口开得不当或装配间隙不均匀 2）焊接参数选择不当
未焊透	接头根部未完全焊透	1）坡口角度过小，装配间隙过小或钝边过大 2）电流太小，焊速过快，电弧过长
裂纹	在焊缝或焊接区的表面或内部产生纵向或横向裂纹	1）焊缝冷却太快 2）焊件碳、硫、磷含量过高 3）焊件结构与焊接顺序不合理
咬边	沿焊趾的母材部位烧熔形成的沟槽或凹陷	1）焊接参数选择不当 2）焊条角度不对 3）运条方法不正确
焊瘤	熔化金属流淌到焊缝之外不熔化的母材上所形成的金属瘤	1）电流太大 2）电弧太长 3）运条不正确，焊速太慢
烧穿	熔化金属自坡口背面流出	1）电流太大 2）焊速太慢 3）装配间隙过大，钝边太小
气孔、夹渣	焊缝表面或内部有气泡或焊渣	1）焊前清理不干净或多层焊层间清理不彻底 2）焊条质量不好，焊缝冷却过快 3）电流过小，焊速过快

任务实施

图 4-15 所示为某一用钢板拼焊而成的减速器箱体，该减速器箱体的焊接制造实施过程及主要步骤如图 4-16 所示。

图 4-15 钢板拼焊的减速器箱体

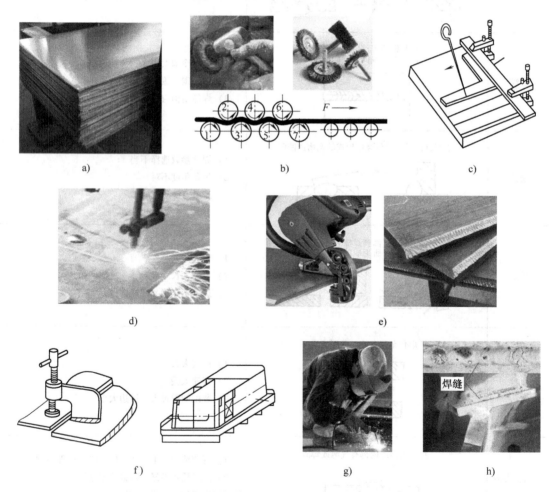

图 4-16 减速器箱体的焊接制造实施过程及主要步骤

a) 母材材料的选用　b) 钢板的矫正和预处理　c) 划线　d) 下料
e) 加工坡口　f) 装配定位　g) 焊接　h) 检验

i) j)

图 4-16 减速器箱体的焊接制造实施过程及主要步骤（续）

i）打磨 j）涂漆

 任务拓展

其他焊接方法

一、埋弧焊

1. 焊接过程

埋弧焊是用焊剂代替焊条药皮并把电弧埋起来，用机械实现焊丝送进和电弧移动的一种电弧焊。焊接时，焊剂被电弧熔化成液态熔渣，形成一个封闭的包围电弧和熔池金属的空腔，隔绝空气，起机械保护作用。埋弧焊的引弧、送进焊丝、保持弧长一定和电弧移动等程序都是由焊机自动进行的。

2. 埋弧焊设备

埋弧焊设备包括埋弧焊机（焊车和控制箱）和焊接电源两部分。图 4-17 所示为 MZ—1000 型埋弧自动焊机（"M"表示埋弧焊机，"1000"表示额定电流为 1000A），图中所示的电源为 BX2—1000 弧焊变压器。埋弧焊的电源可以用弧焊变压器，也可以用弧焊整流器，还可以用直流弧焊发电机。控制箱是用来控制焊接程序和调节焊接参数的。控制箱与焊接电源、焊车之间由控制线和控制电缆连接。控制盘上有电流表和电压表指示焊接电流和电弧电压。控制盘上还有调节焊接电流、电弧电压和焊接速度的按钮或旋钮。焊接参数可以在焊接前调节，也可以在焊接过程中调节，调节之后能自动保持参数不变。

3. 埋弧焊的特点与应用

埋弧焊与焊条电弧焊相比，具有下列特点：

（1）生产效率高 由于埋弧焊时焊丝的伸出长度较小，故可采用较大的焊接电流，熔透能力强，提高了焊接速度。

（2）焊缝质量高 埋弧焊时，焊接区受到焊剂和焊渣的可靠保护，大大减少了有害气体侵入的机会。埋弧焊的焊接参数可自动调节，焊接过程比较稳定，因此焊缝的化学成分、性能及尺寸比较均匀，焊缝光滑平整。

（3）节省焊接材料和电能 由于熔深大，埋弧焊时可以开 I 形坡口或开小坡口，减少了焊缝中焊丝的填充量，也节省了加工坡口的工时和电能。由于埋弧焊飞溅极少，又没有焊条头的损失，所以节省了焊接材料。

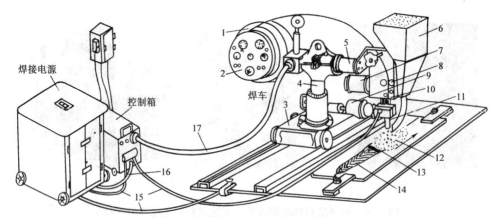

图 4-17 埋弧焊示意图

1—焊丝盘 2—操纵盘 3—小车 4—立柱 5—横梁 6—焊剂漏斗 7—送丝电动机 8—送丝轮 9—小车电动机
10—机头 11—导电嘴 12—焊剂 13—焊渣 14—焊缝 15—焊接电缆 16—控制线 17—控制电缆

（4）劳动条件好 埋弧焊时弧光不外露，实现了焊接过程的机械化，操作较简便，改善了劳动条件。

其缺点是只能在水平或倾角不大的位置施焊，焊接设备比较复杂，灵活性差。埋弧焊主要用于批量生产中、厚板件长直焊缝和直径较大的环状焊缝。

二、气体保护电弧焊

气体保护电弧焊是利用外加气体作为电弧介质并保护电弧和焊接区的电弧焊，简称气体保护焊。根据气体种类的不同，目前常用的气体保护焊主要有氩弧焊及二氧化碳气体保护焊两种。

1. 氩弧焊

氩弧焊是以氩气作为保护气体的气体保护电弧焊。

氩弧焊按照电极的不同可分为熔化电极（金属极）和不熔化电极（钨极）两种，如图 4-18 所示。

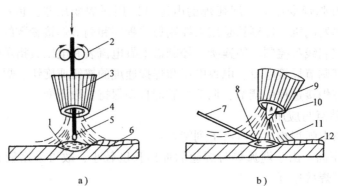

图 4-18 氩弧焊示意图

a）熔化电极氩弧焊 b）钨极氩弧焊

1、8—熔池 2—送丝滚轮 3、9—喷嘴 4、11—气体 5、7—焊丝 6、12—焊缝 10—钨极

由于氩气是惰性气体，既能保护熔池不被氧化，本身也不与熔化金属起作用，因而氩弧焊的主要优点是：对易氧化的金属及合金的保护作用强、焊接质量高、工件变形小、操作简单以及容易实现机械化和自动化。氩弧焊广泛应用于造船、航空、化工、机械以及电子等工

业部门，进行高强度合金钢、高合金钢、铝、镁、铜及其合金和稀有金属等材料的焊接。

2. 二氧化碳气体保护焊

二氧化碳气体保护焊是以二氧化碳气体作为保护气体的气体保护焊。二氧化碳气体保护焊由焊接电源、送丝机构、供气系统、控制装置和焊炬喷嘴等组成，如图 4-19 所示。

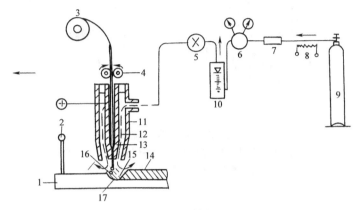

图 4-19　二氧化碳气体保护焊示意图
1—母材　2—直流电源　3—焊丝　4—送丝滚轮　5—阀　6—减压阀　7—干燥器
8—预热器　9—液态二氧化碳　10—流量计　11—喷嘴　12—二氧化碳气体
13—导电嘴　14—焊缝　15—熔池　16—熔滴　17—电弧

焊接时，液态二氧化碳从瓶嘴出来后变成气体，经由二氧化碳弧焊机的喷嘴 11 喷出，形成保护气流，并密布于电弧 17 的周围，使熔滴 16 与熔池金属和空气隔绝，从而保证较高质量的焊缝。

二氧化碳气体保护焊由于采用廉价的二氧化碳气体作为保护气体，而且电能消耗小，所以成本很低，一般仅为埋弧焊的 40%，为焊条电弧焊的 37% ~ 42%。同时，因为二氧化碳气体保护焊采用高硅锰型焊丝，具有较强的脱氧还原和抗锈能力，因此焊缝不易产生气孔，力学性能较好。

由于二氧化碳气体保护焊具有成本低、生产率高、焊接接头质量好、抗锈能力强及操作方便等优点，所以已普遍用于汽车、机车、造船及航空等工业部门，用来焊接低碳钢、低合金结构钢和高合金钢。

三、电渣焊

电渣焊是利用电流通过液体熔渣所产生的电阻热进行焊接的方法。按使用的电极形状的不同可将其分为丝极、板极、熔嘴电渣焊等，其焊接过程如图 4-20 所示。

电渣焊开始时，一般是先在焊丝 5 与引弧板之间产生电弧，使电弧周围的焊剂熔化变为液体熔渣，待形成熔渣池 4 后，电弧熄灭，此时焊接电流通过熔渣池而产生的电阻热能使电极和焊件熔化。被熔化的金属熔滴 8 沉积在渣池下面形成液态金属熔池 3，随着焊丝的熔化和不断地向熔渣池内送进，金属熔池便逐渐长高，而熔渣池本身因密度小而浮在熔池上面，也随熔池一起上升，这时远离热源的熔池金属逐渐冷却，形成焊缝 6。

电渣焊的主要特点是大厚度工件可以不开坡口一次焊成，并且成本低，生产率高，技术比较简单，工艺方法容易掌握，焊缝质量好。因此，电渣焊在大型机械的制造中（如水轮机组、水压机、汽轮机、轧钢机、高压锅炉和石油化工等）得到了广泛的应用。

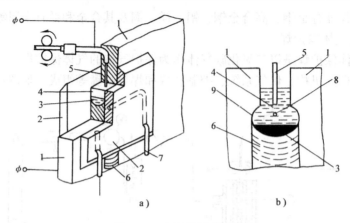

图 4-20 电渣焊示意图

1—工件 2—冷却滑块 3—金属熔池 4—熔渣池 5—焊丝 6—焊缝
7—冷却水管 8—熔滴 9—焊件熔化金属

四、压焊

压焊是指焊接过程中必须对焊件施加压力（加热或不加热）以完成焊接的方法。压焊方法较多，常用的是电阻焊。

电阻焊是指工件组合后，通过电极施加压力，利用电流通过接头的接触面及邻近区域产生的电阻热进行焊接的方法。电阻焊分为电阻点焊、缝焊和对焊 3 种基本形式，如图 4-21所示。

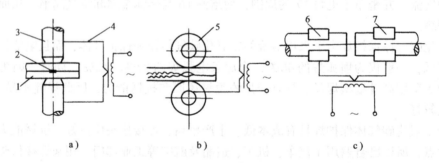

图 4-21 电阻焊示意图

a）点焊 b）缝焊 c）对焊

1—焊件 2—焊核 3—电极 4—焊接电源 5—滚轮 6—固定电极 7—移动电极

电阻焊是生产率很高的一种焊接方法，而且焊接过程容易实现机械化和自动化，故适宜于成批大量的生产。但是它所允许采用的接头形式有限制，主要是棒、管的对接接头和薄板的搭接接头。电阻焊一般应用于汽车、飞机制造，刀具制造，仪表、建筑等工业部门。

实训项目一 焊条电弧焊设备、工具的安装与调整

一、实训目的

1）熟悉常用焊接设备的工作原理与性能。

2）能够正确安装与调节焊接设备。

3）能够正确选择、使用焊接工具。

4）学习焊接设备的安全操作规程。

二、基本知识

（一）常用焊条电弧焊设备

1. BX1—330 型弧焊变压器

BX1—330 型弧焊变压器是目前国内使用较广的一种弧焊电源，属于动铁心漏磁式。其空载电压为 60~70V，工作电压为 30V，电流调节范围为 50~450A。

（1）**结构特点** BX1—330 型弧焊变压器属于动铁心式。弧焊电源的外形及外部接线如图 4-22 所示。

BX1—330 型弧焊变压器的内部结构如图 4-23 所示，其中两边为固定的主铁心，中间为动铁心。变压器的一次侧线圈为筒形，绕在一个主铁心柱上。二次侧线圈分为两部分：一部分绕在一次侧线圈外面；另一部分兼作电抗线圈，绕在另一个主铁心柱上。弧焊电源的两侧装有接线板，一侧为一次侧接线板，供接入网络用；另一侧为二次侧接线板，供接往焊接回路用。

（2）**工作原理** BX1—330 型弧焊变压器的工作原理如图 4-23 所示，弧焊电源的陡降外特性是靠动铁心的漏磁作用而获得的。

空载时，由于无焊接电流通过，电抗线圈不产生电压降，故具有较高的空载电压，便于引弧。

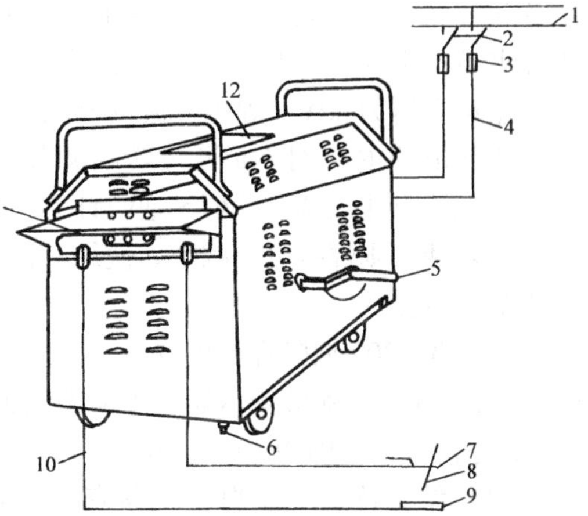

图 4-22 BX1—330 型弧焊变压器及外部接线

1—网络电源 2—刀开关 3—熔断器 4—电源电缆线
5—焊机细调电流手柄 6—地线接头 7—焊钳
8—焊条 9—焊件 10—焊接电缆线
11—粗调电流接线板 12—电流指示针

焊接时，二次侧线圈有焊接电流通过，同时在铁心内产生磁通，动铁心中的漏磁显著增加，这样二次侧电压就下降，从而获得了陡降的外特性，其外特性曲线如图 4-24 所示。图中的曲线 1、2 为接法Ⅰ，动铁心分别在最内位置和最外位置；曲线 3、4 为接法Ⅱ，动铁心分别在最内位置和最外位置。

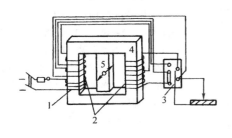

图 4-23 BX1—330 型弧焊变压器的原理图

1——次侧线圈 2—二次侧线圈 3—二次侧接线板
4—固定铁心 5—活动铁心

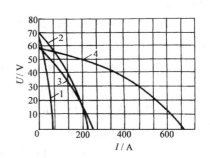

图 4-24 BX1—330 型弧焊变压器外特性曲线

短路时，由于很大的短路电流通过电抗线圈，产生了很大的电压降，使二次侧线圈的电压接近于零，这样就限制了短路电流。

（3）焊接电流的调节　BX1—330 型弧焊变压器焊接电流的调节有粗、细调节两种。

焊接电流的粗调节是通过二次侧线圈不同的接线方法，改变二次侧线圈的匝数。在二次侧线圈的接线板上有两种接线方法，如图 4-25 所示。当连接片接在 I 位置时，空载电压为 70V，焊接电流调节范围为 50～180A；当连接片接在 II 位置时，空载电压为 60V，焊接电流调节范围为 160～450A。

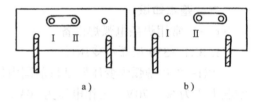

图 4-25　BX1—330 型弧焊变压器电流的粗调节
a）接 I 级位置　b）接 II 级位置

焊接电流的细调节是通过转动调节手柄改变动铁心的位置来实现的，如图 4-30 所示。将弧焊电源电流细调节手柄 5 逆时针方向转动，此时动铁心向外移动，焊接电流增大；顺时针方向转动，则焊接电流减小。使用时，将粗调节连接片和细调节手柄配合使用，从而获取所需焊接电流。

2. BX3—300 型弧焊变压器

BX3—300 型弧焊变压器属于动圈式弧焊变压器。其空载电压为 60～75V，工作电压为 30V，电流调节范围为 40～400A。

（1）结构特点　弧焊变压器有一个高而窄的口字形铁心。高而窄的目的是为保证一、二次侧绕组之间的距离 δ_{12} 有足够的变化范围，如图 4-26 所示。变压器的一、二次侧绕组分别做成匝数相等的两盘，用夹板夹成一个整体。一次侧绕组固定于铁心底部，二次侧绕组可用丝杠带动，摇动手柄而上下移动，通过改变 δ_{12} 的距离来调节电流。

（2）工作原理　弧焊变压器的一、二次侧绕组分成两部分安放，使两者之间造成较大的漏磁，焊接时使二次侧电压迅速下降，从而获得下降的外特性。

（3）焊接电流的调节　焊接电流的调节有粗调节和细调节两种。

粗调节是通过改变一、二次侧绕组的接线方法，分为串联（接法 I）和并联（接法 II）来达到，如图 4-27 所示。接法 I 时，空载电压为 75V，焊接电流调节范围为 40～125A；接法 II 时，空载电压为 60V，焊接电流调节范围为 115～400A。

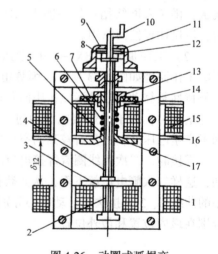

图 4-26　动圈式弧焊变
压器的结构示意图
1——次侧绕组　2—螺钉　3—压板　4—滚珠
5—丝杠　6—压力弹簧　7—上夹板
8—滚珠轴承　9—丝杠固定压板　10—手柄
11—铜垫圈　12—弹簧垫圈　13—上衬套
14—螺母　15—二次侧绕组
16—下衬套　17—下夹板

细调节用转动手柄来改变一、二次侧绕组之间的距离来达到。顺时针方向转动手柄时，两者距离增大，两者间的漏磁也增大，使焊接电流减小；相反，逆时针方向转动手柄时，两绕组间距离减小，则漏磁也减小，因而使焊接电流增大。

动圈式弧焊变压器规范稳定，振动和噪声小。因为一、二次侧绕组间距离 δ_{12} 较大，尤其是使用小电流时，δ_{12}调到最大值，此时的电磁振动力和噪声都最小，所以小电流焊接时参数比较稳定，焊接电流波动比动铁心式弧焊电源时要小。

这类弧焊电源的缺点是：由于靠改变绕组间距离来细调电流，若要求电流下限较低，则δ_{12}应很大，这样铁心需做得很高，大量消耗硅钢片，不够经济，所以通常做成中等容量较合适。

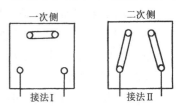

图 4-27 BX3—300 型弧焊变压器电流的粗调节

3. ZXG—300 型硅弧焊整流器

弧焊整流器是一种直流弧焊电源。它是利用交流电经过变压、整流后而获得直流电的。弧焊整流器基本上有硅弧焊整流器、晶闸管弧焊整流器及晶体管式弧焊整流器 3 种。

ZXG—300 型硅弧焊整流器属于磁放大器式类型，其空载电压为 70V，额定工作电压为 25~30V，电流调节范围为 15~300A。

（1）结构特点 ZXG—300 型硅弧焊整流器如图 4-28 所示，主要由三相降压变压器、饱和电抗器、硅整流器组、输出电抗器、通风机组以及控制系统等部分组成。

1）三相降压变压器。其作用是将网络电压降至焊接所需的电压值后，供给饱和电抗器及硅整流器组。一次侧绕组接成Y形联结，二次侧接成△形联结。

2）饱和电抗器。其作用是使弧焊电源获得下降的外特性。

3）硅整流器组。有 6 只硅整流器，分别串联在饱和电抗器的交流绕组上，以形成一个

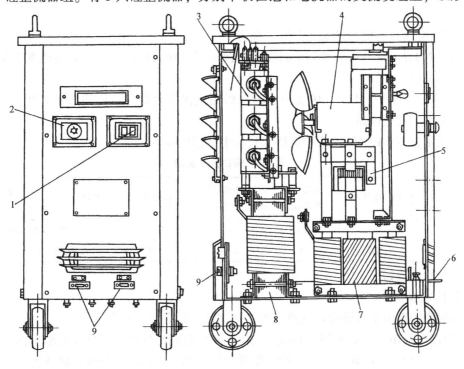

图 4-28 ZXG—300 型硅弧焊整流器

1—电源开关 2—焊接电源控制器 3—硅整流器组 4—通风机组
5—输出电抗器 6、9—输出接线板 7—饱和电抗器 8—三相变压器

三相桥式整流电路。通过硅整流器组，可获得近似平直的直流电。

4）输出电抗器。它是一只串联在焊接回路内的带有间隙的铁心式电抗器，其作用是使焊接电流更加平直，减小经硅整流的直流电的脉冲性。

5）通风机组。弧焊电源采用螺旋式通风机，以冷却硅整流器组。

（2）工作原理

1）空载时。由于空载时三相变压器二次侧绕组无电流通过，饱和电抗器不产生附加压降，所以能保证有较高的空载电压，便于引弧。

2）焊接时。焊接时的焊接电流通过饱和电抗器上的交流绕组，使饱和电抗器的铁心产生了磁通，造成了压降。随着焊接电流的增大，压降也增大，这就限制了短路电流。

3）短路时。焊接短路时，由于短路电流很大，使通过饱和电抗器的交流电激增，由此产生很大的电压降，使工作电压几乎下降到零，这就限制了短路电流。

（3）焊接电流的调节　焊接电流的调节方法只有一种。借调节面板上的焊接电流控制器来进行。沿顺时针方向转动时，焊接电流增加；沿逆时针方向转动时，焊接电流减少。

（二）常用焊条电弧焊工具

焊条电弧焊常用的工具有焊钳、焊接电缆、面罩、清渣工具、焊条保温筒和一些简单工具。

1. 焊钳

焊钳是用以夹持焊条（或碳棒）并传导电流以进行焊接的工具。焊接对焊钳有如下要求：

1）焊钳必须有良好的绝缘性与隔热能力。

2）焊钳的导电部分采用纯铜材料制成，保证有良好的导电性。与焊接电缆连接应简便可靠，接触良好。

3）焊条位于水平、45°、90°等方向时，焊钳应能夹紧焊条，更换焊条方便，并且质量轻，便于操作，安全性高。

常用焊钳有 300A、500A 两种规格，其技术参数见表4-7。

表4-7　焊钳技术参数

型号	额定电流/A	焊接电缆孔径/mm	适用的焊条直径/mm	重量/kg	外形尺寸/ $(\frac{l}{mm} \times \frac{b}{mm} \times \frac{h}{mm})$
G352	300	14	2～5	0.5	250×80×40
G582	500	18	4～8	0.7	290×100×45

电焊钳的构造如图4-29所示。

2. 焊接电缆

焊接电缆的作用是传导焊接电流。焊接对焊接电缆有如下要求：

1）焊接电缆用多股细纯铜丝制成，其截面积应根据焊接电流和导线长度选择。

2）焊接电缆外皮必须完整、柔软、绝缘性好，如外皮损坏应及时修好或更换。

3）焊接电缆长度一般不宜超过 20～30m。如需超过时，可以用分节导线，连接焊钳的一段用细电缆，便于操作，减轻焊工的劳动强度；电缆接头最好使用电缆接头插接器，其连接简便牢固。焊接电缆型号有 YHH 型电焊橡胶套电缆和 YHHR 型电焊橡胶特软电缆。电缆

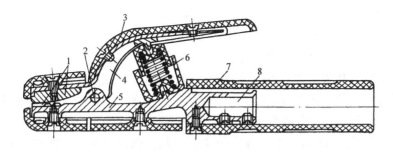

图 4-29 电焊钳的构造

1—钳口 2—固定销 3—弯臂罩壳 4—弯臂 5—直柄
6—弹簧 7—胶布手柄 8—焊接电缆固定处

的选用可参考表 4-8。

表 4-8 焊接电流、电缆长度与焊接电缆铜心截面面积的关系

截面面积/mm² 焊接电流/A \ 电缆长度/m	20	30	40	50	60	70	80	90	100
100	25	25	25	25	25	25	25	28	25
200	35	35	35	35	50	50	60	70	70
300	35	35	50	50	60	70	70	70	70
400	35	50	60	60	70	70	70	85	85
500	50	60	85	85	95	95	95	120	120
600	60	70	85	85	95	95	120	120	120

3. 面罩

面罩是为防止焊接时产生的飞溅、弧光及其他辐射对焊工面部及颈部损伤的一种遮蔽工具，有手持式和头盔式两种。面罩上装有用以遮蔽焊接有害光线的护目遮光镜片，可按表 4-9 选用。选择护目玻璃的色号，还应考虑焊工的视力。一般视力较好，宜用色号大些和颜色深些的护目玻璃，以保护视力。为防护护目镜片不被焊接时的飞溅损坏，可在外面加上两片无色透明的防护白玻璃。有时为增加视觉效果，可在护目镜后加一片焊接放大镜。

表 4-9 焊工护目镜片选用参考表

色 号	适用电流/A	尺寸/$(\frac{t}{mm} \times \frac{b}{mm} \times \frac{l}{mm})$
7~8	≤100	$2 \times 50 \times 107$
8~10	100~300	$2 \times 50 \times 107$
10~12	≥300	$2 \times 50 \times 107$

4. 焊条保温筒

焊条保温筒能使焊条从烘箱内取出后放在保温筒内继续保温，以保持焊条药皮在使用过程中的干燥度。焊条保温筒在使用过程中，先连接在弧焊电源的输出端，在弧焊电源空载时通电加热到工作温度 150~200℃后再放入焊条。装入电焊条时，应将电焊条斜滑入筒内，防止直捣保温筒底，并且在焊接过程中断时应接入弧焊电源的输出端，以保持焊条保温筒的工作温度。

三、基本技能

(一) 弧焊变压器的安装

1. 固定式弧焊变压器动力线的安装

接线时，应根据弧焊电源铭牌上所标的一次侧电压值确定接入方案。一次侧电压有380V 的，也有 220V 的，还有 380/220V 两用的，必须使线路电压与弧焊电源规定电压一致。将选择好的熔断器、开关装在开关板上，开关板固定在墙上，并接入具有足够容量的电网。用选好的动力线将弧焊电源输入端与开关板连接。弧焊电源的一次侧电源线，长度一般不宜超过 2 ~ 3m。当有临时任务需要较长的电源线时，应沿墙或立柱用瓷瓶隔离布设，其高度必须距地面 2.5m 以上，不允许将电源线拖在地面上。

2. 交流弧焊变压器接地线的安装

为了防止弧焊变压器绝缘损坏或一次侧线圈碰壳时使外壳带电而引起触电事故，弧焊电源外壳必须可靠接地。接地线应选用单独的多股软线，其截面不小于相线截面积的 1/2。接地线与机壳的连接点应保证接触良好，连接牢固。接地线另一端可与地下水管或金属构架相接（接触必须良好），但不可接在地下气体管道上，以免引起爆炸。最好还是安装接地极，它可用金属管（壁厚大于 3.5mm，直径大于 25 ~ 35mm，长度大于 2m）或用扁铁（厚度大于 4mm，截面积大于 $48mm^2$，长度大于 2m）埋在地下 0.5m 深处即可。

3. 焊接电缆线的安装

在安装焊接电缆之前，根据弧焊电源的最大焊接电流，选择一定横截面积，长度不超过30m 的焊接电缆两根。电缆的一端均接上电缆铜接头，另一端分别装上焊钳或地线卡头。铜接头要牢牢卡在电缆端部的铜线上，并且要灌锡，以保证接触良好和具有一定的接合强度。

地线卡头装在地线的终端，其作用是保证地线与焊件可靠接触。地线卡头的形式如图 4-30所示。螺旋卡头适用于大、中型焊件的焊接；钳式卡头适用于经常更换焊件的焊接；固定式卡头适用于地线固定在焊接胎夹具、工作台等固定位置的焊接。地线卡头可根据需要自行制造。地线卡头与工件的接触部分尽量采用铜质材料。

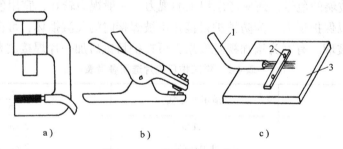

a) b) c)

图 4-30 3 种地线夹头型式

a) 螺旋卡头 b) 钳式卡头 c) 固定式卡头

1—焊接电缆 2—螺钉 3—方钢

交流弧焊电源不分极性，可将焊接电缆铜接头一端接入弧焊电源输出接线板，并拧紧。

4. 弧焊变压器安装后的检查与验收

弧焊电源安装后，须经试焊鉴定后方可交付使用。在接线完毕经检查无误后，先接通电源，用手背接触弧焊电源外壳，若感到轻微振动，则表示弧焊电源一次侧线圈已通电，此时弧焊电源输出端应有正常空载电压（60 ~ 80V）。然后将弧焊电源电流调到最大及最小，分别进行试焊，以检验弧焊电源电流调节范围是否正常可靠。在试焊时，应观察弧焊电源是否有异味、冒烟、异常噪声等现象。如有上述现象发生，应及时停机检查，排除故障。

经检查及试焊后，确认弧焊电源工作正常，方可投入使用，弧焊电源安装工作即告完成。

（二）弧焊整流器的安装

弧焊整流器的安装和弧焊变压器的基本相同，所不同的只是弧焊变压器一般是单相，而弧焊整流器多是三相。因此，弧焊整流器的动力线一般选择带接地线的三芯电缆，电缆的横截面积根据弧焊电源一次侧额定电流来确定。

（三）电弧焊设备的正确使用

弧焊电源是供电设备，在使用过程中一是要注意操作者的安全，不要出人身触电事故；二是要注意对弧焊电源的正常运行和维护保养，不应发生损坏弧焊电源的事故。

为了正确地使用弧焊电源，应注意以下几个方面：

1）应尽可能放在通风良好、干燥、不靠近高温热源和空气粉尘多的地方。弧焊整流器要特别注意保护和冷却。

2）接线和安装应由专门的电工负责，焊工不应自行动手。

3）弧焊变压器和弧焊整流器必须接地，以防机壳带电。

4）弧焊电源接入电网时，必须使两者电压相符合。

5）起动弧焊电源时，电焊钳和焊件不能接触，以防短路。焊接过程中，也不能长时间短路，特别是弧焊整流器，在大电流工作时，产生短路会烧坏硅整流器。

6）应按照弧焊电源的额定焊接电流和负载持续率来使用，不要使弧焊电源因过载而被损坏。

7）经常保持焊接电缆与弧焊电源接线柱的接触良好，注意紧固螺母。

8）调节焊接电流和变换极性接法时，应在空载下进行。

9）露天使用时，要防止灰尘和雨水侵入弧焊电源内部。

10）弧焊电源移动时不应受剧烈振动，特别是硅整流弧焊电源更忌振动，以免影响工作性能。

11）要保持弧焊电源的清洁，特别是硅整流弧焊电源，应定期用干燥压缩空气吹净内部的灰尘。

12）当弧焊电源发生故障时，应立即切断电源，然后及时进行检查和修理。

13）工作完毕或临时离开工作场地时，必须及时切断弧焊设备的电源。

四、技能训练与考核

（一）电弧焊设备的正确安装

1. 实训任务

1）弧焊电源与接入电网、弧焊电源接地线的正确安装。

2）弧焊电源输出回路的正确安装（弧焊整流器的"直流正接、直流反接"）。

3）弧焊电源安装后的检查验收。

2. 实训准备

实训设备：BX1—330、BX3—300、ZXG—300（任选一种）。

实训工具：电焊钳、面罩。

辅助材料：电缆。

3. 工时定额

工时定额 60min。

4. 安全文明生产

1）能正确执行安全技术操作规程。

2）能按企业有关文明生产的规定，做到工作场地整洁，工件、工具摆放整齐。

5. 实训记录

根据弧焊电源作出正确选择，填入表 4-10。

表 4-10　焊接参数的选择

参数 电源 ＼ 项目	应接入电网电压/V	电源的最大焊接电流/A	焊接电缆截面积/mm²	焊钳型号	备　注
BX1—330					
BX3—300					
ZGX—300					

6. 考核标准

电弧焊设备安装实训考核标准见表 4-11。

表 4-11　电弧焊设备安装实训考核标准

序号	实训内容	配分	考核标准	实训情况	得分
1	弧焊电源正确接入电网	20	接入电网电压的确定，选择错误扣 10 分		
			正确接线，接线错误扣 10 分		
2	弧焊电源的接地	10	正确接地，接线错误扣 10 分		
3	弧焊电源输出回路的正确安装	30	焊接电缆、焊钳的选择，选择错误扣 10 分		
			焊接电缆与弧焊电源的正确安装，安装错误扣 10 分		
			直流正接或直流反接，安装错误扣 10 分		
4	弧焊电源安装后的检查验收	12	空载电压，达不到规定值扣 6 分		
			最小与最大焊接电流，缺项没有检验扣 6 分		
5	焊接电缆与电缆铜接头的安装	7	牢固、可靠，接线不牢固、不可靠扣 7 分		
6	焊接电缆与焊钳的安装	7	牢固、可靠，接线不牢固、不可靠扣 7 分		
7	焊接电缆与地线接头安装	7	牢固、可靠，安装不牢固、不可靠扣 7 分		
8	安全操作规程	4	按达到规定的标准程度评定，违反有关规定扣 1～4 分		
9	文明生产规定	3	工作场地整洁，工具放置整齐合理不扣分；稍差扣 1 分，很差扣 3 分		

（续）

序号	实训内容	配分	考核标准	实训情况	得分
10	工时定额		按时完成 超工时定额 5% ~ 20% 扣 2 ~ 10 分		
	总　分	100	实训成绩		

（二）电弧焊设备焊接电流的调节

1. 实训任务

按表 4-12 所示指定要求，任选一种弧焊电源调节焊接电流。

表 4-12　焊接电流的调节

调节参数 电　源	焊接电流/A	焊接电流/A
BX1—330	120	260
BX3—300	100	180
ZGX—300	110	200

2. 实训准备

实训设备：BX1—330、BX3—300、ZGX—300（任选一种）。

实训工具：电工钳、扳手、焊钳、面罩。

3. 工时定额

工时定额 20min。

4. 安全文明生产

1）能正确执行安全技术操作规程。

2）能按照企业文明生产的规定，做到工作场地整洁，工件、工具摆放整齐。

5. 考核标准

弧焊电源焊接电流调节实训考核标准见表 4-13。

表 4-13　弧焊电源焊接电流调节实训考核标准

序号	实训内容	配分	考核标准	实训情况	得分
1	粗调节接法选择正确	15	接线柱选择正确，否则扣 15 分		
2	粗调节接线过程正确	15	在空载下进行，否则扣 15 分		
3	细调节手柄选择正确	15	手柄选择正确，否则扣 15 分		
4	细调节手柄转向正确	15	手柄转向正确，否则扣 15 分		
5	电流大小调整正确	10	根据电流表指示，不准确扣 10 分		
6	工时定额	20	按时完成，每超 1min 扣 2 分		
7	安全文明操作	10	符合操作规程，整齐清洁		
	总　分	100	实训成绩		

实训项目二　电焊条的识别、使用与保管

一、实训目的

1）能够识别电焊条的主要技术参数。

2）能够正确使用焊条。

3）能够正确储存与保管焊条。

二、基本知识

1. 焊条的正确选用原则

（1）考虑母材的力学性能和化学成分　一般情况下，应根据设计要求，按材料的强度等级来选用焊条。选用焊条的抗拉强度与母材相同。如 Q235 的 σ_b 为 430MPa 左右，可选用 E4303 或 E4313 焊条。

为保证焊接接头的力学性能和耐蚀性能，应选用熔敷金属化学成分与母材相同或相近的焊条。

根据母材的化学成分和力学性能推荐选用的焊条见表 4-14。

表 4-14　部分焊条的选用

钢材类别		焊条牌号	符合或相近国际型号	备　注
$\sigma_b \geqslant 510$MPa 的碳锰钢如 Q345（16Mn）、16MnR、20MnMo		J507	E5015	低氢碱性焊条
		J707D，J506D	E5015，E5016	低氢碱性焊条，全位置打底焊专用
$\sigma_b \geqslant 690$MPa 的低合金高强度钢，如 18MnMoNbR		J707	E7015D2	低氢碱性焊条
		J707Ni	E7015G	低氢碱性焊条，低温性能和抗裂性能好
珠光体耐热钢	12CrMo	R207	E5515-B1	依厚度进行热处理
	15CrMo	R307	E5515-B2	焊后消除应力热处理
	12Cr1MoV	R317	E5515-B2V	焊后消除应力热处理
不锈钢	1Cr18Ni9Ti	A132	E347-16	—
	0Cr17Ni12Mo2	A202	E316-16	—
碳素结构钢 + 低合金钢	Q135-A + Q345（16Mn）	J422	E4303	
	20、20R + Q345（16Mn）	J427 J507	E4315 E5015	
碳素结构钢 + 铬钼低合金结构钢	Q235-A + 15CrMo	J427	E4315	视材质厚度决定是否热处理
	16MnR + 15CrMo	J507	E5015	视材质厚度决定是否热处理
	20 + 15CrMo	R307	E5515-B2	—

（2）考虑焊接结构的复杂程度和刚度　对于同一强度等级的酸性焊条和碱性焊条，应根据焊件的结构形状和钢材厚度加以选用。形状复杂、结构刚度大及大厚度的焊件，由于焊接过程中产生较大的焊接应力，必须采用抗裂性能好的低氢型焊条。

（3）考虑焊件的工作条件　根据焊件的工作条件，包括载荷、介质和温度等，选择满足使用要求的焊条。比如在高温条件下工作的焊件，应选择耐热钢焊条；在低温条件下工作的焊件，应选择低温钢焊条；接触腐蚀介质的焊件应选择不锈钢焊条；承受动载荷或冲击载荷的焊件应选择强度足够、塑性和韧性较高的低氢型焊条。

（4）考虑劳动条件、生产率和经济性　在满足使用性能和操作性能的基础上，尽量选用效率高、成本低的焊条。焊接空间位置变化大时，尽量选用工艺性能适应范围较大的酸性焊条；在密闭容器内焊接时，应采用低尘、低毒焊条。

2. 电焊条的烘干

由于焊条药皮成分及其他因素的影响，焊条往往会因吸潮而导致使用工艺性能变坏，造成电弧不稳、飞溅增大，并且容易产生气孔、裂纹等缺陷。因此，焊条使用前必须烘干。焊条的烘干和保管应注意以下几点：

1）焊条在使用前，酸性焊条视受潮情况在 75～150℃烘干 1～2h，碱性低氢型结构钢焊条应在 350～400℃烘干 1～2h；烘干的焊条应放在 100～150℃保温箱（筒）内，随用随取。

2）低氢型焊条一般在常温下超过 4h 应重新烘干。重复烘干次数不宜超过 3 次。

3）烘干焊条时，禁止将冷焊条突然放进高温炉内，或从高温炉内突然取出冷却。烘箱温度应徐徐升高或降低，防止焊条因骤冷骤热而产生药皮开裂、脱皮现象。

4）焊条烘干时应做记录。记录上应有牌号、批号、温度、时间等内容。

5）在焊条烘干期间，应有专门负责的技术人员对操作过程进行检查和核对，每批焊条不得少于 1 次，并在操作记录上签字。

6）烘干焊条时，焊条不应成垛或成捆地堆放，应铺成层状，每层焊条堆放不能太厚（一般 1～3 层），避免焊条烘干时受热不均和潮气不易排除。

7）露天操作隔夜时，必须将焊条妥善保管，不允许露天存放，应在低温烘箱中恒温保存，否则次日使用前还要重新烘干。

8）1 根焊条应尽量 1 次焊完，避免焊缝接头过多而降低质量。焊条残头有药皮的部分的长度一般应小于 20mm，以免浪费焊条。

3. 电焊条的储存与保管

1）焊条必须在干燥、通风良好的室内仓库中存放。焊条储存库内，不允许放置有害气体和腐蚀性介质。焊条应离地存放在架子上，离地面距离不小于 300mm，离墙壁距离不小于 300mm，严防焊条受潮。

2）焊条堆放应按种类、牌号、批次、规格、入库时间分类堆放，并应有明确标注，避免混乱。

3）特种焊条储存与保管应高于一般性焊条。特种焊条应堆放在专用仓库或指定区域。受潮或包装损坏的焊条未经处理不许入库。

4）一般焊条 1 次出库量不能超过 2 天的用量。已经出库的焊条，焊工必须保管好。

5）低氢型焊条储存库内温度不低于 5℃，相对空气湿度低于 60%。

三、技能训练与考核

（一）焊条的识别

根据所学知识，完成表 4-15 所示焊条的识别。

表 4-15　焊条的识别

焊条牌号	强度级别	焊条酸碱性	电源接法	适应焊接位置	药皮类型
E4303					
E4315					
E5015					
E5016					

（二）选择焊条牌号

按给定条件分别选择两种牌号的焊条（见表4-16）。

表 4-16　选择焊条牌号

焊件名称	材料牌号	力学性能/MPa		焊条牌号
		R_{eL}	R_m	
锅炉汽包	20g	250	420	
厂房屋架	Q235	235	375~460	
桥吊主梁	Q345	345	520	
高、中压容器	Q420	420	600	
起重机吊壁	Q390	390	540	
异种材料焊接	Q235 + Q345			
中碳钢板等强度焊接	35	315	530	

（三）焊条的正确使用

1. 实训任务

对 E4313、E5015 焊条任选一种烘干。

1）能按照要求对酸性焊条、碱性焊条进行加热与保温。

2）能正确使用烘干与保温设备。

3）形成正确使用焊条的职业习惯。

2. 实训准备

实训设备：焊条烘干箱。

实训工具：焊条保温筒。

3. 安全文明生产

1）能正确执行安全技术操作规程。

2）能按企业有关文明生产的规定，做到工作场所整洁，工件、工具摆放整齐。

4. 考核标准

电焊条的识别、使用与保管实训考核标准见表4-17。

表 4-17　电焊条识别、使用与保管实训考核标准

序号	检测项目	配分	技术标准	实训情况	得分
1	焊条烘干温度	20	酸性焊条75~150℃ 碱性焊条350~450℃ 烘干温度不对扣20分		

（续）

序号	检测项目	配分	技术标准	实训情况	得分
2	烘干时间	20	保温时间 1～2h，保温时间不对扣 20 分		
3	焊条放入与取出	10	防止骤冷骤热，不符合规定扣 5 分		
4	烘干焊条的保管	10	焊条烘干后，放入 100～150℃ 的保温筒（箱）内；不符合规定扣 10 分		
5	焊条烘干时的堆放	10	分层且不宜过厚，不符合规定扣 10 分		
6	焊条烘干次数	10	不超过 3 次，不符合规定扣 10 分		
7	焊条烘干记录	10	应记录牌号、批号、温度、时间，记录不全扣 5 分，无记录扣 10 分		
8	安全操作规程	7	劳动保护用品不齐全扣 4 分，设备、工具使用不正确扣 3 分		
9	文明生产规定	3	工作场地整洁、摆放整齐不扣分，稍差扣 1 分，很差扣 3 分		
总　　分		100	实训成绩		

实训项目三　填写焊接工艺细则卡

一、实训目的

1）了解焊接工艺细则卡的作用。

2）了解焊接工艺细则卡的内容。

3）填写焊接工艺细则卡。

二、基本知识

焊接工艺是控制接头焊接质量的关键因素，因此必须按焊接方法、焊件材料的种类、板厚和接头形式分别编制焊接工艺。在工厂中，目前以焊接工艺细则卡来规定焊接工艺的内容。焊接工艺细则卡的编制依据是相应的焊接工艺评定试验结果。焊接工艺细则卡是指导工人进行焊接生产的主要技术依据。典型的压力容器焊接工艺细则卡的格式见表 4-18。

焊接工艺细则卡主要包括 4 个方面的内容：

1）焊缝所采用的焊接方法、焊接设备、焊接材料以及焊接工艺装备。

2）选定合理的焊接参数。例如，焊条电弧焊时，应包括焊条的直径、焊接电流、电弧电压、焊接速度、运条方式、焊缝的焊接顺序、焊接方向以及多层焊的熔敷顺序等。

3）焊接热参数的选择。例如，焊前预热、中间加热、焊后保温及焊后热处理的工艺参数（加热温度、保温时间及对冷却的要求等）。

4）焊接检验方法。

表 4-18 典型的焊接工艺细则卡格式

产品零部件名称_____ 焊 接 方 法_____	母材	牌号_____ 规格_____
接头坡口形式		

焊前准备 ——— ——— ——— ———	焊接材料	焊条牌号_____规格_____ 焊丝牌号_____规格_____ 焊剂牌号_____ 保护气体_____流量_____
预热 预热温度_____ 层间温度_____	焊后热处理	消氢___℃/h 后热___℃/h 焊后热处理_____

焊接参数	1. 焊接电流种类_____ 2. 极性_____ 3. 电流值_____A 4. 电压值_____V 5. 焊接速度_____m/h 6. 焊丝送进速度_____m/h 7. 脉冲电流频率_____次/s 8. 脉冲电流通断比_____

焊接设备型号		焊接工装编号	

操作技术	1. 焊接位置：平焊_____ 立焊_____ 横焊_____ 仰焊_____ 全位置_____ 2. 焊接顺序：_____ _____ 3. 运条方式_____ 4. 焊丝摆动参数_____ 5. 焊道层数_____ 6. 清根方法_____

焊后检查	

编制		校对		审核		批准	

三、技能训练

根据工作条件填写焊接工艺细则卡。

1. 实训图样

实训图样如图 4-31 所示。

2. 实训任务

能够根据前面所学知识合理选择焊接电源及焊接工艺参数。

3. 注意事项

本工件为厚 12mm 的 Q345R 钢板，焊接坡口为单面 V 形坡口，焊接要求为：焊条电弧焊，双面焊。选择时需注意焊接电源、焊接材料、焊接参数的选择。

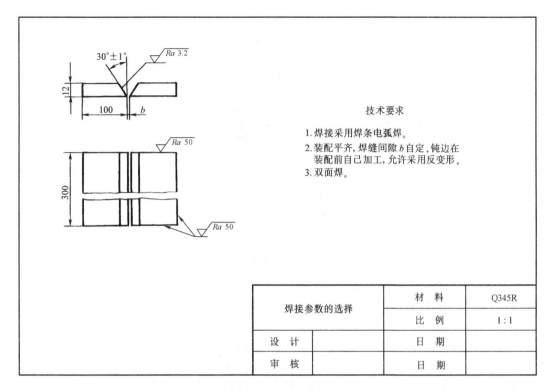

图 4-31　实训图样

4. 填写焊接工艺细则卡

工艺细则卡见表 4-18。

实训项目四　焊条电弧焊的引弧和平敷焊

一、实训目的

1）通过定点引弧及引弧堆焊训练，掌握引弧和稳弧的操作技能。

2）通过平敷焊熟悉焊条电弧焊的运条及运条方法，并掌握焊道的起头、接头和收尾等方法。

二、基本技能

1. 引弧

（1）操作姿势

1）基本姿势。焊接操作的基本姿势有蹲姿、坐姿、站姿，如图 4-32 所示。

2）焊钳与焊条的夹角。焊钳与焊条的夹角如图 4-33 所示。

3）辅助姿势

①焊钳的握法。焊钳的握法如图 4-34 所示。

②面罩的握法。左手握面罩，自然上提至内护目镜框与眼平行，向脸部靠近，面罩与鼻尖距离 10 ~ 20mm 即可。

图4-32 焊接基本操作姿势

a）蹲姿 b）坐姿 c）站姿

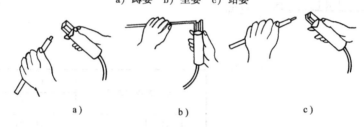

图4-33 焊钳与焊条的夹角

a）80° b）90° c）120°

（2）引弧方法 焊条电弧焊施焊时，使焊条引燃焊接电弧的过程，称为引弧。常用的引弧方法有划擦法、直击法两种。

1）划擦法。划擦法易掌握，不受焊条端部清洁情况（有无熔渣）限制。但操作不熟练时，易损伤焊件。

图4-34 焊钳的握法

操作要领：类似划火柴。先将焊条端部对准焊缝，然后扭转手腕，使焊条在焊件表面上轻轻划擦，划的长度以20~30mm为佳，以减少对工件表面的损伤，然后将手腕扭平后迅速将焊条提起，使弧长约为所用焊条外径的1.5倍，作"预热"动作（即停留片刻），其弧长不变。预热后，将电弧压短至与所用焊条直径相符。在始焊点作适量横向摆动，且在起焊处稳弧（即稍停片刻）以形成熔池后进行正常焊接，如图4-35a所示。

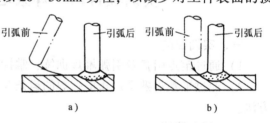

图4-35 引弧方法

a）划擦法 b）直击法

2）直击法。直击法是一种理想的引弧方法，适用于各种位置引弧，不易碰伤工件。但受焊条端部清洁情况限制，用力过猛时药皮易大块脱落，造成暂时性偏吹，操作不熟练时易粘于工件表面。

操作要领：焊条垂直于焊件，使焊条末端对准焊缝，然后将手腕下弯，使焊条轻碰焊件，引燃后，手腕放平，迅速将焊条提起，使弧长约为焊条外径的1.5倍，稍作"预热"后，压低电弧，使弧长与焊条直径相等，且焊条横向摆动，待形成熔池后向前移动，如图4-35b所示。

影响电弧顺利引燃的因素有：工件清洁度、焊接电流、焊条质量、焊条酸碱性、操作方法等。

（3）引弧注意事项

1）注意清理工件表面，以免影响引弧及焊缝质量。

2）引弧前应尽量使焊条端部焊芯裸露。若不裸露，可用锉刀轻锉，或轻击地面。

3）焊条与焊件接触后提起时间应适当。

4）引弧时，若焊条与工件出现粘连，应迅速使焊钳脱离焊条，以免烧损弧焊电源，待焊条冷却后，用手将焊条拿下。

5）引弧前应夹持好焊条，然后使用正确操作方法进行焊接。

6）初学引弧，要注意防止电弧光灼伤眼睛。刚焊完的焊件和焊条头，不得用手触摸，也不要乱丢，以免烫伤和引起火灾。

2. 平敷焊

平敷焊是焊件处于水平位置时在焊件上堆敷焊道的一种操作方法。它不是将两块分离的钢板焊在一起，而仅仅是在一块钢板的表面上用熔化焊条堆敷出一条焊道。在选定焊接参数和操作方法的基础上，利用电弧电压、焊接速度，达到控制熔池温度、熔池形状来完成焊接焊缝。

平敷焊是初学者进行焊接技能训练时所必须掌握的一项基本技能，焊接技术易掌握，焊缝无烧穿、焊瘤等缺陷，易获得良好焊缝成形和焊缝质量。

（1）运条方法 焊接过程中，焊条相对焊缝所做的各种动作的总称称为运条。运条是整个焊接过程中最重要的操作，它直接影响焊缝的内在质量和外观成形，是衡量焊接操作技术水平的重要标志之一。在正常焊接时，焊条一般有 3 个基本运动相互配合，即沿焊条中心线向熔池送进、沿焊接方向移动、焊条横向摆动（平敷焊练习时焊条可不摆动），如图 4-36 所示。

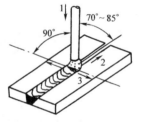

图 4-36 焊条的基本运动
1—送进 2—前进 3—摆动

1）焊条送进。沿焊条中心线向熔池送进，主要用来维持所要求的电弧长度和向熔池添加填充金属。焊条送进的速度应与焊条熔化的速度相适应，如果焊条送进速度比焊条熔化的速度慢，电弧长度会增加，直到断弧；反之，如果焊条送进速度太快，则电弧长度迅速缩短，使焊条与焊件接触，造成短路，从而影响焊接过程的顺利进行。

电弧长度指焊条端部与工件表面之间的距离。当电弧的长度超过了所选用的焊条直径称为长弧，小于焊条直径称为短弧。用长弧焊接时所得焊缝质量较差，因为电弧易左右飘移，使电弧不稳定，电弧的热量散失，焊缝熔深变浅，又由于空气侵入易产生气孔，所以在焊接时应选用短弧。

2）焊条纵向移动。焊条沿焊接方向移动的目的是控制焊道成形。若焊条移动速度太慢，则焊道会过高、过宽，外形不整齐，如图 4-37a 所示。焊接薄板时甚至会发生烧穿等缺陷。若焊条移动太快，则焊条和焊件熔化不均，造成焊道较窄，甚至发生未焊透等缺陷，如图 4-37b 所示。只有速度适中时才能焊成表面平整、焊波细致而均匀的焊缝，如图 4-37c 所示。焊条沿焊接方向移动的速度由焊接电流、焊条直径、焊件厚度、装配间隙、焊缝位置以及接头形式来决定。

3）焊条横向摆动。焊条横向摆动主要是为了获得一定宽度的焊缝和焊道，也是对焊件输入足够的热量，便于排渣、排气等。其摆动范围与焊件厚度、坡口形式、焊道层次和焊条

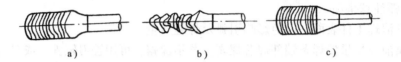

图 4-37 焊条沿焊接方向移动

a) 太慢 b) 太快 c) 合适

直径有关。摆动的范围越宽，则得到的焊缝宽度也越大。

为了控制好熔池温度，使焊缝具有一定宽度和高度及良好的熔合边缘，对焊条的摆动可采用多种方法。常用的运条方法见表4-19。

表4-19　常见运条方法的特点与适用范围

运条方法	轨　迹	特　点	适用范围
直线形	→	焊条直线移动，不做摆动，焊缝宽度较窄，熔深大	适用于薄板、I形坡口对接平焊、多层焊打底及多层多道焊
往复直线形	⌐⌐⌐⌐⌐⌐→	焊条末端沿着焊接方向做来回直折线形摆动。焊接速度快，焊缝窄，散热快	适用于接头间隙较大的多层焊的第一层焊缝或薄板焊接
月牙形	∧∧∧∧∧∧→	焊条末端沿着焊接方向做月牙形的左右摆动，使焊缝宽度及余高增加	适用于中厚板材对接平焊、立焊和仰焊等位置的层间焊接
锯齿形	∧∧∧∧∧→	焊条末端沿着焊接方向做锯齿形连续摆动，控制熔化金属的流动，使焊缝增宽	适用于中厚钢板对接接平焊、立焊、仰焊以及角焊

4）焊条角度。焊接时工件表面与焊条所形成的夹角，称为焊条角度。焊条角度的选择应根据焊接位置、工件厚度、工作环境、熔池温度等来选择，如图4-38所示。

（2）接头技术

1）焊道的连接方式。焊条电弧焊时，由于受到焊条长度的限制或操作姿势的变化，不可能1根焊条完成1条焊缝，因而出现了焊道前后两段的连接。焊道连接一般有以下几种方式。

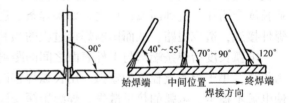

图 4-38　焊条角度

① 后焊焊缝的起头与先焊焊缝结尾相接，如图4-39a所示。

② 后焊焊缝的起头与先焊焊缝起头相接，如图4-39b所示。

③ 后焊焊缝的结尾与先焊焊缝结尾相接，如图4-39c所示。

④ 后焊焊缝结尾与先焊焊缝起头相接，如图4-39d所示。

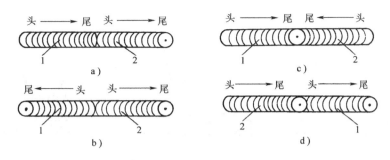

图 4-39　焊缝接头的四种情况
1—先焊焊缝　2—后焊焊缝

2）焊道连接注意事项

① 接头时引弧应在弧坑前 10mm 任意一个待焊面上进行，然后迅速移至弧坑处划圈进行正常焊，如图 4-40 所示。

② 接头时应对前一道焊缝端部进行认真的清理工作，必要时可对接头处进行修整，这样有利于保证接头的质量。

③ 温度越高，接头越平整。对于头尾相接的焊缝，接头动作要快，操作方法如图 4-41a 所示；对于头头相接的焊缝，接头处应先拉长电弧再压低电弧，操作方法如图 4-41b 所示；对于尾尾相接、尾头相接的焊缝，应压低电弧，操作方法如图 4-41c 所示，且采用多次点击法加划圆圈法连接。

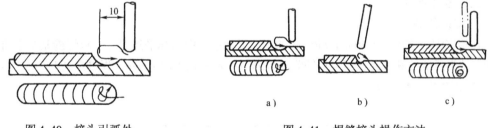

图 4-40　接头引弧处　　　　　图 4-41　焊缝接头操作方法
　　　　　　　　　　　　　　　　a）头尾相接　b）头头相接　c）尾尾相接

（3）焊缝的收尾　焊接时电弧中断和焊接结束，都会产生弧坑，常出现疏松、裂纹、气孔、夹渣等现象。为了克服弧坑缺陷，必须采用正确的收尾方法。一般常用的收尾方法有 3 种：

1）划圈收尾法。焊条移至焊缝终点时，做圆圈运动，直到填满弧坑再拉断电弧。此法适用于厚板收尾，如图 4-42a 所示。

2）反复断弧收尾法。焊条移至焊缝终点时，在弧坑处反复熄弧、引弧数次，直到填满弧坑为止。此法一般适用于薄板和大电流焊接，不宜用碱性焊条，如图 4-42b 所示。

3）回焊收尾法。焊条移至焊缝收尾处即停住，并且改变焊条角度回焊一小段。此法适用于碱性焊条，如图 4-42c 所示。

收尾方法的选用还应根据实际情况来确定，可单项使用，也可多项结合使用。无论选用何种方法，都必须将弧坑填满，达到无缺陷为止。

（4）焊接电流的判断　焊接电流的大小直接决定着焊接质量。焊接电流的大小可以通

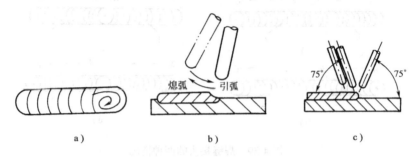

图 4-42 焊缝收尾方法

a) 划圈收尾法 b) 反复断弧收尾法 c) 回焊收尾法

过观察焊接过程中的飞溅、焊缝成形、焊条熔化状况来判断。

1）看飞溅。电流过大时，电弧吹力大，可看到较大颗粒的铁液向熔池外飞溅，焊接时爆裂声大；电流过小时，电弧吹力小，熔渣和铁液不易分清。

2）看焊缝成形。电流过大时，熔深大，焊缝余高低，两侧易产生咬边；电流过小时，焊缝窄而高，熔深浅，且两侧与母材金属熔合不好；电流适中时，焊缝两侧与母材金属熔合得很好，呈圆滑过渡。

3）看焊条熔化状况。电流过大时，当焊条熔化了大半截时，其余部分均已发红；电流过小时，电弧燃烧不稳定，焊条易粘在焊件上。

三、技能训练

1. 实训任务

在给定钢板 250mm ×80mm ×10mm 的正、反面进行引弧和平敷焊，要求焊缝基本平直，接头圆滑，接头弧坑填满，无任何焊接缺陷，焊缝宽度 $c = (10 \pm 1)$ mm，焊缝余高 $h = (2 \pm 1)$ mm。实训图样如图 4-43 所示。

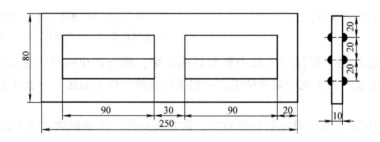

图 4-43 实训图样

2. 实训准备

实训工件：250mm ×80mm ×10mm 钢板一块。

弧焊设备：BX1—300 或 ZXG—300。

焊　条：E4303，ϕ3.2mm；E5015，ϕ3.2mm。

3. 实训内容

（1）选择与调节焊接电流　选择与调节焊接电流，并填写表 4-20。

表 4-20 焊接参数的选择

焊　条	焊接设备	焊条直径/mm	焊接电流/A	极性接法	运条方法	电弧长度/mm
E4303						
E5015						

（2）定点引弧

1）先在焊件反面上按图 4-44 所示用粉笔画线。

2）然后在直线的交点处用划擦法引弧。

3）引弧后，焊成直径为 13mm 的焊点后灭弧。

4）如此不断重复，完成若干个焊点的引弧训练。

（3）引弧堆焊

1）首先在焊件反面的引弧位置用粉笔画一个直径 13mm 的圆。

2）然后用直击法在圆圈内撞击引弧。

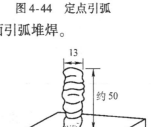

图 4-44 定点引弧

3）引弧后，保持适当电弧长度，在圆圈内作划圈动作 2～3 次后灭弧，待熔化的金属冷却凝固之后，再在其上面引弧堆焊。

4）如此反复操作，直到堆起约 50mm 的高度为止，如图 4-45 所示。

（4）平敷焊

1）在焊件正面上以 20mm 的间距用粉笔画出焊缝位置线，如图 4-43 所示。

2）使用直径为 3.2mm 的焊条，然后调节好合适的焊接电流，以焊缝位置线作为运条的轨迹，采用直线运条法和正圆圈形运条法运条。

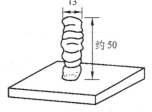

图 4-45 引弧堆焊

3）进行焊缝的起头、接头、收尾的操作训练。

4）每条焊缝焊完后，清理熔渣，分析焊接中的问题，再进行另外一条焊缝的焊接。

4. 工时定额

工时定额 120min。

5. 安全文明生产

1）能正确执行安全技术操作规程。

2）能按安全文明生产的有关规定，做到工作场地清洁，工具摆放整齐。

6. 操作注意事项

1）通过平敷焊的技能训练，区分熔渣和熔化的金属。

2）操作过程中变换不同的弧长、运条速度和焊条角度，以了解诸因素对焊缝成形的影响，并不断积累焊接经验。

3）每焊完 1 条焊道可分别调节 1 次焊接电流，认真分析大小不同的焊接电流对焊接质量的影响，从中体验出最佳焊接电流值的焊接状态。

4）操作时要求引弧、运条、接头、收尾等动作要连贯。学生应按指导教师示范动作进行操作，教师巡查指导，主要检查焊接电流、电弧长度、运条方法等，若出现问题，及时解决，必要时再进行个别示范。

四、考核标准

焊接引弧和平敷焊的实训考核标准见表 4-21。

表 4-21 焊接引弧和平敷焊的实训考核标准

序号	实训内容	配分	考核标准	实训情况	得分
1	操作姿势正确	10	酌情扣分		
2	引弧方法正确	10	酌情扣分		
3	运条方法正确	10	酌情扣分		
4	定点引弧方法正确	8	酌情扣分		
5	引弧堆焊方法正确	8	酌情扣分		
6	平敷焊道波纹均匀	14	酌情扣分		
7	焊道起头圆滑	8	起头不圆滑不得分		
8	焊道接头平整	8	接头不平整不得分		
9	收尾无弧坑	8	出现弧坑不得分		
10	焊缝平直	8	焊缝不平直不得分		
11	焊缝宽度一致	8	焊缝宽度不一致不得分		
总 分		100	实 训 成 绩		

实训项目五 I 形坡口平对接双面焊

一、实训目的

1）巩固引弧、运条、接头、收尾焊接技能。

2）正确选择 I 形坡口平对接焊参数。

3）掌握平对接焊焊接装配及定位技术。

4）掌握平对接焊焊接技术。

二、基本知识

I 形坡口平对接焊是在平焊位置上焊接对接接头的一种操作方法，其主要特征是：焊件边缘平直且垂直焊件上、下平面，如图 4-46 所示。

三、基本技能

1. 装配及定位焊

不开坡口的对接接头有无垫板和有垫板两种形式，如图 4-47 所示。

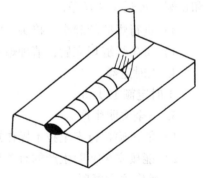

图 4-46 I 形坡口平对接焊

焊件装配时应保证两板对接处齐平。板厚时应留有一定的间隙，以保证能够焊透。间隙的大小决定于板厚，见表 4-22。

焊件的装配间隙值用定位焊缝来保证。定位焊缝是指焊前为装配和固定焊件接头的位置而焊接的短焊缝。定位焊缝的长度和间距与焊件厚度有关，见表 4-23。

图 4-47 I形坡口对接接头形式

a) 无垫板 b) 有垫板

表 4-22 I形坡口对接接头的装配间隙 （单位：mm）

项　　目	无　垫　板		有　垫　板	
焊件厚度	3～3.5	3.5～6	3～4	4～6
装配间隙	0～1	2～2.5	0～2	2～3

表 4-23 定位焊缝的长度与间距 （单位：mm）

焊件厚度	定位焊缝尺寸	
	长　　度	间　　距
3～6	5～10	50～100
4～6	10～15	100～150

为确保定位焊缝的质量，定位焊时应做到：

1) 因为焊接时定位焊缝均被熔化而成为正式焊缝金属的一部分，所以定位焊缝所用焊条应与正式焊接时相同。

2) 定位焊缝应有较大的熔深，不然正式焊缝覆盖在上面时，定位焊缝下面可能产生未焊透现象，所以定位焊时使用的焊接电流应比正式焊接时大 10%～20%。

3) 定位焊缝的余高值不能太大，不然正式焊缝覆盖在上面时，可能造成余高超高现象，还会使焊缝两侧达不到与焊件平滑过渡的要求。如果定位焊缝的余高值太大，则应用角向磨光机打磨掉。

4) 如果定位焊缝开裂，必须将开裂处的焊缝铲除后重新定位点焊，不然由于焊接过程中焊缝的收缩变形会导致改变装配间隙的尺寸，从而影响焊缝质量。

2. 焊接操作

(1) 操作步骤　清理工件→组装→定位焊→清渣→反变形→正面焊→清渣→反转180°背面焊→清渣，检查质量。

(2) 操作要领　6mm 板平对接双面焊属于 I形坡口对接平焊，采用双面焊，因此焊接时正面焊缝采用直线形或锯齿形运条方法；熔池深度应大于板厚的 2/3；行走速度稍慢；焊接电流要适中，一般 ϕ3.2mm 焊条电流为 100～120A 左右；装配间隙不宜过大，一般以 1～1.5mm 为宜；焊接时注意观察熔池形状，应呈横椭圆形为好，若出现长椭圆形，则应调整焊条角度或焊接速度；焊接过程中熔渣应随时处于熔池的后方，若向前流动，应立即调整电弧长度和焊条角度。

正面焊完后，将工件翻转180°反面朝上。将从焊缝正面间隙渗透过来的焊渣用清渣锤、钢丝刷清理干净。调整焊接参数，焊接电流可大些，一般为 110～130A 左右。反面焊缝采用直线形或锯齿形运条方法，焊条角度也可大些，为 80°～85°。焊接速度稍快，但要保证熔透，深度为板厚的 1/3。焊接时若发现熔化金属与熔渣混合不清（易产生夹渣），可适当加大电流或稍拉长电弧 1~2mm，同时将焊条向焊接方向倾斜，并往熔池后面推送熔渣，如图 4-48 所示。待分清熔化金属与熔渣后方可恢复原来的焊条角度进行施焊。焊接时最好选用短弧焊，这样可有效保护好焊缝熔池，提高焊缝质量。焊完后清渣，检查有无焊接缺陷。

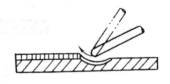

图 4-48 推送熔渣的方法

3. 焊接参数的确定

焊接参数的确定见表 4-24。

表 4-24 焊接参数推荐值

项目 参数 层数	焊条 牌号	焊条直径 /mm	焊接电流 /A	电弧长度 /mm	运条 方法	反变 形角	工件牌号 厚 度	装配间隙 /mm
定位焊 正面焊 背面焊	E1303	3.2	110~130 100~120 110~130	2~3	直线形	1°	Q135 $\delta=6$	1~1.5

四、技能训练

1. 实训图样

实训图样如图 4-49 所示。

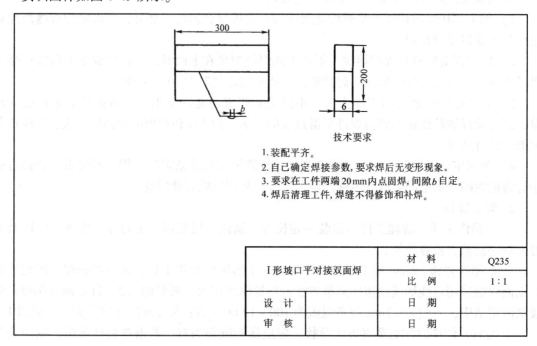

技术要求

1. 装配平齐。
2. 自己确定焊接参数，要求焊后无变形现象。
3. 要求在工件两端 20mm 内点固焊，间隙 b 自定。
4. 焊后清理工件，焊缝不得修饰和补焊。

Ⅰ形坡口平对接双面焊		材 料	Q235
		比 例	1:1
设 计		日 期	
审 核		日 期	

图 4-49 实训图样

2. 实训任务

1）熟练掌握双面焊的操作要领和方法。

2）学会应用焊条角度、电弧长度和焊接速度来调整焊缝高度和宽度。

3）掌握提高焊缝质量的操作方法。

3. 实训内容

1）填写表 4-25。

表 4-25　焊条与工艺参数的选择

层数 ＼ 参数 ＼ 项目	焊条牌号	焊条直径/mm	焊接电流/A	电弧长度/mm	运条方法	反变形角	工件牌号厚度	装配间隙/mm
定位焊								
正面焊								
背面焊								

2）焊缝余高 0.5～1.5mm、宽 5～8mm，焊缝表面无任何焊缝缺陷。

3）平对接双面焊参数的选择与调节，掌握操作要领。

4. 工时定额

工时定额 30min。

5. 安全文明生产

1）能正确执行安全技术操作规程。

2）能按文明生产的规定，做到工作地整洁，工件、工具摆放整齐。

6. 训练步骤

1）检查工件是否符合焊接要求。

2）起动弧焊设备，调整电流。

3）装配及进行定位焊。

4）对定位焊点清渣，反变形 1°。

5）按照操作要领施焊。

6）清渣，检查焊缝尺寸及表面质量。

五、考核标准

Ｉ形坡口平对接焊实训考核标准见表 4-26。

表 4-26　Ｉ形坡口平对接焊实训考核标准

序号	检测项目	配分	技术标准	实训情况	得分
1	装配间隙	5	装配间隙在 2～2.5mm 之间，超标扣 5 分		
2	定位焊缝	10	定位焊缝 10～15mm，间距 100～150mm，余高合适，否则每项扣 3 分		
3	焊接电流	5	定位焊接，正面焊接，反面焊接，电流值合适		
4	正面焊过程	5	引弧、运条、接头、收尾规范，熔透深度≥2/3 板厚		
5	反面焊过程	5	引弧、运条、接头、收尾规范		
6	焊缝余高	10	允许 1～1.5mm，每超差一处扣 2 分		
7	焊缝宽度	10	允许 8～10mm，每超差一处扣 2 分		
8	焊缝成形	10	要求整齐、光滑、美观，否则每处扣 2 分		
9	接头成形	10	连续、平整，凡脱节、超高每处扣 2 分		
10	焊缝高低差	10	允许 1mm，每超差 1mm 扣 4 分		
11	焊件变形	5	变形小。变形明显扣 5 分		

(续)

序号	检测项目	配分	技术标准	实训情况	得分
12	引弧痕迹	5	无引弧痕迹。若有，每处扣2分		
13	焊件清洁	5	清洁，否则扣5分		
14	安全文明生产	5	符合安全操作规程，工具及场地整齐、清洁		
总　分		100	实训成绩		

实训项目六　V形坡口平对接双面焊

一、实训目的

1）巩固焊条电弧焊的基本操作技术。

2）正确选择与调节V形坡口平对接双面焊参数。

3）掌握平对接焊装配及定位技术。

4）掌握V形坡口平对接双面焊焊接技术。

二、基本知识

与I形坡口的平对接焊相比，所不同的是需要采用多层焊法或多层多道焊法，如图4-50所示。多层焊是指熔敷两个以上焊层完成整条焊缝所进行的焊接，而且焊缝的每一层由一条焊道形成。多层多道焊是指有的层次要由两条以上的焊道组成。

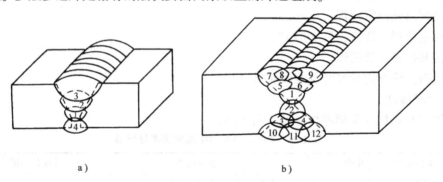

a)　　　　　　　　　　b)

图4-50　厚板的对接焊

a）多层焊法　b）多层多道焊法

三、基本技能

1. 操作步骤

清理工件→修整坡口毛刺→组装（预留间隙）→点固焊→清渣→反变形→打底焊→填充焊→盖面焊→反转180°焊→清理→检查。

2. 操作要领

（1）清理工件　主要是清理干净工件上的油、锈等杂物，将坡口两侧20mm以内打磨出金属光泽。

（2）修整坡口毛刺　坡口在加工时常残留一些毛边或切割时留下的氧化渣，这时应将毛边和氧化渣用锤或锉刀清理干净。锉削时，在坡口底部留出1~1.5mm的平面边缘作为钝边，防止焊件被烧穿。

（3）组装与定位焊　组装时要将两块工件对齐、对平，不能出现错边，并预留间隙2mm，这样有利于焊透。装配间隙的确定方法可在焊件两端坡口中间用直径2mm的焊芯确定。点固焊点应在工件两端头20mm以内进行，焊点不宜过高、过长，焊接电流应为100～120A。

（4）清渣　主要是对点固焊点进行清渣，并用锉刀将焊点修整出斜坡状，以便焊接时对焊点的连接。若在清渣时发现点固焊点有缺陷，应彻底清除后重新点焊。

（5）反变形　由于是V形坡口，正面需填充较多的金属，焊后易产生变形。为此，在焊前必须进行反变形。一般反变形角度以1°～2°为佳。反变形的方法是用两手拿住其中一块钢板的两端，轻轻磕打另一块（见图4-51），使两板之间呈一夹角，作为焊接反变形量。如无专用量具测量反变形角，则可采用下法：将水平尺搁于钢板两侧，中间如正好让一根直径为3.2mm的焊条通过，则反变形角符合要求，如图4-52所示。

图4-51　反变形的方法

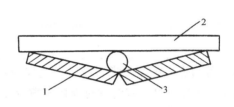

图4-52　反变形角度的测量
1—焊件　2—水平尺　3—φ3.2mm焊条芯

V形坡口的特点是下半部分较窄，上半部分较宽，焊接时若操作不当或参数选择不正确会出现多种焊缝缺陷，因此在焊接时除掌握正确的操作方法外，还应选出正确的焊接参数。

3. 焊接参数的选择

焊接参数的选择见表4-27。

4. 注意事项

（1）打底焊　要注意对焊缝熔池的观察，时刻保持平的状态。若发现下凹现象，则表明熔池温度过高，有可能出现烧穿现象，应立即采取措施，停弧或将焊条移至坡口两侧稍加停顿，以降低焊缝中心温度；若出现熔池呈不规则球形，则表明熔池温度低，有可能出现夹渣现象，应压低电弧，放慢焊接速度或加大电流。焊接接头应采用热接法，即在熔池尚未完全冷却前就将焊条更换好，开始引弧焊接，这样可减少焊缝缺陷的产生。若采用冷接法，一定要清除焊渣后才能起焊。

（2）填充焊　焊前应对打底层进行认真的清渣处理，若有缺陷，需用角向磨光机或錾子进行修整，直至无缺陷为止。填充焊电流应稍大，焊缝不应一次焊得太厚，运条至坡口两侧时应稍作停顿且压低电弧，待坡口两侧熔合好后才可移动。焊接速度应稍快，否则会出现夹渣。填充焊时应注意层与层之间熔合良好，避免出现未熔合现象。填充焊时起头不应过高，以平为基准。

表4-27 焊接参数的选择

项目 参数 层数	焊条直径 /mm	焊接电流 /A	运条方法	电弧长度 /mm	焊条角度
打底层1	φ3.2	100~120	直线形 锯齿形	2~3	65°~85°
填充层2、3		180~200			65°~75° 70°~80°
盖面焊	φ4.0	160~180	锯齿形 月牙形	3~4	80°~90°
背面焊		180~200			80°~90°

（3）盖面焊 正面或背面最后一道焊缝均属于盖面焊，对焊缝的尺寸和外观起重要作用。因此，在焊接时，应注意对焊接参数及操作方法进行有效的调整。

四、技能训练

1. 实训图样

实训图样如图4-53所示。

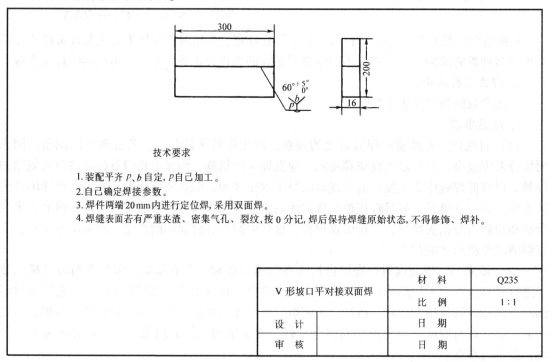

技术要求

1. 装配平齐 P、b 自定，p 自己加工。
2. 自己确定焊接参数。
3. 焊件两端 20mm 内进行定位焊，采用双面焊。
4. 焊缝表面若有严重夹渣、密集气孔、裂纹，按 0 分记，焊后保持焊缝原始状态，不得修饰、焊补。

V形坡口平对接双面焊	材 料	Q235
	比 例	1：1
设 计	日 期	
审 核	日 期	

图 4-53 实训图样

2. 实训内容

1）填写焊接工艺卡（表4-28）。

表 4-28　焊接工艺卡

参数 层数 ＼ 项目	焊条直径/mm	焊接电流/A	运条方法	电弧长度/mm	焊条角度
打底焊 1					
填充层 2、3					
盖面层 4					
背面焊					

2）焊缝余高 0.5～1.5mm，焊缝宽度 12～14mm。起头、接头、收尾平滑无明显焊缝缺陷。无咬边、气孔、夹渣、过高、过宽、过窄、过低等缺陷。

3）焊接参数的选择与调节，操作方法的掌握。控制焊缝熔池的方法，焊条角度、电弧长度的选用。对焊接过程中出现焊缝缺陷的处理。合理安排焊道，提高焊缝质量的技巧。

3. 工时定额

工时定额 60min。

4. 安全文明生产

1）能正确执行安全技术操作规程。

2）能按文明生产的规定，做到工作场地整洁，工件、工具摆放整齐。

五、考核标准

Ｖ形坡口双面平对接焊实训考核标准见表4-29。

表 4-29　Ｖ形坡口双面平对接焊实训考核标准

序号	检测项目	配分	技术标准	实训情况	得分
1	试板装配	5	装配间隙起焊处 3.2mm，终焊处 2mm；否则每项扣 2 分		
2	定位焊缝	5	定位焊缝长 10～20mm，间距 100～200mm		
3	反变形	10	反变形≤3°；反变形操作规范，否则每项扣 3 分		
4	焊接参数	10	定位焊、打底焊、填充焊、盖面焊、反面焊电流合适		
5	打底焊过程	5	引弧、运条、接头与收尾规范		
6	填充焊过程	5	引弧、运条、接头与收尾规范		
7	盖面焊过程	5	引弧、运条、接头与收尾规范		
8	背面焊过程	5	引弧、运条、接头与收尾规范		
9	焊缝余高	10	焊缝余高 1～3mm，超差一处扣 2 分		

（续）

序号	检测项目	配分	技术标准	实训情况	得分
10	焊缝宽度	10	焊缝宽10~20mm，超差一处扣2分		
11	焊缝成形	10	要求整齐、光滑、美观，否则每处扣2分		
12	接头成形	5	连续、平整，凡脱节、超高每处扣2分		
13	焊件变形	5	焊后变形角度≤3°，超差扣4分		
14	引弧痕迹	5	无引弧痕迹。如有，每处扣2分		
15	安全文明生产	5	符合安全操作规程，工具及场地整齐、清洁		
总 分		100	实训成绩		

实训项目七 管-管V形坡口垂直固定焊

一、实训目的

1）学会运用转腕运条技法进行操作。

2）掌握垂直固定管多层多道焊的操作技能。

二、基本知识

垂直固定管的焊接位置为横焊，不同于板对接横焊，在焊接过程中要不断地沿着管子曲率移动身体，并要逐渐调整焊条角度沿管子圆周转动，以获得满意的焊缝成形，因此操作有一定的难度。

管-管垂直固定焊单面焊双面成形时，液态金属受重力影响极易下坠形成焊瘤或下坡口边缘熔合不良，坡口上侧则容易产生咬边等缺陷。因此，焊接过程中应始终保持较短的焊接电弧、较少的液态金属送给量和较快的间断熄弧频率，有效地控制熔池温度，从而防止液态金属下坠。

三、基本技能

1. 操作步骤

清理工件→修整坡口毛刺→组装（预留间隙）与定位焊→清渣→打底焊→填充焊→盖面焊→清理→检查。

2. 焊接参数的确定

确定焊接参数，见表4-30。

表4-30 焊接参数

焊接层次	焊道数量	运条方法	焊条直径/mm	电弧长度/mm
打底焊	1	断弧焊法		70~80
填充焊	2	直线运条法或斜锯齿形运条法	3.2	115~135
盖面焊	3	直线运条法和直线往复运条法		105~115

3. 操作要领

（1）清理工件 主要是清理干净工件上的油、锈等杂物，将坡口两侧 20mm 以内打磨出金属光泽。

（2）修整坡口毛刺 坡口在加工时常残留一些毛边或切割时留下的氧化渣，这时应将毛边和氧化渣用锤子或锉刀清理干净。

（3）组装与定位焊 将两根管子装配成一组焊件。组装时要保证两根管子的轴线对正，并按圆周方向均布定位焊缝，大管可焊 2～3 处，每处定位焊缝长 10～15mm，根部间隙 2～4mm（起焊处的间隙要稍大 1mm）。

（4）清渣 主要是对点固焊点进行清渣，并用锉刀将焊点修整出斜坡状，以便焊接时对焊点的连接。若在清渣时发现点固焊点有缺陷，应彻底清除后重新点焊。

（5）打底焊 将清理过的管子垂直固定在工作台上。起焊处选定在定位焊缝的对称面，用断弧焊法进行打底层焊接。为保证坡口根部焊透，应始终保持熔池形状为大小均匀的斜椭圆外形。垂直固定管焊接的焊条角度如图 4-54 所示。

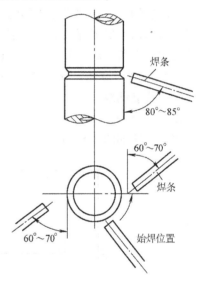

图 4-54 垂直固定管焊接的焊条角度

在坡口内引燃电弧后，拉长电弧带至根部间隙处向内压，待发出击穿声并形成熔池后，马上熄弧（向后下方作划挑动作）使熔池降温。待熔池由亮稍变暗时，在熔池的前沿重新引燃并压低电弧由上坡口带至下坡口，待坡口两侧熔合后形成熔孔，以同一动作熄弧。如此反复地熄弧—燃弧—击穿进行焊接。

绕管一周将封闭接头时，在接头缓坡前沿 3～5mm 处，不再用断弧焊而采用连弧焊至接头处，电弧向内压，稍做停顿，然后焊过缓坡填满弧坑后熄弧。

垂直固定管打底焊时，熔滴和熔渣极易下坠，影响对坡口下侧熔孔的观察，且容易产生夹渣。根据经验，焊接电流可适当大些，使电弧落在熔池前沿上，即可出现所需熔孔大小。一般控制坡口钝边的熔化量在 1～1.5mm 之间。

打底焊要点："看熔池、听声音、落弧准"。即观看熔池颜色控制其温度，深池形状一致，熔孔大小均匀，熔渣与熔池分明；听清电弧在坡口根部击穿的声音；电弧要准确地落在熔池前沿。

（6）填充焊 采取上、下两道堆焊。施焊前，需将打底层焊道上的熔渣及飞溅物等清理干净，若有缺陷需用角向磨光机或錾子进行修整，直至无缺陷为止。若有接头超高现象时，需用錾子或锉刀修平。

填充层焊道分上、下道，在下焊道焊接时，在焊接方向上要使焊条与管子切线为 65°～75°夹角、与坡口下端为 90°～100°夹角，并采用直线形运条。运条过程中始终保持电弧对准打底层焊道下边缘，并使熔池边缘接近坡口棱边（但不能熔化棱边）。运条速度要均匀，焊条角度要随焊道部位的改变而变化，焊出宽窄一致的焊道。

接头时，在熔池前方 10～15mm 处引燃电弧，直接拉向熔池偏上部位，压低电弧向下斜焊，形成新的熔池后恢复正常焊接。

接下来进行上道焊接，焊条对准下焊道与上坡口面形成的夹角处，运条方法与下焊道相同。但焊条角度向下适当调整，与坡口下端成 75°~85°夹角。运条时要注意夹角处的熔化情况，使焊道覆盖住下焊道的 1/3~1/2，避免填充层焊道表面出现凹槽或凸起。填充层焊完后，下坡口应留出约 2mm，上坡口应留出约 0.5mm，为盖面焊打好基础。

（7）盖面焊 盖面层运用直线运条法，按 3 道堆焊。施焊面层的下焊道时，电弧应对准下坡口边缘，使熔池下沿熔合坡口下棱边（≤1.5mm），且焊接速度要适宜，以使焊道细些并与母材圆滑过渡。中间焊道焊速要慢，以使盖面层形成凸形。焊最后一条焊道时，应适当增大焊接速度或减小焊接电流，焊条倾角要小，以防止咬边，确保整个焊缝外形宽窄一致，均匀平整。

盖面层的上、下焊道是成形的关键。施焊时，其熔化坡口棱边应控制在 1~1.5mm，并且要细而均匀，保证焊缝成形宽窄一致并与母材圆滑过渡。盖面焊时，焊道间不清理渣壳，待整条焊缝焊接之后一起清除，其目的是保持焊缝表面的金属光泽。

（8）清理和检查 清理焊件表面的熔渣和飞溅物，检查焊缝质量。

四、技能训练

1. 实训图样

实训图样如图 4-55 所示。

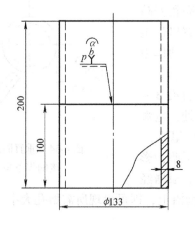

技术要求
1. 垂直固定管单面焊双面成形。
2. $b=2\sim3mm$，$\alpha=60°$，$p=1mm$。
3. 允许用小直径管焊接。
4. 焊后进行通球检验。

图 4-55 实训图样

2. 实训内容

1）填写焊接工艺卡（表 4-31）。

表 4-31 焊接工艺卡

项目\\参数\\层数	焊条直径/mm	焊接电流/A	运条方法	电弧长度/mm	焊条角度
打底焊					
填充焊					
盖面焊					

2）焊缝余高 0～3.0mm，起头、接头、收尾平滑无明显焊缝缺陷。无咬边、气孔、夹渣、过高、过宽、过窄、过低等缺陷。

3）焊接参数的选择与调节，操作方法的掌握。控制焊缝熔池的方法，焊条角度、电弧长度的选用。对焊接过程中出现焊缝缺陷的处理。合理安排焊道，掌握提高焊缝质量的技巧。

3. 工时定额

工时定额 45min。

4. 安全文明生产

1）能正确执行安全技术操作规程。

2）能按文明生产的规定，做到工作场地整洁，工件、工具摆放整齐。

5. 注意事项

1）运条时，要随管子圆周位置而变，如果手腕转动不灵活会使电弧过长，加之焊接电流过大，在盖面焊缝上边缘容易产生咬边。

2）焊接电流过小，熔渣与熔池混淆不清，熔渣来不及浮出；加之运条速度过快，在焊缝下边缘容易产生熔合不良或夹渣。

3）焊接电流过大、运条速度过慢或动作不协调，在焊缝下边缘容易出现下坠和焊瘤。

五、考核标准

管 - 管 V 形坡口垂直固定焊实训考核标准见表4-32。

表4-32　管 - 管 V 形坡口垂直固定焊实训考核标准

序号	检测项目	配分	技术标准	实训情况	得分
1	焊缝表面咬边/mm	10	深度≤0.5，长度≤15，超差一处扣5分		
2	焊缝余高 h/mm	5	$0≤h≤3$，超差不得分		
3	焊缝宽度 c/mm	5	c = 坡口宽度 +3，超差不得分		
4	未焊透	5	深度≤0.15t（t 为壁厚），超差一处扣5分		
5	管子错边量	5	≤0.1t（t 为壁厚），超差不得分		
6	未熔合	5	出现一处扣5分		
7	气孔	5	出现不得分		
8	夹渣	10	出现一处扣5分		
9	焊瘤	10	出现一处扣5分		
10	背面凹坑/mm	10	≤1，超差一处扣5分		
11	通球试验	10	通球直径为管内径的85%，球通不过不得分		
12	焊缝表面成形	20	波纹均匀、成形美观。根据成形酌情扣分		
总　　分		100	实训成绩		

复习思考题

1. 金属的焊接分为哪 3 类？各有何特点？
2. 什么叫焊接电弧？电弧中各区的温度有多高？用直流电或交流电焊接的效果是否一样？
3. 电焊条由哪几部分组成？
4. 比较酸性焊条和碱性焊条的性能。
5. 选用焊条的一般原则是什么？
6. 焊条电弧焊的焊接参数包括哪些？怎样正确选择？
7. 含碳量的多少对碳素钢的焊接性能有何影响？
8. 简述埋弧焊与氩弧焊的焊接特点。
9. 焊接缺陷有哪些？如何减少焊接缺陷？

第五部分

金属切削加工

金属切削加工是利用切削刀具或工具从毛坯上切除多余的部分，以获得尺寸精度、形状精度、位置精度及表面粗糙度符合图样要求的零件的一种加工方法。它包括机械加工（简称机加工）和钳工两大部分。机械加工是工人通过操作机床而进行的切削加工。其主要方式有车削、钻削、刨削、铣削、磨削、齿轮加工等。

由于切削加工具有加工精度高、表面粗糙度值小，不受零件材料、尺寸和重量的限制等优点，因此，对加工精度和表面质量有较高要求的零件，绝大多数都要用机械加工的方法获得。在机械制造过程中，切削加工所担负的工作量往往占总工作量的 60% 以上。工程技术人员在设备安装、技术改造、设备维修等工作中经常应用机械加工方法。

学习任务一　金属切削加工基础

任务目标

1) 理解金属切削加工、切削运动与切削要素等基本概念。
2) 熟悉金属切削刀具材料、刀具组成及车刀几何角度选用。
3) 了解金属切削过程及切屑形成、切削力、切削热及刀具磨损等物理现象。
4) 了解生产率和金属切削加工性的概念。

任务描述

以图 5-1 所示的 45 钢台阶轴为例，描述其在车削加工中刀具及其切削用量的具体选用。

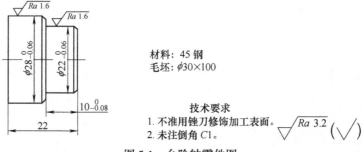

材料：45 钢
毛坯：$\phi30 \times 100$

技术要求
1. 不准用锉刀修饰加工表面。
2. 未注倒角 C1。

图 5-1　台阶轴零件图

知识准备

一、切削运动和切削要素

（一）切削运动

在切削加工过程中，为了从毛坯上切下多余的金属，获得所需的表面，刀具与工件之间必须要有适当的相对运动，这种运动称为切削运动。切削运动又分为主运动和进给运动。主运动是切下多余金属层所需的最基本的运动，其速度最高，消耗的功率也最多。进给运动是不断地把待切金属层投入切削所需的运动，其速度较低，消耗动率较少。

各种切削加工机床都是为了实现某些表面的加工，因此都有特定的切削运动。切削运动的形式有旋转的、平移的、连续的、间歇的。一般主运动只有一个，进给运动可多于一个，如图 5-2 所示。

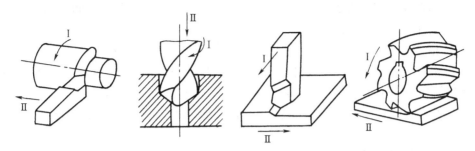

图 5-2　机械加工几种方式的应用举例

Ⅰ—主运动　Ⅱ—进给运动

几种典型机床的切削运动见表 5-1。

表 5-1　典型机床的切削运动

机床名称	主运动	进给运动	机床名称	主运动	进给运动
卧式车床	工件旋转运动	车刀纵向、横向、斜向直线移动	龙门刨床	工件往复运动	刨刀横向、垂向、斜向间歇移动
钻床	钻头旋转运动	钻头轴向移动	外圆磨床	砂轮高速旋转	工件转动，同时工件往复移动或砂轮横向移动
卧、立铣床	铣刀旋转运动	工件纵向、横向直线移动（有时也作垂直移动）	内圆磨床	砂轮高速旋转	工件转动，同时砂轮往复移动或砂轮横向移动
牛头刨床	刨刀往复运动	工件横向间歇移动或刨刀垂向、斜向间歇移动	平面磨床	砂轮高速旋转	工件往复移动，砂轮横向、垂向移动

（二）切削要素

在切削过程中，工件表面上多余的金属不断地被刀具切下来变成切屑，从而加工出新的表面。在切削过程中，工件上形成 3 个变化着的表面（以车削加工为例，见图 5-3）：待加工表面——即将被切除的金属表面，已加工表面——切削后形成的新的金属表面，过渡表面——切削刃在工件上正在形成的表面。

切削要素是指在切削过程中所选择的切削速度 v、进给量 f 和背吃刀量 a_p。v、f、a_p 又称为切削用量。

1. 切削速度 v

在单位时间内，工件和刀具沿主运动方向相对移动的距离称为切削速度。车、钻、镗、铣、磨的切削速度计算公式为

$$v = \frac{\pi d n}{60 \times 10^3}$$

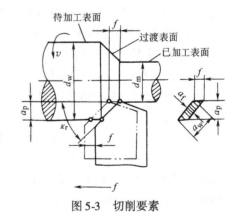

图 5-3　切削要素

式中，v 是切削速度（m/s）；d 是工件加工表面或刀具最大直径（mm）；n 是工件或刀具的转速（r/min）。

刨削的平均切削速度计算公式为

$$v = \frac{2 L n_r}{1000}$$

式中，v 是刨削的平均切削速度（m/min）；L 是刀具或工件作往复直线运动的行程长度（mm）；n_r 是刀具或工件每分钟往复次数。

2. 进给量 f

在主运动的一个循环或单位时间内，刀具和工件之间沿进给方向相对移动的距离称为进给量。车削进给量为工件每转一转，车刀沿进给运动方向移动的距离（mm/r）；刨削的进给量为刨刀（或工件）每往复一次，工件（或刨刀）沿进给运动方向移动的距离（mm/行程）。

3. 背吃刀量 a_p

在一次走刀过程中工件表面被切除的材料厚度称为背吃刀量。对于车削和刨削来说，背吃刀量 a_p 为工件上待加工表面和已加工表面间的垂直距离。车削圆柱面的 a_p 为该次切除余量的一半；刨削平面的 a_p 为该次切削余量。车削外圆时，背吃刀量 a_p 为

$$a_p = \frac{d_w - d_m}{2}$$

式中，d_w 是工件待加工表面的直径（mm）；d_m 是工件已加工表面的直径（mm）。

二、金属切削刀具

（一）刀具材料

1. 刀具材料的基本性能

在切削过程中，刀具的切削部分要承受很大的压力、摩擦、冲击和很高的温度作用，因此刀具切削部分的材料应满足下列性能要求：

（1）高的硬度 刀具材料的硬度必须高于工件材料的硬度，以便切入工件。一般，常温时刀具硬度在 60HRC 以上。

（2）高的耐磨性 刀具在切削加工中会受到剧烈摩擦，要求其磨损要小，因而刀具材料应具有较高的耐磨性。

（3）高的热硬性 热硬性是指刀具在高温下能够继续保持一定硬度、强度、韧性和耐磨性的性能，是刀具材料必须具备的关键性能。

（4）足够的强度和韧性 刀具材料应具有承受一定冲击和振动而不断裂或崩刃的能力。

（5）一定的工艺性能 刀具材料应具备良好的可加工性。

2. 刀具材料的种类及选用

常用的刀具材料有碳素工具钢、合金工具钢、高速工具钢、硬质合金及陶瓷材料等，其中应用最多的是高速工具钢和硬质合金。

（1）碳素工具钢 碳素工具钢是指碳的质量分数为 0.7% ~ 1.3% 的优质碳素钢，淬火硬度可达 60 ~ 66HRC，刀具刃磨时容易达到锋利，价格低廉；但其热硬性较差，温度达 200℃ 左右时硬度会明显下降，淬透性差，热处理变形大。碳素工具钢常用于制造低速、简单的手工工具，如锉刀、手工锯条等，其常用牌号有 T10A、T12A 等。

（2）合金工具钢 合金工具钢又称为低合金工具钢，其碳的质量分数为 0.85% ~ 1.5%，合金元素的总质量分数在 5% 以下，加入的合金元素有 Si、Mn、Mo、W、V 等。它比碳素工具钢有更好的耐磨性、热硬性及韧性，热处理变形较小；热硬性温度约为 250 ~ 300℃，淬火后硬度可达 60 ~ 66HRC。合金工具钢常用于制造形状复杂的刀具，如丝锥、板牙、铰刀等，其常用牌号有 9SiCr、CrWMn 等。

（3）高速工具钢 高速工具钢又称为锋钢、白钢，是以 W、Cr、V 和 Mo 为主要合金元素

的高合金工具钢。它的耐磨性、热硬性都比前两者明显提高，热硬性温度可达550～600℃。高速工具钢允许的切削速度远不及硬质合金的，但由于其抗弯强度、冲击韧度比硬质合金高，而且有切削加工方便、刃磨容易、可以铸造及热处理等优点，所以常用来制造形状复杂的刀具，如钻头、丝锥、拉刀、铣刀、齿轮刀具等。高速工具钢的常用牌号有W18Cr4V和W6Mo5Cr4V2等。

（4）硬质合金　硬质合金是用具有高耐磨性和热硬性的碳化钨（WC）、碳化钛（TiC）和钴（Co）的粉末，在高压下成形并经1500℃的高温烧结而成的（钴起粘结作用）。

硬质合金的硬度为74～82HRC，有较好的耐磨性和热硬性。硬质合金在800～1000℃仍然保持良好的热硬性，其允许切削速度远远超过高速工具钢的；但其抗弯强度远比高速工具钢的低，承受冲击能力差，刃口也不如高速工具钢的锋利。常用的硬质合金有钨钴合金和钨钴钛合金两类。

1）钨钴合金类。这是由WC和Co组成的合金。这类硬质合金相对于钨钴钛合金来说，韧性较好，常用来加工脆性材料（如铸铁等）或冲击性较大的工件；但由于它的热硬性不及钨钴钛类，一般不用于加工塑性材料（如碳钢等）。钨钴合金的常用牌号有K01、K10、K20等。K20用于粗加工，K10和K01用于半精加工和精加工。

2）钨钴钛合金类。这是由WC、TiC和Co组成的合金。这类硬质合金的热硬性较好，在高温下比钨钴合金耐磨，所以常用来加工钢料或其他韧性较好的塑性材料；但其脆性较大，不耐冲击，不宜加工脆性材料（如铸铁等）。钨钴钛合金的常用牌号有P30、P10、P01等。P30一般用于粗加工，而P10和P01用于半精加工和精加工。

（二）刀具角度

金属切削刀具的种类繁多，构造各异，其中较简单、较典型的是车刀，其他刀具的切削部分都可以看作是以车刀为基本形态演变而成的，如图5-4所示。下面以外圆车刀为例来分析刀具切削部分的几何角度。

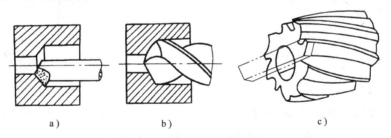

a)　　　　　　b)　　　　　　c)

图5-4　刀具切削部分的形态

a）镗刀　b）钻头　c）圆柱铣刀

1. 车刀的组成

车刀由刀头和刀杆两部分组成，如图5-5所示。刀头为切削部分，刀杆为支承部分。刀头一般由三面、两刃、一尖组成。

（1）前面　这是切屑流出时接触的表面。

（2）主后面　这是与工件过渡表面相对的表面。

（3）副后面　这是与工件已加工表面相对的表面。

（4）主切削刃　这是前面与主后面的交线，担负主要的切削工作。

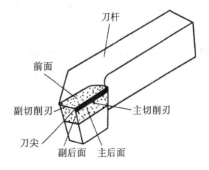

图5-5　外圆车刀的组成

(5) 副切削刃 这是前面与副后面的交线，担负少量的切削工作，起一定的修光作用。

(6) 刀尖 这是主切削刃与副切削刃的相交部分，一般为一小段过渡圆弧。

2. 车刀几何角度

刀具几何角度分为标注角度和工作角度。标注角度是指刀具图样上标注的角度，也就是刃磨的角度。工作角度是指切削时由于刀具安装和切削运动影响所形成的实际角度。

(1) 车刀标注角度的基准系 确定标注角度首先要根据车刀的假定运动方向和安装条件，确定由 3 个辅助平面组成的基准系，如图 5-6 所示。

基面——通过主切削刃上某选定点与切削速度方向垂直的平面。车刀的基面平行于水平面。

切削平面——通过主切削刃上某选定点与主切削刃相切并垂直于基面的平面。车刀的切削平面是铅垂面。

正交平面——通过主切削刃上某选定点且同时垂直于切削平面和基面的平面。

基面、切削平面和正交平面为一个彼此互相垂直的空间坐标系。

(2) 车刀的标注角度 车刀主要的标注角度有前角 γ_o、主后角 α_o、主偏角 κ_r、副偏角 κ_r' 和刃倾角 λ_s，如图 5-7 所示。

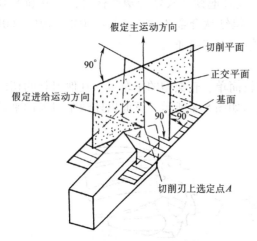

图 5-6 外圆车刀标注角度基准系

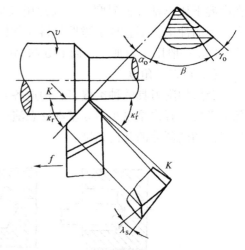

图 5-7 车刀的主要标注角度

前角 γ_o——前面与基面之间的夹角，在正交平面中测量。其作用是使切削刃锋利，便于切削。硬质合金车刀切削钢件可取 $\gamma_o = 5° \sim 15°$，切削铸铁可取 $\gamma_o = 0° \sim 10°$。前角 γ_o 过大，切削刃削弱，容易磨损和崩坏。

主后角 α_o——主后面与切削平面之间的夹角，在正交平面中测量。其作用是减少车削时主后面与工件的摩擦。一般取 $\alpha_o = 6° \sim 12°$，粗车时取小值，精车时取大值。

主偏角 κ_r——主切削刃与进给运动方向在基面上的投影的夹角，在基面中测量。车刀常用的主偏角有 45°、60°、75° 和 90° 几种。

副偏角 κ_r'——副切削刃与进给运动反方向在基面上的投影的夹角，在基面中测量。副偏角 κ_r' 的作用是减小副切削刃与工件已加工面之间的摩擦，防止切削时产生振动。一般取 $\kappa_r' = 5° \sim 15°$，如图 5-8 所示。在背吃刀量 a_p、进给量 f 和主偏角 κ_r 相等的条件下，减小副偏角 κ_r' 可减小加工表面上的残留面积，从而减小表面粗糙度值。因此，副偏角 κ_r' 在一定大小范围内，可使副切削刃起修光作用。

刃倾角 λ_s——主切削刃与基面的夹角，在切削平面中测量。其主要作用是控制切屑的流动方向，如图5-9所示。切削刃与基面平行，$\lambda_s=0$，切屑垂直于主切削刃流出；刀尖处于切削刃的最低点，λ_s 为负值，刀尖强度增大，切屑流向已加工表面，用于粗加工；刀尖处于切削刃的最高点，λ_s 为正值，刀尖强度削弱，切屑流向待加工表面，用于精加工。车刀刃倾角 λ_s 一般在 $-5°\sim+5°$ 之间选取。

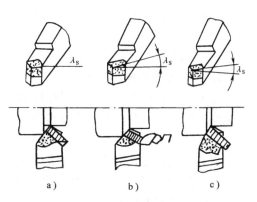

a)　　　　b)　　　　c)

图5-9　刃倾角对排屑方向的影响

a) $\lambda_s=0$　b) λ_s 为负值　c) λ_s 为正值

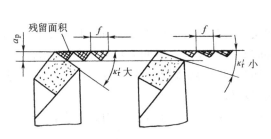

图5-8　副偏角对残留面积的影响

三、金属切削过程及其物理现象

在各种切削加工过程中，都会产生一些共同的物理现象，如切屑的形成、切削力、切削热及刀具磨损等。它们对加工质量、生产率和成本等都有直接的影响，因此有必要了解切削过程中的这些物理现象，以揭示其本质和规律性，并运用这些规律指导生产。

（一）切屑的形成及种类

切屑是金属层在刀具切削刃和前面的作用下，金属经过弹性变形、塑性变形，然后断裂而形成的。切屑的种类主要有3种，如图5-10所示。

a)　　　　　　b)　　　　　　c)

图5-10　切屑类型

a) 带状切屑　b) 节状切屑　c) 崩碎切屑

1. 带状切屑

带状切屑是常见的一种切屑，切屑连续，形如带状或呈各种形状的卷曲，切屑与刀具前面的接触面光滑，而反面呈微小的皱纹。其切削过程比较平稳，切削力波动小，已加工表面比较光洁。但切屑连绵不断，会缠绕在刀具或工件上，损坏刀刃，刮伤工件，导致生产不安全，因此要采取断屑措施。

2. 节状切屑

节状切屑与刀具前面接触的表面有明显的裂纹，另一面呈锯齿形。在切削速度较低、切削厚度较大、刀具前角较小的情况下，加工中等硬度的钢材，容易得到这种切屑。

3. 崩碎切屑

崩碎切屑是在切削铸铁、青铜等脆性金属材料时，由于材料塑性很小、抗拉强度较低，刀具切入后，切削层内靠近切削刃和前面的局部金属未经塑性变形就被挤裂或脆断，形成的不规则的碎块状切屑。工件材料越是硬脆、刀具前角越小、切削厚度越大时，越容易产生这类切屑。

（二）切削力和切削功率

1. 切削力的形成与分解

在刀具的作用下，被切削层金属和工件表面层金属都要发生弹性变形和塑性变形，因而产生变形抗力；同时，在切削过程中刀具和工件间有相对运动，因而刀具与切屑、工件表面之间有摩擦阻力，这些就是产生切削力的来源。切削力直接影响产生切削热的多少，进一步影响刀具磨损、刀具寿命及加工表面的质量和加工精度。

总切削力 F 是一个空间力。常将总切削力分解为 3 个相互垂直的分力。以车削外圆为例，其分力如图 5-11 所示。

主切削力 F_c——总切削力在主运动方向的正投影。

背向力 F_p——总切削力在垂直于进给方向的正投影。

进给力 F_f——总切削力在进给运动方向的正投影。

一般情况下，主切削力最大，背向力和进给力小一些。如果不考虑副切削刃的切削作用以及其他造成切屑方向改变的因素的影响，总切削力 F 由图 5-11 可知为

$$F = \sqrt{F_c^2 + F_p^2 + F_f^2}$$

式中，F_c、F_p、F_f 及 F 的单位均为 N。

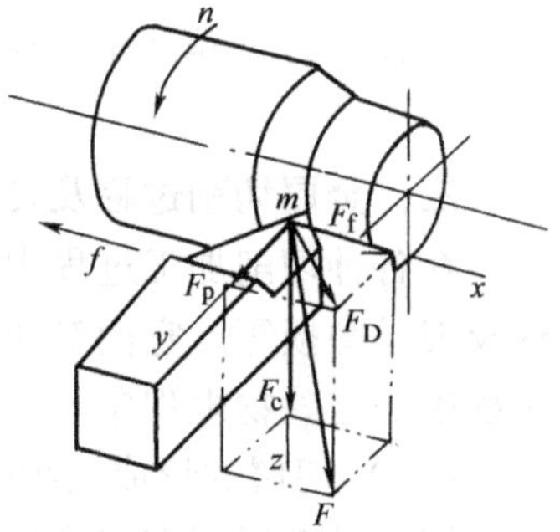

图 5-11 切削合力和分力

F_c 是计算切削功率的主要依据。车削外圆时，F_p 不做功，但能使工件产生弯曲变形或引起振动，对加工质量影响较大。F_f 作用在进给机构上，是设计或校核车床进给机构强度时所需的数据。

影响切削力大小的因素有工件材料、切削用量、刀具角度、使用切削液及刀具材料等。在一般情况下，对切削力影响较大的是工件材料和切削用量。工件材料的强度、硬度越高，切削时产生的切削力越大。背吃刀量 a_p 或进给量 f 加大，均会使切削力增大，但二者的影响程度不同。切削加工中，如果从切削力和切削功率来考虑，加大进给量比加大背吃刀量有利。

2. 切削功率

功率等于力与其作用方向上的运动速度的乘积。切削功率 P_c 就是 3 个切削分力消耗功率的总和。在外圆车削时，F_p 方向的运动速度等于零，所消耗功率为零；F_f 方向运动速度虽然不为零，但消耗的功率很小（仅为 1% ~ 2%），故可忽略不计。因此，常用 F_c 来计算切削功率。于是，当 F_c 及 v 已知时，切削功率 P_c 为

$$P_c = F_c v 10^{-3}/60$$

式中，P_c 是切削功率（kW）；F_c 是主切削力（N）；v 是切削速度（m/min）。

由上式可知，切削功率直接与切削速度 v 和主切削力 F_c 有关，而主切削力 F_c 又主要受背吃刀量 a_p 和进给量 f 的影响。因此，直接影响切削功率大小的是切削用量三要素。

（三）切削热

1. 切削热的产生与传导

切削过程中，绝大部分的切削功都转变成热能，这些热称为切削热。

切削热一方面来源于切削层金属发生弹性变形和塑性变形时所产生的热（这是切削热的主要来源），另一方面来源于切屑与刀具前面、工件与刀具后面之间的摩擦所产生的热。

切削过程产生的切削热将由切屑及切削液、工件、刀具及周围介质（如空气等）传出。一般车削加工时，50%～86%的热量由切屑及切削液带走，40%～10%的热量传入车刀，9%～3%的热量传入工件，1%左右的热量传到周围介质。

2. 切削热对切削加工的影响

传入切屑和介质中的热量对加工没有影响。但钢料切屑发热后，表层金属会氧化，并随着温度高低呈现不同颜色，因此可以从切屑的颜色大致判断出切削温度。例如，切屑呈银白色和淡黄色表示切削温度不高，切屑呈紫色或紫黑色则说明切削温度很高。

传入刀头的热量虽然不多，但由于刀头体积小，特别是高速切削时切屑与刀具前面发生连续而强烈的摩擦，因此刀头上温度最高点可达 1000℃ 以上。刀具上温度过高会加速刀具的磨损。

切削热传入工件后会导致工件膨胀或伸长，引起工件变形，影响加工精度。特别是加工细长轴、薄壁套以及精密零件时，热变形的影响更应引起注意。

（四）刀具磨损和刀具寿命

在刀具使用过程中，它的切削刃会变钝，以致无法再使用，但是经过重新刃磨以后，切削刃恢复锋利，仍可继续使用。这样经过使用——磨钝——刃磨锋利若干个循环以后，刀具的切削部分便无法继续使用而完全报废。刀具从开始切削到完全报废的实际切削时间的总和称为刀具寿命。

1. 刀具磨损的形式与过程

刀具正常磨损时，按其发生的部位不同可分为 3 种形式，即后面磨损、前面磨损、前面与后面同时磨损，如图 5-12 所示。

刀具的磨损过程如图 5-13 所示，可分为 3 个阶段：

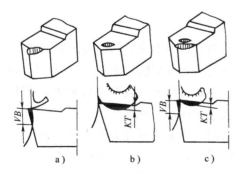

图 5-12　刀具磨损的形式

a）后面磨损　b）前面磨损　c）前面与后面同时磨损

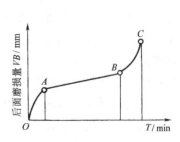

图 5-13　磨损过程

第一阶段（*OA* 段）称为初期磨损阶段，第二阶段（*AB* 段）称为正常磨损阶段，第三阶段（*BC* 段）称为急剧磨损阶段。

经验表明，在刀具正常磨损阶段的后期，急剧磨损阶段之前，换刀重磨最好。这样既可保证加工质量，又能充分利用刀具材料。

2. 刀具寿命

刀具寿命是指新刃磨的刀具进行切削直至钝化，所经过的切削总时间 T（min），即刀具两次刃磨期间的切削时间。工程上常将刀具寿命作为限定刀具磨损量的衡量标准。对于制造和刃磨比较简单、成本不高的刀具，寿命可定得低些；对于制造和刃磨比较复杂、成本较高的刀具，寿命明显地高些。例如，目前硬质合金焊接车刀的寿命大约为60min，高速钢钻头的寿命为80~120min，硬质合金面铣刀的寿命为120~180min，齿轮刀具的寿命为200~300min。

3. 影响刀具磨损和寿命的因素

影响刀具磨损和寿命的因素很多，主要有刀具材料、刀具几何形状、切削用量、工件材料以及是否使用切削液等。在切削用量中，切削速度对刀具的磨损和寿命影响最大。

（五）切削液的选用

用改变外界条件来影响和改善切削过程是提高产品质量和生产率的有效措施之一，其中应用最广泛的是合理选择和使用切削液。

1. 切削液的作用和种类

切削液主要通过冷却和润滑作用来改善切削过程，一方面它吸收并带走大量切削热，起到冷却作用，另一方面它能渗入到刀具与工件和切屑的接触表面，形成润滑膜，有效地减轻摩擦。因此，合理地选用切削液可以降低切削力和切削温度，提高刀具寿命和加工质量。

常用的切削液有以下两类：

（1）水类 如水溶液（肥皂水、苏打水等）、乳化液等。这类切削液的比热容大、流动性好，主要起冷却作用，也有一定的润滑作用。为了防止机床和工件生锈，常加入一定量的防锈剂。

（2）油类 又称为切削油，主要成分是矿物油，少数采用动植物油或复合油。这类切削液的比热容小、流动性差，主要起润滑作用，也有一定的冷却作用。

为了改善切削液的性能，还常在切削液中加入油性添加剂、极压添加剂、防霉添加剂、抗泡沫添加剂和乳化剂等。

2. 切削液的选择和使用

切削加工时，应根据加工性质、工件材料和刀具材料等来选择合适的切削液。

粗加工时，主要要求冷却，也希望降低一些切削力及切削功率，一般应选用冷却作用较好的切削液，如低浓度的乳化液等；精加工时，主要希望提高表面质量和减少刀具磨损，一般应选用润滑作用较好的切削液，如高浓度的乳化液或切削油等。

加工一般钢材时，通常选用乳化液或硫化切削油；加工铜合金和非铁金属时，一般不宜采用含硫化油的切削液，以免腐蚀工件；加工铸铁、青铜、黄铜等脆性材料时，为了避免崩碎切屑进入机床运动部件，一般不用切削液；但在低速精加工（如宽刃精刨、精铰等）中，为了提高表面质量，可用煤油作为切削液。

高速钢刀具的耐热性较差，为了提高刀具寿命，一般要根据加工的性质和工件材料选用合适的切削液。硬质合金刀具由于耐热性和耐磨性较好，一般不用切削液；如果要用，必须连续地、充分地供给，而不能断断续续地供给，以免硬质合金刀片因骤冷骤热而开裂。

切削液的使用，目前以浇注法最为普遍。在使用中应注意把切削液尽量注射到切削区，仅仅浇注到刀具上是不恰当的。为了提高其使用效果，可以采用喷雾冷却法或内冷却法。

四、生产率和切削加工性的概念

（一）生产率和提高生产率的途径

在切削加工中，生产率是以单位时间内所生产的零件数来表示的，即

$$Q = \frac{1}{T_{单件}}$$

式中，Q 是生产率（件/min）；$T_{单件}$ 是生产一个零件所需要的总时间（min/件）。

在机床上加工一个零件所用的时间包括 3 部分：

$$T_{单件} = T_{机工} + T_{辅助} + T_{其他}$$

式中，$T_{机工}$ 是机械加工时间，即加工一个零件的总切削时间；$T_{辅助}$ 是辅助时间，即为了维持切削加工所消耗到各种辅助操作上的时间，如调整机床、装卸及空移刀具、装卸工件和检验测量等；$T_{其他}$ 是其他时间，如清扫切屑、工间休息等，所以

$$Q = \frac{1}{T_{机工} + T_{辅助} + T_{其他}}$$

由以上所述可知，提高切削加工的生产率实际上就是如何减少零件加工的机械加工时间、辅助时间和其他时间。

使用先进的工夹量具，采用机械化、自动化措施可以大大缩短辅助时间。改进车间管理，安排好生产调度，改善劳动条件，可以减少其他时间的损耗。缩短零件的机械加工时间，则与切削用量有着密切的关系。提高切削速度，加大进给量和背吃刀量都使得单位时间内金属的切除量增加，使 $T_{机工}$ 减少，因而都有利于生产率的提高。

（二）改善工件材料的可加工性

1. 工件材料的可加工性

工件材料被切削加工的难易程度，称为材料的可加工性。

良好的可加工性是指加工时刀具寿命高、切削力较小、切削温度较低、容易获得好的表面质量或切屑形状容易控制等。

可加工性是对材料的综合评定指标，很难用一个简单的物理量来表示。生产中常常选取某一项指标以反映材料可加工性的某一个方面。最常用的指标是指定寿命的切削速度 v_T 和相对加工性 K_r。

2. 衡量材料可加工性的指标

（1）指定寿命的切削速度 v_T　v_T 的含义是当刀具寿命为 T 时，切削某种材料所允许的切削速度。切削速度 v_T 越高，可加工性越好。通常取寿命 $T = 60\,min$，v_T 写作 v_{60}；难加工材料也可用 v_{30} 或 v_{15} 来衡量可加工性。

（2）相对加工性 K_r　K_r 的含义是以某种材料的 v_{60} 为基准，判断材料可加工性的相对难

易程度。通常以正火状态 45 钢的 v_{60} 作为基准，写作 $(v_{60})_j$。其他材料的 v_{60} 与 $(v_{60})_j$ 的比值，称为相对加工性，即

$$K_r = \frac{v_{60}}{(v_{60})_j}$$

凡 $K_r > 1.0$ 的材料，其可加工性比 45 钢好；反之较差。

常用金属材料的相对加工性 K_r 分为 8 级。表 5-2 列出了各种等级材料的名称、种类、相对加工性和代表性材料，可供分析各种材料可加工性时参考。

表 5-2 材料的可加工性等级

等级	名称	材料种类	相对加工性 K_r	代表性材料
1	很容易切削材料	一般非铁金属	>3.0	铜铅合金、铝镁合金
2	容易切削材料	易切削钢	2.5 ~ 3.0	15Cr 退火
3		较易切削钢	1.6 ~ 2.5	30 钢正火
4	普通材料	一般钢及铸铁	1.0 ~ 1.6	45 钢、灰铸铁
5		稍难切削材料	0.65 ~ 1.0	85 钢
6	难切削材料	较难切削材料	0.5 ~ 0.65	45Cr 调质、65Mn 调质
7		难切削材料	0.15 ~ 0.5	1Cr18Ni9Ti
8		很难切削材料	<0.15	钛合金

3. 改善工件材料可加工性的途径

材料的可加工性对生产率和表面加工质量有很大影响。因此，在满足零件使用性能要求的前提下，应尽量选用可加工性好的材料。

材料的可加工性可通过一些措施予以改善。

通过热处理改善可加工性是重要途径之一。实践证明，金属材料的硬度为 170 ~ 230HBW 时，可切削加工性较好。低硬度材料一般塑性、韧性好，切削变形严重，使刀具磨损加剧，断屑困难，加工表面粗糙，可加工性也差。对低碳钢进行正火处理，适当提高硬度、降低塑性能改善其可加工性。

对高碳钢进行球化退火处理可降低其硬度、强度，提高其可加工性；出现白口组织的铸铁件常用石墨化退火的方法改善其可加工性。

随着切削加工技术和刀具材料的发展，工件材料的可加工性也会发生变化。如电加工的出现，使一些原来被认为难加工的材料变得不难加工；又如，硬质合金的不断改进、新刀具材料的不断涌现，将使各种工件材料可加工性的差距逐渐缩小。

任务实施

由图 5-1 可知，该台阶轴零件主要由两个外圆柱面及其倒角组成，外圆柱面要求有较高的尺寸精度和表面粗糙度。根据这些技术要求，外圆台阶面可分粗车和精车两个阶段进行，最后再进行倒角。其刀具和切削用量选用举例见表 5-3。

表 5-3　刀具和切削用量选用举例

加工内容及方法	刀具和切削用量选用	选用理由
 45°弯头外圆车刀车右端面 方法：夹住毛坯左端，工件伸出长度约 25~30mm，使用 45°弯头外圆车刀车平右端面，达到表面粗糙度要求	刀具材料选 P30	P30 为钨钛钴类硬质合金，TiC 含量低，适合粗车塑性较好的钢材
	前角 $\gamma_o = 10° \sim 20°$	切削材料较软，为提高刀具锋利程度，可适当增大前角
	后角 $\alpha_o = 4° \sim 7°$	切削材料塑性较大，为减小后刀面与已加工表面之间的摩擦，可适当增大后角
	主偏角 $\kappa_r = 45°$	根据零件端面倒角的角度值选取主偏角角度，既可用于零件端面车削，又可进行倒角加工，操作方便灵活
	副偏角 $\kappa_r' = 45°$	此时刀尖角 ε_r 为 90°，刀尖强度较好，且便于散热
	$\lambda_s = 0.5° \sim +5°$	刃倾角 λ_s 取正值，使切屑流向待加工表面，保证零件端面加工质量
	切削深度 $a_p = 0.3 \sim 1.5$mm 进给量 $f = 0.05 \sim 0.1$mm/r 主轴转速 $n = 300 \sim 500$r/min	因端面表面粗糙度要求不是很高，为提高生产效率，切削深度 a_p 和进给量 f 可取较大数值，主轴转速可取较小数值
 90°偏刀粗车外圆 方法：①粗车 $\phi30$ 外圆至 $\phi29$，长 23mm；②粗车右端 $\phi29$ 外圆至 $\phi23$，长 9.9mm	刀具材料选 P30	P30 为钨钛钴类硬质合金，TiC 含量低，适合粗车塑性较好的钢材
	前角 $\gamma_o = 10° \sim 15°$	粗加工时，为保证刀头强度，前角取较小值
	后角 $\alpha_o = 4° \sim 5°$	粗加工时，为保证刀头强度，后角取较小值
	主偏角 $\kappa_r = 90°$	为防止切削时引起振动，同时提高切削效率，可选用较大主偏角，同时零件有台阶外圆，综合考虑主偏角 $\kappa_r = 90°$
	副偏角 $\kappa_r' = 10° \sim 15°$	粗加工时，在保证刀头强度的前提下，副偏角 κ_r' 可取较大值，以避免背向力影响，以及提高切削时的散热能力
	$\lambda_s = -5° \sim -0.5°$	粗加工时，刃倾角 λ_s 取负值，以增强刀头强度
	切削深度 $a_p = 1.5 \sim 2$mm 进给量 $f = 0.10 \sim 0.20$mm/r 主轴转速 $n = 300 \sim 500$r/min	粗加工时，在保证刀具寿命的前提下，为提高生产效率，切削深度 a_p 和进给量 f 可取较大数值，主轴转速 n 可取较小数值

（续）

加工内容及方法	刀具和切削用量选用	选用理由
	刀具材料选 P10	P10 为钨钛钴类硬质合金，TiC 含量高，适合精加工塑性较好的钢材
	前角 $\gamma_o = 15° \sim 20°$	精加工时，前角取较大值，以提高刃口锋利程度和刀具的切削性能
	后角 $\alpha_o = 6° \sim 7°$	精加工时，为避免后刀面与已加工表面之间的摩擦，并提高已加工表面质量，后角可取较大值
93° ~ 95°偏刀精车外圆 方法：①精车 $\phi23$ 外圆至 $\phi22_{-0.06}^{\ 0} \times 10_{-0.08}^{\ 0}$ mm；②精车 $\phi29$ 外圆至 $\phi28_{-0.06}^{\ 0}$	主偏角 $\kappa_r > 90°$，可取 93° ~ 95°	为防止切削时引起振动，同时提高切削效率，可选用较大主偏角，同时零件为 90°台阶，为保证车出直角，主偏角 κ_r 必须大于 90°，实际可取 93° ~ 95°
	副偏角 $\kappa_r' = 5° \sim 10°$	精加工时，应取较小的副偏角，以提高已加工表面质量
	$\lambda_s = 0.5° \sim 5°$	精加工时，刃倾角 λ_s 取正值，使切屑流向待加工表面，以获得较好表面质量
	切削深度 $a_p = 0.08 \sim 0.20$mm 进给量 $f = 0.05 \sim 0.10$mm/r 主轴转速 $n = 500 \sim 800$r/min	精加工时，为保证工件的加工精度和表面质量要求，切削深度 a_p 和进给量 f 应取较小数值，主轴转速 n 应取较高数值
45°弯头外圆车刀倒角	45°弯头外圆车刀倒角时，其刀具和切削用量选用及其选用理由，和本表中 45°弯头外圆车刀车右端面相同，此处不再重复解释	
	刀具材料选 W18Cr4V	W18Cr4V 为常用高速钢刀具材料，抗弯强度高，抗冲击能力好，车沟槽及切断时不易打刀
	前角 $\gamma_o = 5° \sim 20°$	前角取较小值，以增强刀头强度
	后角 $\alpha_o = 6° \sim 8°$	后角适当取较大值，便于散热
	主偏角 $\kappa_r = 90°$	根据沟槽形状特点，应选择主偏角为 90°
	副偏角 $\kappa_r' = 1° \sim 2°$	副偏角取较小值，以控制加工表面的表面粗糙度
切槽刀切断 方法：切断台阶轴长度控制为 22mm，切深至 2 ~ 3mm	$\lambda_s = 0°$	取 λ_s 为 0°，以使切屑垂直于主切削刃方向流出，不会影响加工表面质量
	切削深度 $a_p = 3 \sim 5$mm 进给量 $f = 0.05 \sim 0.08$mm/r 主轴转速 $n = 200 \sim 300$r/min	车槽及切断加工时，切削深度 a_p 等于切削刃宽度值，可取 3 ~ 5mm；为防止崩刃，进给量 f 应取较小数值，主轴转速 n 应取较低数值

任务拓展

新型刀具材料

1. 涂层刀具材料

涂层刀具是刀具发展中的一项重要突破，是解决刀具材料中硬度、耐磨性与强度、韧性之间矛盾的一个有效措施。涂层刀具是在一些韧性较好的硬质合金或高速钢刀具基体上，涂覆一层耐磨性高的难熔化金属化合物而形成金黄色的表面涂层，既提高了刀具材料的耐磨性，而又不降低其韧性。

涂层材料可分为 TiC 涂层、TiN 涂层、TiC 与 TiN 涂层、Al_2O_3 涂层等。由于涂层的硬度高，摩擦系数小，使刀具的耐磨性提高。涂层还具有抗氧化和抗粘结的特点，延迟了刀具的磨损。因此，切削速度可提高 30% ~ 50%，刀具寿命可提高数倍。对刀具表面涂覆的方法有物理气相沉积法（PVD 法）和化学气相沉积法（CVD 法）两种。

在高速钢基体上刀具涂层多为 TiN，常用物理气相沉积法涂覆，一般用于钻头、丝锥、铣刀、滚刀等复杂刀具上，涂层厚度为几微米，涂层硬度可达 80HRC。硬质合金涂层是在韧性较好的硬质合金基体上，涂覆一层几微米至十几微米厚的高耐磨、难熔化的金属化合物，一般采用化学气相沉积法。目前各工业发达国家对涂层刀具的研究和推广使用方面发展非常迅速。处于领先地位的瑞典，在车削上使用涂层硬质合金刀片已占到 70% ~ 80%，在铣削方面已达到 50% 以上。但是涂层刀具不适宜加工高温合金、钛合金及非金属材料，也不适宜粗加工有夹砂、硬皮的锻铸件。

2. 陶瓷刀具材料

陶瓷刀具材料是以氧化铝（Al_2O_3）或以氮化硅（Si_3N_4）为基体，再添加少量金属，在高温下烧结而成的一种刀具材料。其硬度为 91 ~ 95HRA，耐热性高达 1200℃，化学稳定性好，与金属的亲和能力小，与硬质合金相比可提高切削速度 3 ~ 5 倍。其最大的缺点是抗弯强度低，冲击韧性差。主要用于对钢、铸铁、高硬度材料（如淬火钢）进行连续切削时的半精加工和精加工。与金刚石和立方氮化硼等相比，陶瓷的价格相对较低，其应用前景将更为广阔。

3. 超硬刀具材料

金刚石分天然和人造两种，天然金刚石由于价格昂贵而用得很少。超硬刀具材料是指与天然金刚石的硬度、性能相近的人造金刚石和立方氮化硼，硬度可达 8000 ~ 9000HV。

（1）人造金刚石　人造金刚石是碳的同素异形体，是目前最硬的刀具材料，显微硬度达 10000HV。它有极高的硬度和耐磨性，与金属摩擦系数很小，切削刃极锋利，能切下极薄切屑，有很好的导热性，较低的热膨胀系数，但它的耐热温度较低，在 700 ~ 800℃ 时易脱碳，失去硬度，抗弯强度低，对振动敏感，与铁有很强的化学亲合力，不宜加工钢材，主要用于有色金属及非金属的精加工，超精加工以及作磨具、磨料用。

（2）立方氮化硼　立方氮化硼是由白石墨在高温高压下转化而成的，其硬度仅次于金刚石，耐热温度可达 1400℃，有很高的化学稳定性，较好的可磨性，抗弯强度与韧性略低于硬质合金。立方氮化硼一般用于高硬度，难加工材料的半精加工和精加工。

学习任务二 金属切削机床的分类与型号

任务目标

1）了解金属切削机床的分类。

2）掌握机床型号的编制方法。

3）能正确识读常用金属切削机床的型号。

任务描述

通过参观金属加工生产车间，让学生识读并解释常用金属切削机床的型号及其含义。

知识准备

金属切削机床简称为机床，它是用刀具对金属进行切削加工的机器，是机械制造厂主要的加工设备。

一、机床的分类

按机床使用的刀具和加工性质的不同，目前我国机床可分为 11 大类：车床类、钻床类、镗床类、磨床类、齿轮加工机床类、螺纹加工机床类、铣床类、刨插床类、拉床类、锯床类、其他机床类。

在同一类机床中，按照加工精度的不同又可分为普通机床、精密机床和高精度机床 3 个等级；按使用范围的不同分为通用机床和专用机床；按自动化程度的不同分为手动机床、机动机床、半自动机床和自动机床；按尺寸、质量的不同分为一般机床和重型机床等。

二、机床型号的编制方法

机床的型号是机床产品的代号，用以表明机床的类型、通用特性和结构特性、主要技术参数等。目前，我国机床型号是按照 GB/T 15375—2008《金属切削机床型号编制方法》规定，由大写汉语拼音字母和阿拉伯数字按一定规律组合而成。

通用机床的型号由基本部分和辅助部分组成，中间用"/"隔开，读作"之"；基本部分需统一管理，辅助部分纳入型号与否由企业自定。通用机床型号的表示方法如图 5-14 所示。

1. 机床的分类及类代号

机床按工作原理可分为车床、钻床、镗床、磨床、齿轮加工机床、螺纹加工机床、铣床、刨插床、拉床、锯床和其他机床共 11 类。机床的类代号用大写的汉语拼音字母表示，见表 5-4。当需要时，每类又可分为若干分类，分类代号用阿拉伯数字表示，放在类代号之前，但第一分类不予表示，见表 5-4 中的磨床。

对于具有两类特性的机床，编制时主要特性应放在后面，次要特性应放在前面。例如铣镗床是以镗为主，铣为辅。

2. 机床的通用特性和结构特性代号

这两种特性代号用大写的汉语拼音字母表示，位于类代号之后。

（1）通用特性代号 通用特性代号有统一的固定含义，在各类机床的型号中表示相同的意义，见表 5-5。例如 XK5032 型铣床，K 表示该机床具有程序控制特性，在类代号 X 之后。当在一个型号中需同时使用 2～3 个特性代号时，应按重要程度排列顺序。

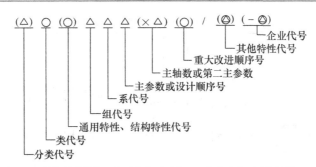

注: 1. 有"( )"的代号或数字，当无内容时不表示，若有内容则不带括号。

2. 有"○"符号者，为大写的汉语拼音字母。

3. 有"△"符号者，为阿拉伯数字。

4. 有"◎"符号者，为大写的汉语拼音字母或阿拉伯数字，或两者兼有之。

图 5-14 通用机床型号的表示方法

表 5-4 机床的类别和分类代号

类别	车床	钻床	镗床	磨床			齿轮加工机床	螺纹加工机床	铣床	刨插床	拉床	锯床	其他机床
代号	C	Z	T	M	2M	3M	Y	S	X	B	L	G	Q
读音	车	钻	镗	磨	二磨	三磨	牙	丝	铣	刨	拉	割	其他

表 5-5 机床的类别和分类代号

通用特性	高精度	精密	自动	半自动	数控	加工中心（自动换刀）	仿形	轻型	加重型	柔性加工单元	数显	高速
代号	G	M	Z	B	K	H	F	Q	C	R	X	S
读音	高	密	自	半	控	换	仿	轻	重	柔	显	速

（2）结构特性代号 对主参数值相同而结构、性能不同的机床，在型号中加结构特性代号予以区分。结构特性代号在型号中没有统一的含义，只在同类机床中起区分机床结构、性能不同的作用。当型号中已有通用特性代号时，结构特性代号应排在通用特性代号之后，否则结构特性代号直接排在类代号之后。结构特性代号用字母表示，如 A、D、E 等，但通用特性代号中已用的字母及"I""O"两个字母不能选用。例如 CA6140 型卧式车床型号中的"A"是结构特性代号，表示与 C6140 型卧式车床主参数相同，但结构不同。

3. 机床的组、系代号

每类机床划分为十个组，每个组又划分为十个系（系列），分别用一位阿拉伯数字表示，组代号位于类代号或特性代号之后，系代号位于组代号之后。机床的类、组划分见表 5-6。

1）在同一类机床中，主要布局或使用范围基本相同机床，即为同一组。

2）在同一组机床中，主参数、主要结构及布局形式相同机床，即为同一系。

4. 主参数和设计顺序号

（1）主参数 主参数在机床型号中用折算值表示，位于系代号之后。主参数等于主参数代号（折算值）除以折算系数。例如 CA6140 型卧式车床的主参数折算系数为 1/10，则该卧式车床的主参数为 400mm。常见机床主参数及折算系数见表 5-7。

表 5-6　机床的类别和分类代号

类别 ＼ 组别	0	1	2	3	4	5	6	7	8	9
车床 C	仪表车床	单轴自动车床	多轴自动、半自动车床	回轮、转塔车床	曲轴及凸轮轴车床	立式车床	落地及卧式车床	仿形及多刀车床	轮、轴、辊、锭及铲齿车床	其他车床
钻床 Z		坐标镗钻床	深孔钻床	摇臂钻床	台式钻床	立式钻床	卧式钻床	铣钻床	中心孔钻床	其他钻床
镗床 T			深孔镗床		坐标镗床	立式镗床	卧式铣镗床	精镗床	汽车、拖拉机修理用镗床	其他镗床
磨床 M	仪表磨床	外圆磨床	内圆磨床	砂轮机	坐标磨床	导轨磨床	刀具刃磨床	平面及端面磨床	曲轴、凸轮轴、外花键及轧辊磨床	工具磨床
磨床 2M		超精机	内圆珩磨机	外圆及其他珩磨机	抛光机	砂带抛光及磨削机床	刀具刃磨床及研磨机床	可转位刀片磨削机床	研磨机	其他磨床
磨床 3M		球轴承套圈沟磨床	滚子轴承套圈滚道磨床	轴承套圈超精机		叶片磨削机床	滚子加工机床	钢球加工机床	气门、活塞及活塞环磨削机床	汽车、拖拉机修磨机床
齿轮加工机床 Y	仪表齿轮加工机		锥齿轮加工机	滚齿及铣齿机	剃齿及珩齿机	插齿机	外花键铣床	齿轮磨齿机	其他齿轮加工机	齿轮倒角及检查机
螺纹加工机床 S			套丝机	攻丝机			螺纹铣床	螺纹磨床	螺纹车床	
铣床 X	仪表铣床	悬臂及滑枕铣床	龙门铣床	平面铣床	仿形铣床	立式升降台铣床	卧式升降台铣床	床身铣床	工具铣床	其他铣床
刨插床 B		悬臂刨床	龙门刨床			插床	牛头刨床		边缘及横具刨床	其他刨床
拉床 L			侧拉床	卧式外拉床	连续拉床	立式内拉床	卧式内拉床	立式外拉床	键槽、轴瓦及螺纹拉床	其他拉床
锯床 G			砂轮片锯床		卧式带锯床	立式带锯床	圆锯床	弓锯床	锉锯床	
其他机床 Q	其他仪表机床	管子加工机床	木螺钉加工机		刻线机	切断机	多功能机床			

表 5-7　常见机床主参数及折算系数

机床名称	主参数名称	主参数折算系数
普通机床	床身上最大工件回转直径	1/10
自动机床、六角机床	最大棒料直径或最大车削直径	1/1
立式机床	最大车削直径	1/100
立式钻床、摇臂钻床	最大孔径直径	1/1
卧式镗床	主轴直径	1/10
牛头刨床、插床	最大刨削或插削长度	1/10
龙门刨床	工作台宽度	1/100
卧式及立式升降台铣床	工作台工作面宽度	1/10
龙门铣床	工作台工作面宽度	1/100

（续）

机床名称	主参数名称	主参数折算系数
外圆磨床、内圆磨床	最大磨削外径或孔径	1/10
平面磨床	工作台工作面的宽度或直径	1/10
砂轮机	最大砂轮直径	1/10
齿轮加工机床	（大多数是）最大工件直径	1/10

（2）设计顺序号　当无法用一个主参数表示某些通用机床时，可用设计顺序号表示，由 1 起始。当设计顺序号小于 10 时，由 01 开始编号。

5．主轴数和第二主参数

（1）主轴数　对于多轴机床、多轴钻床、排式钻床等机床，其主轴数数值列入型号，置于参数值之后，用"×"分开，读作"乘"。单轴可省略。

（2）第二主参数　第二主参数（多轴机床的主轴数除外）一般不予表示。在型号中表示第二主参数，一般以折算成两位数为宜，最多不超过三位数。以长度值、深度值等表示的，其折算系数为 1/100；以直径值、宽度值等表示的，其折算系数为 1/10；以厚度值、最大模数值等表示的，其折算系数为 1。例如 Z3040×16 表示摇臂钻床的第二主参数——最大跨距为 1600mm。

6．重大改进顺序号

当机床的结构、性能有更高的要求，并需按新产品重新设计、试制和鉴定时，按改进的先后顺序在型号基本部分的尾部加 A、B、C 等汉语拼音字母（但"I""O"两个字母不能选用），以区别原机床型号。

7．其他特性代号与企业代号

其他特性代号用以反映各类机床的特性，如对数控机床，可用来反映不同的数控系统；对于一般机床可用以反映同一型号机床的变型等，置于辅助部分之首，用汉语拼音字母（"I""O"两个字母除外）、阿拉伯数字或阿拉伯数字与汉语拼音字母组合表示。

企业代号与其他特性代号表示方法相同，位于机床型号尾部，用"—"与其他特性代号分开，读作"至"。若机床型号中无其他特性代号，仅有企业代号时，则不加"—"，企业代号直接写在"/"后面。

任务实施

识读通用机床型号时，应按图 5-15 所示顺序，从左至右依次读取各代号含义。若机床型号中有个别代号未标出或省略，可以不读。

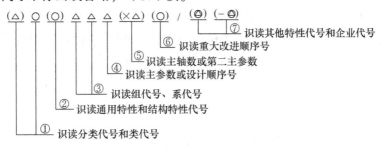

图 5-15　通用机床型号读取顺序

例1：CA6140

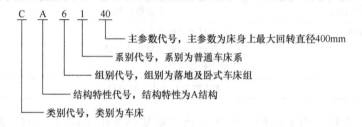

例2：Z3040×16/S2

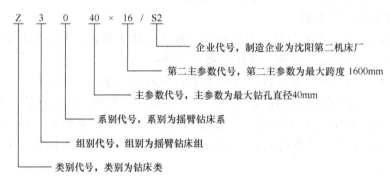

例3：THM6350/JCS

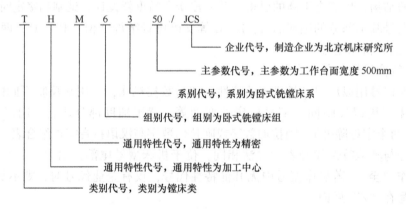

![任务拓展]

专用机床的型号编制

专用机床型号的表示方法如图5-16所示，由设计单位代号和设计顺序号两项组成。设计单位代号包括机床生产厂和机床研究单位代号（位于型号之首）；专用机床的设计顺序号按该单位的设计顺序号排列，由001起始，位于设计单位代号之后，并用"—"隔开。

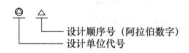

图5-16 专用机床型号的表示方法

车 削 加 工 实 训

在车床上用车刀进行切削加工称为车削加工。车削是切削加工中最基本的一种加工方法。车削加工的主运动是工件的旋转运动，进给运动是刀具的纵向、横向直线运动。因此，车床可加工各种零件上的回转表面，应用十分广泛。车床约占金属切削机床总量的 50%，在生产中具有重要的地位。

车床的加工范围较广，可加工内外圆柱面、内外圆锥面、端面、沟槽、螺纹、成形面以及滚花等。此外，还可在车床上进行钻孔、铰孔和镗孔。车床可加工的零件类型如图 5-17 所示，可完成的工作如图 5-18 所示。

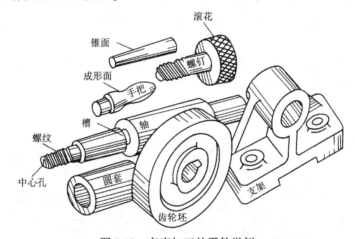

图 5-17　车床加工的零件举例

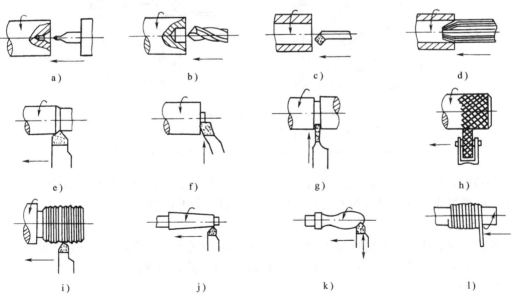

图 5-18　车床的用途

a) 中心孔　b) 钻孔　c) 镗孔　d) 铰孔　e) 车外圆　f) 车端面　g) 车断
h) 滚花　i) 车螺纹　j) 车锥体　k) 车成形面　l) 绕弹簧

车床加工的尺寸公差等级一般为 IT11～IT6，表面粗糙度 Ra 值为 12.5～0.8μm。

实训项目一 卧式车床的组成

一、实训目的

1）熟悉车床主要部分的名称、作用。

2）现场结合机床演示讲解。

二、基本知识

车床的种类很多，有卧式车床、转塔车床、立式车床、多刀自动或半自动车床、仪表车床以及数控车床等。随着电子技术和计算机技术的发展，数控车床为多品种小批量生产实现高效率、自动化提供了有利的条件和广阔的发展前景。但卧式车床仍是各类车床的基础。

卧式车床的功能范围广，适应性强，操作简单，在工业生产中仍得到广泛应用。C6132型卧式车床的构造如图 5-19 所示。

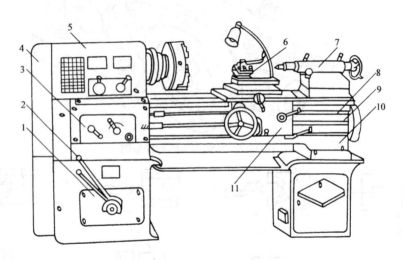

图 5-19 C6132 型卧式车床的构造

1—变速箱 2—变速手柄 3—进给箱 4—交换齿轮箱 5—主轴箱
6—刀架 7—尾座 8—丝杠 9—光杠 10—床身 11—溜板箱

C6132 型卧式车床由变速箱、主轴箱、进给箱、光杠、丝杠、溜板箱、刀架、尾座、床身及床腿等组成（其他型号的卧式车床类似）。其各部分的作用如下。

1. 变速箱

变速箱内安装车床主轴的变速齿轮，电动机通过变速箱可以得到 6 种输出转速。变速箱远离车床主轴，可减少齿轮传动产生的振动和热量对主轴的不利影响。

2. 主轴箱

主轴箱内装主轴及部分变速齿轮。由于增加了变速齿轮，使变速箱提供的 6 种转速变为主轴的 12 种转速。主轴通过另一些齿轮，又将运动传入进给箱。

3. 进给箱

进给箱内装进给运动的变速齿轮，可调整进给量和螺距，并将运动传至光杠或丝杠。

4. 光杠和丝杠

通过光杠或丝杠将进给箱的运动传给溜板箱。自动走刀用光杠，车削螺纹用丝杠。

5. 溜板箱

与刀架相连，是车床进给运动的操纵箱，装有各种操纵手柄和按钮。它可将光杠传来的旋转运动变为车刀的纵向或横向的直线运动；可将丝杠传来的旋转运动通过"对开螺母"直接变为车刀的纵向移动，用以车削螺纹。

6. 刀架

滑板用来夹持车刀，可做纵向、横向或斜向进给运动。刀架由床鞍、中滑板、转盘、小滑板和方刀架组成。

（1）床鞍　与溜板箱连接，可带动车刀沿床身导轨做纵向移动。

（2）中滑板　可带动车刀沿床鞍上的导轨做横向移动。

（3）转盘　与中滑板连接，用螺栓紧固。松开螺母时，转盘可在水平面内扳转任意角度。

（4）小滑板　可沿转盘上的导轨做短距离移动。当转盘扳转一定角度后，小滑板即可带动车刀做相应的斜向运动。

（5）方刀架　用来安装车刀，最多可同时装 4 把。松开锁紧手柄即可转位，选用所需的车刀。

7. 尾座

安装在床身导轨上，可沿导轨移至所需的位置。尾座套筒内安装顶尖可支承轴类工件，安装钻头、扩孔钻或铰刀，可在工件上钻孔、扩孔或铰孔。

8. 床身

床身是车床的基础零件，用以连接各主要部件并保证各部件之间有正确的相对位置。

9. 床腿

床腿用来支承床身，并与地基连接。C6132 型卧式车床的左床腿内安放变速箱和电动机，右床腿内安放电器。

实训项目二　工件的装夹及其所用附件

一、实训目的

1）了解车床常用的工件装夹方法及其所用附件。

2）演示各种装夹方法。

二、基本知识

在车床上安装工件的基本要求是保证工件位置准确（一般是加工面的回转轴线与车床主轴回转轴线重合）和装夹牢固可靠（便于承受切削力并保证安全）。车床上安装工件的附件（即通用夹具）很多，生产中常根据工件的尺寸、形状及加工精度的要求，采用不同的装夹方法和附件。常用的装夹方法及所用附件如下。

1. 用自定心卡盘安装工件

（1）自定心卡盘的结构与特点 自定心卡盘是车床上常用的通用夹具，其外形如图5-20所示。它主要由3个卡爪、3个小锥齿轮、1个大锥齿轮和卡盘体4部分组成。当用扳手扳动任一个小锥齿轮时，均能带动大锥齿轮转动，大锥齿轮背面的平面螺纹便带动3个卡爪沿卡盘体的径向槽同时靠向或退出中心。由于3个卡爪是同时移动的，3爪能自动定心，故装卸工件方便、效率较高，适宜夹持圆形、棒料工件。但夹持力小，对中的准确度仅为0.05～0.15mm。为此，用自定心卡盘装夹加工同轴度要求较高的不同表面时，应在一次装夹中车出。

自定心卡盘配有正爪和反爪各一副。正爪用来装夹较小直径的工件，反爪则用来装夹较大直径的工件。

自定心卡盘背面有内螺纹，可以直接旋装在主轴上。由于卡盘较重，为防止碰伤导轨，安装时应预先在导轨上垫一木板。

（2）自定心卡盘装夹工件的步骤

1）工件在卡盘的卡爪中放正，先轻轻夹住。

2）低速转动主轴，检查工件有无偏摆。若有，应立即停车，用锤子轻击校正，然后紧固工件。固紧后必须及时取下扳手，以免开车时扳手飞出造成事故。

3）移动刀架到车削行程的左端，然后用手扳转卡盘，检查刀架等是否与卡盘或工件碰撞，如无碰撞，即可开车车削。

2. 用单动卡盘安装工件

单动卡盘的外形如图5-21所示。

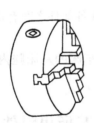

图5-20 自定心卡盘外形

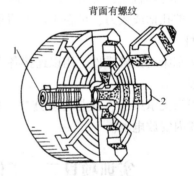

图5-21 单动卡盘的外形
1—螺杆 2—卡爪

单动卡盘与自定心卡盘的工作原理不同。单动卡盘的4个卡爪互不相关，可以单独调整，所以不能自动定心。为了使工件中心与车床主轴旋转中心相一致，装夹工件时，需找正工件。单动卡盘夹紧力大，适用装夹毛坯、形状不规则的工件或较重要的工件。

找正工件时，一般用划线盘按工件外圆或孔找正，也常按预先在工件上划出的加工线找正。如工件的安装精度要求高时，用百分表进行找正，其安装精度可达0.01mm。

校正工件时应注意：

1）不能同时松开两只卡爪，以防工件掉下。

2）灯光、针尖与视线的角度要配合好，否则会增大目测误差。

3）主轴应放在空挡位置，否则卡盘不易扳动。

4）四爪的紧固力应基本一致，否则车削时工件容易松动。

5）当间隙变化很小时，不要盲目地去松开卡爪，可将间隙最小处所对应的那个卡爪再进行夹紧来作微小调整。校正工件要耐心细致，不可急躁，并要注意安全。

3. 花盘安装工件

花盘是一件大圆盘，盘上有几条狭而长的通槽，用以安装螺栓，将工件或其他附件（如角铁等）紧固在花盘上。形状复杂和不规则的工件可用花盘进行安装，如图 5-22 所示。

4. 顶尖安装工件

在车床上加工轴类工件时，一般用拨盘、卡箍、顶尖安装工件。旋转的主轴通过拨盘（拨盘安装在主轴上，其联接方式与自定心卡盘的相同）带动夹紧在轴端上的卡箍而使工件转动，如图 5-23 所示。

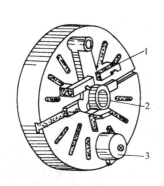

图 5-22　花盘外形

1—压板　2—工件　3—平衡铁

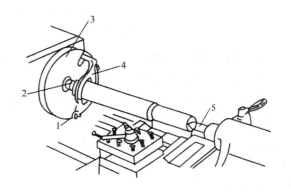

图 5-23　用顶尖装夹工件

1—夹紧螺钉　2—前顶尖　3—拨盘

4—卡箍　5—后顶尖

用顶尖安装轴类工件的步骤：

1）在轴的两端钻中心孔。

2）安装并校正顶尖。

3）安装工件。

顶尖适合于安装轴类零件。其主要特点是利用工件两端中心孔作为定位基准，两中心孔连成一条轴线。车削时，工件上各加工面都是绕这根轴线旋转，可以使各加工面的中心都处在同一轴线上，因而能保证在多次安装中所加工的各回转面有较高的同轴度。

5. 中心架与跟刀架

加工细长轴时，为了防止轴受到切削力的作用而弯曲、振动，常用中心架或跟刀架来解决。

（1）中心架　中心架固定在车床导轨上不动，其 3 个爪支承在预先加工过的工件的外圆上，如图 5-24a 所示。利用中心架车削长轴外圆，一端加工完毕后再调头车另一端，一般用于加工阶梯轴。长轴的端面及轴端内孔要加工时，也可用中心架支承其右端进行加工，如图 5-24b 所示。

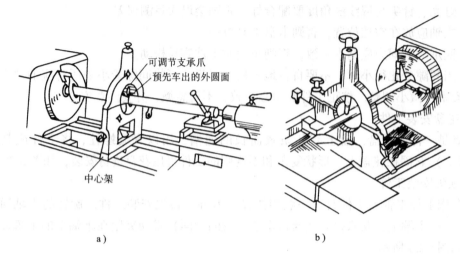

图 5-24　中心架的应用

a) 用中心架车细长轴外圆　b) 用中心架车长轴的端面

（2）跟刀架　跟刀架固定在床鞍上，随床鞍一起移动。跟刀架一般为两个支承爪，紧跟在车刀后面起辅助支承作用。因此，跟刀架主要用于细长光轴的加工。使用跟刀架需先在工件右端车削一段外圆，根据外圆调整两支承爪的位置和松紧，然后方可车削光轴的全长，如图 5-25 所示。

6. 心轴安装工件

盘套类零件在自定心卡盘上加工时，其外圆、孔、端面等表面无法在一次安装中全部完成。如果把工件调头安装再加工，往往不能保证零件上外圆、孔、端面之间的位置精度要求。这时利用精加工过的孔，把工件装到心轴上，再将心轴安装在前、后顶尖之间，精加工

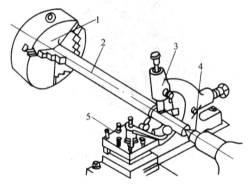

图 5-25　跟刀架的应用

1—自定心卡盘　2—工件
3—跟刀架　4—后顶尖　5—刀架

外圆和端面，以保证其位置精度要求。作为安装定位心轴的孔，应有较高精度，不应低于 IT8，表面粗糙度 Ra 值不应大于 $1.6\mu m$。心轴在前、后顶尖上的安装方法与轴类零件的相同。

心轴的种类很多，常用的有锥度心轴和圆柱心轴。

（1）锥度心轴　锥度心轴如图 5-26 所示。锥度心轴的锥度为 $1:2000 \sim 1:5000$。工件压入后，靠摩擦力与心轴紧固。锥度心轴对中准确、装卸方便，但不能承受过大的力矩，多用于盘套类零件外圆和端面的精车。

（2）圆柱心轴　圆柱心轴如图 5-27 所示。工件装入圆柱心轴需加上垫圈，用螺母锁紧。其夹紧力较大，可用于较大直径盘类零件的半精车和精车。圆柱心轴外圆与孔配合有一定间隙，对中性比锥度心轴的差。使用圆柱心轴，工件两端相对孔的轴线的轴向圆跳动在 0.1mm 以内。

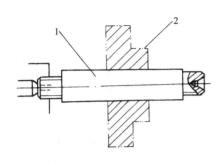

图 5-26　锥度心轴
1—心轴　2—工件

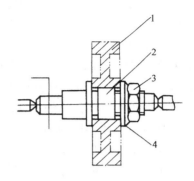

图 5-27　圆柱心轴
1—工件　2—心轴　3—螺母　4—垫圈

三、技能训练

1）自定心卡盘装夹棒料工件。

2）单动卡盘装夹找正工件。

3）顶尖装夹轴类工件。

实训项目三　车床的调整与空车练习

一、实训目的

1）初步掌握车床的起动、停车、转速、进给量、手动进给、机动进给等操作技术。

2）教师示范讲解。

二、基本知识

1. 主轴变速的调整

主轴变速可通过调整主轴箱前侧各变速手柄的位置来实现。不同型号的车床，其手柄的位置不同，但一般都有指示转速的标记或主轴转速表来显示主轴转速与手柄的位置关系。需要时，只需按标记或转速表的指示，将手柄调到所需位置即可。若手柄扳不到位时，可用手轻轻扳动主轴。

2. 进给量的调整

进给量的大小是靠调整进给箱上的手柄位置或调整交换齿轮箱内的配换齿轮来实现的。一般是根据车床进给箱上的进给量表中进给量与手柄位置的对应关系进行调整的。即先从进给量表中查出所选用进给量数值，然后对应查出各手柄的位置，将各手柄扳到所需位置即可。

3. 螺纹种类移换及丝杠或光杠传动的调整

一般车床均可车制米制和寸制螺纹。车螺纹时必须用丝杠传动，而其他进给则用光杠传动。实现螺纹种类的移换和光杠、丝杠传动的转换，一般是采取一个或两个手柄控制。不同型号的车床，其手柄的位置和数目有所不同，但都有符号或汉字标明，使用时按符号或汉字指示扳动手柄即可。

4. 手动手柄的使用

在图 5-24 中，操作者面对车床，顺时针方向摇动纵向手动手轮，刀架向右移动，逆时针方向转动时, 刀架向左。顺时针方向摇动横向手柄, 刀架向前移动, 逆时针方向摇动则相反。此外, 小滑板手轮也可以手动, 使小滑板做少量移动。

5. 自动手柄的使用

一般车床控制自动进给的手柄设在溜板箱前面, 并且在手柄两侧都有文字或图形标明自动进给的方向, 使用时只需按标记扳动手柄即可。如果是车削螺纹, 则需由开合螺母手柄控制, 将开合螺母手柄置于 "合" 的位置即可车制螺纹。

6. 主轴启闭和变向手柄的使用

一般车床都在光杠下方设有一操纵杆式开关, 来控制主轴的启闭和变向。当电源开关接通后, 操纵杆向上提为正转, 向下为反转, 中间位置为停止。

三、基本技能

操纵车床的注意事项:

1) 首先检查各手柄是否处于正确位置、机床上是否有异物、卡盘扳手是否移开, 确认无误后再进行主轴起动。

2) 开车后严禁变换主轴转速, 否则会发生机床事故。

3) 纵向和横向手动进退方向不能摇错, 如把退刀摇成进刀, 会使工件报废。

4) 横向进给手动手柄转过一格时, 刀具的横向进刀为 0.02mm, 其圆柱体周边切削量为 0.04mm。

四、技能训练

1. 实训任务

1) 手动进给练习。

2) 机动进给练习。

2. 实训准备

实训设备: C6132 型车床。

实训工具: 卡盘等。

3. 实训项目表

实训项目见表 5-8。

4. 注意事项

1) 先不开动车床, 重点进行纵向 (床鞍)、横向 (中滑板) 和少量进给 (小滑板) 的摇动练习。要求分清进退刀方向, 反应灵活, 准确自如, 且要做到缓慢、均匀、连续, 双手交替动作自如。

2) 根据标牌上手柄位置进行主轴和进给量的调整练习。应注意不能在运行中变速。

3) 检查各手柄位置是否正常, 一切正常后, 将主轴转速调到低速挡, 接通电源开关, 按下车床起动按钮, 使电动机起动, 然后操纵离合器手柄, 使主轴正、反转。要求动作迅速准确。

表 5-8　实训项目表

操作项目	技术要求	备注
纵向进给, 手动操作	退刀与进刀	

（续）

操作项目	技术要求	备注
横向进给，手动操作	退刀与进刀	
小滑板的手动进给	进刀与退刀	
小滑板的扳转与固定	偏转 8°、15°、20°、22°	
电动机的起动与关闭		
车床主轴转速的调整	主轴转速 130r/min，200r/min，260r/min	
车床主轴正转、离合、反转的操作		
丝杠传动调整		
光杠传动调整		
进给量调整	进给量调节值：纵向进给量 0.1mm/r、0.15mm/r、0.2mm/r；横向进给量 0.12mm/r、0.18mm/r、0.24mm/r	
机动纵向进给		
机动横向进给		

五、考核标准

车床的调整与空车练习实训考核标准见表 5-9。

表 5-9　车床的调整与空车练习实训考核标准

序号	实训内容	配分	评分标准	实测情况	得分
1	手动纵向进给	5	选错手柄扣 5 分，转向错扣 5 分		
2	手动横向进给	5	选错手柄扣 5 分，转向错扣 5 分		
3	小滑板上手动进给	5	选错手柄扣 5 分，转向错扣 5 分		
4	小滑板的偏转调整	10	拆卸、扳转、固定顺序正确，角度正确，否则一项扣 3 分		
5	电动机的起、停操作	5	起、停的时机、次数符合要求		
6	车床转速的调整	15	准确、迅速调整到位，错一组扣 10 分		
7	车床正、反转，停车操作	5	准确、迅速、平稳		
8	丝杠传动操作	5	手柄选择正确，操作正确		
9	光杠传动操作	5	手柄选择正确，操作正确		
10	进给量调整	15	调整准确、迅速，错一个扣 10 分		
11	机动纵向进给	10	手柄正确，操作正确		
12	机动横向进给	10	手柄正确，操作正确		
13	安全文明生产	5	符合安全操作规程，整洁文明		
	总分	100	实训成绩		

实训项目四 车刀的种类及车削工作

一、实训目的

1）车刀的种类、刃磨及安装方法。

2）会使用刻度盘及刻度盘手柄。

3）掌握试切的方法和步骤。

4）了解车床的维护保养及安全技术。

二、基本知识

1. 车刀的种类

车刀的种类很多，分类方法也不同，通常按车刀的用途、形状或刀具材料等进行分类。

车刀按用途的不同分为外圆车刀、内孔车刀、端面车刀、切断或切槽刀、螺纹车刀、成形车刀等。内孔车刀按其能否加工通孔又分为通孔车刀或不通孔车刀。车刀按其形状的不同分为直头车刀或弯头车刀、尖刀或圆弧车刀、左偏刀或右偏刀等。车刀按其材料的不同分为高速钢车刀或硬质合金车刀等；按被加工表面精度的高低分为粗车刀和精车刀（如弹簧光刀）；按车刀的结构分为焊接式和机械夹固式两类。机械夹固式车刀按其能否刃磨又分为重磨式车刀和不重磨式（转位式）车刀。

2. 车刀的刃磨

车刀的刃磨有机械刃磨和手工刃磨两种。机械刃磨效率高、质量好、操作方便，目前只有有条件的工厂才应用。手工刃磨灵活性大，对设备要求低，大部分工厂普遍采用。一把新车刀和用钝后的车刀必须刃磨，以获得所需要的形状和角度。车刀是在砂轮机上刃磨的。磨高速钢车刀或磨硬质合金车刀刀体时用氧化铝砂轮，磨硬质合金刀头时用绿色碳化硅砂轮。车刀刃磨的步骤如图5-28所示。

经过刃磨的车刀，用油石加少量机油对切削刃进行研磨，可以提高刀具寿命和加工工件的表面质量。

刃磨车刀时应注意以下事项：

1）握刀姿势要正确，刀杆要握稳，不能抖动。粗磨压力可大些，精磨压力应小些。

2）磨高速钢刀具时，要经常冷却，不能让刀头过热，以防刃退火。

3）磨硬质合金刀具时，不能进行冷却，否则因急冷会使刀片碎裂。

4）刃磨时，砂轮旋转方向必须由刃口向刀体方向转动，以免造成刀刃出现锯齿形缺陷。

5）刃磨时，要在砂轮圆周的中间部位磨并左右移动，不能固定在砂轮的一处，而使砂轮表面出现凹槽。

3. 车刀的安装

车刀的安装直接影响车刀实际使用时的角度。车刀安装时，前面朝上，并且要注意下列事项：

1）车刀刀尖应与工件轴线等高，装刀时用尾座顶尖来校正，并在刀体下面用垫片调整。垫片要放置平稳。刀尖高低调整好后，用两个螺钉将车刀紧固。紧固时应轮换逐个拧紧。拧紧时不得用力过大，否则会损坏螺钉。

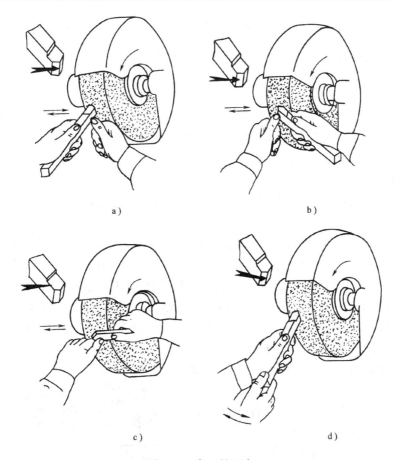

a)　　　　　　　　　　　　　　　　b)

c)　　　　　　　　　　　　　　　　d)

图 5-28　车刀的刃磨

a）磨主后面

1）按主偏角大小，使刀杆向左偏斜　　　2）按主后角大小，使刀头向上翘

b）磨副后面

1）按副偏角大小，使刀杆向右偏　　　2）按副后角大小，使刀头向上翘

c）磨前面

1）按前角大小，倾斜前面　　　2）注意刃倾角大小

d）磨刀尖圆弧

1）刀尖上翘，使圆弧刃有后角　　　2）左右摆动，以刃磨圆弧

2）刀体轴线应与工件轴线垂直，否则会使主偏角和副偏角的数值发生变化。

3）刀体伸出长度应小于 1～1.5 倍的刀身高度。若伸出过长，则车刀将产生振动、弯曲，甚至断裂。

三、基本技术

1. 刻度盘及刻度盘手柄的使用

在车削工件时，要准确、迅速地掌握背吃刀量，必须熟练地使用中滑板和小滑板的刻度盘。一般车床在刻度盘环上都标有"1 格 = ××mm"字样。

中滑板的刻度盘紧固在丝杠轴头上，中滑板和丝杠螺母紧固在一起。当横向手柄带动横丝杠和刻度盘转一周时，螺母即带动中滑板移动一个螺距。因此，刻度盘每转一格的进刀量为

$$刻度盘转1格的进刀量 = \frac{丝杠螺距}{刻度盘格数} \quad （mm/格）$$

这样就可以根据背吃刀量 a_p 计算出手轮应转格数

$$刻度盘应转格数 = \frac{a_p}{1格进给量}$$

例如，C6132型卧式车床中滑板的丝杠螺距为4mm，其刻度盘等分为200格，故每转一格，中滑板带动车刀在横向所进的距离为（4÷200）mm = 0.02mm，从而使回转表面车削后直径的变动量为0.04mm。为了方便起见，车削回转表面时，通常将每格的读数记为0.04mm，25格的读数记为1mm。

由于1格为0.02mm，当背吃刀量 a_p = 0.4mm时，手轮应转过的格数为（0.4÷0.02）格 = 20格。

加工外圆时，车刀向工件中心移动为进刀，手柄和刻度盘是顺时针方向旋转，车刀由中心向外移动为退刀，手柄和刻度盘是逆时针方向旋转；加工内孔时，则刚好相反。

进刻度时，用刻度盘调整背吃刀量，计算出所需转过的格数后，先转动活动刻度环，与固定环上的"0"对齐，然后摇动手轮，转过所需格数。如果刻度盘手柄转过了头，或试切后发现尺寸不对而需将车刀退回时，由于丝杠与螺母之间有间隙，刻度盘不能直接退回到所需要的刻度，应按图5-29所示的方法纠正。

小滑板刻度盘的原理及使用与中滑板刻度盘的相同。

小滑板刻度盘主要用于控制工件长度方向的尺寸。与加工圆柱面不同的是小滑板移动了多少，工件的长度尺寸就改变了多少。

2. 试切的方法与步骤

工件在车床上安装以后，要根据工件的加工余量决定进给次数和每次进给的背吃刀量。半精车和精车为了准确地定切深、保证工件加工的尺寸精度，只靠刻度盘来进给是不行的。因为刻度盘和丝杠都有误差，往往不能满足半

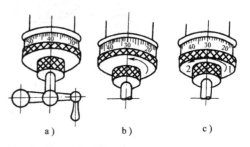

图5-29 手柄摇过头后的纠正方法
a）要求手柄转至30，但摇过头成40
b）错误：直接退至30 c）正确：反转约一圈后再转至所需位置30

精车和精车的要求，这就需采用试切的方法。试切的方法和步骤如图5-30所示。

图5-30a～e所示为试切的一个循环。如果尺寸合格了，就按这个切深将整个表面加工完毕。如果尺寸还大，就要自图5-30f重新进行试切，直到尺寸合格，才能继续车削。

3. 车床的维护保养及安全技术

为了保持车床的精度，延长其使用寿命，保障人身和设备的安全，车床在使用过程中，除了平时进行认真的维护保养外，操作时还必须严格遵守下列安全操作规程：

（1）开车前 对各润滑部位进行加油；检查各部位机构是否完好，传动带安全罩是否装好；检查各手柄是否处于正常位置。然后起动车床，使其低速运转，观察是否有异常现象。如无异常，须使机床空运转2～3min才能使用。

（2）装工件时 工件要装正、夹牢，用卡盘装夹工件后必须立即取下卡盘扳手；装卸大工件时应在床身上垫木板。

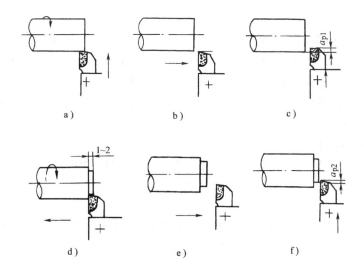

图 5-30　试切的方法与步骤

a) 开车对刀，使车刀与工件表面轻微接触　b) 向右退出车刀　c) 横向进给 a_{p1}

d) 切削 1~2mm　e) 退出车刀，进行测量　f) 如果尺寸未达要求，再进给 a_{p2}

（3）装刀具时　刀具要正确安装，要正确使用方刀架扳手，防止滑脱伤人，装卸刀具和切削过程中要锁紧方刀架。

（4）工件和刀具装好后要进行极限位置检查　将刀具摇至需要切削的末端位置，用手扳动主轴，检查卡盘、拨盘、卡箍与刀具、方刀架、中滑板等有无碰撞的可能。

（5）开车后　无特殊说明的变速机构严禁开车变速；溜板箱上纵、横向自动手柄不能同时抬起使用；主轴运转时不能测量尺寸，不能用手去触摸旋转的工件，不能用手拉切屑；不准离开机床做其他工作或看书，操作时精神应高度集中；切削时不能戴手套；工作服、帽要穿戴整齐，长发要盘入帽内，要戴防护眼镜；停车时不得用手制动；工件在吃刀状态下一般不得起动或停止主轴转动；时刻注意观察机床的运行状况和声响，如有异常，应立即停车检查；车刀用钝后应及时刃磨；爱护机床，导轨上不得放置物品，不得在机床上任何部位敲击。

（6）工作完毕　应清除切屑、擦净机床，并在导轨、丝杠、光杠等传动部位加润滑油；离开现场前应关闭电源开关。

四、技能训练

1. 实训任务

1）车刀的正确安装。

2）进给量的调整。

3）试切加工方法。

2. 实训准备

实训工件：45 钢，$\phi 30mm \times 200mm$。

卧式车床：CA6140 或 C6132 型车床。

工　　具：45°外圆偏刀、常用工具。

3. 实训步骤

1）装夹工件。

2）安装车刀。

3）在指导教师或现场工人师傅的指导下，选择合适的切削用量，作相应的调整。

4）开车，先不吃刀，用手动方法纵向移动车刀至全长，然后退回。再横向移动车刀至工件中心位置，退回车刀。做手动空运转模拟练习一次。

5）继续使主轴旋转，不吃刀做自动进给操作，纵向、横向各一次。注意防止撞车。

6）调整车刀至一定切深，手动进给纵向至全长，车出外圆；横向至中心，车出端面。注意摇动手柄时应均匀、缓慢。

7）将刀尖缓慢移到工件端面的边缘处，并使之与工件接触，记下刻度盘的位置，或将活动刻度环调到"0"位。然后用刻度盘调整切深后，自动进给车出外圆。用相同的方法，自动进给车出端面。

8）停车测量工件尺寸（直径和长度），再用刻度盘调整切深，试切一次。

9）停车测量工件尺寸，检查进给是否准确，卸下工件。

五、考核标准

车刀的种类及车削工作实训考核标准见表5-10。

表5-10 车刀的种类及车削工作实训考核标准

序号	实训内容	配分	评分标准	实测情况	得分
1	工件装夹	5	工件装夹牢固、正确，扳手及时取下		
2	刀具装夹	10	刀具与工件轴线等高、垂直，装夹压紧顺序、程度合适，扳手取下		
3	主轴转速调整	10	主轴转速调整正确、迅速		
4	进给量调整	10	进给量调整正确、迅速		
5	试切背吃刀量	20	试切程序、过程正确，背吃刀量的调整正确		
6	手动纵向切削	5	手动纵向切削均匀、平衡		
7	手动横向切削	5	手动横向切削均匀、平衡		
8	机动纵向切削	10	操作准确、迅速		
9	机动横向切削	10	操作准确、迅速		
10	机床起动、停车	10	起动、离合、停车操作正确、迅速		
11	安全文明生产	5	操作符合安全生产操作规程，工作场地整齐、清洁		
	总分	100	实训成绩		

实训项目五 车削加工

一、实训目的

初步掌握车削内外圆柱面、端面、内外圆锥面、切槽、切断及成形面的操作技术。

二、基本知识

1. 车外圆

根据工件加工表面的精度和表面粗糙度的要求，车外圆一般分粗车和精车两个步骤。由于要求不一样，因此，车刀分外圆粗车刀和外圆精车刀两种。

（1）粗车　粗车的目的是尽快地切去大部分余量，使工件接近图样的形状和尺寸。粗车用车刀有直头（尖头）车刀、弯头车刀和偏刀，如图5-31所示。

常用的外圆粗车刀有主偏角为45°、75°和90°等几种。

用高速钢车刀进行粗车钢料时，切削用量推荐为：$a_p = 2 \sim 5mm$；$f = 0.3 \sim 1.2mm/r$；$v = 20 \sim 60m/min$。

车削铸铁时：$v = 15 \sim 40m/min$。

（2）精车　精车的目的是切去余下的少量金属层，以获得图样要求的精度和表面粗糙度。精车时应采取有圆弧过渡刃的精车刀，如图5-32所示。车刀的前、后面需用磨石打光。

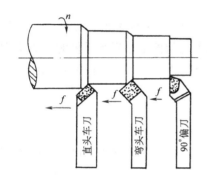

图5-31　外圆粗车刀

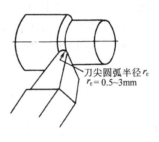

刀尖圆弧半径 r_ε
$r_\varepsilon = 0.5 \sim 3mm$

图5-32　精车刀

精车时背吃刀量 a_p 和进给量 f 较小，以减小残留面积，使 Ra 值减小。切削用量一般为：$a_p = 0.1 \sim 0.2mm$，$f = 0.05 \sim 0.2mm/r$，$v = 100m/min$。

精车的尺寸公差等级一般为IT8～IT6，半精车的一般为IT10～IT9，精车的尺寸公差等级主要靠试切来保证。

精车的表面粗糙度 Ra 为 $3.2 \sim 0.8\mu m$，半精车的表面粗糙度 Ra 为 $6.3 \sim 3.2\mu m$。

2. 车端面

常用的端面车刀和车端面的方法如图5-33所示。

车端面时应注意以下几点：

1）车刀的刀尖应对准工件中心，以免车出的端面中心留有凸台。

2）偏刀车端面，工件中心的凸台是一下子车掉的，因此，容易损坏刀尖；弯头车刀车端面，凸台是逐渐车掉的，所以车端面用弯头车刀较为有利。

3）端面的直径从外到中心是变化的，切削速度也是变化的，端面的表面粗糙度不易得到保证，因此，工件转速可比车外圆时选择得高一些。为减小端面的表面粗糙度值，也可由中心向外切削。

4）车削直径较大的端面，若出现凹心或凸台时，应检查车刀和刀架是否固紧，以及床鞍的松紧度。为使车刀准确地横向进给而无纵向松动，应将床鞍紧固在床身上，此时可用小滑板调整背吃刀量。

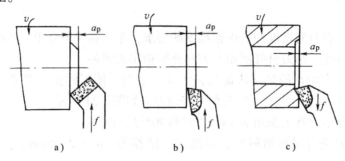

图 5-33 车端面

a) 弯头刀车端面 b) 偏刀车端面 (由外向中心)

c) 偏刀车端面 (由中心向外)

3. 车圆锥

在车床上加工锥面的方法有以下几种。

(1) 小滑板转位法 小滑板转位法如图 5-34 所示。根据零件的圆锥角 2α，将小滑板下的转盘顺时针方向或逆时针方向扳转 α 后再锁紧。当用手均匀摇动小滑板手柄时，刀尖则沿着锥面的母线移动，从而加工出所需要的锥面。若大端直径为 D、小端直径为 d、锥长为 L，则可得锥度

$$K = \frac{D - d}{L} = 2\tan\alpha$$

这种方法操作简单，可加工任意锥角的内、外锥面，但加工长度受到限制，只能手动进给，表面粗糙度 Ra 为 $12.5 \sim 3.2\mu m$。

(2) 偏移尾座法 偏移尾座法如图 5-35 所示。把尾座偏移一个距离 S，因前后顶尖不在平行于车床导轨的同一直线上，加工时刀具仍随床鞍做纵向自动进给，这时即可加工出锥体。尾座偏移量为 S，则

$$S \approx \frac{L(D - d)}{2l} = L\tan\frac{\alpha}{2}$$

式中，L 是工件总长度 (mm)；l 是锥面长度 (mm)；D 与 d 是锥面大端与小端直径 (mm)；α 是锥面的圆锥角 (°)。

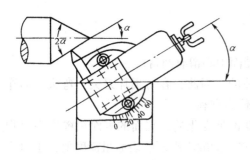

图 5-34 小滑板转位法车圆锥

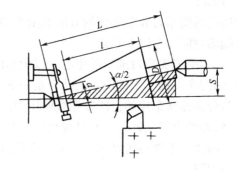

图 5-35 偏移尾座车圆锥

这种方法可以车削较长的锥面，并可手动或自动进给，但不能车内圆锥面。尾座的偏

移量受到限制，故只能适用于车削锥度不大的锥面（α＜8°），表面粗糙度 Ra 可达 6.3 ~ 1.6μm。

（3）宽刀法　宽刀法如图 5-36 所示，主要用于成批生产中车削短圆锥体。切削刃应平直，前、后刀面应用油石打磨使 Ra 值达 0.1μm；安装时，应使切削刃与工件回转轴线成斜角 α。用这种方法加工的工件表面粗糙度 Ra 可达 3.2 ~ 1.6μm。

（4）靠模法　靠模法如图 5-37 所示。在车床床身后面装上有刻度线的托架，托架上有靠模尺可以转动以调整角度。车锥度时，将中滑板的横向进给丝杠螺母松开，中滑板前端拉杆上装滑块，滑块嵌入靠模的尺槽内。当床鞍纵向进给时，滑块沿尺槽的斜面移动，车刀刀尖也随着做斜线移动，即可车出锥度。这时将小滑板扳转 90°，用以控制背吃刀量。如将靠模尺槽换成曲线槽，即可车出成形面。这种方法用以加工精度要求较高的内、外锥面，其生产率高，适宜于成批生产；但受靠模尺转动角度的限制，只能用来车削锥角不大的中等长度锥面，表面粗糙度 Ra 可达 3.2 ~ 1.6μm。

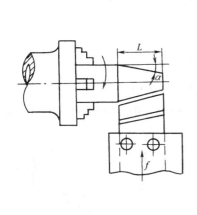

图 5-36　宽刀车圆锥

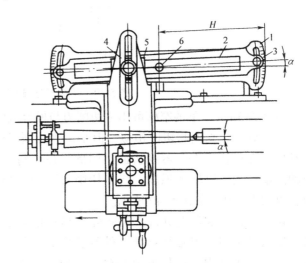

图 5-37　靠模车圆锥

1—托架　2—靠模尺　3—紧固螺钉
4—拉杆　5—滑块　6—销轴

4. 切槽与切断

（1）切槽　在车床上可切外槽、内槽与端面槽，如图 5-38 所示。

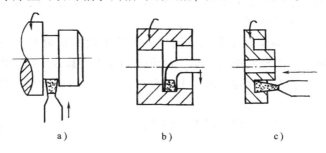

a）　　　　　　　　b）　　　　　　　　c）

图 5-38　切槽及切槽刀

a）切外槽　b）切内槽　c）切端面槽

轴上的外槽和孔的内槽多属于退刀槽，其作用是车削螺纹或进行磨削时便于退刀，否则无法加工；装配时，槽便于确定零件轴向位置。端面槽的主要作用是为了减轻重量，起导向作用或者固定其他零件。

切槽与车端面很相似。切槽如同左右偏刀同时车削左右两个端面。因此，切槽刀具有一个主切削刃和一个主偏角 κ_r 以及两个副切削刃和两个副偏角 κ_r'，如图5-39所示。

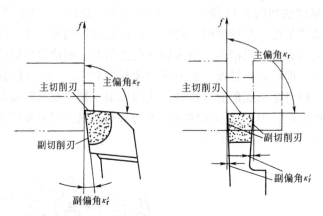

图5-39 切槽刀与偏刀结构的对比

宽度为5mm以下的窄槽可用主切削刃与槽等宽的切槽刀一次切出。

（2）切断 切断与切槽相似。但是，当切断工件的直径较大时，切断刀头较长，切屑容易堵塞在槽内，刀头容易折断。因此，往往将切断刀的高度加大，以增加强度；将主切削刃两边磨出斜刃，以利于排屑，如图5-40所示。

切断一般在卡盘上进行，切断处应尽可能靠近卡盘。切断刀主切削刃必须对准工件旋转中心，较高或较低均会使工件中心部位形成凸台，并损坏刀头。切断时进给要均匀，即将切断时需放慢进给速度，以免刀头折断。切断不宜在顶尖上进行。

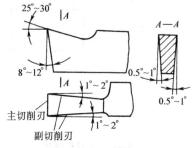

图5-40 切断刀

5. 车成形面

有些零件如手柄、手轮、圆球等，它们的表面不是平直的，而是由曲面组成的，这些零件的表面称为成形面。这类零件可根据精度要求及生产批量的不同情况，分别采用双向车削、样板刀、靠模等方法车削成形面。

（1）双向车削法 双向车削法先用普通尖刀按成形面形状粗车出许多台阶，后用双手控制圆弧车刀同时做纵向和横向进给，车去台阶峰部并使之基本成形；再用样板检验，并需经过多次车削修整和检验方能符合要求。形状合格后尚需用砂纸和砂布做适当打磨。其加工表面粗糙度 Ra 可达 $12.5\sim3.2\mu m$。

这种方法的操作技术要求较高，但无需特殊设备和工具，多用于单件小批生产加工精度不高的成形面。

（2）样板刀法 样板刀的切削刃与成形面轮廓相符，只需一次横向进给即可车削成形。有时为了减少样板刀的材料切除量，可先用尖刀按成形面形状粗车许多台阶，再用样板刀精车成形。

这种方法的生产效率较高，但刀具刃磨较困难，车削时容易振动，故只用于批量较大的生产中车削刚性较好、长度短且较简单的成形面。

（3）靠模法 靠模法车成形面与靠模法车圆锥的原理和方法类似（图5-37），只要将斜面靠模改为成形面靠模即可。

这种方法操作简单、生产率较高，但需制造专用靠模，故只用于大批量生产中车削长度较大、形状较为简单的成形面。

三、技能训练

1. 实训图样

实训图样如图5-41所示。

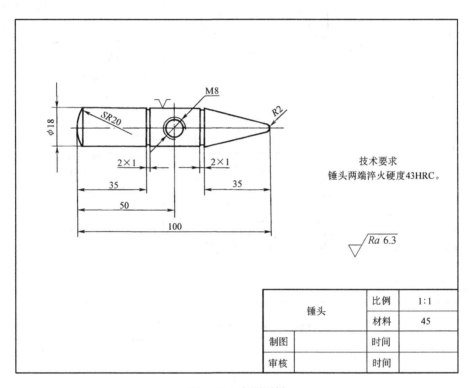

图5-41 实训图样

2. 实训准备

实训设备：C6132 或 CA6140 型车床。

车　　刀：45°偏刀、尖刀、切槽刀各一把。

材　　料：45 钢，$\phi25\text{mm} \times 105\text{mm}$。

工　　具：游标卡尺。

3. 加工工艺规程

推荐加工工艺规程见表5-11。

四、考核标准

车削加工实训考核标准见表5-12。

表 5-11 加工工艺规程

工序	工种	设备	装夹方式	加工简图	加工内容
1	下料	锯床			45 钢，ϕ25mm×105mm
2	车削	车床	自定心卡盘		夹住毛坯外圆，伸出 75mm 1. 车端面（车平即可） 2. 车外圆 ϕ18mm×65mm
3	车削	车床	自定心卡盘		3. 调头夹住 ϕ18mm，伸出 45mm 4. 车另一端面，保持工件总长为 100mm 5. 车另一端外圆 ϕ18mm×35mm 6. 切槽：2mm×1mm 7. 车圆锥面 8. 圆锥端倒球面
4	车削	车床	自定心卡盘		9. 调头夹住 ϕ18mm 中间部位，伸出 40mm 10. 切槽 2mm×1mm 11. 加工锤头球面
5	钻孔、攻螺纹	钻床	平口钳		12. 钻孔 ϕ6.5mm 13. 攻螺纹 M8
6	检验				

表 5-12 车削加工实训考核标准

序号	实训内容	配分	评分标准	实测情况	得分
1	工件装夹	6	装夹牢固、迅速、安全		
2	刀具装夹	6	装夹位置准确、牢固、迅速、安全		
3	主轴转速调整	10	调整准确、迅速、安全		
4	进给量调整	10	调整准确、迅速、安全		
5	试切、背吃刀量	10	试切过程正确，背吃刀量确定合理		
6	圆锥面加工正确	20	角度调整正确，圆锥面加工方法正确		
7	端面加工正确	10	端面加工正确，总长度正确		
8	圆柱面加工正确	10	圆柱面尺寸精度、表面粗糙度符合规定		
9	切槽加工	10	切槽加工过程与实测结果		
10	安全文明生产	8	符合安全操作规程，清洁文明生产		
	总分	100	实训成绩		

实训项目六　车削综合练习

一、实训目的

1）巩固提高车削加工的基本操作技术。

2）能独立加工一般中等复杂程度的零件，具有一定的操作技能。

二、基本知识

零件根据其技术要求的高低和结构的复杂程度，一般都要经过一个或几个工种的许多工序才能完成加工。回转体零件的加工常需经过车、铣、钳、热处理和磨等工种，但车削是必需的先行工序。以下重点介绍轴类零件和盘套类零件的车削工艺。

1. 制定零件加工工艺的内容和步骤

一个零件根据其技术要求如何制定合理的零件加工工艺，是保证零件加工质量、提高生产率、降低成本、加工过程安全可靠等的主要依据。因此，制定加工工艺之前，必须认真分析图样的技术要求，做到"了解全局，抓住关键"。

1）确定毛坯的种类。毛坯种类应根据零件的技术要求、形状和尺寸等来确定。如轴承盖为铸铁，毛坯则选用铸件；齿轮为45钢，毛坯则可选用锻件。

2）确定零件的加工顺序。零件的加工顺序应根据其精度、表面粗糙度和热处理等技术要求以及毛坯的种类和结构、尺寸来确定。

3）确定每一工序所用的机床、工件装夹方法、加工方法、测量方法以及加工尺寸（包括为下一工序所留的加工余量）。

单件小批生产时，中小型零件的加工余量可参考选用以下数值。所列数值，对内外圆柱面和平面均指单边余量。毛坯尺寸大的，取大值；反之，取小值。

总余量：手工造型铸件为3~6mm；自由锻件为3.5~7mm；圆钢料为1.5~2.5mm。

工序余量：半精车为0.8~1.5mm；高速精车为0.4~0.5mm；低速精车为0.1~0.3mm；磨削为0.15~0.25mm。

4）确定所用切削用量和工时定额。单件小批生产的切削用量一般由生产工人自行选定，工时定额按经验估定。

5）填写工艺卡片。以简单说明和工艺简图表明上述内容。

2. 制定零件加工工艺的基本原则

1）精基准先行原则。零件加工必须选择合适的表面作为在机床或夹具上的定位基准。第一道工序作为定位基准的毛坯面，称为粗基准；经过加工的表面作为定位基准，称为精基准。主要的精基准一般要先行加工。例如，轴类零件的车削和磨削，均以中心孔的60°锥面为定位基准，因此加工时应先车端面、钻中心孔。

2）粗、精加工分开原则。对于精度较高的表面，一般应在工件全部粗加工之后再进行精加工，这样可以消除工件在粗加工时因夹紧力、切削热和内部应力所引起的变形，也有利于热处理的安排。在大批量生产中，粗、精加工往往不在同一机床加工，这样有利于高精度机床的合理使用。

3）"一刀活"原则。在单件小批生产中，有位置精度要求的有关表面，应尽可能在一次装夹中进行精加工（俗称"一刀活"）。

轴类零件是用中心孔定位的，在多次装夹或调头加工的过程中，其旋转轴线始终是两中心孔的连线，因此能保证有关表面之间的位置精度。

三、基本技术

1. 轴类零件的加工工艺

轴类零件主要由外圆、螺纹和台阶面组成。除表面粗糙度和尺寸精度外，某些外圆和螺纹相对两支承轴颈的公共轴线有径向圆跳动或同轴度公差要求，某些台阶面相对公共轴线有轴向圆跳动公差要求。轴类零件上有位置精度要求的，表面粗糙度 $Ra \leq 1.6 \mu m$ 的外圆和台阶面，一般在半精车后进行磨削，这与盘套类零件是不同的。

轴类零件的车削和磨削均在顶尖上进行。轴加工时应体现精基准先行原则和粗、精加工分开原则。以传动轴为例，其加工工艺见表5-13。

表5-13 传动轴加工工艺

工序	工种	设备	装夹方式	加工简图	加工内容
1	下料	锯床			下料 $\phi55mm \times 245mm$
2	车	车床	自定心卡盘		夹持 $\phi55mm$ 圆钢外圆，车端面见平，钻 $\phi2.5mm$ 中心孔，调头；车端面，保持总长 240mm，钻中心孔
3	车	车床	双顶尖		用卡箍卡 A 端，粗车外圆 $\phi52mm \times 202mm$，粗车 $\phi45mm$、$\phi40mm$、$\phi30mm$ 各外圆，直径余量 2mm，长度余量 2mm
4	车	车床	双顶尖		用卡箍卡 B 端，粗车 $\phi35mm$ 外圆，直径余量 2mm，长度余量 1mm；粗车 $\phi50mm$ 外圆至尺寸，半精车 $\phi35mm$ 外圆至 35.5mm，切槽，保持长度 40mm，倒角
5	车	车床	双顶尖		用卡箍卡 A 端，半精车 $\phi45mm$ 外圆至 $\phi45.5mm$，精车 M40 大径为 $\phi40_{-0.2}^{-0.1}mm$，半精车 $\phi30mm$ 外圆至 $\phi30.5mm$，切槽三个，分别保持长度 190mm、80mm 和 40mm，倒角三个，车螺纹 $M40 \times 1.5mm$

（续）

工序	工种	设备	装夹方式	加工简图	加工内容
6	磨	外圆磨床	双顶尖		用卡箍卡 A 端；磨 $\phi30mm$ $\pm0.0065mm$ 至尺寸，磨 $\phi45mm$ $\pm0.008mm$ 至尺寸，靠磨 $\phi50mm$ 的台肩面；调头（垫铜皮），磨 $\phi35mm$ $\pm0.008mm$ 至尺寸
7	检验				检验

2. 盘套类零件的加工工艺

盘套类零件主要由外圆、孔和端面组成。除表面粗糙度和尺寸精度外，往往外圆对孔的轴线有径向圆跳动（或同轴度）公差要求，端面相对孔的轴线有轴向圆跳动公差要求。盘套类零件有关表面的 Ra 值如不小于 $3.2\sim1.6\mu m$、尺寸公差等级不高于 IT7，一般用车削完成，其中保证径向圆跳动和轴向圆跳动是车削的关键。因此，单件小批生产的盘套类零件加工工艺必须体现粗精加工分开的原则和"一刀活"原则。如果在一次装夹中不能全部完成有位置精度要求的表面，一般是先精加工孔，以孔为定位基准，用心轴安装再精车外圆或端面。有时也可在平面磨床上以一个端面定位，磨削另一个端面。

各种盘套类零件的加工工艺均有共同规律。以齿轮坯为例，其车削工艺见表 5-14。

表 5-14　齿轮坯加工工艺

工序	工种	设备	装夹方式	加工简图	加工内容
1	下料	锯床			圆钢下料 $\phi110mm\times36mm$
2	车	车床	自定心卡盘		夹持 $\phi110mm$ 外圆，长 20mm；车小端面见平，粗车 $\phi60mm$ 外圆至 $\phi62mm$；粗车大台阶面，保持长度 12mm
3	车	车床	自定心卡盘		夹持 $\phi62\times12mm$ 外圆，粗车端面，使厚度为 22mm，粗车外圆至 $\phi107mm$，钻孔 $\phi36mm$，粗、精镗孔 $\phi34^{+0.027}_{0}mm$ 至尺寸，精车外圆至 $\phi105^{0}_{-0.07}mm$，精车端面，保持厚度 21mm，内外倒角

（续）

工序	工种	设备	装夹方式	加工简图	加工内容
4	车	车床	自定心卡盘	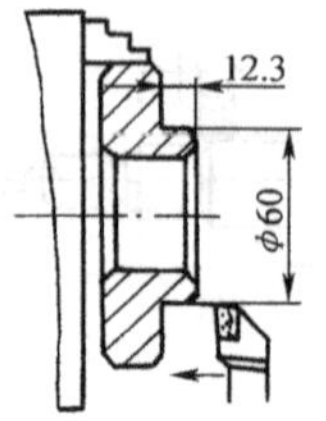	夹持 φ105mm 外圆，垫铜皮，端面找正，精车小外圆至 φ60mm，精车大台阶面，保持厚度 20mm，精车小端面，保持长度 12.3mm，内外倒角
5	磨	平面磨床	电磁吸盘	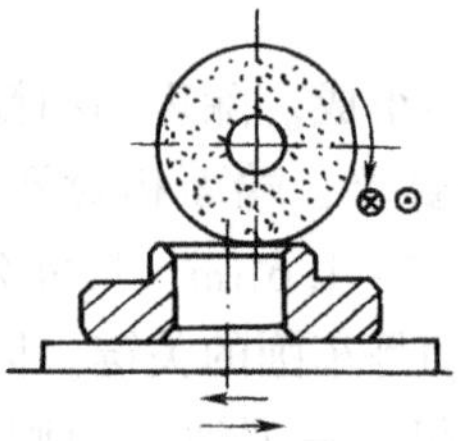	以大端面定位，用电磁吸盘安装，磨小端面，保持总长 32mm
6	检验				检验

刨 削 加 工 实 训

在刨床上用刨刀切削加工工件称为刨削加工。刨削主要用来加工各种平面、沟槽及成形面等。刨削加工的生产率较低，因此，刨削加工主要用于单件小批量生产（用龙门刨床加工窄而长的工件时例外）。

刨削加工的尺寸公差等级为 IT9 ~ IT7 级，表面粗糙度 Ra 值为 6.3 ~ 1.6μm。

按刨床结构特征的不同，刨床分为牛头刨床、龙门刨床和插床。由于牛头刨床的结构简单，操作方便，且价格低廉，因而被广泛用于单件小批生产。

实训项目七　牛头刨床的组成及运动

一、实训目的
1）了解牛头刨床的结构及各部分的功用。
2）了解刨削加工的特点、工艺范围及其应用。
二、基本知识
牛头刨床一般用来加工长度不超过 1000mm 的中、小型工件。其主运动是滑枕的往复直线运动，进给运动是工作台或刨刀的间歇移动。牛头刨床的外形如图 5-42 所示。

1. 牛头刨床的编号

在编号 B6065 中，"B" 是 "刨床" 汉语拼音的第一个字母，为刨削类机床代号；"60" 代表牛头刨床；"65" 是刨削工件的最大长度的 1/10，即其最大刨削长度为 650mm。

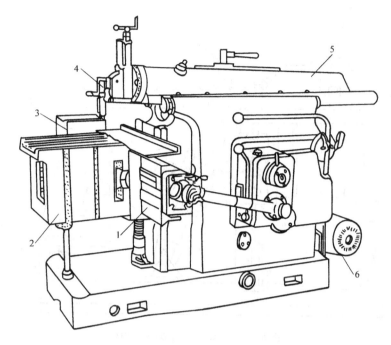

图 5-42 牛头刨床
1—横梁 2—工作台 3—工件 4—刨刀 5—滑枕 6—电动机

2. 牛头刨床的组成

牛头刨床主要由床身、滑枕、刀架、横梁、工作台、底座等部分组成。

（1）床身 用来连接、支承刨床的各部件。其顶面导轨用来支承滑枕，供其做往复直线运动；其侧面导轨用来供横梁和工作台做升降运动。床身内装有传动机构，以实现刨削的各种运动。

（2）滑枕 用来实现刨刀的直线往复运动（即主运动），其前端装有刀架。

（3）刀架 用来夹持刨刀。刀架可作垂直进给和斜向进给；斜向进给需要先将刀架偏转一定角度，再转动刀架手柄。刀架可作抬刀运动，保证在回程时，刨刀能绕刀架转轴顺势向上抬刀，减少刨刀后面与工件的摩擦。

（4）横梁 本身可沿床身导轨作上升或下降运动。其端部装有棘轮机构，可带动工作台横向移动，实现间歇进给。

（5）工作台 工作台用来安装工件。可随横梁升降运动，还可沿横梁导轨做水平方向进给运动。

3. 牛头刨床的运动

图 5-43 所示为牛头刨床的传动系统图。其主运动传递的顺序为：电动机→变速机构→摇杆机构→滑枕往复运动；进给运动传递的顺序为：电动机→变速机构→连杆机构→棘轮进给机构→工作台横向进给运动。刨刀主运动时，其工作行程时间较空行程时间要长，这是由于主运动摇杆机构中滑块所历经的工作行程转角大于空行程转角所致，这一特点满足了刨刀不切削时快速复位的要求。

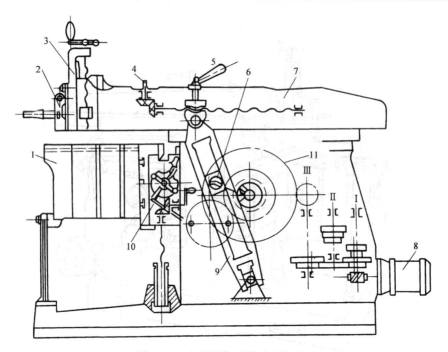

图 5-43　牛头刨床的传动系统图

1—工作台　2—刀架　3—滑板　4—调整手柄　5—锁紧手柄　6—滑块

7—滑枕　8—电动机　9—摇杆机构　10—棘轮机构　11—大齿轮

实训项目八　刨刀的种类及刨削工作

一、实训目的

1）了解刨刀的选择与安装。

2）熟悉切削用量的选择、工件的安装及试切等基本内容和方法。

3）了解刨床的维护保养及安全生产技术。

二、基本知识

（1）刨刀的结构特点　刨刀的结构和几何角度与车刀的类似，如图 5-44 所示。但刨刀切入、切出工件频繁，冲击力大，因此刀体横截面较车刀要大；此外，刨刀刀杆常做成弓形，这样，刨刀碰到工件表面硬质点时，较大的切削力使刀尖绕 O 点弯曲变形，使刨刀从已加工表面提起来，不致损坏刀尖及已加工的表面。弓形刨刀可用于较大切削量的刨削工作。

（2）刨刀的种类　如图 5-45 所示，按加工表面分类，刨刀可分为平面刨刀、沟槽刨刀；按加工方式分类，刨刀可分为普通刨刀、偏刀、切刀、角度偏刀、弯切刀等。

三、基本技术

1. 工件的装夹

（1）机用平口虎钳安装　小型工件可用机用平口虎钳夹紧，按划线基准找正，进行安装，如图 5-46 所示。

（2）压板安装　大、中型工件直接用压板、螺栓压紧，按划线基准找正，进行安装，如图 5-47 所示。

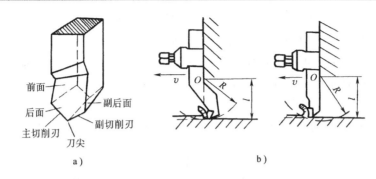

图 5-44 刨刀的结构

a) 刨刀结构 b) 弯头刨刀与直头刨刀的比较

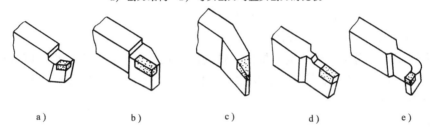

图 5-45 刨刀的种类

a) 平面刨刀 b) 偏刀 c) 角度偏刀 d) 切刀 e) 弯切刀

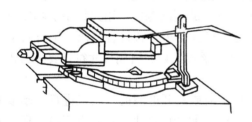

图 5-46 在机用平口虎钳上夹持工件

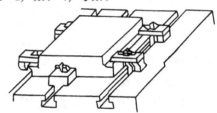

图 5-47 工件直接安装在工作台上

2. 刨刀的选择与装夹

刨刀的材料和形状应根据工件材料、表面状况及加工的步骤来选择。刀头材料主要根据工件材料而定。通常情况下,加工铸铁工件时选 K30 硬质合金,加工钢件时选高速工具钢。刨刀的形状应视工件的表面状况及加工步骤而定。通常情况下,粗刨或加工有硬皮的工件时,采用刀尖为尖头的弯头刨刀,精刨时可采用圆头或平头刨刀。

刨刀在刀夹上安装时刀头伸出要短。

3. 切削用量的选择和机床调整

选择刨削用量时,应先根据加工余量大小和表面粗糙度要求选择尽量大的刨削深度 a_p。一般当加工余量在 5mm 以下、表面粗糙度 $Ra \geqslant 6.3\mu m$ 时,可以一次进给完成加工。当 $Ra < 6.3\mu m$ 时,则要分粗刨和精刨,这时一般可分 2 次或 3 次进给完成。2 次进给时,第 1 刀要切除大部分余量,只给第 2 刀留 0.5mm 左右余量即可;3 次进给时,第 1 刀给第 2 刀留 2mm 左右的半精刨余量,第 2 刀给第 3 刀留 0.2mm 左右的精刨余量即可。

刨削深度确定后,要根据工件材料、刀杆尺寸和刚性以及工件表面粗糙度加工要求等因素来确定进给量 f,刀杆截面若取 20mm × 30mm、刨削深度 a_p 为 5mm 左右时,粗加工钢件

进给量 f 取 $0.8 \sim 1.2$ mm/双行程；粗加工铸铁件时，在相同条件下 f 可取 $1.3 \sim 1.6$ mm/双行程。精刨钢件时 f 取 $0.25 \sim 0.4$ mm/双行程；精刨铸铁件时，f 一般取 $0.35 \sim 0.5$ mm/双行程。

当 a_p 和 f 都确定后，可根据机床功率、刀具材料、工件材料等因素选择切削速度 v。一般用高速钢刀具刨钢件时，$v = 14 \sim 30$ m/min；用硬质合金刀具刨铸铁时 $v = 30 \sim 50$ m/min。粗刨时选小值，精刨时选大值。

当刨削速度 v 选定后，还需计算出滑枕的往复行程次数 n，才能调整机床。换算方法为

$$n = \frac{v}{1.7L}$$

式中，n 是每分钟滑枕的往复行程次数（次/min）；L 是刨削行程长度（m）；v 是切削速度（m/min）。

调整滑枕速度和进给量的方法见实训九。

4. 调整滑枕的行程长度和起始位置

在牛头刨床上，滑枕行程长度应根据工件的刨削长度而定。一般行程长度应比刨削长度长 $20 \sim 40$ mm。确定滑枕起始位置时，应根据工件在工作台上的位置和行程长度，使切入超程比切出超程大一些。

5. 试切

为了减少走刀次数，同时防止出现废品，刨削加工时也要试切。试切的方法是：用手动进给先将工件移动到刨刀下面一侧位置，然后在滑枕运动的同时，手动工作台（横向）和刀架手柄（向下），使工件与刨刀接触，再根据事先算好的刨削深度，用刀架手柄刻度盘控制进刀，手动横向进刀 1mm 左右，停车测量尺寸是否符合要求。若符合要求，则可自动或手动进给继续切削；若不符合，要重新调整刨削深度后继续试切，直到尺寸符合要求为止。

6. 刨床的维护保养

1）对采用摩擦离合器起动的刨床，不宜用直接接通或断开电源的方法来进行起动或停车。正确的方法是先接通电源（这时离合器必须脱开），起动电动机，然后再用摩擦离合器起动机床。

2）变换滑枕速度或测量工件尺寸时，必须先脱开摩擦离合器，使滑枕停止运动。

3）工作台上下移动时，必须先松开工作台底面支架的手柄旋帽。工作台位置固定后，必须旋紧手柄旋帽。手动进给时，应将工作台进给变向手柄置于中间位置。

4）机床运转过程中，要注意观察油塔内油液是否清洁和顺利输送、油池储油是否符合要求，以保证机床能充分润滑。

5）机床导轨面必须保持清洁和润滑，工作完毕后要做好机床的清洁工作，并在外露的运动配合面上涂润滑油。

7. 刨削安全技术

1）加工零件时，操作者应站在机床的两侧，以防工件因未夹紧受刨削力作用冲出而伤人。一般应使机用平口虎钳的钳口与滑枕运动方向垂直较安全。

2）在进行了牛头刨床的各种调整后，必须拧紧锁紧手柄，防止所调整的部位在工作中自动移位而造成人机事故。

3）工作台快速运动时，应取下曲柄摇手，以免伤人。

4）空机调整时，刨削速度不要调整过快，以免把刀架上的垫圈冲出来。如果要调整，

应该关机进行。

5）在刨削进行时，切勿拿量具去量工件，或用手及量具去扫除铁屑，更不能用嘴吹，以免拉伤手指或将铁屑吹入眼内。

6）要确保工件夹紧及夹平，应在工件初步夹紧后用铜棒轻击工件让工件紧靠垫铁，使工件垫平、夹紧可靠。

实训项目九　牛头刨床的调整、空车练习及试切削

一、实训目的

1）熟悉牛头刨床各手柄的作用。

2）初步掌握牛头刨床的调整和操作技术。

二、基本技能

1. 主运动的调整

（1）滑枕往复行程长度的调整　刨刀往复行程长度与工件加工表面长度相适应时，可实现经济高效的切削。如果改变图 5-48 中牛头刨床上偏心滑块相对于曲柄齿轮的偏心距，则可改变滑枕往复行程的长短。具体方法是：用方孔摇把摇动方榫，通过一对锥齿轮 4 转动沿曲柄齿轮 5 径向设置的短丝杠 2，则偏心滑块 6 可沿径向移动，该偏心滑块上的曲柄销 3 带动偏心滑块 6 改变偏心位置，从而改变滑枕往复行程的长度。

（2）滑枕往复行程位置的调整　松开 5-49 所示的滑枕锁紧手柄，用方孔摇把摇动行程位置调整方榫，则可调整滑枕起始位置。调整完毕，应锁紧滑枕手柄。

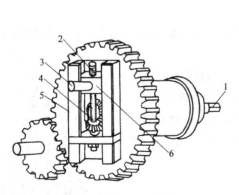

图 5-48　偏心滑块机构

1—方榫　2—短丝杠　3—曲柄销　4—锥齿轮　5—曲柄齿轮　6—偏心滑块

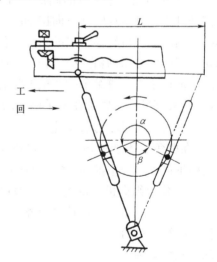

图 5-49　摇杆机构

（3）滑枕往复运动次数的调整　图 5-43 所示变速机构中第Ⅰ组三联滑动齿轮和第Ⅱ组双联齿轮可得到轴Ⅲ的 $3 \times 2 = 6$ 种转速。推拉手柄在不同挡位，即可得到 6 种不同的滑枕每分钟往复运动次数。

2. 进给运动调整

（1）工作台横向进给方向的调整 图5-50所示为牛头刨床的棘轮进给传动机构。棘爪一面是垂直于棘轮轮齿运动方向的平面，在连杆带动下，棘爪带动棘轮，使工作台沿给定方向运动；棘爪的另一面是斜面，在连杆反向转动中，该斜面无法拨动棘轮轮齿，只能向上提起棘爪，保证在给定进给方向的反方向无进给运动。如果将棘爪用手提起转180°放回棘爪轮齿槽中，因棘爪斜面与原来反向，给定的进给运动方向则改变。

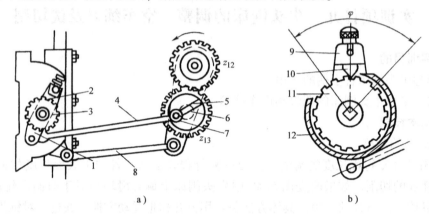

a) b)

图5-50 牛头刨床的棘轮进给传动机构

a）棘轮进给机构 b）棘轮架

1—棘爪架 2、10—棘爪 3、11—棘轮 4—连杆 5—销子槽 6—圆盘

7—销子 8—顶杆 9—棘爪架 12—棘轮架

（2）工作台横向进给量的调整 与带动滑块转动的大齿轮同轴的齿轮 z_{12} 带动 z_{13}，z_{13} 使连杆摆动棘爪，棘爪逆时针方向摆动时，拨动棘轮转过一定齿数。棘轮和工作台进给丝杠是一体的，因此丝杠也转动一定的角度，使工作台横向移动。棘爪顺时针方向摆动时，棘轮齿和棘轮罩都会使棘爪的斜面推动棘爪上抬，滑过棘轮齿，丝杠、工作台静止不动。工作台是自动间歇地进给的。进给量的调整方法有两种：

1）改变连杆机构销子在销子槽中的位置，从而改变棘爪摆角的大小，调整进给量。销轴离齿轮 z_{13} 中心越远，摆角 φ 越大。

2）在摆角 φ 不变的情况下，可以调节棘轮外的棘轮架位置来改变棘爪摆动过程中推动棘轮齿数的多少，从而控制进给量。

（3）工作台纵向进给量的调整 如图5-51所示，可由刀架垂直运动实现纵向进给，也可拨动进给运动的纵横向转换手柄，实现工作台的纵向进给。

三、技能训练

1. 手动进给操作

熟悉并熟记所用刨床各进给手柄的位置，并进行横向进给及小滑板进给的操作练习，做到进退动作自如、准确。

2. 主运动调整练习

检查各手柄位置是否正确，如无问题，接通电源，使电动机转动，然后顺序进行滑枕速度、滑枕行程长度、滑枕起始位置等

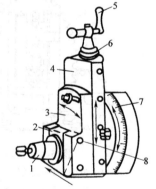

图5-51 刀架

1—刀夹 2—抬刀板 3—刀座

4—滑板 5—手柄 6—刻度盘

7—转盘 8—轴

项的调整。每项调整数次，每次调整前先脱开离合器手柄停车，调整后开车观察变化。需要注意的是，滑枕速度要限制在较小范围内。

3. 进给运动的调整练习

上述练习完毕，将滑枕速度调至较小值，然后顺序按要求进行进给量和进给变向的调整，每项调整数次。

4. 空运转及试切削操作练习

在实习指导教师的指导下，在实习现场找一块料头或工件毛坯，用机床用平口台虎钳装夹，并选择合适的刨刀按要求装好，然后按如下步骤进行空刀及试切削练习：

1）检验各手柄位置正确后开车。

2）在教师指导下调整滑枕速度。应注意，开车使滑枕运动前应使工件向下移开，不与刨刀相碰。

3）调整起始位置和行程长度时，滑枕的起始位置要根据工件在工作台横向的安装位置来确定；滑枕的行程长度要根据工件的刨削长度来确定，行程长度应大于刨削长度。

4）在教师的指导下选择合适的进给量并进行调整。

5）先不吃刀，手动作横向进给练习，做到动作自如、进给均匀准确。

6）向上调整工作台，使工件与刨刀刚接触时停止，然后用刀架手轮刻度盘控制向下刨削深度（如加工工件毛坯时，应注意给精加工留出余量）。

7）开车使滑枕运动，将进给变向手柄扳向进给方向，自动进给切出平面。

8）练习完毕，退回工作台，停车卸下工件。

实训项目十　刨 削 加 工

一、实训目的

1）了解刨平面、垂直面、沟槽、成形面及插削的方法和特点。

2）学会刨平面、沟槽和成形面的基本操作。

二、基本技术

1. 刨平面

（1）刨水平面　将要加工的水平面按划线位置找正，夹紧工件后试切，通过刀架手柄调整刨削深度。如果工件表面质量要求较高，应按粗、精加工分开的原则，先粗刨后精刨。粗刨时，用普通平面刨刀；精刨时，可用圆头精刨刀，如图 5-52a 所示。切削刃的圆弧半径约为 $3\sim5\,\mathrm{mm}$，刨削深度 $a_\mathrm{p}=0.2\sim0.5\,\mathrm{mm}$，进给量 $f=0.33\,\mathrm{mm/str}$，精刨的切削速度可比粗刨的快，以提高生产率和表面质量。

（2）刨垂直面　刨垂直面时，刀架应做垂直进给运动。在牛头刨床上刨削垂直面需用手动进给，一般在不能或不便于进行水平面刨削时才用。垂直面刨削应采用偏刀。偏刀的伸出长度应大于整个刨削面的高度。刀架的转盘应对零线。刀座应偏转一定角度。图 5-52b 所示为垂直面的刨削。

（3）刨斜面　刨斜面与刨垂直面基本相同，只是刀架转盘应拨转所要求的角度，使刨刀沿斜面进给。刨斜面时刀座也应偏转一定角度，并且偏移方向也是刀座下端，应接近加工面，使刨刀在回程时能离开已加工表面，减少刨刀磨损及避免划伤已加工表面。图 5-52c 所示为斜面刨削。

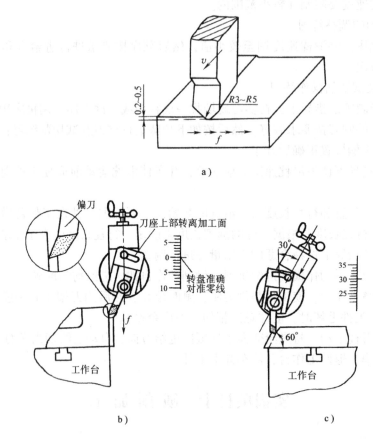

图 5-52 刨平面

a) 刨水平面 b) 刨垂直面 c) 刨斜面

2. 刨沟槽

（1）刨直槽 如图 5-53a 所示，用切槽刀垂直进给即可。如果槽较宽，可以先切至规定槽深，再横向进给依次切至规定槽宽和槽深。

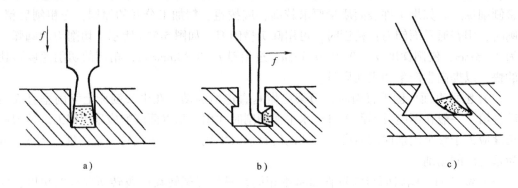

图 5-53 刨沟槽

a) 刨直槽 b) 刨T形槽 c) 刨燕尾槽

（2）刨 T 形槽　刨 T 形槽前，应先划出 T 形槽加工线，然后刨出宽度足够大的直槽，再用弯刀横向进给，加工两侧凹面，如图 5-53b 所示。

（3）刨燕尾槽　先刨出直槽，再用偏刀以加工斜面的方法刨出两侧凹面，如图 5-53c 所示。

（4）刨 V 形槽　可用与刨燕尾槽类似的方法刨削。

3. 刨成形面

（1）按划线位置加工　将母线为直线的成形面轮廓线划在工件上，由操作者通过刀架垂直进给和工作台横向进给来加工，如图 5-54a 所示。该法用手控制进给比较困难，要求工人有较高的操作水平，其加工质量较低，生产效率也不高；主要用于单件生产或修理精度要求不高的零件。

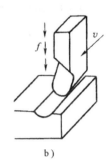

a)　　　　　　　　　　　　　　　　　　　　　　　b)

图 5-54　刨成形面

a) 按划线位置刨成形面　b) 用成形刀具加工成形面

（2）成形刀具加工　将成形刀具磨制成与要求得到的成形面相适应的形状，即可对工件进行加工，如图 5-54b 所示。成形刀具加工的优点是操作简单，质量稳定，单件、成批生产均可适应；缺点是成形面横截面面积不能太大。

4. 插床及插削

插床用来完成键槽、内方孔的加工。插床的结构及传动系统与牛头刨床的类似，但是其主运动是滑枕在垂直方向上的往复直线运动，进给运动是工作台纵向、横向或回转的间歇运动。插床可用于单件、小批生产素线为直线的成形内、外表面，如图 5-55 所示。

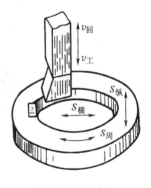

图 5-55　插槽

铣削加工实训

铣削是在铣床上切削加工工件。铣削与车削的原理不同，铣削时刀具回转完成主运动，工件作直线（或曲线）进给。旋转的铣刀是由多个切削刃组合而成的，因此铣削是非连续的切削过程。铣削主要用来加工平面及各种沟槽，也可以加工齿轮、花键等成形面（或槽）。

一般情况下，铣削属于半精加工和粗加工，可以达到的尺寸公差等级为 IT9 ~ IT7 级，表面粗糙度 Ra 值为 $6.3 \sim 1.6 \mu m$。

实训项目十一 铣床的组成及附件

一、实训目的

1) 了解铣削加工的特点、工艺范围及其应用。
2) 了解立式铣床、卧式铣床的结构及各部分的功用。
3) 了解铣床附件的功用及工件的安装方法。

二、基本知识

铣床的类型很多，常用的铣床有万能卧式铣床和万能立式铣床。万能回转头铣床通过一定的调整，既能作为卧式铣床使用，也能作为立式铣床使用。

不同种类的铣床其构造是不同的。图 5-56 所示为万能卧式铣床的外形图。万能卧式铣床是铣床中应用最多的一种，它的主轴是水平的。

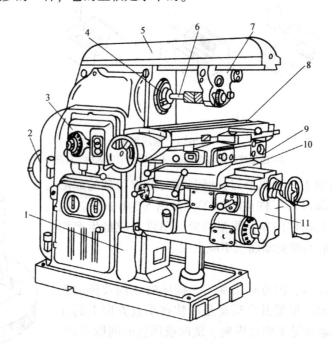

图 5-56 万能卧式铣床

1—床身 2—电动机 3—主轴变速机构 4—主轴 5—横梁 6—刀杆

7—支架 8—纵向工作台 9—转台 10—横向工作台 11—升降台

1. 万能卧式铣床的编号

X6132 万能卧式铣床的编号中，X——铣床；6——卧式铣床；1——万能升降台铣床；32——工作台宽度的 1/10，即工作台宽度为 320mm。

2. 万能卧式铣床的组成

（1）床身 用来连接、固定和支承铣床上的所有部件。其顶面水平导轨用来安装横梁，前侧面燕尾形导轨可使升降台上下运动。床身内装有主轴、主轴变速机构等。

（2）横梁 安装在床身顶部的水平导轨上。其上可安装支架，用来支承刀杆，减少刀杆的弯曲和振动。横梁可以在床身上前后移动，调整其伸出长度。

（3）主轴　主轴会带动安装在其上的铣刀旋转。

（4）升降台　可沿床身垂直导轨上下移动来调整工作台面至铣刀的距离。升降台直接支承床鞍。

（5）横向工作台　可带动安装在其上的转台和工作台前后运动。

（6）转台　可随横向工作台移动，还可使其上的工作台在水平面作顺时针方向和逆时针方向转动。转台是万能铣床的特征。

（7）纵向工作台　其下部丝杠带动工作台沿转台导轨纵向进给。工作台面上安装工件、夹具及一些铣床附件。

3. 万能立式铣床

立式铣床的外形如图 5-57 所示，除主轴与工作台面垂直或可在垂直面做 ±45° 的转动外，其余部分结构与万能卧式铣床的相似。

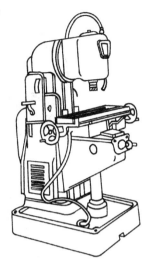

图 5-57　万能立式铣床

4. 铣床附件

铣床主要附件有机用虎钳、万能分度头和回转工作台等。

（1）机用虎钳　图 5-58 所示为带转台的机用虎钳。它主要由底座、钳身、固定钳口、活动钳口、钳口铁以及螺杆所组成。底座上有一定位键，可与工作台 T 形槽相配合，获得正确位置，再用两个 T 形螺栓将其固定在工作台上。松开钳身上的压紧螺母，钳身就可以扳转到所需的位置。工作时，工件安放在固定钳口和活动钳口之间，找正后夹紧。钳口铁需经过淬硬，其平面上的斜纹，可防止工件滑动。

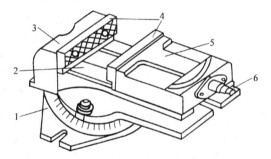

图 5-58　机用虎钳
1—底座　2—钳身　3—固定钳口
4—钳口铁　5—活动钳口　6—螺杆

机用虎钳主要用来装夹小型较规则的零件，如板块类零件、盘套类零件、轴类零件和小型支架等。

用机用虎钳装夹工件应注意下列事项：

1）工件的被加工面应高出钳口，必要时可用垫铁垫高工件。

2）为防止铣削时工件松动，需将比较平整的表面紧贴固定钳口和垫铁。工件与垫铁间不应有间隙，故需一面夹紧，一面用手锤轻击工件上部。对于已加工表面，应用铜棒进行敲击。

3）为保护钳口和工件已加工表面，常在钳口与工件之间垫以软金属片。

（2）万能分度头　分度头用来完成铣削六方、齿轮、花键等工件。生产中以万能分度头最常用。图 5-59 所示为 FW100 型万能分度头的外形及传动系统。分度头的基座上装有回转体，回转体内装有主轴。分度头主轴可随回转体在铅垂平面内扳动成水平、垂直或倾斜位置。分度时，摇动分度手柄，通过蜗杆副带动分度头主轴旋转即可。

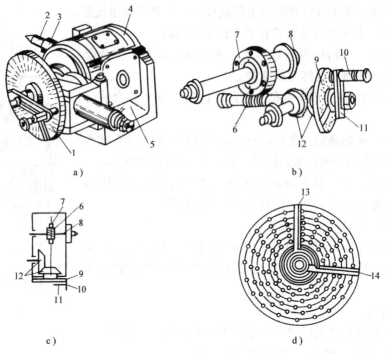

图 5-59　FW100 型万能分度头的外形及传动系统

a) 分度头外形　b) 分度头传动结构　c) 传动原理图　d) 分度盘

1、9—分度盘　2—顶尖　3—主轴　4—转动体　5—底座　6—单头螺杆

7—蜗轮　8—主轴　10—定位销　11—插柄　12—锥齿轮　13、14—扇形夹

1）分度头的工作原理。当采用简单分度法时，应用锁紧螺钉固定分度盘，旋转分度手柄，通过蜗杆副使主轴转动。主轴上的顶尖或自定心卡盘用来夹持工件，也随主轴转动。由图 5-64b 可知，分度头主轴转一转，手柄应相对于分度盘转 40 转。如工件等分数为 z，分度一次主轴应转 1/z 转，手柄的转数 n 应为

$$1/z : n = 1 : 40$$

$$n = 40/z = a + p/q$$

式中，n 是每次分度时手柄的转数；a 是每次分度时手柄应转过的整数转（当 z > 40 时，则 a = 0）；q 是分度盘上所选用孔圈的孔数；p 是插销在 q 个孔的孔圈上应转过的孔距数。

分度头常配两块分度盘，分度盘两面均有许多孔数不同的等分孔圈。

第一块分度盘孔数：

正面：24、25、28、30、34、37。

反面：38、39、41、42、43。

第二块分度盘孔数：

正面：46、47、49、51、53、54。

反面：57、58、59、62、66。

2）简单分度法。例如，铣削齿数 z = 35 的齿轮，每分一个齿，分度手柄的转数 $n = \dfrac{40}{z} = \dfrac{40}{35} = 1\dfrac{1}{7} = 1\dfrac{4}{28} = 1\dfrac{6}{42} = 1\dfrac{7}{49}$（转）。因分母 28、42、49 均为分度盘上具有的孔圈孔数，均可

选用。如选用 42 孔孔圈的分度盘，则每分一个齿，分度手柄应先转一整转，再在 42 孔的孔圈上转过 6 个孔距。

为了准确迅速地数出所需的孔距数，可调整分度盘上的扇形夹 13、14 间的夹角，使之正好等于 6 个孔距。

（3）回转工作台　回转工作台的内部为蜗杆传动。摇动蜗杆手轮，直接使转台转动（参见图 5-59c 的蜗杆传动部分）。转台周围有刻度，用以确定转台位置。转台中央的孔用以找正和确定工件的回转轴线。图 5-60 所示为回转工件台。

回转工作台一般用于较大零件的分度工作和非整圆弧面的加工。

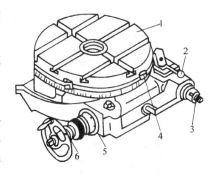

图 5-60　回转工作台
1—转台　2—离合器手柄　3—传动轴
4—挡铁　5—刻度盘　6—手轮

实训项目十二　铣刀的种类及铣削工作

一、实训目的

1）了解铣刀的选择与安装。

2）熟悉铣削用量的选择。

3）了解铣床的维护保养及安全生产技术。

二、基本知识

1. 铣刀的种类

铣刀种类很多，结构各异，必须根据使用要求正确选用。

（1）按铣刀刀齿在刀体上的分布分类

1）圆柱铣刀。圆柱铣刀的刀齿分布在刀体的圆周上，刀齿又有直齿和螺旋齿之分，如图 5-61 所示。

2）面铣刀。面铣刀的刀齿主要分布在刀体端面上，还有部分分布在刀体周边，如图 5-62 所示。

图 5-61　圆柱铣刀

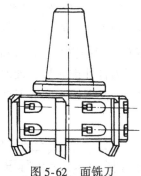

图 5-62　面铣刀

（2）按铣刀的结构和安装方法分类

1）带柄铣刀。多用于立式铣床和万能回转头铣床。带柄铣刀的刀柄有直柄和锥柄之分，如图 5-63 所示。直柄铣刀的直径较小，一般小于 20mm；锥柄铣刀的直径可以较大，大直径的锥柄铣刀刀齿多为镶齿式。

2) 带孔铣刀。带孔铣刀一般用于卧式铣床。带孔铣刀的刀齿形状和尺寸可以适应所加工的工件形状和尺寸，因此可加工较小的沟槽。图5-64所示为常用的带孔铣刀。

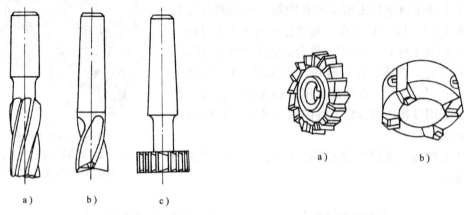

图 5-63　带柄铣刀

a) 立铣刀　b) 键槽铣刀　c) T形槽铣刀

图 5-64　常用的带孔铣刀

a) 三面刃铣刀　b) 盘铣刀

2. 铣刀的安装

（1）直柄铣刀的安装　直柄铣刀需用弹簧夹头安装。弹簧夹头沿轴向有3个开口槽，当收紧螺母时，随之压紧弹簧夹头端面，使弹簧夹头外锥面受压收小孔径，夹紧铣刀。不同孔径的弹簧夹头可以安装不同直径的直柄铣刀，如图5-65所示。

（2）锥柄铣刀的安装　锥柄铣刀应该根据铣刀锥柄尺寸选择合适的过渡锥套，如图5-66所示，用拉杆将铣刀及过渡锥套拉紧在主轴端部的锥孔中。如果铣刀锥柄尺寸与主轴端部锥孔尺寸相同，则可直接装入锥孔后拉紧。

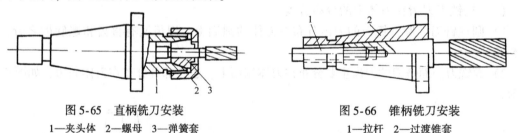

图 5-65　直柄铣刀安装

1—夹头体　2—螺母　3—弹簧套

图 5-66　锥柄铣刀安装

1—拉杆　2—过渡锥套

（3）带孔铣刀的安装　带孔铣刀需用长刀杆安装，如图5-67所示。其中，拉杆用于拉紧刀杆，保证刀杆外锥面与主轴锥孔紧密配合；套筒用来调整带孔铣刀的位置，应尽量使铣刀靠近支承端；支架用来增加刀杆的刚性。

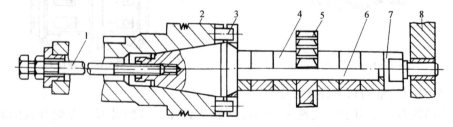

图 5-67　带孔铣刀安装

1—拉杆　2—主轴　3—端面键　4—套筒　5—铣刀　6—刀杆　7—压紧螺母　8—支架

三、基本技术

1. 铣削方式及其选择

用圆柱铣刀铣平面时，在主轴旋向不变的情况下，工件从两个方向进给都能将加工余量切除。通常把工件的进给方向与铣刀的旋转方向相同的铣削方式称为顺铣；将工件进给与刀具旋转方向相反的铣削方式称为逆铣。顺铣时，由于工件受到的切削力的水平分力与进给方向相同，有带动工作台移动的趋势，因此，当工作台进给丝杠与螺母存在间隙时，在变化的切削力作用下，工作台常会窜动，从而会损伤工件或损坏刀具，并使表面粗糙度值加大。所以在没有丝杠间隙补偿机构的铣床上铣削时，一般不选择顺铣。

2. 铣削用量及其选择

铣削用量的内容包括铣削速度、进给量及铣削深度 3 个要素。

铣削速度是指铣刀切削刃处的线速度，其计算公式为

$$v = \frac{\pi D n}{1000}$$

式中，v 是铣削速度（m/min）；D 是铣刀直径（mm）；n 是铣刀转速（r/min）。

进给量是指刀具相对于工件的移动量。它有 3 种表示形式：①铣刀每转一个齿时工件的移动量，称为每齿进给量 $f_{齿}$，它的大小决定了刀具的负荷大小；②铣刀每转一周时工件的移动量，称为每转进给量 $f_{转}$；③工件每分钟内移动的量，称为每分进给量 $f_{分}$。铣床铭牌上标出的即为每分进给量。三者的关系是：$f_{分} = nf_{转} = nzf_{齿}$，其中 z 为铣刀的齿数。

铣削用量直接决定着生产率、表面加工质量和刀具寿命的高低，因此应合理选用。

在实际生产中，铣削用量是根据粗、精加工的不同要求，采用查表法或凭经验选取的。精加工时，当加工余量在 5mm 以下时，可一次切除。这时，用高速钢刀具加工钢件的每齿进给量 $f_{齿}$ 可取在 0.05 ~ 0.15mm 间。加工铸铁时，每齿进给量 $f_{齿}$ 可取 0.07 ~ 0.2mm。粗铣时，切削速度 v 的选择主要考虑刀具材料、工件材料及切除余量的大小。当用高速钢铣刀铣削时，所选切削速度不能超出高速工具钢所允许的最高范围，即 20 ~ 30m/min。切削钢件时，主轴转速可取高些，铣铸铁件时应略低一些。

例如：使用直径 80mm、齿数 $z = 8$ 的圆柱铣刀，粗铣一般钢材时，可取 $f = 60 ~ 75$mm/min，$n = 95 ~ 118$r/min。使用上述铣刀铣一般铸铁时，可取 $f = 60 ~ 75$mm/min，$n = 75 ~ 95$r/min。

精铣时，宜选择较小的铣削深度、较高的转速和较低的进给量，以提高加工精度。精铣时的铣削深度一般取 0.5 ~ 1mm。进给量的大小主要根据表面粗糙度加工要求而定，这时应按每转进给量来选择，一般精加工时 $f_{转}$ 可取 0.3 ~ 1mm/r。精铣时，主轴转速应比粗铣时提高 30% 左右。

例如：用直径为 80mm、齿数为 10 的圆柱铣刀精铣一般钢件时，切削深度取 0.5mm，主轴转速取 $n = 150$r/min，进给量取 $f_{转} = 75$mm/r。铣削铸铁时，主轴转速 n 可略小一些。

用硬质合金面铣刀铣平面的铣削用量可参考表 5-15 选择。

3. 铣床的维护保养

1）工作前，先检查各手柄的位置，并开空车运转，观察情况是否正常。

2）按机床铭牌上的润滑油部位和规定加注润滑油。

3）主轴变速前应停车，变速手柄要扳到位，不能停止在两个位置的中间，防止将变速齿轮打坏。

表 5-15　硬质合金面铣刀的铣削用量

工件材料	工序	铣削深度 a_p/mm	铣削速度 v/m·min^{-1}	每齿进给量 $f_{齿}$/mm·齿$^{-1}$
中碳钢	粗	2～4	80～120	0.2～0.4
	精	0.5～1	100～180	0.05～0.2
铸铁	粗	2～5	50～80	0.2～0.4
	精	0.5～1	80～130	0.05～0.2
球墨铸铁	粗	2～3	30～60	0.1～0.3
	精	0.3～0.8	50～90	0.05～0.1
铝及其合金	粗	2～5	300～700	0.1～0.4
	精	0.5～1	500～1500	0.05～0.2

注：粗铣钢时，硬质合金刀片选用 P30 或 P10；精铣时选用 P30 或 P01。粗铣铸铁时，硬质合金刀片选用 K30 或 K20；精铣时选用 K20 或 K01。

4）开车时应先开动主轴旋转，再开动工作台机动进给；停车时应先停机动进给，后停主轴旋转。

5）快速移动工作台时，当工件离铣刀约 20～30mm 处时便应换用机动或手动进给，以防撞车事故。

6）装卸工件和机床附件及夹具时，要注意轻放，必要时要垫木块。严禁用锤子敲击工作台和主轴。

7）工作台上不准堆放毛坯和工具，底座上也不准堆放。

8）工作完毕，必须关闭电源开关，并把机床擦干净，在导轨和台面上涂上润滑油。

4. 铣削安全生产技术

铣削操作中应严格遵守安全操作规程，必须做到以下几点：

（1）开机前

1）检查自动手柄是否处在"停止"位置，其他手柄是否处在所需位置。

2）工件、刀具要夹牢，限位挡铁要锁紧。

（2）开机时

1）不准变速或做其他调整工作，不准用手摸铣刀及其他旋转的部件。

2）切削加工过程中，不得测量尺寸。

3）不准离开机床做其他工作或看书，并应站在机床的适当位置处。

4）发现异常现象要立即停车。

实训项目十三　铣床的调整、空车练习及试切削

一、实训目的

1）熟悉铣床的调整。

2）熟悉各手柄的使用和试切削操作。

二、基本知识

在学习铣床的操纵和调整时，首先必须了解铣床上每一个手柄、手杆、按钮和操纵机构

的用途和使用规则。

在开动铣床之前，各个手柄都应在零位或空挡。控制转速和进给量的转盘数值都应该在最小值。机床上不应有不必要的杂物，否则不能随便开动铣床。

1. 工作台纵、横、垂直方向手动进给操作

工作时，将手柄上的离合器接通，摇动手柄，即可带动工作台移动。面对手柄，顺时针方向摇动时，工作台分别向前或向上移动；逆时针方向摇动时则相反。3 个手柄的操作方法相同。3 个手柄都有刻度盘，可用来控制进给量。刻度盘每格刻度均为 0.05mm，其使用方法与车床刻度盘的使用方法相同。

2. 主轴变速的操作

主轴变速由主轴变速机构上的变速盘和手柄配合实现。使用时，按下手柄并拉到最左位置，然后转动变速盘，使所选转速值（变速盘上有显示）与旁边的箭头对齐。转盘上有 30、37.5、47.5、60、75、95、118、150、190、235、300、375、475、600、750、950、1180 及 1500（单位为 r/min），共 18 种转速。现在假定使 30 对准指针，那么主轴的转速就是 30r/min。把转盘调整好以后，再把手柄还原即可。

变速操作时，连续变速的次数不宜超过 3 次。必要时，也要隔 5min 左右再进行，以免因线圈温升过大，导致电动机烧坏。

3. 进给变速操作

进给速度的调整是靠变换机床右下角的菌形手柄的位置来实现的。其方法是：双手握手柄向外拉出，并转动手柄和转盘，使转盘上所选定的数值对准指针。进给变速操纵机构的转盘上有 23.5、30、37.5、47.5、60、75、95、118、150、190、235、300、375、475、600、750、950 和 1180（单位为 mm/min），共 18 种进给量。把转盘数值对准，再把手柄推入。

4. 工作台纵、横、垂直方向机动进给操作

工作台 3 个方向的机动进给分别由两个复式手柄控制。其中纵向自动（机动）进给有 3 个位置（左、中、右），扳动手柄，使其指向工作台的进给方向，工作台便自动进给。手柄的中间位置为"停止"位置，当手柄处于此位置时工作台即停止机动进给。工作台横向和垂直方向的自动进给由同一手柄来控制，它有上、下、左、右、中 5 个位置，扳动手柄时，手柄的指向即为工作台自动进给的方向。其中间位置为"停止"位置，当手柄处于此位置时工作台停止机动进给。

5. 其他操作

主轴的变向（正、反转）由机床左下角的开关来控制，上面用文字标有"正转"和"反转"字样，使用时按标记扭动即可。电动机的起动、停止和快速转换由位于机床前面、纵向工作台下面的开关来控制，按钮上标有"快速""停止""起动"等字样，需要时轻轻一按即可。

在铣床铣削加工过程中，为了减少振动、保证加工精度，通常对不使用的进给机构要锁紧。

6. 铣床的操作顺序

操作铣床进行切削加工，一般按下列顺序进行：开机前检查→接通电源→调整主轴转向→调整切削用量→起动→进给（机动或手动）→切削完毕快速退刀→停机。其中，开机前检查的内容包括：各手柄位置是否处于停机状态，床面上有无异物，工件和刀具装夹位置

是否准确可靠等。为了防止工件与机床等发生碰撞，应手动进给检查一次。此外，在操纵快速退刀时应注意：快速按钮就在自动进给手柄的端部，二者是配合使用的。需要时，先将进给手柄拉向退刀方向，然后按下快速按钮即实现快速退刀。在退刀过程中，按快速按钮的手指不能松开，手指一松开，快速进给即停止。

三、技能训练

1. 熟悉铣床各部分的功用和操作方法

1）不开车，熟记各手柄的位置，并检查各机动进给手柄是否处于停止位置，如不是，应调整到停止位置。

2）不开车，做各个方向的手动进给操作，学会使用刻度盘。

3）将电源开关扭至"通"的位置，练习主轴变速操作2~3次，每次调整后，按"起动"按钮，观察主轴转速的变化。注意：主轴起动前，各机动进给手柄位置应正确；操作时，手柄应拉到位。

4）按"起动"按钮，使主轴低速旋转3~5min，观察油窗是否甩油。

5）停止主轴旋转，检查各进给方向锁紧手柄是否松开，机动进给限位挡铁是否在限位柱范围内，然后手动使工作台处于中间位置。

6）变换进给速度（在低速挡）3次。

7）起动主轴旋转，分别做纵向、横向和垂直方向的机动进给操作练习。注意观察进给箱油窗是否甩油。

8）练习完毕，先停止工作台机动进给，然后停止主轴旋转，手动使工作台恢复到中间位置，各手柄拉到正确位置，将机床擦试干净，关闭电源。

2. 铣床操作注意事项

1）必须严格遵守操作规则，不准做与练习内容无关的其他操作。

2）必须按步骤进行操作。

3）变速操作时，应控制在较低速度范围。

3. 空运转及试切削操作练习

在实习现场领取实训材料，在教师指导下安装刀具和工件，然后按下列步骤进行铣削水平面的操作练习：

1）检查机床各手柄是否正常，然后起动机床。

2）在教师的指导下，选择合适的切削速度和进给速度，调整机床。

3）开车，使主轴旋转。先不吃刀，用手动进给，使工件沿与切削力相反的方向（逆铣）进给1次，再手动返回。

4）摇动升降台手柄，使工件向上慢慢接近铣刀，轻微接触时，停止进给，记下刻度盘刻度值。

5）使工件沿进给的反方向移离铣刀，用刻度盘控制向上进铣削深度1~2mm。

6）将垂直方向和横向工作台锁紧，手动纵向进给（注意：应缓慢、均匀），使工件纵向移动，切出平面，然后松开垂直方向锁紧手柄，使工件向下退出，再手动纵向退回工件到原位。

7）用刻度盘控制，使升降台再向上移动一个铣削深度，锁紧升降台，然后扳动纵向自动进给手柄，使工件自动进给1次。进给完毕，将纵向自动进给手柄拉向中间位置，停止进给。松开升降台，向下退出工件。再扳动纵向自动进给手柄向退回方向，按下快速按钮，使工件恢复到原位时，松开"快速"按钮，同时将纵向自动进给手柄扳到中间位置，停止进给。

8）重复以上练习1次，停车，卸下工件，擦试机床，使工作台和各手柄恢复原位，关闭电源。

实训项目十四　铣削加工

一、实训目的
1）了解铣平面、沟槽及成形面的方法和特点。
2）学会平面铣削和键槽铣削的基本操作。

二、基本知识
铣床的工作范围很广，利用铣床各种附件、选用不同的铣刀，可以铣平面、沟槽、成形面、螺旋槽和钻、镗孔等。

1. 铣平面

在铣床上铣削平面，通常有两种方法，即在卧式铣床上加工和在立式铣床上加工。

在卧式铣床上多用圆柱铣刀铣水平面。圆柱铣刀有螺旋齿和直齿。螺旋齿圆柱铣刀刀齿是逐步切入、切出工件的，因此切削过程比较平稳。

立式铣床常用面铣刀和立铣刀铣削平面。面铣刀铣削时，切削厚度变化小，参加切削刀齿多，工作平稳；立铣刀用于加工较小的凸台面和台阶面。铣刀的周边刃为主切削刃，端面刃为副切削刃。主切削刃起切削作用，副切削刃起修光作用。图5-68所示为铣平面。

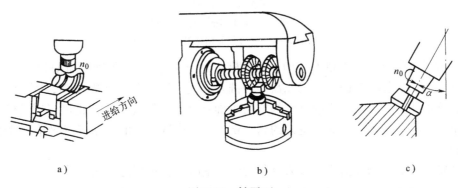

图5-68　铣平面
a）立铣上用面铣刀铣平面　b）卧铣上用三面刃铣刀铣垂直面
c）立铣上用面铣刀铣斜平面

（1）铣削操作方法　铣削操作的方法和顺序是：开车——对刀调整铣削深度——试切——自动或手动进给——进给完毕，退刀——停车检验——合格后卸下工件。其中，关键是对刀调整铣削深度。铣平面时对刀调整铣削深度的具体方法是：①使工件处于旋转的铣刀下；②使铣刀刚划着工件表面；③使工件退出铣刀；④调整铣削深度切削工件。

（2）铣削注意事项

1）铣削前应检查铣刀安装、工件装夹、机床调整等是否正确，特别要注意观察圆柱铣刀的旋向是否使切削刃从前面切入，当用斜齿圆柱铣刀时，刀具受到的轴向分力是否指向主轴等。如有问题，应及时调整。

2）测量工件尺寸时，务必使铣刀停止旋转，必要时，还需使工件退离铣刀，以免铣刀划伤量具。

3）铣削过程中不能停止工作台进给，而使铣刀在工件某处旋转，否则会发生"啃刀"现象。

4）铣削过程中，不使用的进给机构应及时锁紧，工作完毕后及时松开。

5）端铣时转速很高，要求刀具装夹牢固，并防止切屑飞出伤人。

2. 铣沟槽

槽类零件的加工是铣削工艺的主要内容之一。铣床上能加工的槽的种类很多，如键槽、花键槽、各类直角沟槽、角度槽、T形槽、燕尾槽等。这些沟槽是利用不同的铣刀（如键槽立铣刀、圆盘铣刀、T形槽铣刀和角度铣刀等）加工的，如图5-69所示。

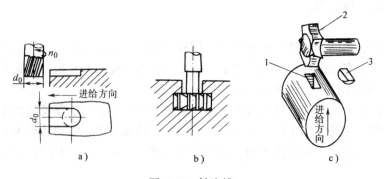

图5-69　铣沟槽

a）铣直槽　b）铣T形槽　c）铣半圆键槽

1—半圆键槽　2—半圆键槽铣刀　3—半圆键

以铣键槽为例（轴上键槽有通槽、半通槽、封闭槽等），铣削轴上通槽和槽底一端为圆弧的半通槽时，一般用三面刃铣刀或盘形槽铣刀。铣刀的厚度应与槽的宽度相等或略小，对于要求严格的工件，应采用铣削试件的方法来确定铣刀的厚度。通槽也可以用键槽（指状）铣刀铣削，但其效率不及三面刃铣刀的高。铣半通槽所选铣刀的半径应与图样上槽底圆弧半径相一致。

铣削轴上的封闭槽和槽底一端为直角的半通槽时，应选用键槽铣刀，铣刀直径应与槽的宽度一致。当槽宽尺寸精度要求较高时，需经铣削试件检验后确定铣刀。

用键槽铣刀铣削封闭键槽的操作可分两步：第1步是手动主轴套筒向下，用键槽铣刀的端面刃钻孔至槽深；第2步是纵向自动进给铣出键槽全长。较浅的键槽可一次铣出，较深的键槽可分层铣出。精度要求较高的键槽还可以选两把铣刀，分粗、精铣两次进给铣出。

用立铣刀铣封闭键槽时，需先用钻头钻出落刀孔，然后再用立铣刀纵向进给工件铣全槽，如图5-69a所示。这时，钻落刀孔的钻头直径应略小于槽宽。

3. 铣成形面

成形面一般用成形铣刀铣削，如图5-70所示。

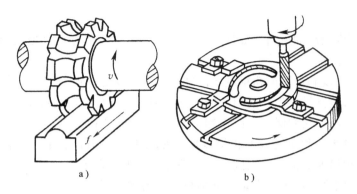

图 5-70　铣成形面
a）用成形刀铣成形面　b）用回转工作台铣曲线外形

磨 削 加 工 实 训

　　在磨床上用砂轮对工件表面进行切削加工的方法称为磨削加工。磨削加工是零件精加工的主要方法之一，其尺寸公差等级可达 IT6～IT5，加工表面粗糙度一般为 $Ra0.8～0.1\mu m$。

　　在磨削过程中，由于磨削速度很高，会产生大量的切削热，使其温度高达 800～1000℃。同时，高温的磨屑在空气中会发生氧化作用，产生火花。在这样的高温下，会使工件材料的性能改变而影响质量。因此，为了减少摩擦和散热、降低磨削温度、及时冲走屑末，以保证工件表面质量，磨削时需使用大量的冷却液。

　　砂轮磨粒的硬度很高，除了可以加工一般的金属材料，如碳钢、铸铁以外，还可以加工一般刀具难以加工的硬材料，如淬火钢、硬质合金等。

　　磨削加工主要用于零件的内外圆柱面、内外圆锥面、平面、成形表面（如齿轮、螺纹、花键）的精加工。

实训项目十五　磨 削 加 工

一、实训目的
1）了解磨削加工的工艺范围和特点。
2）了解外圆磨床的结构。
3）了解砂轮的种类、选择和安装。
4）了解磨床的维护保养及其安全技术。
5）初步掌握外圆磨床的操作方法。

二、基本知识
1. 磨削过程
　　磨削是用分布在砂轮表面的磨粒在工件表面上切除细微切屑的过程。每一颗磨粒相当于一把车刀，但这些刀具的形状各异，分布不规则，切削刃口也相差很大，有些是在切削，有些仅是在工件表面刻划出细小的沟纹，有些则起滑擦的作用。因此，磨削过程的实质是切削、刻划和滑擦 3 种过程的综合作用。

2. 磨削的特点

1）能加工硬度很高的材料，如加工淬硬的钢、硬质合金等。这是因为砂轮磨粒本身具有很高的硬度和耐热性。

2）能获得高精度和低表面粗糙度值的加工表面。这是由砂轮和磨床特性决定的：磨粒圆角半径小，分布稠密且多为负前角；磨削速度高，每个磨粒切削量小；磨床刚性好，传动平稳，可作微量进给。它们保证了能作均匀的微量切削。因此，磨削能经济地获得高的尺寸公差等级（IT6 ~ IT5）和小的表面粗糙度值（$Ra0.8 ~ 0.1\mu m$）。至于高精度磨削，加工精度将更高，表面粗糙度值更小。磨削是零件精加工的主要方法。

3）由于剧烈的摩擦产生了大量的磨削热，使磨削区温度很高，这会使工件表面产生磨削应力和变形，甚至造成工件表面烧伤。因此，磨削时必须注入大量切削液，以降低磨削温度。切削液还可起排屑和润滑作用。

4）磨削时径向力很大，这会造成机床——砂轮——工件系统的弹性退让，使实际磨削深度小于名义磨削深度。因此，磨削将要完成时应不进刀进行光磨，以消除误差。

5）砂轮具有"自锐性"。磨粒磨钝后，其磨削力也随之增大，致使磨粒破碎或脱落，重新露出锋利的刃口，这种特性称为"自锐性"。自锐性使磨削在一定时间内能正常进行，但超过一定工作时间后，应进行人工修整，以免磨削力增大引起振动、噪声及损伤工件表面质量。

3. 砂轮的特性及其选择

砂轮是由磨料用结合剂粘结而成的。其特性由磨料、粒度、结合剂、硬度和组织来确定。

（1）磨料　磨料直接担负着切削工作，必须锋利并具有高的硬度、耐热性和一定的韧性。常用的磨料有氧化铝（又称刚玉）和碳化硅两类。氧化铝类磨料硬度高、韧性好，适合磨削钢料。碳化硅类磨料硬度更高且锋利，但较脆，适合磨削铸铁和硬质合金。

（2）粒度　粒度是指磨料颗粒的大小。粗磨时，磨削余量较大，要求较高的生产率，应选用粒度较大的砂轮。精磨时，要求磨痕细小，以减小表面粗糙度值，应选用小的粒度。

（3）结合剂　结合剂起粘结磨料的作用。它影响砂轮的耐蚀性、强度和韧性等，最常用的是陶瓷结合剂。

（4）硬度　砂轮的硬度是指在外力作用下磨粒脱落的难易程度。易脱落的为软，反之则硬。砂轮的硬度与磨料本身的硬度是两个完全不同的概念。磨削软材料选用硬砂轮，磨削硬材料时则选用软砂轮。粗磨时采用软砂轮，而精磨时采用硬砂轮。

（5）组织　砂轮组织是指磨料、结合剂、气孔 3 者在体积上的比例关系。根据磨料在砂轮体积中的百分比，砂轮组织可分紧密、中等、疏松 3 种。气孔可起容屑作用。一般磨削韧性大、硬度低的材料时，选用疏松组织；磨削淬火钢、刀具时选用中等组织；成形磨削和精密磨削时则选用紧密组织。

4. 砂轮的使用和修整

砂轮在高速条件下工作，为了保证安全，在安装前应进行检查，不应有裂纹等缺陷。为了使砂轮工作平稳，使用前应进行平衡试验。

砂轮工作一定时间后，其表面空隙会被磨屑堵塞，磨料的锐角会磨钝，原有几何形状会失真，因此必须修整，以恢复切削能力和正确的几何形状。

5. 磨削运动

在磨削加工过程中，砂轮的高速旋转运动是主运动。

进给运动因磨床的类型不同而异。

（1）卧轴矩台平面磨床的进给运动

1）纵向进给。工作台带动工件的往复直线运动。

2）垂直进给。砂轮向工件深度方向的移动。

3）横向进给。砂轮沿其轴线的间歇运动。

（2）外圆磨削进给运动

1）圆周进给运动。工件的旋转。

2）纵向进给。工作台带动工件的往复直线运动。

3）横向进给。砂轮向工件轴线的移动。

6. 磨床的结构

磨床的种类很多，主要有平面磨床、外圆磨床、内圆磨床、万能外圆磨床（也可磨内孔）、无心磨床（磨外圆）、工具磨床（磨刀具）等。

（1）平面磨床　平面磨床又分为立轴式和卧轴式两类：立轴式平面磨床用砂轮的端面进行磨削平面，卧轴式平面磨床用砂轮的圆周面进行磨削平面。图 5-71 所示为 M7120A 卧轴矩台式平面磨床。

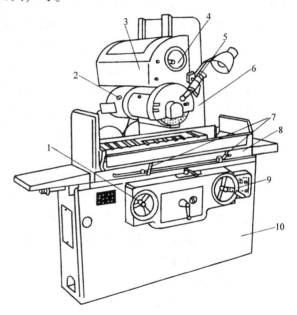

图 5-71　M7120A 卧轴矩台式平面磨床
1—驱动工作台手轮　2—磨头　3—滑座　4—横向进给手轮
5—砂轮修整器　6—立柱　7—行程挡块　8—工作台
9—垂直进给手轮　10—床身

1）平面磨床的型号。GB/T 15375—2008 规定：M——磨床类机床；71——卧轴矩台式平面磨床；20——工作台面宽度为 200mm；A——第一次重大改进。

2）组成部分及作用。M7120A 卧轴矩台式平面磨床主要由床身、工作台、磨头、立柱、砂轮修整器等部分组成。

矩形工作台装在床身的水平纵向导轨上，由液压传动实现工作台的往复运动，也可用手轮操纵，以便进行必要的调整。工作台上装有电磁吸盘，用来装夹工件。

砂轮装在磨头上，由电动机直接驱动旋转。磨头沿滑座的水平导轨可做横向进给运动，可由液压驱动或手轮操纵。滑座可沿立柱的垂直导轨移动，以调整磨头的高低位置及完成垂直进给运动，这一运动通过转动手轮来实现。

（2）外圆磨床　外圆磨床又分为普通外圆磨床和万能外圆磨床。普通外圆磨床可以磨削外圆柱面、端面及外圆锥面。万能外圆磨床还可以磨削内圆柱面、内圆锥面。这里以 M1432B 万能外圆磨床（见图 5-72）为例进行介绍。

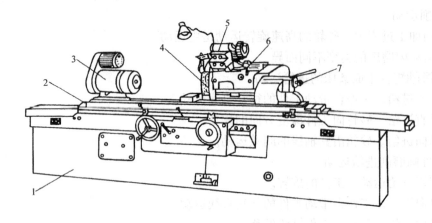

图 5-72　M1432B 万能外圆磨床
1—床身　2—工作台　3—头架　4—砂轮　5—内圆磨头　6—砂轮架　7—尾架

1）外圆磨床的型号。GB/T 15735—2008 规定：M——磨床类机床；14——万能外圆磨床；32——最大磨削直径的 1/10，即最大磨削直径为 320mm；B——第二次重大改进。

2）外圆磨床的组成部分及作用。外圆磨床主要由床身、工作台、头架、尾架、砂轮架、内圆磨头及砂轮等部分组成，如图 5-72 所示。

头架内装有主轴，可用顶尖或卡盘夹持工件并带动旋转；头架上面装有电动机，动力经头架左侧的带传动使主轴转动，改变传动带的连接位置，可使主轴获得 6 种不同的转速。

砂轮装在砂轮架的主轴上，由单独的电动机经带传动直接带动旋转。砂轮架可沿床身后部的横向导轨前后移动，移动的方法有自动周期进给、快速引进或退出、手动 3 种，前两种是靠液压传动实现的。

工作台有两层，下工作台可在床身导轨上做纵向往复运动，上工作台相对下工作台在水平面内能偏转一定的角度，以便磨削圆锥面。工作台上装有头架和尾架。

万能外圆磨床与普通外圆磨床的主要区别是：万能外圆磨床的头架和砂轮架下面都装有转盘，能绕垂直轴线偏转较大的角度，并增加了内圆磨头等附件，因此可以磨削内圆柱面和锥度较大的内、外圆锥面。

7. 磨床的液压传动

（1）液压传动系统组成

1）动力元件。为液压泵，供给液压传动系统压力油。

2）执行元件。为液压缸，带动工作台等部件运动。

3）控制元件。为各种阀，控制压力、速度、方向等。

4）辅助元件。如油管、油箱、过滤器、压力表等。

（2）液压传动的主要特点

1）传动平稳，便于频繁换向，能过载保护。

2）可以在较大范围实现无级调速。

3）机件在油中工作，润滑好，磨损小，寿命长。

4）易漏油，影响环境，降低传动效率。

5）配合件制造精度要求较高。

三、基本技术

1. 外圆磨削

外圆磨削时，轴类零件用顶尖装夹，盘套类零件用心轴装夹；可以磨圆柱面，也可磨圆锥。磨削方法主要有纵磨法和横磨法，如图 5-73 所示。

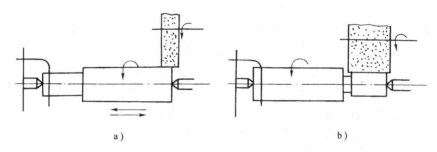

图 5-73 外圆磨削方法
a) 纵磨法 b) 横磨法

（1）纵磨法 纵磨法如图 5-73a 所示，磨削时，工件旋转并与工作台一起做纵向往复运动，每次纵向行程终了时，砂轮做一次横向进给（相当于背吃刀量）。每一次进给都很小，当工件接近最后尺寸时，采用无横向进给的几次光磨行程，直至火花消失为止，以提高工件的加工精度。采用这种方法磨削时，横向进给量不应大于 0.05mm/行程，精磨时一般为 0.005 ~ 0.01mm/行程。纵向进给量视表面粗糙度要求而定，一般不超过（0.2 ~ 0.3）B（B 为砂轮宽度）。这种磨削方法的特点是：磨削力小、精度高、表面粗糙度值低，但生产率低。纵磨法适用于长而光的轴类工件的外圆磨削。

（2）横磨法 横磨法如图 5-73b 所示，工件不做纵向往复运动，砂轮以很慢的速度连续或间歇地向工件横向进给（进刀），直至磨去全部余量为止。

这种磨削方法的生产率高，质量稳定，但是磨削力大，易使工件退火甚至烧伤，当工件长度大时易变形失去精度，砂轮也容易堵塞和磨损。故这种磨削方法适用于刚性好、待加工表面较短的工件的磨削。磨削时，切削液应充分，所选砂轮的宽度应大于工件的磨削面长度。

此外，磨削刚性好、长度较大的工件时，也可采用分级切入磨削法，即把工件分成若干小段，每段先用横磨法粗磨，留 0.03 ~ 0.05mm 的精磨余量，最后做纵向磨削精磨到尺寸要求。这种方法既可以提高生产率，又可以保证加工精度，因此应用较多。

2. 平面磨削

磨削铁磁性工件时，多利用电磁吸盘将工件吸住。平面磨削方法根据砂轮的工作表面不同可分为周磨法和端磨法。

周磨时，砂轮与工件接触面小，排屑及冷却条件好，工件发热变形小，磨削精度和表面质量较高；但磨头刚性差，磨削深度较小，磨削效率较低，适用于精磨。

端磨时正好与周磨相反，它的磨削质量较差，而生产率较高，适用于粗磨。

磨削平面时，一般是以一个平面为基准，磨削另一个平面。如果两个平面都需磨削并要求平行时，可互为基准分粗、精磨反复磨削。

3. 磨床的维护保养及安全技术

使用和操作磨床时应做到：

1）按机床的润滑管理制度规定，做好班前加油工作。班后要擦净机床，各导轨面涂上一层机油。

2）保持工作场地整洁，工具、工件不能随处乱放，应按规定的位置摆好。

3）工作前要仔细检查砂轮有无裂纹，是否有不正常声音，固定砂轮的螺母是否拧紧，并检查在法兰盘下是否垫软垫等。检查无误后，开车空转2~3min后才能开始工作。

4）磨削工件时进刀不能过猛，以防零件烧伤，砂轮挤坏，造成设备、质量或人身事故。

5）更换砂轮时，除应进行检查外，还需进行平衡试验。

6）机床上必须设有砂轮罩，初开车时不可站在正面，以防砂轮飞溅伤人。

7）使用平面磨床时，磁性吸盘必须仔细检查，不可失灵，工件未紧固好不得开车。

8）换向挡块必须仔细定准位置后才能开车，以防砂轮与机床相碰。

9）修整砂轮时，进给量要平稳，人要站在侧面。

10）冷却泵不工作时，不准磨削工件。

11）调整机床、测量尺寸、更换工件、离开机床时必须停车。机床运转时，严禁用手触摸工件和砂轮。

四、技能训练

先检查各手柄或按钮是否在"停止"位置，检查砂轮是否有裂纹等，然后按下列步骤和要求进行磨床操作方法的练习。

1. 各手柄的操作

不开车进行工作台纵向进给和砂轮横向进刀的手动操作。掌握进给手轮的使用，特别要准确地掌握砂轮的进退方向和正确地进行刻度换算。

2. 机床的调整

开车，分别进行工作台往复行程长度的调整、工件转速的调整、工作台移动速度的调整、砂轮转速的调整等。

3. 空运转操作及试切削

在实习现场领取加工工件，在教师或现场操作人员的指导下将工件安装在头架上，然后按下列步骤进行操作练习：

1）移动挡块，调整工作台纵向往复移动的距离。

2）检查砂轮到工件的距离，使其大于20mm。

3）起动液压泵。

4）起动工作台往复移动。

5）引进砂轮，同时起动工件旋转和切削液泵。

6）起动砂轮，调整工作台往复速度，摇动横向进给手轮找砂轮与工件的接触点，记下手轮刻度盘刻度。

7）加切削液，用刻度盘控制，横向进给切深0.005mm，磨削外圆。

8）磨削完毕，按上述相反顺序退刀，停车。

4. 操作注意事项

1）开车前要检查各手柄位置是否正确，检查挡块是否锁紧。

2）开车时起动砂轮要点动，对接触点要细心观察，不能突然吃深刀。

3）要严格遵守安全操作规程。

4）要在教师现场指导下进行试切削练习。

实训项目十六 数 控 加 工

一、实训目的

1）了解数控机床的基本组成及其工作原理。

2）了解数控机床坐标系的建立及编程坐标系的设置。

3）理解常用的准备功能 G 指令及其编程应用。

4）初步掌握典型的数控车和数控铣零件的编程。

二、基本知识

数控是数字控制（Numerical Control，NC）的简称，是用数字化信息进行控制的自动控制技术。其含义是用以数值和符号构成的信息自动控制机床的运转。数控机床也简称为 NC 机床。现代的数控机床多采用计算机数控（Computer Numerical Control，CNC）系统，故现代人们又常将数控机床称为 CNC 机床。

数控技术是制造业实现自动化、柔性化、集成化生产的基础。数控技术水平的高低和数控设备的拥有量是体现一个国家综合国力水平、衡量国家工业现代化的重要标志之一。

1. 数控机床的基本组成及工作原理

数控机床是一种利用数字信息处理技术进行自动加工的机床。数控机床主要由加工程序、输入装置、数控系统、伺服系统、辅助控制装置、反馈系统及机床等组成，如图 5-74 所示。

数控机床与普通机床相比，其工作原理的不同之处在于数控机床是按数字形式给出的指令进行加工的。数控机床加工零件时，首先要将被加工零件的图样及工艺信息数字化，用规定的代码和程序格式编写加工程序；然后将所编程序指令输入到机床的数控装置中；再后数控装置将程序（代码）进行译码、运

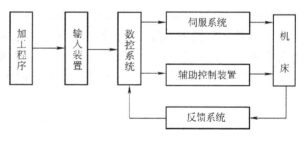

图 5-74 数控机床的基本组成

算后，向机床各个坐标的伺服机构和辅助控制装置发出信号，驱动机床各运动部件，控制所需要的辅助运动，最后加工出合格的零件。

2. 数控机床的加工特点

数控机床在机械制造业中的应用日益广泛，与普通机械加工相比具有如下加工特点。

（1）加工精度高，产品质量稳定 数控机床是按程序指令进行加工的。数控机床的脉冲当量普遍可达 0.001mm/脉冲，传动系统和机床结构都具有很高的刚度和热稳定性，进给系统采用了间隙消除措施，并且可以通过计算机数控装置对反向间隙与丝杠螺距误差等实现自动补偿，所以加工精度高。同时，由于数控机床加工完全是自动的，这就消除了操作者人为产生的误差，使同一批工件的加工尺寸的一致性好，加工质量稳定。

（2）柔性好，适应性强 在数控机床上加工工件时，因为仅采用通用夹具或简单的组合夹具，所以当改变加工工件时，不需要制作专用的夹具，更不需要重新调整机床，只需要

重新编制零件程序，就可实现新零件的加工。因此，数控机床特别适合于单件、小批量复杂工件及新产品的试制等加工，能使企业缩短新产品的试制和生产周期，便于组织多品种生产，从而快速适应市场的需要。

（3）生产率高　数控机床的主轴转速及进给范围比普通机床的大，机床刚性好，快速移动和停止采用了加速、减速措施，因而能提高空行程速度，有效地降低了加工时间。同时，数控机床更换工件时，不需要调整机床，同一批工件的加工质量稳定，无需停机检验，故辅助时间大大缩短。特别是使用自动换刀装置的数控加工中心机床，可以在一台机床上实现多工序连续加工，生产率明显提高。

（4）劳动强度低　数控机床加工是按事先编制好的程序自动完成的，工人只要调整好机床，装夹好零件，按自动循环启动按钮，机床就能自动进行加工，加工完毕后自动停车。这使工人劳动条件大为改善。

（5）便于现代化管理　在数控机床上，加工所需的时间是可以预计的，并且每件是不变的，因而工时和工时费用可以估计得更精确。这有利于精确地编制生产进度表，均衡生产，从而实现生产管理的现代化。

与普通机床相比，数控机床也存在造价相对较高、初始投资较大、调整维护比较复杂、需要高度熟练和经过培训的零件编程和操作人员等缺点，但是随着数控机床性价比的不断提高和人们受教育程度的日益增强，这些缺点已不再显得那么突出了。

三、基本技术

1. 数控机床的坐标系

（1）标准坐标系及其方向　数控机床的标准坐标系及其方向是按国际标准化组织标准（International Organization for Standardization，ISO）规定，采用右手直角笛卡儿坐标系，如图 5-75 所示。图中大拇指的指向为 X 轴的正方向，食指的指向为 Y 轴的正方向，中指的指向为 Z 轴的正方向，并分别用 $+X$、$+Y$、$+Z$ 表示。围绕 $+X$、$+Y$、$+Z$ 轴旋转的圆周进给坐标轴分别用 $+A$、$+B$、$+C$ 表示，其正向用右手螺旋法则确定。

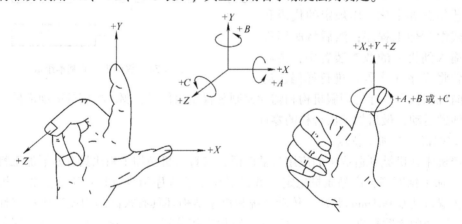

图 5-75　右手笛卡儿坐标系

在编程时，为了编程的方便和统一，总是假定工件是静止的，刀具在坐标系内相对于静止的工件而移动。因此，坐标轴的方向总是指刀具的运动方向。并且 ISO 规定，机床某一部件运动的正方向是指增大刀具和工件之间距离的方向。

（2）坐标轴的确定方法及步骤

1）Z 轴。Z 轴是首先要确定的轴。根据 ISO 的规定，机床的主轴与机床坐标系中的 Z 轴重合或平行，Z 坐标正方向规定为增大刀具与工件距离的方向。

2）X 轴。X 轴总是水平轴，它平行于工件的装夹表面。对于工件做回转运动的机床（如车床、磨床等），在水平面内取垂直工件回转轴线（Z 轴）的方向为 X 轴，刀具远离工件的方向为正向，如图 5-76 所示。

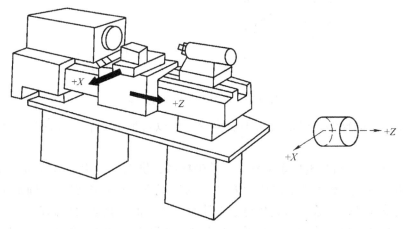

图 5-76 数控车床坐标系

对于刀具做回转切削运动的机床（如铣床、镗床等），当 Z 轴垂直时，人面对主轴，向右为正 X 方向，如图 5-77 所示；当 Z 轴水平时，则向左为正 X 方向，如图 5-78 所示。

3）Y 轴。根据已确定的 X、Z 轴，按右手直角笛卡儿坐标系确定。

（3）数控机床的两种坐标系 数控机床的坐标系包括机床坐标系和编程坐标系两种。

1）机床坐标系。机床坐标系又称为机械坐标系，它是用来确定编程坐标系的基本坐标系。其坐标和运动方应与 ISO 规定的坐标轴和方向一致。机床坐标系的原点也称机床原点或机床零点，其位置一般由机床参数指定，但指定后这个原点便被确定下来，维持不变。

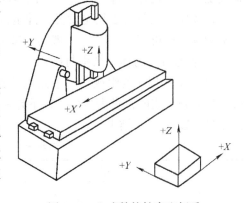

图 5-77 立式数控铣床坐标系

数控系统上电时并不知道机床零点。为了正确地在机床工作时建立机床坐标系，通常在每个坐标轴的行程范围内设置一个机床参考点。它一般是各运动部件回到正向的极限位置。机床零点可以与机床参考点重合，也可以不重合。通过机床参数指定机床参考点到机床零点的距离。

在数控加工前，应先使机床回到参考点位置。通过机床回参考点位置，就知道了该坐标轴的零点位置，机床所有的坐标轴都回到了参考点，数控机床就建立起了机床坐标系，即机床回参考点的过程实质上是机床坐标系的建立过程。因此，数控机床起动时，通常先要进行回参考点操作（注：采用绝对式测量装置时，由于机床实际位置不变，不必每次起动机床时都通过回参考点的操作来建立机床坐标系）。

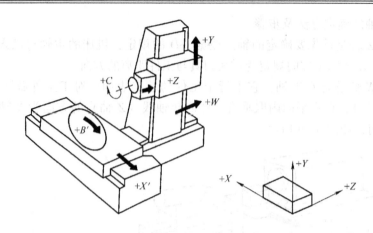

图 5-78 卧式数控铣床坐标系

由于回参考点的操作能确定机床零点位置，所以习惯上人们也称回参考点为回零（回机床零点）。

2）编程坐标系。编程坐标系又称为工件坐标系，供编程使用。为使编程人员在不知道是"刀具移近工件"，还是"工件移近刀具"的情况下，就可根据图样确定机床的加工过程，一般规定编程坐标系是"刀具相对于工件而运动"的刀具运动坐标系。

编程坐标系是编程人员为编程方便，在工件、工装夹具上或其他地方选定某一已知点为原点建立的一个编程坐标系。编程坐标系的原点也称为编程零点、程序原点或工件零点。编程原点的选择要尽量满足编程简单、尺寸换算少、引起的加工误差小等条件，其位置由编程者确定。一般选择工件的设计、工艺基准处作为编程原点。

在数控加工前，必须先设置工件坐标系，编程时可以用 G 指令（一般为 G92）建立工件坐标系；也可用 G 指令（一般为 G54～G59）选择预先设置好的工件坐标系。

2. 数控机床的程序结构与格式

（1）零件程序的组成 一个完整的数控加工程序是由程序号、若干个程序段、程序结束 3 个部分组成的，见表 5-16。以下是一个完整的数控加工程序，该程序以程序号 O1112 为程序号，以 M02 为结束。

表 5-16 一个完整的数控加工程序

程序	说明
O1122;	程序号
N10 G90 G92 X0 Y0 Z0;	程序段 1
N20 G42 G01 X-60.0 Y10.0 D01 F200;	程序段 2
N30 G02 X40.0 R50.0;	程序段 3
N40 G00 G40 X0 Y0;	程序段 4
N50 M02;	程序结束

程序号是程序的开始部分，为了区别存储器中的各个程序，每个程序都要有程序编号。在编号前采用程序编号地址码，一般 EIA 代码采用英文字母 "O" 作为程序编号地址。在 ISO 代码制中，用 "∶" 来代替 "O"；有些系统采用 "P" "%" 等代替 "O"。

所有的数控加工程序都是由程序号开始的，中间为若干个程序段，最后主程序通常以

M02 或 M03 结束，子程序以 M99 结束。

（2）程序段格式　零件的数控加工程序主要是由程序段组成的。程序段格式是指同一个程序段中关于字母、数字、符号等各个信息代码的排列顺序和含义规定的表示方法。目前常用字地址程序段格式来书写。

在字地址程序段格式中，每个坐标轴和各种功能都是用表示地址的字母和数字组成的特定字母来表示的。在一个程序段内，坐标字和各种功能字通常按一定顺序排列，且地址的数目可多可少，不需要的字以及与上一程序段相同的续效字可以不写。字地址程序段格式的编排顺序通常如下：

N_ G_ X_ Y_ Z_ I_ J_ K_ P_ Q_ R_ A_ B_ C_ F_ S_ T_ M_

例如：N60 G01 X50.0 Y60.0 F200 S800 T02 M03。

（3）程序段内各字的说明

1）程序段顺序号字。程序段顺序号字是用以识别程序段的编号，由地址码 N 和后面的若干位数字组成。例如，N60 表示该程序段顺序号为 60。

2）准备功能字 G。准备功能字 G 是使数控机床做好某种操作准备的指令，用地址 G 和两位数字表示，从 G00～G99 共 100 种。G 代码分为模态代码（又称为续效代码）和非模态代码。

3）尺寸字。尺寸字用来给定机床坐标轴位移的方向和数值，是由地址码、+、− 符号及绝对（增量）数值构成的。尺寸字的地址码有 X、Y、Z、U、V、W、P、Q、R、A、B、C、I、J、K、D、H 等，如 X50 Y −30。尺寸字中的"+"可省略。

4）进给功能字 F。进给功能字 F 表示刀具中心或刀尖运动时的进给速度，是由地址码 F 和其后面若干位数字构成的。进给速度一经指定，对后续程序段都有效，直到指令新的进给速度为止。

5）主轴转速功能字 S。主轴转速功能字 S 用于指定主轴转速，是由地址码 S 和其后面若干位数字构成的。主轴转速一经指定，对后续程序段都有效，直到指令新的主轴转速为止。

6）刀具功能字 T。刀具功能字 T 用于指令加工中所用刀具号，是由地址码 T 和其后面若干位数字构成的。刀具功能的数字是指定的刀号，数字的位数由所用的系统决定。

7）辅助功能字 M。辅助功能字 M 也称为 M 功能或 M 代码，用于指令机床或系统中辅助装置的开关动作或状态，由地址码 M 和其后面两位数字组成。各种机床 M 代码的规定是有差异的，必须根据机床说明书中的规定进行编程。

3. 常用准备功能 G 指令

（1）设定工件坐标系 G92 指令　格式：G92 X_ Y_ Z_

G92 指令是规定工件坐标系坐标原点的指令。工件坐标系坐标原点又称为程序零点，其坐标值 X、Y、Z 为刀具当前刀位点在工件坐标系中的初始位置。例如：

G92 X25.0 Z350.0；设定工件坐标系为 $X_1 O_1 Z_1$；

G92 X25.0 Z10.0；设定工件坐标系为 $X_2 O_2 Z_2$；

以上两程序段所设定的工件坐标系如图 5-79 所示。工件坐标系建立以后，程序内所有用绝对值指定的坐标值均为指定工件坐标系中的坐标值。

必须注意的是执行 G92 指令时机床不动作，即 X、Y、Z 轴均不移动，只是显示器上的坐标值发生了变化。

（2）绝对值编程指令 G90 和增量值编程指令 G91　G90 指令是按绝对值设定输入坐标，即移动指令终点的坐标值 X、Y、Z 都是以当前工件坐标系坐标原点（程序零点）为基准来计算。

G91 指令是按增量值设定输入坐标，即移动指令终点的坐标值 X、Y、Z 都是以始点为基准来计算。再根据终点相对于始点的方向判断正负，与坐标轴方向一致则取正，相反则取负。

如图 5-80 所示的轨迹线，当分别用绝对值和增量值编程时，其程序见表 5-17。

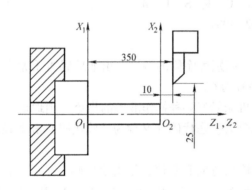

图 5-79　工件坐标系设定

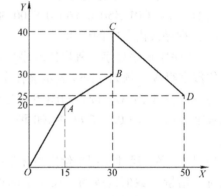

图 5-80　G90、G91 应用举例

表 5-17　绝对值编程和增量值编程

绝对值编程		增量值编程	
N10 G92 X0 Y0；	定义坐标系	N10 G92 X0 Y0；	定义坐标系
N20 G90；	绝对值编程	N20 G91；	增量值编程
N30 G01 X15 Y20 F150；	直线插补到 A 点	N30 G01 X15 Y20 F150；	直线插补到 A 点
N40 X30 Y30	直线插补到 B 点	N40 X15 Y10	直线插补到 B 点
N50 Y40；	直线插补到 C 点	N50 Y10；	直线插补到 C 点
N60 X50 Y25；	直线插补到 D 点	N60 X20 Y-15；	直线插补到 D 点
N70 M30；	程序结束	N70 M30；	程序结束

（3）插补平面选择指令 G17、G18、G19　该组指令用于选择直线、圆弧插补时所在的平面。G17 选择 XY 平面，G18 选择 XZ 平面，G19 选择 YZ 平面，如图 5-81 所示。

对于三坐标数控铣床和铣镗加工中心，开机后数控装置自动将机床设置成 G17 状态。如果在 XY 平面内进行轮廓加工，就不需要由程序设定 G17。同样，数控车床总是在 XZ 坐标平面内运动，在程序中也不需要用 G18 指令指定。

（4）快速定位指令 G00　格式：G00 X_ Y_ Z_

G00 为快速定位指令，该指令的功能是要求刀具以点

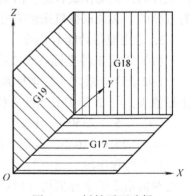

图 5-81　插补平面选择

位控制方式从刀具所在位置用最快的速度移动到指定位置，属于模态指令。它只能实现快速移动，并保证在指定的位置停止。快速定位的移动速度不能用程序指令 F 设定，而是根据数控系统预先设定的速度来执行。若在快速定位程序段前设定了进给速度 F，指令 F 对 G00 程序段无效。

如图 5-82 所示，刀具从起点快速定位至终点 A，则程序可写为 G00 X50 Y80 Z100。

（5）直线插补指令 G01　格式：G01 X_ Y_ Z_ F_。

G01 为直线插补指令，该指令的功能是刀具以指定的进给进度 F，从当前点沿直线移动到目标点。指令中的 X、Y、Z 是目标点的坐标。F 代码是进给速度的指令代码，直到新的值被指定前一直有效。

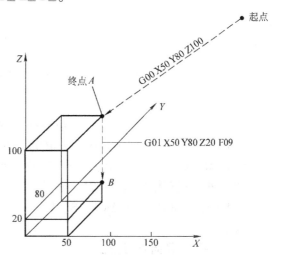

图 5-82　快速定位和直线插补进给

如图 5-82 所示，刀具从 A 点直线插补至 B 点，则程序可写为 G01 X50 Y80 Z20 F09。

（6）圆弧插补指令 G02、G03

XY 平面圆弧：G17 G02/G03 X_ Y_ I_ J_ F_ 或 G17 G02/G03 X_ Y_ R_ F_。

XZ 平面圆弧：G18 G02/G03 X_ Z_ I_ K_ F_ 或 G18 G02/G03 X_ Y_ R_ F_。

YZ 平面圆弧：G19 G02/G03 Y_ Z_ J_ K_ F_ 或 G17 G02/G03 Y_ Z_ R_ F_。

圆弧插补指令可以自动加工圆弧曲线。G02 是顺时针方向圆弧插补指令，G03 是逆时针方向圆弧插补指令。根据 ISO 的规定，在某一平面内圆弧的顺时针方向和逆时针方向，要沿着垂直于该平面第 3 轴方向并由第 3 轴的正向向负向观察，然后确定，如图 5-83 所示。

程序中，X、Y、Z 为圆弧终点坐标值，在绝对值编程（G90）方式下，X、Y、Z 值为圆弧终点绝对坐标尺寸；在增量值编程（G91）方式下，X、Y、Z 值为圆弧终点坐标相对于圆弧起点的增量值。I、J、K 表示圆弧圆心相对于圆弧起点在 X、Y、Z 方向的增量坐标。R 为圆弧半径，圆弧的圆心角≤180°时用"+R"编程，圆弧的圆心角>180°时用"-R"编程，整圆编程不可使用 R。

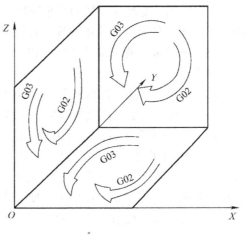

图 5-83　圆弧的方向

如图 5-84 所示，加工圆弧$\overset{\frown}{AB}$和圆弧$\overset{\frown}{BC}$时，程序如下。

采用绝对值 G90 编程时：

G90 G03 X140 Y100 I-60 J0（或 R60）F200 A→B

G90 G02 X120 Y60 I-50 J0（或 R50）F200 B→C

采用增量值 G91 编程时：

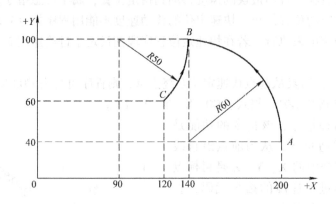

图 5-84　圆弧插补示例图

G91 G03 X-60 Y60 I-60 J0（或 R60）F200 A→B

G91 G02 X-20 Y-40 I-50 J0（或 R50）F200 B→C

（7）外圆粗车循环指令 G71　格式：G71 U $\underline{\Delta d}$ R $\underline{e}$

G71 P $\underline{ns}$ Q $\underline{nf}$ U $\underline{\Delta u}$ W $\underline{\Delta w}$ F_ S_ T_

其中：

Δd——每次径向吃刀量；

e——径向退刀量；

ns——指定精加工路线的第一个程序段的顺序号；

nf——指定精加工路线的最后一个程序段的顺序号；

Δu——X 方向留的精加工余量，直径值；

Δw——Z 方向留的精加工余量。

G71 常用于毛坯为棒料的粗车循环，编程时只须指定精加工路线，数控系统会自动给出粗加工路线，从而大大简化编程。外圆粗车循环时的加工路线如图 5-85 所示。

（8）外圆精车循环指令 G70　格式：G70 P $\underline{ns}$ Q $\underline{nf}$

其中：

ns——指定精加工路线的第一个程序段的顺序号；

nf——指定精加工路线的最后一个程序段的顺序号。

用 G71 粗车完毕后，就可用精车循环指令 G70，使刀具进行精加工。

（9）刀具半径补偿指令 G41、G42、G40　在机床上进行轮廓加工时，因为刀具通常都有一定的半径，所以刀具中心（刀心）轨迹和工件轮廓不重合。数控装置大都具有刀具半径补偿功能，为程序编制提供了方便。当编制零件加工程序时，不需要计算刀具中心运动轨迹，而只需按零件轮廓编程，使用刀具半径补偿指令，并在机床控制面板上用键盘（CRT/MDI）方式人工输入刀具半径值，数控系统便能自动计算出刀具中心的偏移量，进而得到偏移后的中心轨迹，并使系统按刀具中心轨迹移动。如图 5-86 所示，当加工图示内、外轮廓时，使用了刀具半径补偿指令后，数控系统会控制刀具中心自动按图中的点画线走刀进行加工。

G41 是刀具半径左补偿（左刀补），即顺着刀具前进方向看（假定工件不动），刀具位

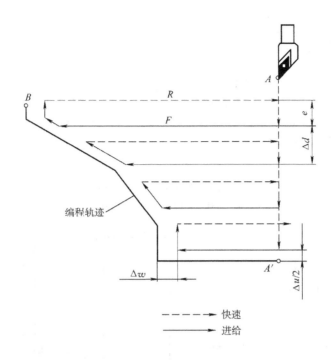

图 5-85 外圆粗车循环时的加工路线

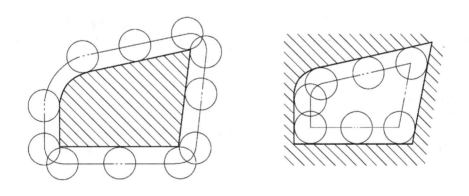

图 5-86 刀具半径补偿

于工件轮廓的左边，称为左刀补，如图 5-87a 所示。

G42 是刀具半径右补偿（右刀补），即顺着刀具前进方向看（假定工件不动），刀具位于工件轮廓的右边，称为右刀补，如图 5-87b 所示。

G40 是取消刀具半径补偿指令。

四、技能训练

1. 车削编程举例

设毛坯是 $\phi 44mm$ 的长棒料，要求编制出如图 5-88 所示车削零件的数控加工程序。粗车切深为 2 mm，退刀量为 1mm，粗车余量单边为 0.3mm。

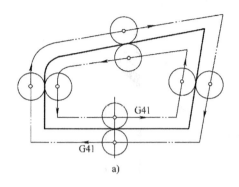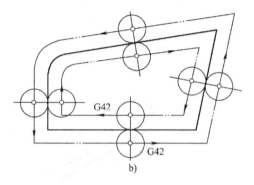

a) b)

图 5-87 刀具半径的左右补偿

a) 刀具左补偿 b) 刀具右补偿

（1）制定加工方案

1）车端面。

2）从右至左粗加工各面。

3）从右至左精加工各面。

4）切断。

（2）确定刀具

1）90°外圆车刀 T01，用于粗、精车外圆。

2）切槽刀（刀宽 3mm）T02，用于切断。

（3）编程

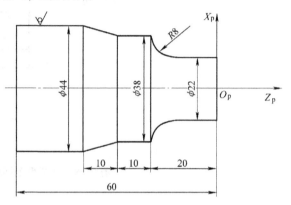

图 5-88 车削零件

O1001；	程序号
G97 G99；	
M03 S600；	
G00 X150 Z150 T0101；	
G00 X45 Z5；	
G71 U2 R1；	外圆粗车循环，粗车切深 2mm，退刀量 1mm
G71 P10 Q80 U0.6 W0.3 F0.2；	精车路线由 N10～N80 指定，粗车余量单边为 0.3mm
N10 G00 G42 X22；	
G01 Z-12 F0.1；	
G02 X38 Z-20 R8；	
G01 Z-30；	
X44 Z-40；	
N80 G00 G40 X45；	
M03 S1000；	
G70 P10 Q80；	精车
G00 X150 Z150 T0202；	切断
G00 X45 Z-63；	
G01 X2 F0.1；	
G01 X45；	
G00 X150 Z150 M05；	
M30；	程序结束

2. 铣削编程举例

铣削图 5-89 所示内轮廓面，用刀具半径补偿指令编程。

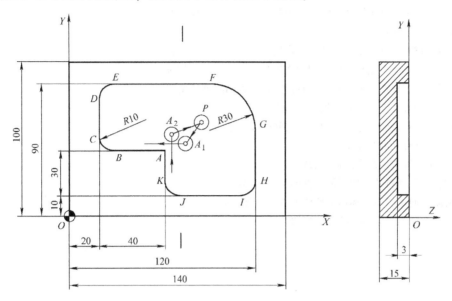

图 5-89　铣削零件

解：设工件零点为 O，采用刀具右补偿。考虑到 A 点的工艺性，取切入点 A_1（65，40），切出点 A_2（60，45）。刀心轨迹为"$P \to A_1 \to B \to C \to D \to E \to F \to G \to H \to I \to J \to K \to A_2 \to P$"。选用 $R6$ 的立铣刀。主轴转速为 1000r/min，进给速度为 150mm/min，刀具偏置地址为 D01，并存入 6，程序名为 O2222。数控程序编制如下：

O2222；	程序号
G90 G92 X0 Y0 Z100 T01；	设置工件零点于 O 点，选择刀具
M03 S1000；	起动主轴正转，转速为 1000r/min
G00 X80 Y60 Z2；	刀具快速降至（80，60，2）
G01 Z-3 F150；	刀具工进至深 3mm 处
G42 G01 X65 Y40 D01；	建立右刀补 P→A₁
X30；	直线插补 A₁→B
G02 X20 Y50 I0 J10；	圆弧插补 B→C
G01 Y80；	直线插补 C→D
G02 X30 Y90 I10 J0；	圆弧插补 D→E
G01 X90；	直线插补 E→F
G02 X120 Y60 I0 J-30；	圆弧插补 F→G
G01 Y20；	直线插补 G→H
G02 X110 Y10 I-10 J0；	圆弧插补 H→I
G01 X70；	直线插补 I→J
G02 X60 Y20 I0 J10；	圆弧插补 J→K
G01 Y45；	直线插补 K→A₂
G40 G01 X80 Y60；	直线插补 A₂→P
G00 Z100；	刀具 Z 向快退至起始平面
X0 Y0 M05；	刀具回起刀点，主轴停转
M30	程序结束

复习思考题

1. 车削、铣削、刨削、磨削的主运动和进给运动各是什么？

2. 什么是切削用量三要素？

3. 对刀具材料的基本要求是什么？常用的刀具材料有哪些？

4. 车刀有哪几个主要角度？它们的作用是什么？大小如何选择？

5. 切削热是怎样产生的？对加工有何影响？如何降低切削热？

6. 刀具磨损形式有几种？对加工有何影响？

7. 什么是刀具寿命？它与切削速度之间的关系是怎样的？

8. 切削液有哪几种？作用是什么？

9. 提高切削加工生产率的途径有哪些？

10. 改善工件材料的可切削加工性的途径有哪些？

11. 机床按使用的刀具和加工性质可以分为哪几类？

12. 试举例说明机床型号的编制方法。

第六部分

钳 工

钳工是利用手工工具和钻床对工件进行切削加工或对机器零部件进行拆卸、装配和维修等操作的工种。钳工的基本操作有划线、錾削、锯削、锉削、孔加工、攻螺纹和套螺纹、拆卸和装配等。钳工的工作范围很广泛，内容很丰富，在工农业生产和日常生活中，甚至在现代科学技术领域中，一般采用机械加工方法不方便或不能解决的工作，常由钳工来完成。

钳 工 入 门

一、钳工特点

钳工与机械加工相比具有工具简单、操作灵活方便等优点，可以完成某些机械加工不便加工或难以完成的工作。因此，钳工在机械制造和修配工作中被广泛应用，是金属切削加工中不可缺少的一个重要工种。其缺点是：工人劳动强度大，生产效率低，对工人的技术水平要求比较高。

二、钳工常用设备

钳工常用的设备有台虎钳、钳台（钳桌）、砂轮机、钻床等。

1. 台虎钳

台虎钳是夹持工件的主要设备，如图 6-1 所示。其规格大小是以钳口的宽度来表示的，常用的有 100mm、125mm 和 150mm 等几种。

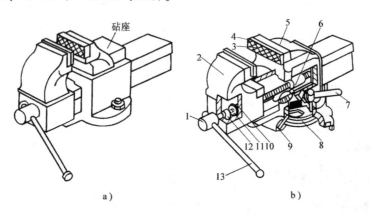

图 6-1 台虎钳

a）固定式台虎钳 b）回转式台虎钳

1—丝杠 2—活动钳身 3—钳口螺钉 4—钳口 5—固定钳身

6—螺母 7—紧固手柄 8—夹紧盘 9—转动盘座 10—销

11—挡圈 12—弹簧 13—手柄

使用台虎钳时应注意下列事项：

1）台虎钳在钳台上安装时，必须使固定钳身的工作面处于钳台边缘以外，以保证夹持长条形工件时工件的下端不受钳台边缘的阻碍，并且安装要牢固。

2）铅直装夹工件时，工件伸出钳口部分不要过高，以免加工时产生振动。

3）只能用手的力量扳紧手柄来夹持工件，不得套上管子或用锤子敲击，以免损坏丝杠或螺母。

4）夹持已加工表面时，应在钳口处加软垫（如铜皮），以防夹伤工件已加工的表面。

5）丝杠、螺母及其他活动表面应常加油润滑和防锈，并保持清洁，以延长其使用寿命。

6）使用回转式台虎钳时，必须将固定钳身锁紧后方能夹持工件和进行加工。

7）在进行强力作业时，应尽量使作用力朝向固定钳身，避免因增加丝杠和螺母的载荷，造成丝杠特别是螺母的损坏。

8）锤击工件只可在砧面上进行。

2. 钳台（钳桌）

钳台用来安装台虎钳、放置工、量具和工件等。钳台一般用硬质木材制成，台面常用低碳钢钢板包封，安放要平稳。台面高度为 800～900mm，其上装有防护网。图 6-2 所示为钳台及工具、量具放置时的情形。通常要求工具与量具分开放置。

3. 砂轮机

砂轮机主要是用来刃磨钻头、錾子（凿子）等刀具或其他工具的设备，也可用来修磨小型零件上的毛刺、锐边和平面等。它主要由砂轮、电动机、机架、机座和防护罩等组成，如图 6-3 所示。

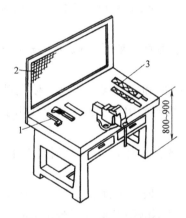

图 6-2　钳台
1—量具　2—防护网
3—工具

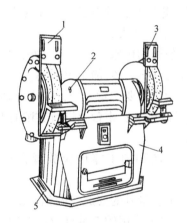

图 6-3　砂轮机
1、3—防护罩　2—电动机
4—机架　5—机座

砂轮机是一种高速旋转设备，使用不当不但不能完成刃磨工作，还可能会造成事故。因此，使用砂轮机时应严格遵守以下规程：

1）目前工厂中常用的砂轮有两种，一种是白色氧化铝砂轮，用来刃磨高速工具钢及碳素工具钢刀具；另一种是绿色碳化硅砂轮，用来刃磨硬质合金刀具。

2）安装砂轮时，必须将砂轮夹紧，并使之运转平稳，在旋转时不得有振动现象。

3）砂轮机的旋转方向应正确，如图 6-3 中箭头所示，以使磨屑向下方飞离砂轮。

4）砂轮机起动后，要稍等片刻，待其转速正常后再进行磨削。

5）操作者应站在砂轮机的侧面或斜侧位置进行磨削，切不可站在砂轮的正面，以防砂轮崩裂造成事故。

6）磨削时用力要适当，切不可过猛或过大，更不允许用力撞击砂轮，以防止砂轮碎裂飞出伤人。

7）砂轮机的砂轮应保持干燥，不准沾水、沾油。

8）砂轮机使用完后，应立即切断电源。

4. 钻床

钻床用来对工件进行各类圆孔的加工。钻床的种类有台式钻床、立式钻床和摇臂钻床3种。

三、钳工常用工、量具

钳工常用工具有划线用的划针、划线盘、划规（圆规）、样冲和平板；錾削用的锤子和各种錾子；锉削用的各种锉刀；锯削用的锯弓和锯条；孔加工用的麻花钻、各种锪钻和铰刀；攻螺纹和套螺纹用的各种丝锥、板牙和铰杠；刮削用的平面刮刀和曲面刮刀；各种扳手和螺钉旋具等。

钳工常用量具有金属直尺、直角尺、塞尺、刀口形直尺、游标卡尺、千分尺、百分表等。

四、安全文明生产要求

1）主要设备的布局要合理，如钳台应放在光线适宜和工作方便的位置，面对面使用的钳台要装防护网，砂轮机、钻床应安装在场地的边沿，尤其是砂轮机的方位，要确保即使砂轮飞出也不致伤人。

2）使用的机床、工具要完好，如钻床、砂轮机、手电钻，要经常检查，发现损坏时应及时维修，在未修复前不得使用。

3）操作时要注意安全，使用电动工具时要有绝缘防护和安全接地措施。使用砂轮时要戴好防护眼镜。在钳台上进行錾削时要有防护网。清除切屑要用刷子，不要直接用手清除或用嘴吹。

4）毛坯和加工零件应放置在规定位置，排列整齐，便于取放，并避免碰伤已加工表面。

5）工、量具的安放应做到：①在钳台上工作时，为了取用方便，右手取用的工量具放在右边，左手取用的工量具放在左边，各自排列整齐，且不能使其伸到钳台边以外；②量具不能与工具或工件混放在一起，应放在量具盒内或专用板架上；③常用的工、量具要放在工作位置附近。

6）实习时要穿工作服，不准穿拖鞋；女同学必须戴安全帽。钻孔时不能戴手套操作。

7）工作场地应保持整洁，做到文明生产。工作完毕后，设备、工具均需清洁或涂油防锈，并放回原来的位置。工作场地要清扫干净，切屑等污物要送往指定的堆放地点。

实训项目一 常用量具的使用

一、实训目的

1）掌握游标卡尺、千分尺和百分表的正确使用方法，并要求逐步达到熟练使用的程度。

2）熟悉其他常用量具及其使用方法。

二、基本知识

加工出的零件是否符合图样要求（包括尺寸精度、形状精度、位置精度和表面粗糙度等），需经测量工具检测才能确认。这些用于测量的工具通称为量具。生产中常用的量具有直角尺、塞尺、刀口形直尺、游标卡尺、千分尺、百分表等。

1. 直角尺

直角尺是一种角度检验工具，主要用于检查工件的垂直度。其结构有整体式和非整体式（装配式）两种，如图 6-4 所示。

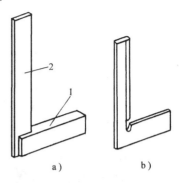

使用时，将直角尺尺座与工件的一面紧贴，尺瞄与工件的另一面垂直接触，然后对光检查，即可判断工件的垂直度情况；或用塞尺塞间隙，直接量出垂直度误差值。其缺点是直角尺本身不能直接读数。

图 6-4　直角尺
a）非整体式　b）整体式
1—尺座　2—尺瞄

使用直角尺时应注意下列事项：

1）先将尺座的测量面紧贴工件基准面，然后从上逐步轻轻向下移动，使尺瞄的测量面与工件的被测表面接触，眼光平视观察其透光情况，以此来判断工件被测面与基准面是否垂直，如图 6-5a 所示。

2）检查时，直角尺不可斜放，否则会使检查结果不准确，如图 6-5b 所示。

3）在同一平面上改变不同检查位置时，直角尺不可以在工件表面上拖动，以免磨损，影响角尺本身的精度。

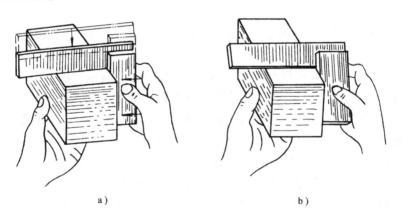

a）　　　　　　　　　　　b）

图 6-5　用直角尺检查工件垂直度
a）正确　b）错误

2. 塞尺

塞尺是片状定值量具，用来检验两贴合面之间间隙的大小，如图 6-6 所示。测量时，用塞尺片直接塞入间隙。当一片或数片塞尺片能塞进两贴合面之间，则一片或数片塞尺片的厚度（可由每片上的标记读出）即为两贴合面的间隙值。图 6-7 所示为用塞尺配合直角尺检测工件垂直度的情况。

使用塞尺时应注意下列事项：

1）测量时，应先用较薄的一片塞尺片插入被测间隙内，如仍有间隙，再挑选较厚的依次插入，直到恰好塞进而不紧不松为宜，则该片塞尺片的厚度即为被测两平面间隙大小。若没有所需厚度的塞尺片，可取若干片塞尺片相叠代用，被测间隙即为各片塞尺片的厚度尺寸之和。但叠加片数应越少越好，否则测量误差较大。

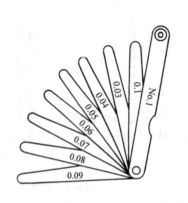

图 6-6 塞尺

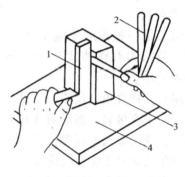

图 6-7 用塞尺和直
角尺检测垂直度
1—直角尺 2—塞尺
3—工件 4—精密平板

2）在测量过程中，必须做两次极限尺寸的检验后才能得出其间隙的大小。例如用 0.04mm 的塞尺片可以塞入，而用 0.05mm 的塞尺片就塞不进去，则其间隙应为 0.04mm。

3）使用塞尺时必须先擦净尺面和工件，测量时不能使劲硬塞，以免塞尺片弯曲和折断。

3. 刀口形直尺

刀口形直尺是一种用于检查工件平面度和直线度的量具。检查平面度时，刀口形直尺的使用方法如图 6-8 所示。

首先，将刀口形直尺垂直放在工件表面上，如图 6-8a 所示；然后，在加工面的纵向、横向、对角方向多处逐一进行检查，以确定各方向的直线度误差，如图 6-8b 所示。如果刀口形直尺与工件平面间透光微弱而均匀，说明该方向直线度误差小；如果透光强弱不一，说明该方向直线度误差大。

常使用塞尺与刀口形直尺配合检测各方向的直线度误差值，如图 6-8c 所示。对于中凹平面，其直线度误差应按检查部位中间的最大间隙值计；对于中凸平面，则应在两边以同样厚度的塞尺片做塞入检查。整个工件的平面度误差可按各检查部位中的最大直线度误差值计。

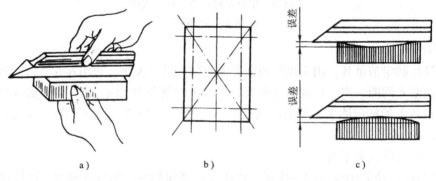

a) b) c)

图 6-8 用刀口形直尺检查平面度

使用刀口形直尺时应注意下列事项：

1）选用的刀口形直尺的长度应大于或等于被检验平面的长度。

2）当改变检测位置时，不能在平面上拖动刀口形直尺，应将其提起后再轻轻放到另一检测位置，否则容易磨损其测量刃而降低测量精度。

3）被检验表面不能太粗糙。如果被检验表面太粗糙，不仅会磨损刀口形直尺的测量刃，而且不容易准确判定光隙的大小。

4. 游标卡尺

游标卡尺是一种比较精密的量具，它可以直接测量出工件的外径、内径、宽度和深度等，如图6-9所示。由于其结构简单、使用方便、测量精度高，因而成为生产中常用的量具。按分度值可将游标卡尺分为0.02mm、0.05mm和0.10mm 3种。游标卡尺尺身的刻度全长即为游标卡尺的测量尺寸范围，有0～125mm、0～150mm、0～200mm、0～300mm等多种规格。

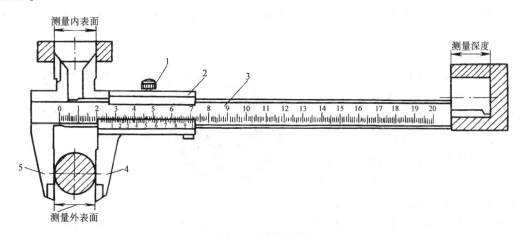

图6-9 游标卡尺

1—制动螺钉 2—游标 3—尺身 4—内外量爪 5—尺框

游标分度值为0.02mm的游标卡尺的刻线原理与读数示例如图6-10所示。

1）刻线原理。当尺身与游标两尺的量爪贴合时，游标上的零线对准尺身的零线，游标上50格长度刚好与尺身上49格长度相等，尺身每一小格为1mm，则游标每一小格长度为（49/50）mm = 0.98mm，尺身、游标每一小格之差为（1 – 0.98）mm = 0.02mm。数值0.02mm即称为该游标卡尺的分度值。

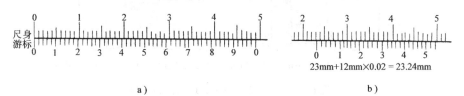

a）　　　　　　　　　　　b）

图6-10 0.02mm分度值的游标卡尺的刻线原理与读数示例

2）读数方法。可分3步进行：①读整数，即读出游标零线以左尺身上的最近整毫米数；②读小数，即在游标上与尺身刻度线对齐的刻线格数乘以0.02，读出小数；③求和，把两次读数相加，即为所测量的尺寸。

使用游标卡尺时应注意下列事项：

1）检查零线。使用前先擦净量爪，然后将两量爪闭合，检查尺身、游标零线是否重合。若不重合，则在测量后应根据原始误差修正读数。

2）放正卡尺。测量时，游标卡尺必须放正，否则测量不准确。

3）用力适当。测量时应使量爪缓慢接近工件，在与工件轻微接触后即可读数。不得用力卡紧工件，以免量爪变形或磨损，降低测量的精度。

4）正视读数。读数时，视线要与刻线垂直，而不能斜视，否则读数不准确。

5）使用场合。游标卡尺只能用于测量加工过的光滑表面。表面粗糙的工件（如铸、锻件等毛坯）和正在运动的工件都不宜用它测量，以免量爪过快磨损。

5. 千分尺

千分尺是比游标卡尺更为精确的测量工具，其分度值为 0.01mm。依用途的不同，千分尺可分为外径千分尺、内径千分尺、深度千分尺、螺纹千分尺和公法线千分尺等几种。外径千分尺按它的测量范围有 0～25mm、25～50mm、50～75mm、75～100mm、100～125mm 等多种规格。

图 6-11 所示为 0～25mm 外径千分尺。弓架左端为固定砧座 1，右端的测微螺杆 3 与微分筒 5 相连，用手转动微分筒 5 时，测微螺杆 3 与微分筒 5 一起向左或向右移动。

千分尺的刻线原理与读数示例如图 6-12 所示。千分尺的刻线由固定套筒和微分筒两部分组成（相当于游标卡尺的尺身和游标）。固定套筒在轴线方向上刻有一条中线，中线的上、

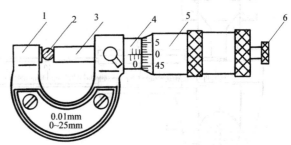

图 6-11　0～25mm 外径千分尺

1—固定砧座　2—工件　3—测微螺杆
4—固定套筒　5—微分筒　6—棘轮

下方各刻一排刻线，刻线每小格间距均为 1mm，上、下两排刻线相互错开 0.5mm；在微分筒左端圆周上刻有 50 等分的刻度线。因测微螺杆的螺距为 0.5mm，即测微螺杆每转一周，同时轴向移动 0.5mm，故微分筒上每一小格的读数值为 (0.5/50) mm＝0.01mm。

千分尺的读数＝固定套筒上露出的刻度值（为 0.5mm 的整数倍）＋固定套筒中线所指微分筒的格数×0.01mm。

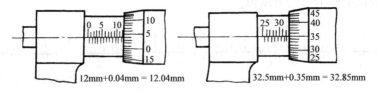

图 6-12　千分尺的刻线原理与读数示例

使用千分尺时应注意下列事项：

1）校对零位。使用前应先将砧座与螺杆测量面擦干净，然后将二者贴合，检查微分筒零刻度线与固定套筒中线是否对齐。若零线未对齐，应记住此数值，并在测量时根据原始误差修正读数。

2）放正千分尺。测量时千分尺必须放正，不得偏斜，否则会造成测量误差。

3）先转动微分筒，后改用棘轮。在比较大的范围内调节千分尺时，应该转动微分筒而不应该旋转棘轮，这样不仅能提高测量速度，而且能防止棘轮受不必要的磨损；当测微螺杆快要接触被测工件时，必须改用棘轮（此时严禁使用微分筒，以防用力过度导致测量不准）。当棘轮发出"嘎嘎"打滑声时，表示压力合适，停止拧动，即可读数。

4）转速均匀。旋转微分筒或棘轮时，不得快速旋转，以防测量面与被测面发生猛撞而撞坏测微螺杆。

5）提防读错。读数时要防止多读或少读0.5mm。

6）使用场合。严禁在毛坯工件、正在运动着的工件或过热的工件上进行测量，以免损伤千分尺的测量精度。

6. 百分表

百分表是一种精度较高的比较量具，它只能测出相对数值，不能测出绝对数值。百分表主要用来检查工件的形状和位置误差（如圆度、平面度、平行度、垂直度、圆跳动等），也常用于安装工件时的精密找正。百分表的分度值为0.01mm。

百分表的结构如图6-13所示。其刻线原理是：当测量杆向上或向下移动1mm时，通过内部的齿条、齿轮传动系统，带动大指针转一圈，小指针转一格。百分表的刻度盘可以转动，供测量时调整大指针对准零位刻线用。百分表的刻度盘在圆周上有100等分的刻度线，其每格的读数值为（1/100）mm ＝ 0.01mm。小指针每格读数值为1mm。测量时，大、小指针所示读数之和即为测量杆的位移量。

百分表的读数方法：先读小指针转过的刻度（即毫米整数），再读大指针转过的刻度数，并乘以分度值0.01mm，然后两者相加，即为所测读数。例如当测量时小指针转过的刻度数为2，大指针转过的刻度数为38，则测量数值为2.38mm。

百分表测量时须装在专用的百分表架上，其应用举例如图6-14所示。其中，图6-14a所示为测量外圆对孔的圆跳动，端面对孔的圆跳动；图6-14b所示为测量工件两平面的平行度；图6-14c所示为内圆磨床上单动卡盘安装工件时找正外圆。

使用百分表时应注意下列事项：

1）百分表在使用时必须装在专用的百分表架或其他牢靠的支架上。专用的百分表架的底座有磁性，可牢固地定位在钢铁制件的平面上。

2）使用百分表时，应先擦净测量头及测量面，然后再测量。

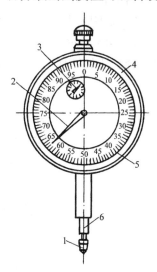

图6-13　百分表
1—测量头　2—大指针
3—小指针　4—表壳
5—刻度盘　6—测量杆

3）测量时，测量杆应与被测表面垂直，否则不仅测量误差大，而且有可能会卡住测量杆使其不能活动，导致百分表的损坏。测量圆柱形工件时，测量杆的轴线要垂直地通过工件的轴线。

4）测量时，应先提起测量杆，再把工件推到测头下面。不得把工件强迫推入到测头下，以防撞坏测头。

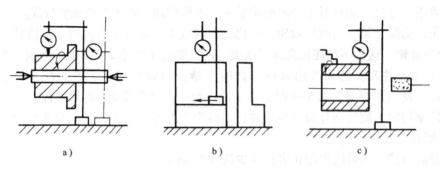

图 6-14 百分表应用举例

5）如被测工件表面上有槽，则当测头接近沟槽时，应提起挡帽，待越过沟槽后，再放下挡帽继续测量。

6）不得用百分表去测量粗糙的表面，否则会损伤测头。

三、技能训练

1. 实训量具

直角尺、塞尺、刀口形直尺、0～150mm 游标卡尺、0～25mm 千分尺、25～50mm 千分尺、百分表等。

2. 实训题目

图 6-15 所示为钳工实习中的 T 形体镶嵌图。现有一批按该图样制作好的工件，要求学生选择合适的量具正确测量图样中的各尺寸及几何公差项目。

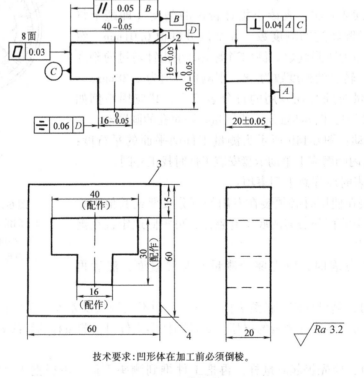

技术要求：凹形体在加工前必须倒棱。

图 6-15 T 形体镶嵌图

四、考核标准

常用量具的使用实训考核标准见表 6-1。

表 6-1 常用量具的使用实训考核标准

序号	尺寸及几何公差项目	配分	评分标准	实训情况	得分
1	尺寸 $40_{-0.05}^{0}$ mm	6	测量错误扣完分		
2	尺寸 $30_{-0.05}^{0}$ mm	6	测量错误扣完分		
3	尺寸 $16_{-0.05}^{0}$ mm（3 处）	6×3	每测错一处扣 6 分		
4	平面度 0.03mm（8 面）	2×8	每测错一处扣 2 分		
5	平行度 0.05mm（2 处）	8×2	每测错一处扣 8 分		
6	垂直度 0.04mm（2 处）	6×2	每测错一处扣 6 分		
7	对称度 0.06mm	10	测量错误扣完分		
8	间隙小于 0.08mm（8 处）	2×8	每测错一处扣 2 分		
9	使用和操作量具是否正确	扣分	发现一处不正确扣 5 分		
	总　　　分	100	实训成绩		

实训项目二　划　　线

一、实训目的

1）明确划线的概念和作用。

2）掌握常用划线工具及其使用方法。

3）正确理解划线基准的选择原则。

4）能根据图样要求对工件进行平面划线及简单的立体划线。

二、基本知识

划线是根据图样要求，用划线工具在毛坯或半成品工件上划出加工界线的一种操作。划线的作用是：划出加工界线作为加工依据；检查毛坯形状、尺寸，及时发现不合格品，避免浪费后续加工工时；合理分配加工余量；钻孔前确定孔的位置等。

划线按复杂程度的不同可分为平面划线和立体划线两种。平面划线是在工件的一个表面上划线，如图 6-16 所示。立体划线是在工件的几个表面上划线，即在长、宽、高 3 个方向上划线，如图 6-17 所示。

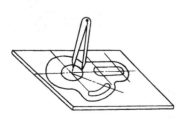

图 6-16　平面划线

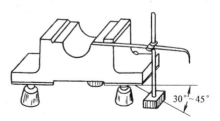

图 6-17　立体划线

1. 划线工具及使用

（1）划线平板 划线平板又称为划线平台，如图 6-18 所示。它由铸铁制成，其工作表面经过精刨或刮削加工，作为划线时的基准平面。平板安放时要平稳牢固且处于水平状态，以便稳定地支承工件。平板不准碰撞和用锤敲击，以免降低准确度；长期不用时，应涂油防锈，并用木板护盖。

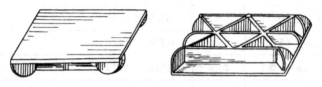

图 6-18 划线平板

（2）金属直尺 金属直尺是采用不锈钢材料制成的一种简单长度量具，其长度规格有 150mm、300mm、500mm、1000mm 等多种。金属直尺主要用来量取尺寸和测量工件，也可作划直线时的导向工具，如图 6-19 所示。

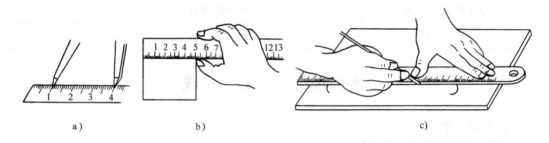

图 6-19 金属直尺的使用
a）量取尺寸 b）测量工件 c）划直线

（3）划针 划针是划线的基本工具，常用弹簧钢或高速工具钢经刃磨后制成。使用时，划针要紧靠金属直尺或角尺等导向工具的边缘，上部向外倾斜约 8°～12°，向划线方向倾斜 45°～75°。划线时，要做到尽可能一次完成，并使线条清晰、准确。划针及其使用方法如图 6-20 所示。

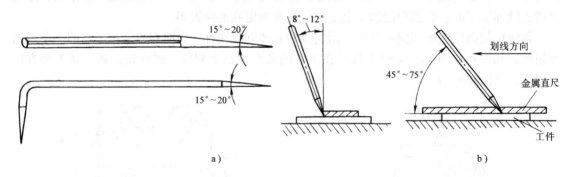

图 6-20 划针及其使用方法
a）划针 b）划针的使用方法

（4）划线盘 划线盘是立体划线的主要工具，如图 6-21a 所示。将划针在高度尺上调至要求的高度尺寸，并在平板上移动划线盘，即可在工件上划出与平板平行的线来，如图 6-21b 所示。此外，还可用划线盘对工件进行找正。

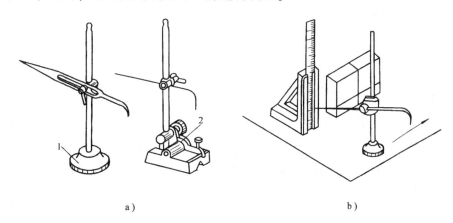

a) b)

图 6-21 划线盘及其使用

a) 划线盘 b) 用划线盘划线

1—普通划线盘 2—可调式划线盘

（5）高度尺 图 6-22a 所示为普通高度尺，由金属直尺和底座组成，用以给划线盘量取高度尺寸。图 6-22b 所示为高度游标卡尺，它附有划针脚，能直接表示出高度尺寸，其读数精度一般为 0.02mm，可作为精密划线工具。

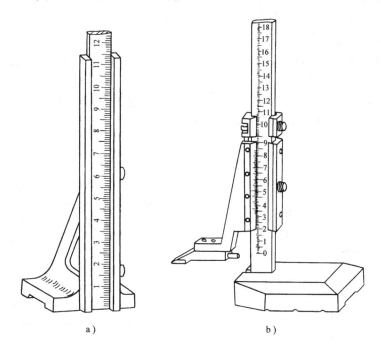

a) b)

图 6-22 高度尺

a) 普通高度尺 b) 高度游标卡尺

（6）划规 划规是平面划线作图的主要工具，如图 6-23 所示。它主要用来划圆和圆弧、等分线段、等分角度及量取尺寸等。其用法与制图中圆规的用法相同。

（7）划卡 划卡主要用来确定轴和孔的中心位置，其用法如图6-24所示。先划出4条圆弧的圆弧线，再在圆弧线中冲一样冲眼。

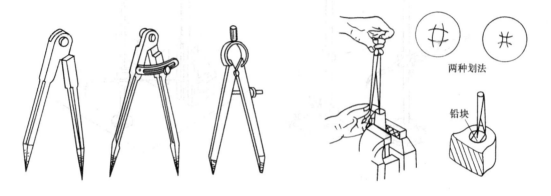

图6-23 划规　　　　　　　　　　图6-24 用划卡定中心

（8）样冲 样冲是用于划线时在线上或线的交点上冲眼的工具。冲眼为的是加强加工界线，使划出的线条具有永久性的位置标记。冲眼还可为划圆、划圆弧时打定心脚点。样冲一般用高速工具钢制成，尖端要淬硬。

样冲及其用法如图6-25所示。样冲具体使用时还应注意下列事项：

1）冲眼位置要准确，样冲尖应对正线条宽度中间，样冲眼之间的距离视线条的长短、曲直而定，一般长直线条冲眼可稀些，曲线上的冲眼宜密些。

2）在线的连接点及交叉点都必须打样冲眼。

3）在粗糙表面上，样冲眼宜打深些；在薄板上、中心线及辅助线上，样冲眼宜打浅些；精加工表面上禁止打样冲眼。

4）划好圆后，圆的中心处冲眼，最好要打大些，便于钻头对中。

图6-26所示为钻孔时划线和打样冲眼示意图。

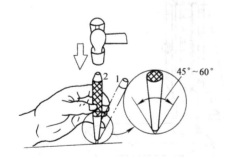

图6-25 样冲及其用法
1—对准位置　2—冲眼

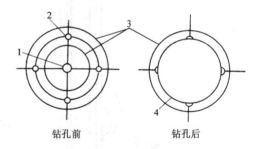

图6-26 钻孔时划线和打样冲眼示意图
1—定中心样冲眼　2—检查样冲眼
3—检查圆　4—钻出的孔

（9）V形铁 V形铁通常用来支承圆柱形工件，以便找中心线或找中心。V形铁通常安放在划线平台上，并且是成对使用，相邻各边互相垂直，V形槽呈90°角。用V形铁支承工件的情况如图6-27所示。

（10）千斤顶　千斤顶用于支承不规则或较大工件的划线找正。通常 3 个 1 组，其高度可以调整，如图 6-28 所示。

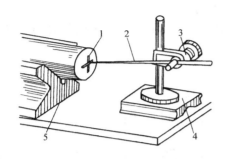 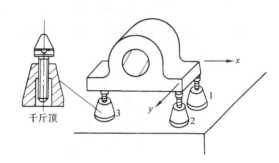

图 6-27　用 V 形铁支承工件

1—工件　2—平行划针　3—夹紧件

4—底座　5—V 形铁（支座）

图 6-28　千斤顶支承工件

1、2、3—千斤顶

（11）方箱　方箱是用铸铁制成的空心立方体。方箱上相邻平面互相垂直，相对平面互相平行，并都经过精加工而成。方箱用于夹持尺寸较小而加工面较多的工件。通过翻转方箱便可在工件表面上划出互相垂直的线来。用方箱夹持工件划线的情形如图 6-29 所示。

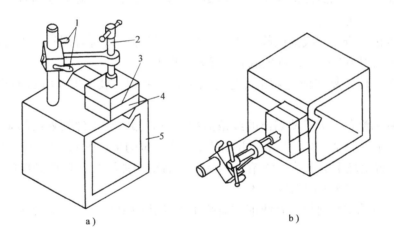

图 6-29　用方箱夹持工件划线

a）将工件压紧在方箱上，划出水平线　b）方箱翻转 90°，划出垂直线

1—固紧手柄　2—压紧螺栓　3—画出的水平线　4—工件　5—方箱

2. 划线基准选择

在工件上划线时，必须选择工件上某个点、线、面作为依据，并以此来调节每次划线的高度，划出其他点、线、面的位置。这些作为依据的点、线、面称为划线基准。在零件图上用来确定零件各部分尺寸、几何形状和相互位置的点、线或面称为设计基准。

划线前，应首先选择和确定划线基准，然后根据它来划出其余的尺寸线。划线基准的选择原则是：

1）应尽量与图样上的设计基准一致，以便能直接量取划线尺寸，避免因尺寸间的换算而增加划线误差。

2）若工件上有重要孔需加工，一般选择该孔中心线为划线基准，如图 6-30a 所示。

3）若工件上个别平面已经加工，则应选该平面为划线基准，如图 6-30b 所示。

4）若工件上所有平面都需加工，则应以精度高的和加工余量少的表面作为划线基准，以保证主要表面的精度要求。

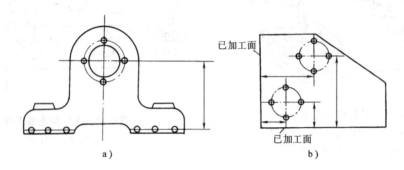

图 6-30 划线基准

a）以孔中心线为基准 b）以已加工面为基准

3. 划线前的准备

（1）熟悉图样 划线前应看清、弄懂图样及技术要求，明确划线内容、划线基准及划线步骤，准备好划线工装。

（2）工件的检查 划线前应检查工件的形状和尺寸是否符合图样与工艺要求，以便能够及时发现和处理不合格品，避免造成不必要的损失。

（3）清理工件 划线前应对工件进行去毛边、毛刺、氧化皮及清除油污等清理工作，以便涂色划线。

（4）工件的涂色 为了使划出的线条清楚，一般都要在工件的划线部位涂上一层薄而均匀的涂料。常用的涂料有石灰水，并在其中加入适量的牛皮胶来增加附着力，一般用于表面粗糙的铸锻件毛坯上的划线；酒精色溶液（在酒精中加漆片和紫蓝染料配成）和硫酸铜溶液，用于已加工表面上的划线。

（5）在工件孔中装塞块 划线前如需找出毛坯孔的中心线时，应先在孔中装入木块或铅块。

三、基本技能

1. 平面划线

平面划线和几何作图的画法相似，所不同的是平面划线是用金属直尺、直角尺、划规、划针等工具在金属表面上作图。平面划线可以在划线平台上进行，也可以在钳台上进行。下面以图 6-31 所示为例，来说明平面划线的基本技能。其划线操作步骤如下：

（1）划线前的准备

1）分析图样。根据工艺要求，明确划线位置和划线基准，确定以 A 面为高度基准，以中心线 B 为宽度方向基准，如图 6-31a 所示。

2）检查毛坯是否有足够的加工余量。如果毛坯合格，再对毛坯进行清理。

3）在毛坯划线表面上均匀地刷涂料，待涂料干后再进行划线。

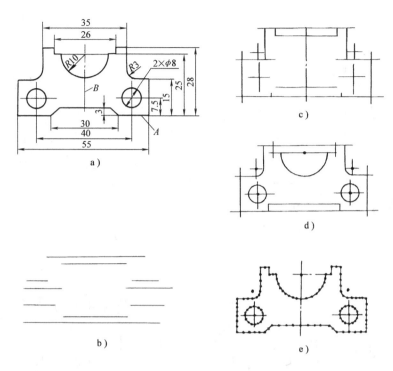

图 6-31 平面划线示例

（2）划线

1）确定待划图样位置，先划出高度基准 A 的位置线，然后再相继划出其他要素的高度位置线（即平行于基准 A 的线），如图 6-31b 所示。

2）划出宽度基准 B 的位置线，同时划出其他要素宽度的位置线，如图 6-31c 所示。

3）用样冲在各圆心进行冲眼，并划出各圆和圆弧，如图 6-31d 所示。

4）划出各处的连接线，完成工件的划线工作。

5）检查图样各方向划线基准选择的合理性、各部位尺寸的正确性。线条要清晰，无遗漏、无错误。

（3）打样冲眼　在划好线的图样上打上样冲眼，显示各部位尺寸及轮廓，如图 6-31e 所示。

2. 立体划线

立体划线是在工件的长、宽、高 3 个方向上划线。划线前要在划线平台上支承并找正好工件。支承、找正工件要根据工件形状、大小确定。例如圆柱形工件用 V 形铁支承；形状规则的小件用方箱支承；形状不规则的工件及大件用千斤顶支承。下面以图 6-32 所示轴承座毛坯为例，来说明立体划线的基本技能。其划线操作步骤如下：

（1）划线前的准备

1）研究图样（图 6-32a），确定划线基准。轴承座 $\phi 50$ 孔为重要孔，应以该孔中心线为划线基准，以保证加工时孔壁均匀。

2）检查毛坯是否合格。如毛坯合格，再清除毛坯上的氧化皮和毛刺。

3）在划线部位涂上涂料。

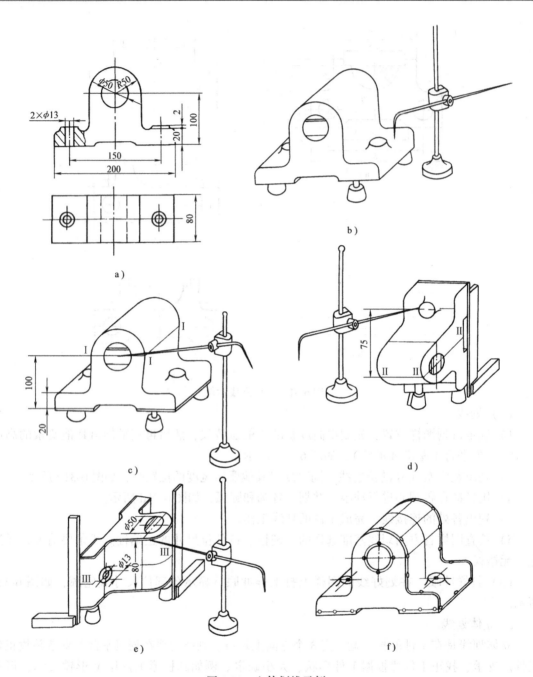

图 6-32 立体划线示例

4）在轴承座孔内堵上铅块或木块，以便划线时确定孔的中心位置。

（2）支承、找正工件 用 3 个千斤顶支承工件底面，并依孔中心及上平面调节千斤顶，使工件水平，如图 6-32b 所示。

（3）划线

1）划出各水平线，即划出基准线及轴承座底面四周的加工线（I 线及 20mm 尺寸线），如图 6-32c 所示。

2）将工件翻转90°，并用直角尺找正后划螺钉孔中心线，如图6-32d所示。

3）将工件翻转90°，并用直角尺在两个方向上找正后，划螺钉孔中心线及两大端加工线，如图6-32e所示。

4）检查划线是否正确，要求线条要清晰，无遗漏、无错误。

（4）打样冲眼 在划好线的图样上打上样冲眼，显示各部位尺寸及轮廓，如图6-32f所示。

（5）立体划线注意事项

1）划线时，工件同一面上的线条或平行线应在一次支承中划全，避免补划时因再次支承工件而产生误差。

2）应正确使用划针、划线盘、高度游标卡尺及直角尺等划线工具，以免产生误差。

四、技能训练

（一）锤子的四方体划线

1. 实训任务

划出尺寸为22mm×22mm×115mm的四方体加工界线，如图6-33所示。

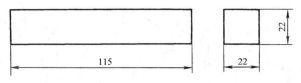

图6-33 四方体尺寸

2. 实训准备

实训工件：45钢，尺寸为$\phi30$mm×115mm，端面车平。

实训工具：V形铁、高度游标卡尺、划针、样冲等。

3. 操作步骤

1）准备好所用的划线工具，并对工件进行清理和划线表面涂色。

2）将工件安放在V形铁上，调整高度游标卡尺至中心位置，划出中心线，并记下中心高度的尺寸数值；然后按图样中四方体对边距离，调整高度游标卡尺在工件两端面及圆周面上划出加工界线。

3）将工件翻转90°，并用直角尺找正后划出另一中心线；然后按图样中四方体对边距离，调整高度游标卡尺，在工件两端面及圆周面上划出与该中心线平行的其余加工界线。

4）对所划线条进行复检校对，确认无误后，打上样冲眼。

（二）六角螺母的正六方柱体划线

1. 实训任务

划出对边距离为32mm的正六方柱体加工界线，如图6-34所示。

2. 实训准备

实训工件：35钢，尺寸为$\phi38_{-0.1}^{\ 0}$mm×58mm，端面车平。

实训工具：V形铁、高度游标卡尺、划针、样冲等。

3. 操作步骤

1）准备好所用的划线工具，并对工件进行清理和划线表面涂色。

2）将工件安放在V形铁上，调整游标高度尺至中心位置，划出中心线，并记下中心高

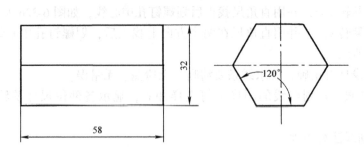

图 6-34 正六方柱体尺寸

度的尺寸数值，如图 6-35a 所示。

3）根据图样中正六边形对边距离尺寸调整高度游标卡尺，在圆柱体工件上划出与中心线平行的两条正六角边线，如图 6-35b 所示。

4）顺次在工件端面及圆周面上连接圆上各点，再打上样冲眼，便完成圆内接正六方柱体的划线工作，如图 6-35c 所示。

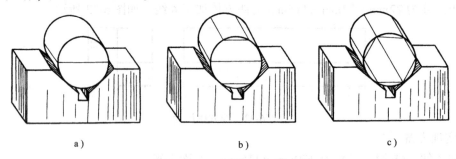

图 6-35 在圆柱体上划内接正六方柱体

五、考核标准

划线实训考核标准见表 6-2。

表 6-2 划线实训考核标准

序号	项目与技术要求		配分	评分标准	实训情况	得分
1	四方体划线	划线尺寸要求 ±0.3mm（2 处）	12	每一处超差扣 6 分		
2		90°角误差 < ±0.5°（4 处）	16	每一处超差扣 4 分		
3	正六方柱体划线	划线尺寸要求 ±0.3mm（3 处）	18	每一处超差扣 6 分		
4		120°角误差 < ±0.5°（6 处）	18	每一处超差扣 3 分		
5	涂色薄而均匀		6	根据所有涂色总体评定		
6	线条清晰无重线		10	一处线条重复或模糊扣 1 分		
7	冲眼位置是否正确，分布是否合理		10	一处冲偏或不合理扣 1 分		
8	使用工具正确，操作姿势正确		10	发现一次不正确扣 2 分		
9	安全文明生产		扣分	违反规定酌情扣分		
	总 分		100	实训成绩		

实训项目三 錾 削

一、实训目的

1）正确使用錾削工具。

2）掌握正确的錾削姿势。

3）了解錾削角度及其刃磨方法等基本知识。

4）掌握平面錾削方法，并能控制一定的精度。

二、基本知识

錾削是用锤子锤击錾子对金属进行切削加工的一种方法。錾削主要用于不便于机械加工的零件和部件的粗加工，如錾切平面、开沟槽、板料分割及清理铸、锻件上的毛刺、飞边等。

1. 錾削工具

錾削的主要工具是錾子和锤子。

（1）錾子 錾子是錾削工件的刀具。錾子的结构如图 6-36 所示，它由切削部分、錾身及錾头 3 部分组成。錾头有一定的锥度，顶端略带球形，以便锤击时作用力容易通过錾子的中心线，使錾子保持平稳。錾身多数呈八棱形，以防止錾削时錾子转动。

钳工常用的錾子主要有平錾（扁錾）、尖錾（窄錾）和油槽錾 3 种，如图 6-37 所示。平錾适用于錾切平面、分割薄金属板或切断小直径棒料及去毛刺等；尖錾适用于錾槽或沿曲线分割板料；油槽錾适用于錾切润滑油槽。

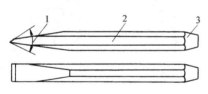

图 6-36 錾子的结构

1—切削部分 2—錾身 3—錾头

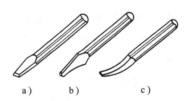

图 6-37 常用錾子

a）平錾 b）尖錾 c）油槽錾

（2）锤子 锤子是钳工常用的敲击工具，由锤头、木柄和斜楔铁组成，如图 6-38 所示。锤子的规格以锤头的质量来表示，有 0.25kg、0.5kg、1kg 等几种。木柄装入锤孔后应用楔铁楔紧，以防工作时锤头脱落伤人。

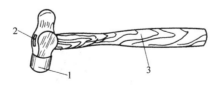

图 6-38 锤子

1—锤头 2—斜楔铁 3—木柄

2. 錾削角度

錾削时，錾子与工件之间应形成适当的切削角度，如图 6-39 所示。影响錾削质量和錾削效率的主要因素是錾子楔角 β_o 的大小和錾削时后角 α_o 的大小。

（1）楔角β_o。　錾子的楔角大小由錾削材料的软硬来决定。錾削软金属时，楔角约为30°~50°；錾削中等硬度的材料时，楔角约为50°~60°；錾削硬度高的材料时，楔角约为60°~70°。

（2）后角α_o。　一般情况下后角α_o取5°~8°。若α_o过大，錾子容易扎入工件，如图6-40a所示；若α_o过小，錾子会从工件表面滑脱，造成錾面凸起，如图6-40b所示。

（3）前角γ_o。　前角的大小决定了切屑的变形程度和切削的难易程度。

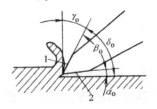

图6-39　錾削角度

1—前面　2—后面

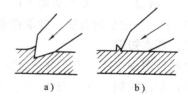

图6-40　后角大小对錾削的影响

a）后角过大　b）后角过小

三、基本技能

1. 錾子和锤子的握法

（1）錾子的握法　錾子的握法主要有正握法和反握法两种，如图6-41所示。一般采用正握法握錾子，即手心向下，腕部伸直，用中指、无名指握住錾子，小指自然合拢，食指与大拇指作自然伸直地松靠，錾子头部伸出约20mm。

（2）锤子的握法　锤子的握法有紧握法和松握法两种。

1）紧握法。用右手五指紧握锤柄，大拇指合在食指上，虎口对准锤头方向，木柄尾端露出约15~30mm。在挥锤和锤击过程中，五指始终紧握，如图6-42所示。

2）松握法。只用大拇指和食拇始终握紧锤柄。在挥锤时，小指、无名指、中指依次放松；在锤击时，又以相反的的次序收拢握紧，如图6-43所示。这种握法的优点是手不易疲劳，且锤击力大，是常用的握锤方法。

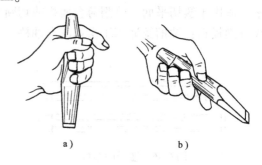

图6-41　錾子的握法

a）正握法　b）反握法

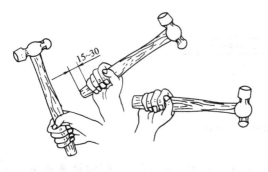

图6-42　锤子紧握法

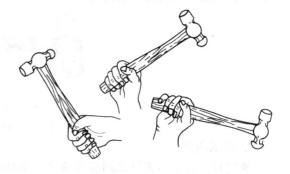

图6-43　锤子松握法

2. 鏨削姿势

（1）鏨削时的站立步位与姿势 鏨削时，操作者的站立部位与姿势应便于用力，身体的重心偏于右腿，略向前倾。左脚跨前半步，膝盖稍有弯曲，保持自然，右脚站稳伸直。鏨削时的站立步位如图 6-44 所示。

（2）挥锤 挥锤方法有腕挥、肘挥和臂挥 3 种，如图 6-45 所示。

1）腕挥。仅用手腕的动作进行锤击运动，锤击力量小。腕挥一般用于鏨削余量较少或鏨削开始或结尾时。

2）肘挥。用手腕与肘部一起挥动作锤击运动，因挥动幅度较大，故锤击力也较大。肘挥的应用最多。

3）臂挥。用手腕、肘和全臂一起挥动，其锤击力最大。臂挥用于需要大力鏨削的工作。

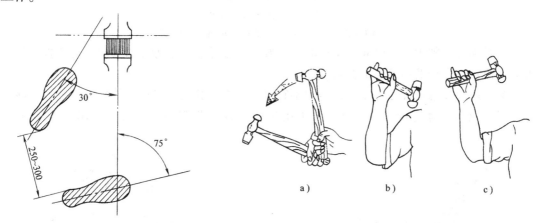

图 6-44 鏨削时的站立步位

图 6-45 挥锤方法
a）腕挥 b）肘挥 c）臂挥

（3）锤击速度 鏨削时的锤击要稳、准、狠，其动作要一下一下有节奏地进行，一般在肘挥时约 40 次/min，腕挥时约 50 次/min。

3. 鏨削过程

鏨削操作过程一般分为起鏨、鏨削和鏨出 3 个步骤，如图 6-46 所示。

（1）起鏨 起鏨时，鏨子要握平或使鏨头略向下倾斜，以便鏨刃切入工件。

（2）鏨削 鏨削可分为粗鏨和细鏨两种。鏨削时，要保持鏨子的正确位置和鏨削方向。粗鏨时，α_0 角应取小些，用力应重；细鏨时，α_0 角应取大些，用力应较轻。鏨削厚度要合适，若厚度太厚，不仅消耗体力、鏨不动，而且易使工件报废。鏨削厚度一般取 1～2mm 左右，细鏨时取 0.5mm 左右。

（3）鏨出 当鏨削至平面尽头约 10mm 左右时，必须调头鏨去余下的部分，以免损坏工件棱角或边缘。

4. 鏨子的刃磨

鏨子的刃磨要求：鏨子的楔角大小应与工件材料相适应，楔角与鏨子中心线对称，切削刃要锋利。

鏨子楔角的刃磨方法如图 6-47 所示，双手握住鏨子，在旋转的砂轮轮缘上进行刃磨。

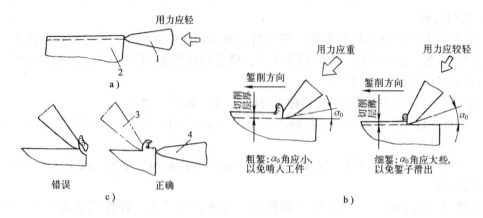

图 6-46 錾削步骤

a) 起錾 b) 錾削 c) 錾出

1—起錾位置 2—工件 3—停止位置 4—调头錾完

刃磨时，必须使切削刃高于砂轮水平中心线，錾子在砂轮全宽上做左右移动，并要控制錾子的方向、位置，保证磨出所需的楔角 β_o 值。

刃磨时还应注意：加在錾子上的压力不宜过大，左右移动要平稳、均匀，并要经常蘸水冷却，以防退火，降低硬度。刃磨后，可用角度样板检验楔角是否符合要求，如图 6-48 所示。

图 6-47 錾子的刃磨方法

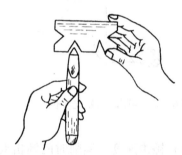

图 6-48 用角度样板检查錾子楔角

四、技能训练

1. 錾切板料的技能

（1）錾切薄板料　錾切厚度在 2mm 左右的金属薄板料，可以将板料夹在台虎钳上，用平錾沿着钳口并斜对着板料约 45°，按线自右向左錾切，如图 6-49a 所示。

（2）錾切厚板料　錾切厚度较大的金属板料时，不宜将板料夹在台虎钳上，通常是放在铁砧上或平整的板面上，并在板料下面垫上衬垫进行錾切，如图 6-49b 所示。

（3）錾切形状复杂的板料　錾切形状复杂的板料时，应先在錾切线周围钻出密集的小孔，然后再进行錾切，如图 6-49c 所示。

2. 錾削平面的技能

（1）錾削窄平面　錾削窄平面应选用平錾，并使錾子的切削刃最好与錾削前进方向倾斜一个角度，夹持工件时工件被錾削部分应露出钳口，如图 6-50 所示。

（2）錾削宽平面　錾削宽平面应先用窄錾开槽，然后再用平錾錾平，如图 6-51 所示。

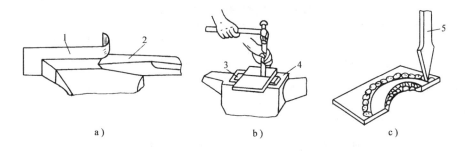

图 6-49 錾切板料

a）錾切薄板料 b）錾切厚板料 c）錾切形状复杂的板料

1—工件 2—平錾 3—衬垫 4—铁砧 5—窄錾

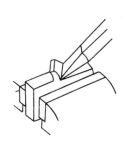

图 6-50 窄平面
的錾削方法

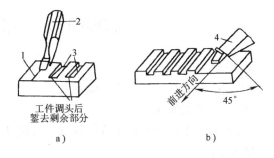

图 6-51 宽平面的錾削方法

a）窄錾开槽 b）扁錾錾平

1—錾前划的线 2—窄錾 3—已錾出的槽 4—平錾

3. 实训操作

（1）实训内容 要求在 45 钢备料（ϕ30mm×115mm，端面车平）上完成图 6-52 所示的平面錾削工作。

（2）操作步骤

1）划出 22mm 平面加工线。

2）粗、细錾两平面，达到图样要求。

3）用锉刀修去毛刺并在两端处倒棱。

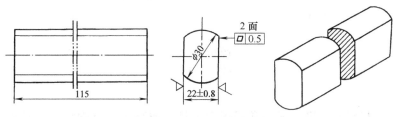

技术要求：22尺寸处，其最大与最小尺寸的
差值不得大于1.2。

图 6-52 錾削钢件

五、考核标准

錾削钢件实训考核标准见表6-3。

表6-3 錾削钢件实训考核标准

序号	项目与技术要求	配分	评分标准	实训情况	得分
1	工件划线是否正确	10	每一处错误扣2分		
2	尺寸要求（22±0.8）mm（等距测5处）	50	每一处超差扣10分		
3	22mm尺寸差1.2mm	10	超差不得分		
4	平面度公差0.5mm（2面）	30	每一面超差扣15分		
5	安全文明生产	扣分	违反规定酌情扣分		
总　　分		100	实训成绩		

实训项目四　锯　　削

一、实训目的

1）要求正确选用锯条，熟练安装锯条。

2）掌握正确的锯削姿势。

3）能对各种形体材料进行正确的锯削，并能达到一定的精度要求。

二、基本知识

锯削就是用锯对工件或材料进行切断或开槽的一种切削加工方法。它可分为机械锯削和手工锯削两大类。手工锯削是钳工的一项重要操作技能。

手工锯削的主要工具是手锯，它由锯弓和锯条组成。

1. 锯弓

锯弓是用来安装锯条的，它有可调式和固定式两种，如图6-53所示。固定式锯弓是整体的，只能安装固定长度的锯条；可调式锯弓由前后两段组成，通过调整可以安装不同长度规格的锯条。

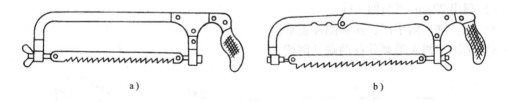

a)　　　　　　　　　　　　　　　　b)

图6-53　锯弓

a) 固定式　b) 可调式

2. 锯条

（1）锯条的材料和规格　锯条常用碳素工具钢或高速工具钢制造，其规格以锯条两端小孔中心距的大小来表示。常用手工锯条长300mm，宽12mm，厚0.8mm。

（2）锯齿的形状　锯齿是锯条的切削部分，其形状如图6-54所示。锯齿的排列多为交错形和波浪形，这种结构可以减少锯条与锯缝之间的摩擦，有利于排屑。图6-55所示为锯齿波形排列。

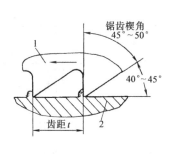

图 6-54 锯齿形状
1—锯齿 2—工件

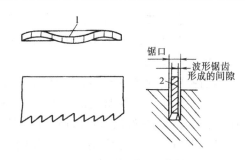

图 6-55 锯齿波形排列
1—波形 2—锯条截面

(3) 锯条的分类 锯条的分类是按锯条上每 25mm 长度内所含齿数多少来确定的。齿数为 14～18 的锯条称为粗齿锯条，齿数为 24～32 的锯条称为细齿锯条，齿数介于两者之间的锯条称为中齿锯条。

(4) 锯条的选择 锯条通常根据工件材料的硬度及其厚度来选定。锯铜、铝等软材料或厚工件时，因锯屑较多，要求有较大的容屑空间，应选择粗齿锯条；锯硬钢等硬材料或薄壁工件时，锯齿不易切入，锯削量小，不需要大的容屑空间，另外对于薄壁工件，在锯削时锯齿易被工件勾住而崩刃，需同时工作的齿数多（至少 3 个齿能同时参加工作），应选择细齿锯条；锯普通钢材、铸铁等中等硬度或中等厚度材料，应选择中齿锯条。

三、基本技能

1. 锯条的安装

安装锯条时，由于手锯是在前推时才起切削作用，向后拉时不起切削作用，因此应使锯齿朝前，利用锯条两端安装孔将其装于锯弓两端支柱上，用翼形螺母紧固。锯条的安装如图 6-56 所示。

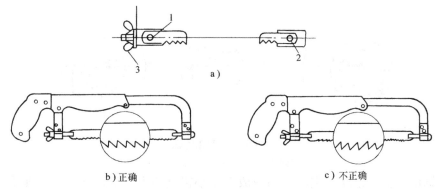

a)

b) 正确   c) 不正确

图 6-56 锯条的安装
1、2—支柱 3—翼形螺母

锯条安装后，要保证锯条平面与锯弓中心平面平行，不得倾斜和扭曲，否则锯削时锯缝极易歪斜。另外，安装锯条的松紧程度应适当，太紧时锯条受力过大，容易折断；太松时锯条容易扭曲，锯缝易歪斜，也易折断。

2. 锯削方法

(1) 手锯的握法及锯削姿势 锯削时手锯的握法如图 6-57 所示。握锯时，应以右手满握锯柄，左手轻扶锯弓前端，推力和压力的大小主要由右手掌握，左手主要配合右手扶正锯弓，不可用力过大。

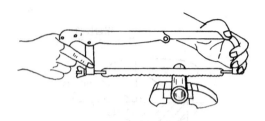

图 6-57 手锯的握法

锯削姿势与錾削的相似，人体重量应均分在两腿上，身体的上部略向前倾斜，给手锯适当压力，不要左右摆动，以保证锯缝平直。

（2）起锯 起锯是锯削工作的开始。起锯的好坏，直接影响锯削质量。如果起锯不正确，会使锯条跳出锯缝将工件拉毛或者引起锯齿崩裂。起锯有远起锯和近起锯两种，如图 6-58 所示。一般采用远起锯，因其起锯方便，不易卡住。

起锯时，应注意下列事项：

1）为使起锯的位置准确、平稳，可用左手拇指靠住锯条定位。

2）起锯时行程要短，压力要小，速度要慢。

3）起锯角为 15°左右。若起锯角太大，起锯不易平稳，尤其是近起锯时，锯齿会被工件棱边卡住引起崩裂，如图 6-58b 所示；若起锯角太小，锯条不易切入工件，还可能打滑，锯坏工件表面。

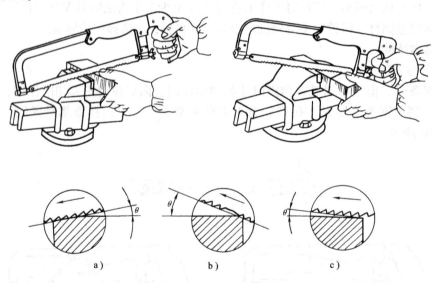

图 6-58 起锯方法
a）远起锯 b）起锯角太大 c）近起锯

（3）锯削运动和速度 锯削运动一般采用小幅度的上下摆动式运动，即手锯推进时，身体略向前倾，双手压向手锯的同时，左手上翘、右手下压；回程时右手上抬，左手自然跟回。快锯断时，用力应轻，以免碰伤手臂和折断锯条。

锯削运动的速度以 30~60 次/min 为宜，锯硬材料可慢些，锯软材料可快些。锯削时要用锯条全长工作，以免锯条中间部分迅速磨钝。发现锯缝歪斜时，不要强行扭正，而应将工件翻转 90°后重新起锯。

3. 工件的夹持

工件一般夹在台虎钳的左边，以便操作；工件伸出钳口不应过长，防止工件在锯削时产生振动；锯缝线要与钳口侧面保持平行，以防锯斜；工件要夹牢，以防锯削时工件移动而引起锯条折断。

四、技能训练

1. 棒料的锯削技能

若锯削断面要求平整光洁，应采用一次起锯法锯削，即从一个方向开始起锯，连续锯到结束为止；若对断面要求不高，为减小切削阻力和摩擦力，则采用多次起锯法锯削，即在锯入一定深度后将棒料转过一定角度，重新起锯，如此反复几次从不同方向锯削，最后锯断。多次起锯法比较省力，工作效率高，但断面质量不高。

2. 管子的锯削技能

锯削管子时应先在管子圆周上划出垂直于轴线的锯削线。锯削时必须将管子正确夹持，对已加工表面的管子，夹持时应使用两块木制的 V 形或弧形槽垫块夹持，以防夹伤，如图 6-59 所示。锯削薄壁管时，夹持力要适当，防止管子变形。

锯圆管时不能从上到下一次锯断，而应每锯到内壁后将工件向推锯方向转过一定角度，直到将管子锯开为止，如图 6-60 所示。

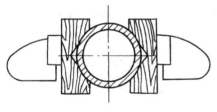

图 6-59 管子的夹持

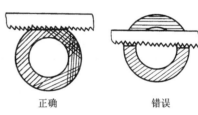

正确　　　　错误

图 6-60 锯圆管

3. 薄板的锯削技能

锯薄板时可将薄板夹在两木块之间连同木块一起锯削，这样既可避免锯齿被钩住，又可增加薄板的刚性，如图 6-61a 所示；当薄板较宽时，可将薄板料直接夹在台虎钳上，用手锯做横向斜推锯削，这样既能增加同时参与锯削的齿数，避免锯齿被钩住，同时又能增加工件的刚性，如图 6-61b 所示。

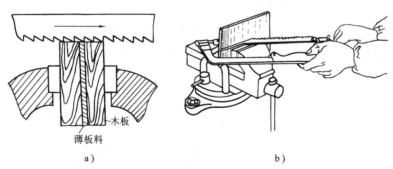

木板

薄板料

a)　　　　　　　　　　b)

图 6-61 薄板的锯削

4. 深缝的锯削技能

当锯缝的深度超过锯弓高度时，称这种缝为深缝。当锯缝深度小于锯弓高度时，可进行正常锯削，如图 6-62a 所示；当锯缝深度超过锯弓的高度时，应将锯条拆下来并转过 90° 重新安装，使锯弓转到工件的旁边进行锯削，如图 6-62b 所示；当锯弓横下来其高度仍不够时，可将锯条转过180°，把锯条锯齿安装在锯弓内进行锯削，如图6-62c所示。

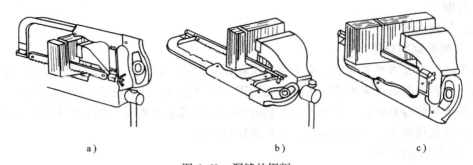

a)   b)   c)

图6-62   深缝的锯削

a) 正常锯削   b) 转90°安装锯条   c) 转180°安装锯条

5. 实训操作

（1）实训内容   要求在实训三（錾削钢件）制作基础上完成图6-63所示长方铁的锯削工作。

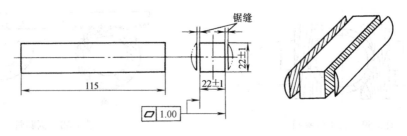

图6-63   锯削长方铁

（2）操作要求

1）按图样要求划出锯削线，锯削宽度为2mm。

2）锯件纵向锯削、要求断面锯痕整齐，平面度公差1mm，角度正确。

五、考核标准

锯削长方铁实训考核标准见表6-4。

表6-4   锯削长方铁实训考核标准

序号	项目与技术要求	配分	评分标准	实训情况	得分
1	尺寸要求（22±1）mm	30	每超差0.15mm扣5分		
2	平面度公差1mm（2面）	15×2	每超差0.2mm扣3分		
3	锯削姿势正确	20	姿势不正确每次扣5分		
4	锯削断面纹路整齐（2面）	5×2	锯削断面纹路不整齐每处扣1分		
5	外形无损伤	10	有损伤酌情扣分		
6	锯条使用情况	扣分	每折断一根锯条扣5分		
7	安全文明生产	扣分	违反规定酌情扣分		
总 分		100	实训成绩		

实训项目五 锉 削

一、实训目的

1）了解锉刀的种类和正确选用锉刀。

2）掌握正确的锉削姿势。

3）掌握平面锉削技能，并能达到一定的精度要求。

二、基本知识

锉削就是用锉刀对工件进行切削加工的方法。锉削常安排在錾削和锯削之后，是一种精度较高的加工方法，其尺寸精度可达 0.01mm、表面粗糙度可达 $Ra0.8\mu m$。锉削是钳工的一项最基本的操作技能。锉削的主要工具是锉刀，常用 T12 钢制造。

1. 锉刀的结构

锉刀由锉刀面、锉刀边、锉刀尾、舌、木柄等部分组成，如图 6-64 所示。

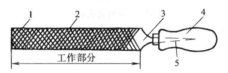

图 6-64 锉刀各部分名称

1—锉刀面 2—锉刀边 3—锉刀尾 4—木柄 5—舌

2. 锉刀的种类与选用

（1）锉刀的种类 锉刀按用途的不同可分为普通锉刀、整形锉刀和特种锉刀 3 种；按齿纹粗细的不同可分为粗齿锉、中齿锉、细齿锉和油光锉等；按其工作部分长度的不同可分为 100mm、150mm、200mm、250mm、300mm、350mm 及 400mm 共 7 种。生产中应用较多的为普通锉刀，如图 6-65 所示。普通锉刀按其断面形状和用途不同又可分为以下几类：

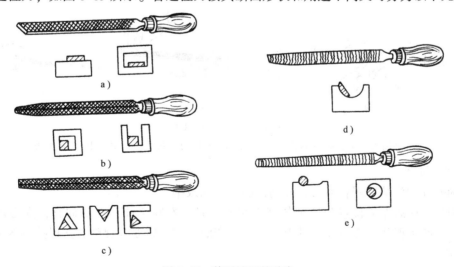

图 6-65 普通锉刀的种类

a）平锉 b）方锉 c）三角锉 d）半圆锉 e）圆锉

1）平锉。主要用于锉削平面、外圆弧面等。

2）方锉。主要用于锉削小平面、方孔等。

3）三角锉。主要用于锉削平面、外圆弧面、内角（大于60°）等。

4）半圆锉。主要用于锉削平面、外圆弧面、凹圆弧面、圆孔等。

5）圆锉。主要用于锉削圆孔及凹下去的弧面等。

（2）锉刀的选用 合理选用锉刀有利于保证加工质量，提高工作效率和延长使用寿命。

锉刀的选用原则：根据工件的形状和加工面大小选择锉刀的形状和规格大小；根据工件材料软硬、加工余量、精度和表面粗糙度的要求选择锉刀齿纹的粗细。锉刀的选择详见表6-5。

表6-5 锉刀的选择

锉 刀	齿数（10mm 长度）	特 点 和 应 用
粗齿锉	6 ~ 14	齿间距大，不易堵塞，适于粗加工和锉削铜、铝等非铁金属
中齿锉	9 ~ 19	齿间距适中，适于粗锉后加工
细齿锉	14 ~ 23	锉光表面或锉硬金属
油光锉	21 ~ 45	精加工时修光表面

三、基本技能

1. 锉刀的握法

锉削时，通常根据锉刀的大小采取相应的握法。一般是用右手握木柄，大拇指放在其上，其余四指则从下面配合大拇指握住锉刀柄。左手则根据锉刀大小和用力的轻重采取适当的扶法：使用大锉刀时，左手采用全扶法，即用五指全握、掌心全按的方法，如图6-66a 所示；使用中锉刀时，左手采用半扶法，即用拇指、食指、中指轻握即可，如图6-66b 所示；使用小锉刀时，通常用一只手握住即可，如图6-66c 所示。在锉削过程中，右手推动锉刀并决定推动方向，左手协同右手使锉刀保持平衡。

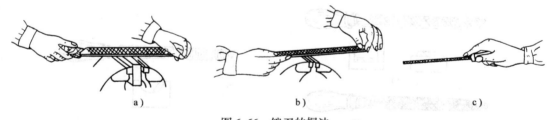

a) b) c)

图 6-66 锉刀的握法

a) 使用大锉刀时两手的握法 b) 使用中锉刀时两手的握法 c) 使用小锉刀的握法

2. 锉削姿势

正确的锉削姿势能减轻疲劳，提高锉削质量和效率。

锉削时，两脚站立位置与錾削的基本相同，只是左腿弯曲、右腿伸直，重心落在左腿上。操作时两手握住锉刀放在工件上面，左臂弯曲，右小臂要与锉削方向保持基本平行，如图6-67 所示。

3. 锉削力和锉削速度

要使锉削表面平直，必须正确掌握锉削力的平衡。如图6-68 所示，锉削时右手的压力要随锉刀推动而逐渐增加，左手的压力要随锉刀推动而逐渐减小；当工件处于锉刀中间位置时，两手压力基本相等；回程时不加压力，以减少锉齿的磨损。锉削中，如果两手用力不变化，锉刀就不能保持平衡，工件中间就会出现凸面或鼓形面。

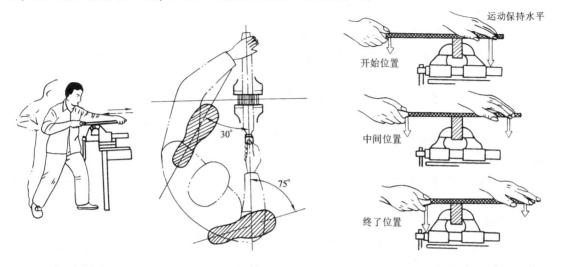

图 6-67 锉削时两脚站立位置及手臂姿势　　　　图 6-68 锉削时两手用力的情形

锉削往复速度一般以 30～60 次/min 为宜。推出时稍慢，回程时稍快，动作要自然协调。

4. 锉削方法

锉削基本方法有交叉锉法、顺向锉法和推锉法 3 种，如图 6-69 所示。

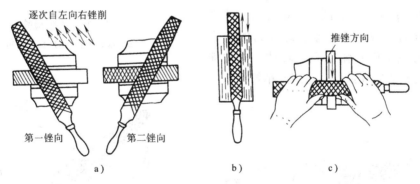

图 6-69 锉削的基本方法

a）交叉锉法　b）顺向锉法　c）推锉法

（1）交叉锉法　交叉锉法是指第 1 遍锉削和第 2 遍锉削交叉进行的锉削方法。由于锉痕是交叉的，表面显出高低不平的痕迹可判断锉削面的平整程度。锉削时锉刀的运动方向与工件的夹持方向约成 50°～60° 角。交叉锉一般适用于粗锉，精锉时必须采用顺向锉，使锉痕变直、纹理一致。

（2）顺向锉法　顺向锉法是指锉刀运动方向与工件夹持方向一致的锉削方法。在锉宽平面时，为使整个加工表面能均匀地锉削，每次退回锉刀时应横向作适当的移动。顺向锉的锉纹整齐一致、比较美观，适用于精锉。

（3）推锉法　推锉法效率不高，适用于加工余量小、表面精度要求高或窄平面的锉削及修光，能获得平整光洁的加工表面。

四、技能训练

1. 平面的锉削技能

锉削平面时，应按如下步骤和方法进行：

（1）粗锉 粗锉时，由于加工余量较大，为提高锉削效率，需采用交叉锉法进行锉削。如图6-69a所示。

（2）精锉 当锉削进行到余量较小时，为使锉纹整齐一致，应用顺向锉法进行锉削。如图6-69b所示。

（3）修光 为提高表面质量，精锉后应用细锉或油光锉以推锉法修光表面。如图6-69c所示。

（4）检验 锉削出的平面是否平直，可用90°角尺、钢直尺或刀口形直尺进行透光检查，如图6-70所示。

2. 曲面的锉削技能

（1）锉削外圆弧面 锉削外圆弧面有横向滚锉法和顺向滚锉法两种。

1）横向滚锉法。如图6-71a所示，锉削时锉刀的主要运动是沿着圆弧的轴线方向做直线运动，同时锉刀不断沿着圆弧面摆动。这种方法的锉削效率高，但只能锉成近似圆弧面的多棱形面，故多用于圆弧面的粗锉。

2）顺向滚锉法。如图6-71b所示，锉削时锉刀需同时完成两个运动，即锉刀的前进运动和锉刀绕工件圆弧中心的转动。这种锉法能得到较光滑的圆弧面，适用于精锉。

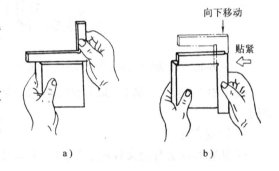

图6-70 锉削检验

a）检查平直 b）检查直角

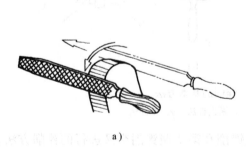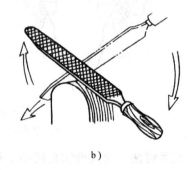

a）　　　　　　　　　　b）

图6-71 外圆弧面的锉削方法

a）横向滚锉法 b）顺向滚锉法

（2）锉削内圆弧面 锉削内圆弧面的技能如下：

1）锉刀选用。当圆弧半径较小时，选用圆锉；当圆弧半径较大时，选用半圆锉或方锉。

2）锉削方法。如图6-72所示，锉削时锉刀必须同时完成3个运动：前进运动、向左或向右移动和绕锉刀中心线转动（按顺时针方向或逆时针方向转动约90°）。3个运动缺一不可。

3. 实训操作

（1）实训内容　要求在实训四（锯削长方铁）制作基础上完成图6-73所示长方体的锉削工作。

（2）操作步骤

1）粗、精锉基准面 A。达到平面度公差0.04mm、表面粗糙度 $Ra \leqslant 3.2\mu m$ 的要求（表面粗糙度用样块做比较法目测检定）。

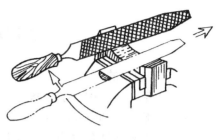

图6-72　内圆弧面的锉削方法

2）粗、精锉基准面 A 的对面。用游标高度尺划出相距21mm尺寸的平面加工线，先粗锉，留0.15mm左右的精锉余量，再精锉达到图样要求。

3）粗、精锉基准面 A 的任一邻面。用直角尺和划针划出平面加工线，然后锉削达到图样有关要求（垂直度用直角尺检查）。

4）粗、精锉基准面 A 的另一邻面。先以相距对面21mm尺寸划出平面加工线，然后粗锉，留0.15mm左右的精锉余量，再精锉达到图样要求。

5）全部精度复检，并作必要的修整锉削。最后，将各锐边均匀倒角去毛刺。

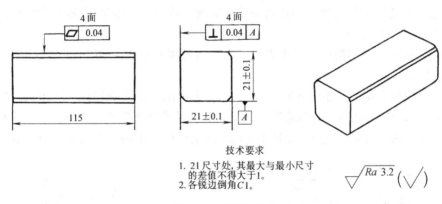

技术要求

1. 21尺寸处，其最大与最小尺寸的差值不得大于1。
2. 各锐边倒角C1。

$\sqrt{Ra\,3.2}\,(\sqrt{})$

图6-73　锉削长方体

五、实训考核

锉削长方体实训考核标准见表6-6。

表6-6　锉削长方体实训考核标准

序号	项目与技术要求	配分	评分标准	实训情况	得分
1	平面度公差0.04mm（4面）	5×4	每面超差扣5分		
2	尺寸要求（21±0.1）mm（2处）	6×2	每处超差扣6分		
3	尺寸差值不大于0.1mm（2处）	4×2	每处超差扣4分		
4	垂直度公差0.04mm（2处）	8×2	每处超差扣8分		
5	表面粗糙度 $Ra3.2\mu m$（4面）	3×4	每面超差扣3分		
6	锉纹整齐，倒角均匀	8	每处不符合要求扣2分		
7	锉削姿势正确	24	发现一处不正确扣4分		
8	安全文明生产	扣分	违反规定酌情扣分		
总　　　分		100	实训成绩		

实训项目六　钻孔与铰孔

一、实训目的

1）了解钻床结构，了解麻花钻的结构、几何角度和刃磨等基本知识。

2）了解扩孔和铰孔的概念。

3）掌握划线钻孔方法，并能进行一般孔的钻削加工。

二、基本知识

钳工中常用的孔加工方法有钻孔、扩孔、铰孔等。钻孔、扩孔和铰孔分别属于孔的粗加工、半精加工和精加工。

钻孔是用钻头在实体材料上加工孔的操作。钻孔加工的尺寸公差等级一般为 IT10 以下，表面粗糙度为 $Ra50 \sim 12.5\mu m$。钻孔多在钻床上加工。常用钻床有台式钻床、立式钻床和摇臂钻床 3 种。

1. 台式钻床

台式钻床简称为台钻，它是一种放在工作台上使用的小型钻床，其结构如图 6-74 所示。钻孔时，电动机通过带传动使主轴和钻头转动实现主运动，主轴沿轴线向下移动完成进给运动。台钻的进给运动为手动。

台钻小巧灵活、结构简单、操作方便，主要用来加工孔径在 $\phi12mm$ 以下的孔。

2. 立式钻床

立式钻床简称为立钻，如图 6-75 所示。与台钻相比，立钻刚性好、功率大，生产率高。主轴的转速可以通过扳动主轴变速箱的手柄来调节，进给量由进给箱控制，可实现自动进给，也可利用进给手柄实现手动进给。立钻主要用于加工孔径在 50mm 以下的中小型工件上的孔。

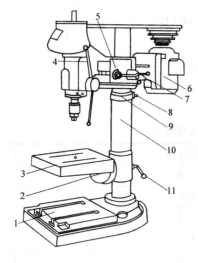

图 6-74　台式钻床

1—底座　2、8—锁紧螺钉　3—工作台　4—手柄

5—主轴架　6—电动机　7、11—锁紧手柄

9—定位环　10—立柱

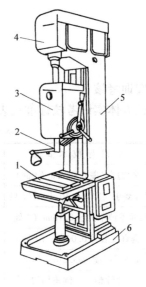

图 6-75　立式钻床

1—工作台　2—主轴　3—进给箱　4—变速箱

5—立柱　6—底座

3. 摇臂钻床

摇臂钻床结构比较复杂，但操纵灵活，其主轴箱装在可以绕垂直立柱回转的摇臂上，如图 6-76 所示。主轴箱可沿摇臂的水平导轨移动，同时，摇臂还可沿立柱上下移动。由于结构上的这些特点，操作时能很方便地调整钻头位置，使钻头对准被加工孔的中心，而不需要移动工件。因此，摇臂钻床主要用于大型工件的孔加工，特别是多孔工件的加工。

4. 钻头与刃磨

（1）麻花钻的结构　麻花钻是钳工钻孔最常用的刀具。它由高速工具钢（W18Cr4V）制成并经热处理，因其外形像麻花而得名。麻花钻由柄部、颈部及工作部分组成，如图 6-77a 所示。

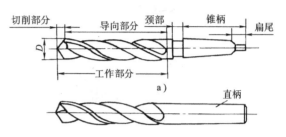

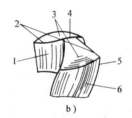

图 6-77　麻花钻
a）麻花钻的组成　b）麻花钻的切削部分
1—前面　2—主切削刃　3—后面
4—横刃　5—副切削刃　6—副后面

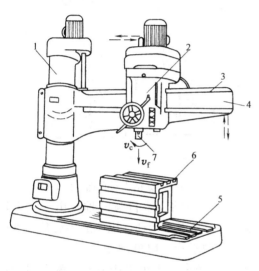

图 6-76　摇臂钻床
1—立柱　2—主轴箱　3—水平导轨
4—摇臂　5—底座　6—工作台　7—主轴

1）柄部是钻头的夹持部分，用来传递转矩和轴向力。按其形状的不同，柄部可分为直柄和锥柄两种。钻头直径在 12mm 以下时，柄部做成直柄；钻头直径在 12mm 以上时，柄部做成锥柄，并与锥套配合使用。

2）颈部位于柄部和工作部分之间，其主要作用是在磨削钻头时供砂轮退刀用；其次，还可以刻印钻头的规格、商标、材料等标记。

3）工作部分由切削部分和导向部分组成。切削部分承担主要的切削工作，它由前面、后面、切削刃和横刃等组成，如图 6-77b 所示。导向部分是切削部分的备用段，由螺旋槽和棱边组成，在钻孔时起引导钻头、排屑和修光孔壁等作用。

（2）麻花钻的几何角度　麻花钻的几何角度主要有前角 γ_o、后角 α_o、顶角 2ϕ 等，如图 6-78 所示。其中顶角 2ϕ 是两个主切削刃之间的夹角，一般取 $118° \pm 2°$。在切削刃上，前角和后角的大小在不同直径处各不相同。在钻头的外径上，前角约为 $18° \sim 30°$，后角一般为 $6° \sim 12°$。

（3）麻花钻的刃磨

1）刃磨要求。刃磨时要求顶角 2ϕ 为 $118° \pm 2°$；两个 ϕ 角相等；两条主切削刃要对称，长度一致。图 6-79 所示为刃磨钻头对孔加工的影响。图 6-79a 所示为刃磨正确；图 6-79b 所示为两个 ϕ 角磨得不对称；图 6-79c 所示为主切削刃长度不一致；图 6-79d 所示为两 ϕ 角不对称，主切削刃长度也不一致。刃磨不正确的钻头在钻孔时都将使钻出的孔扩大或歪斜，同时，由于两主切削刃所受的切削抗力不均衡，会造成钻头很快磨损。

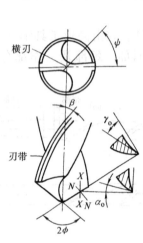

图 6-78 麻花钻的几何角度

图 6-79 刃磨钻头对孔加工的影响

2）刃磨方法。刃磨时用两手握住钻头，右手缓慢地使钻头绕自身的轴线由下向上转动，同时施加适当的刃磨压力，左手配合右手作缓慢的同步下压运动，以便磨出后角，如图 6-80 所示。刃磨过程中要经常蘸水冷却，以防钻头因过热退火，降低硬度。

3）刃磨检验。刃磨过程中，可用角度样板检验刃磨角度，也可以用钢直尺配合目测进行检验。图 6-81 所示为检验顶角 2ϕ 时的情形。

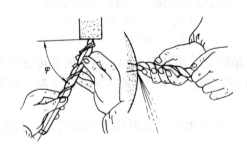

图 6-80 刃磨方法

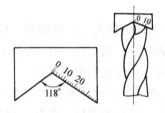

图 6-81 麻花钻顶角的检验

5. 扩孔与铰孔的概念

（1）扩孔　扩孔是用扩孔钻对已钻出的孔或锻、铸出的孔扩大孔径的操作。扩孔的尺寸公差等级可达 IT10 ~ IT9，表面粗糙度为 $Ra6.3 ~ 3.2\mu m$。

扩孔钻的结构与钻头的相似，如图 6-82 所示。不同的是切削刃数量多（3 ~ 4 个），无横刃，钻芯较粗，螺旋槽浅，刚性和导向性好。因此，扩孔时切削较平稳，加工余量较小，加工质量较高。扩孔可作为要求不高的孔的最终加工，也可作为精加工前的预加工。

（2）铰孔 铰孔是用铰刀对孔壁进行精加工的操作。其尺寸公差等级可达 IT8 ~ IT7，表面粗糙度可达 $Ra1.6 ~ 0.8\mu m$。

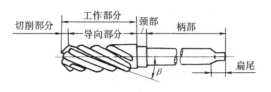

图 6-82 扩孔钻

铰刀分机用铰刀和手用铰刀两种，其结构如图6-83 所示。机用铰刀可以安装在钻床或车床上进行铰孔；手用铰刀用于手工铰孔。手工铰孔时，用手扳动铰杠，铰杠带动铰刀对孔进行精加工。铰刀的特点是：切削刃多（6 ~ 12 个），容屑槽很浅，刀芯截面积大，故刚性和导向性比扩孔钻的好；铰刀本身精度高，而且有校准部分，可以校准和修光孔壁；铰刀加工余量很小（粗铰加工余量为 0.15 ~ 0.35mm，精铰加工余量为 0.05 ~ 0.15mm），切削速度很低，故切削力小、切削热少。

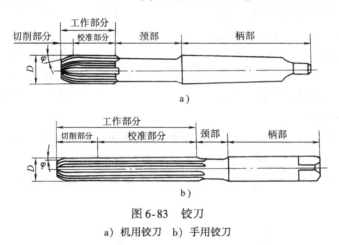

图 6-83 铰刀
a）机用铰刀 b）手用铰刀

三、基本技能

1. 钻孔前的准备

（1）工件划线 钻孔前需按照孔的位置、尺寸要求，划出孔的中心线和圆周线，并打上样冲眼。对精度要求较高的孔还要划出检查圆，如图6-26 所示。

（2）钻头的选择 钻削时要根据孔径的大小和公差等级选择合适的钻头。其选择方法如下：

1）钻削直径小于30mm 的孔，对于精度要求较低的，可选用与孔径相同直径的钻头一次钻出；对于精度要求较高的，可选用小于孔径的钻头钻孔，留出加工余量进行扩孔或铰孔。

2）钻削直径在 30 ~ 80mm 的孔，对于精度要求较低的，应选0.6 ~ 0.8 倍孔径的钻头进行钻孔，然后扩孔；对精度要求高的，可选小于孔径的钻头钻孔，留出加工余量进行扩孔和铰孔。

（3）钻头的装夹 根据钻头柄部形状的不同，钻头装夹方法有以下两种：

1）直柄钻头可用钻夹头装夹。钻夹头的结构如图6-84

图 6-84 钻夹头
1—自动定心卡爪 2—固紧扳手

所示，通过转动固紧扳手可以夹紧或放松钻头。

2）对于锥柄钻头，尺寸大的可直接装入钻床主轴锥孔内，尺寸小的可用钻套过渡连接。钻套及锥柄钻头的装卸方法如图6-85所示。

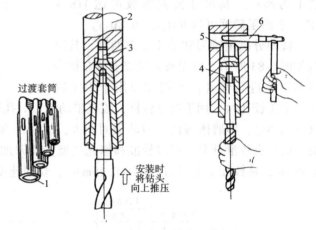

钻头装夹时应先轻轻夹住，开车检查有无偏摆，无摆动后停车夹紧，开始工作；若有摆动，则应停车重新装夹，纠正后再夹紧。

（4）工件的装夹　工件钻孔时应保证被钻孔的中心线与钻床工作台面垂直，为此可以根据工件大小、形状选择合适的装夹方法。常用的基本装夹方法如下：

图6-85　钻套及锥柄钻头的装卸方法
1—锥孔　2—钻床主轴　3、4—过渡套筒
5—长方通孔　6—楔铁

1）小型工件或薄板工件可以用手虎钳夹持，如图6-86a所示。

2）对中、小型形状规则的工件，应用机用虎钳装夹，如图6-86b所示。

3）在圆柱面上钻孔时，用V形铁装夹，如图6-86c所示。

4）较大的工件或形状不规则的工件，可以用压板螺栓直接装夹在钻床工作台上，如图6-86d所示。

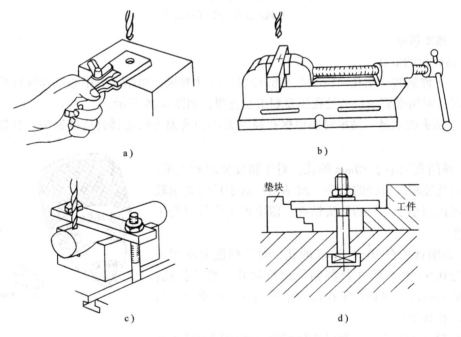

图6-86　钻床钻孔时工件的装夹
a）手虎钳夹持　b）机用虎钳装夹　c）V形铁装夹　d）压板螺栓装夹

2. 起钻与纠偏

开始钻孔时应进行试钻，即用钻头尖在孔中心上钻一浅坑（约占孔径1/4左右），检查坑的中心是否与检查圆同心，如有偏位应及时纠正。偏位较小时可用样冲重新打样冲眼纠正中心位置后再钻；偏位较大时可采用窄錾将偏斜相反的一侧錾低一些，将偏位的坑矫正过来，如图6-87所示。

3. 钻削

（1）钻削通孔　将钻头钻尖对准预先打好的样冲眼，开始钻削时要用较大的力向下进给（手动进给时），避免钻尖在工件表面晃动而不能切入；快钻透时压力应逐渐减小，防止钻头在钻通的瞬间抖动，损坏钻头，影响钻孔质量及安全。

（2）钻削不通孔　要注意掌握钻削深度，以免将孔钻深了出现质量事故。控制钻削深度的方法有：调整好钻床上的深度标尺挡块；安置控制长度量具或用粉笔作标记等。

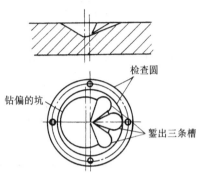

图6-87　钻偏时的纠正

（3）钻削深孔　当孔的深度超过孔径3倍时，即为深孔。钻深孔时要经常退出钻头及时排屑和冷却，否则容易造成切屑堵塞或使钻头过度磨损甚至折断。

（4）钻削大直径孔　钻孔直径 $D>30$ mm 时应分两次钻削。第1次用（0.6~0.8）D 的钻头先钻孔，然后再用所需直径的钻头将孔扩大到所要求的直径。这样分两次钻削既有利于提高钻头寿命，也有利于提高钻削质量。

4. 钻削注意事项

1）尽量避免在斜面上钻孔。若必须在斜面上钻孔，应用立铣刀在钻孔的位置先铣出一个平面，使之与钻头中心线垂直。钻半圆孔则必须另找一块同样材料的垫块与工件拼夹在一起钻孔。

2）钻削时应使用切削液对加工区域进行冷却和润滑。一般钢件采用乳化液或全损耗系统用油作切削液；铝合金工件多用乳化液、煤油作切削液；冷硬铸铁工件可用煤油作切削液。

四、技能训练

1. 实训内容

要求在四方体上完成图6-88所示的钻、铰圆柱孔工作。

2. 操作步骤

1）在四方体上按图样要求划出各孔位置加工线。

2）选定钻头规格，按图样钻孔。钻孔时，应考虑留有一定的铰孔余量。

3）孔口倒角 $C0.5$ mm。

4）铰削圆柱孔，并注意铰孔方法。

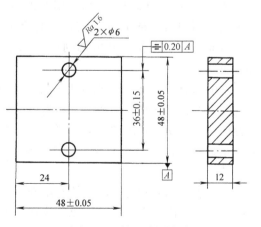

图6-88　钻、铰圆柱孔

5）用塞尺检验孔是否合格。

五、考核标准

钻、铰圆柱孔实训考核标准见表 6-7。

表 6-7 钻、铰圆柱孔实训考核标准

序号	项目与技术要求	配分	评分标准	实测情况	得分
1	孔距误差要求 ±0.15mm	20	每超差 0.02mm 扣 4 分		
2	孔的对称度误差要求 0.20mm	20	每超差 0.02mm 扣 4 分		
3	塞规检验是否合格	35	每降一级扣 10 分		
4	孔口倒角正确	15	酌情扣分		
5	工具使用正确	10	酌情扣分		
6	安全文明生产	扣分	每处不符合要求 2 分		
	总 分	100	实训成绩		

实训项目七　攻螺纹与套螺纹

一、实训目的

1）了解攻螺纹与套螺纹所使用的工具。

2）掌握攻螺纹底孔直径和套螺纹圆杆直径的确定方法。

3）掌握攻螺纹和套螺纹的基本技能和操作方法。

二、基本知识

攻螺纹是指用丝锥加工工件内螺纹的操作；套螺纹是指用板牙加工工件外螺纹的操作。

攻螺纹和套螺纹一般用于加工普通螺纹。攻螺纹和套螺纹所用工具简单、操作方便，但生产率低、精度不高，主要用于单件或小批量的小直径螺纹加工。

1. 攻螺纹工具

攻螺纹的主要工具是丝锥和铰杠。

（1）丝锥　丝锥是加工小直径内螺纹的常用成形刀具，有机用丝锥和手用丝锥两种。丝锥的结构如图 6-89 所示，它由工作部分和颈部组成，其中工作部分由切削部分与校准部分组成。

切削部分是丝锥的主要工作部分，一般

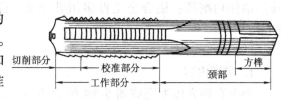

图 6-89　丝锥的结构

磨成圆锥形，有锋利的切削刃，切削负荷分布在几个刀齿上，使切削省力，便于切入。切削部分的作用是切去孔内螺纹牙间的金属。校准部分的作用是修光螺纹和引导丝锥的轴向移动。丝锥上有 3~4 条容屑槽，便于容屑和排屑。丝锥颈部的方榫的作用是与铰杠相配合并传递转矩。

为减少切削力和延长丝锥的使用寿命，常将整个切削量分配给几支丝锥来完成。每种尺寸的丝锥一般由两支或 3 支组成，分别称为头锥、二锥或三锥。它们的区别在于切削部分的锥角和长度不同。头锥、二锥和三锥的区别如图 6-90 所示。攻螺纹时，先用头锥，然后依次用二锥、三锥。头锥完成全部切削量的大部分，剩余小部分切削量将由二锥和三锥完成。

（2）铰杠　铰杠（又称为扳手）是用来夹持丝锥和铰刀的工具，其结构如图 6-91 所示。其中，固定式铰杠常用于 M5 以下的丝锥；可调式铰杠因其方孔尺寸可以调节，能与多种丝锥配用，故应用广泛。

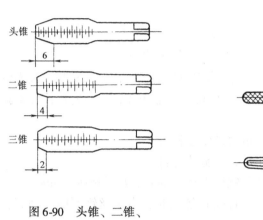

图 6-90　头锥、二锥、
三锥的区别

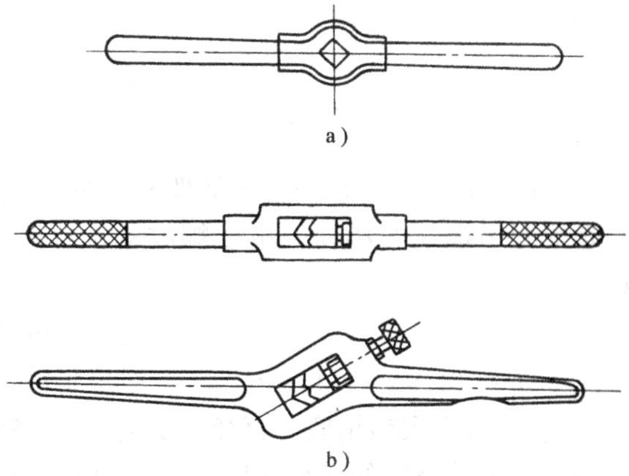

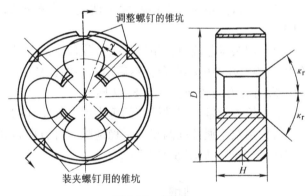

图 6-91　铰杠

a）固定式铰杠　b）可调式铰杠

2. 套螺纹工具

套螺纹用的主要工具是板牙和板牙架。

（1）板牙　板牙是加工小直径外螺纹的成形刀具，其结构如图 6-92 所示。板牙的形状和圆形螺母的相似，只是在靠近螺纹处钻了几个排屑孔，以形成切削刃。板牙两端是切削部分，做成 2ϕ 角，当一端磨损后，可换另一端使用；中间部分是校准部分，主要起修光螺纹和导向作用。

板牙的外圆柱面上有 4 个锥坑和 1 个 V 形槽。其中两个锥坑，其轴线与板牙直径方向一致，它的作用是通

图 6-92　板牙

过板牙架上两个紧固螺钉将板牙紧固在板牙架内，以便传递转矩。另外两个偏心锥坑是当板牙磨损后，将板牙沿 V 形槽锯开，拧紧板牙架上的调整螺钉，螺钉顶在这两个锥坑上，使板牙孔做微量缩小以补偿板牙的磨损。

（2）板牙架　板牙架是用来夹持板牙传递转矩的专用工具，其结构如图 6-93 所示。板牙架与板牙配套使用。为了减少板牙架的规格，一定直径范围内的板牙的外径是相等的，当板牙外径与板牙架不配套时，可以加过渡套或使用大一号的板牙架。

三、基本技能

1. 攻螺纹

（1）攻螺纹前底孔直径的确定　用丝锥攻螺纹时，丝锥主要是切削金属，同时也伴随

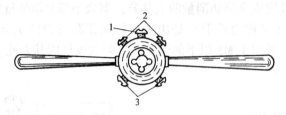

图 6-93　板牙架

1—撑开板牙螺钉　2—调整板牙螺钉　3—固紧板牙螺钉

着严重的挤压作用，特别是加工塑性材料时的挤压作用更加明显。因此，攻螺纹前螺纹底孔直径必须大于螺纹的小径、小于螺纹的大径。具体确定方法可以查表或用下列经验公式计算

$$D_{底} = d - P \qquad\qquad 适用于钢料及塑性材料$$

$$D_{底} = d - (1.05 \sim 1.1)P \qquad\qquad 适用于铸铁及脆性材料$$

式中，$D_{底}$ 是攻螺纹前钻底孔直径（mm）；d 是螺纹大径（mm）；P 是螺距（mm）。

（2）不通孔螺纹的钻孔深度　攻不通孔（盲孔）螺纹时，由于丝锥不能攻到底，所以底孔深度要大于螺纹部分的长度，其钻孔深度 L 由下面的公式确定：

$$L = L_0 + 0.7d$$

式中，L_0 是螺纹深度（mm）；d 是螺纹大径（mm）。

（3）攻螺纹方法

1）孔口倒角时，先用稍大于钻底孔直径的钻头或锪钻将孔口两端倒角，以利于丝锥切入。

2）用头锥起攻时，用铰杠夹持住丝锥的方榫，将丝锥放到已钻好的底孔处，并注意使丝锥中心与孔的中心重合，然后用右手握铰杠中间，并用食指和中指夹住丝锥，适当施加压力并顺时针方向转动，攻入 1~2 圈。

3）检查丝锥与工件端面的垂直度，如图 6-94 所示。

4）用双手握铰杠两端，平稳地顺时针方向转动铰杠，每转 1~2 圈要反转 1/4 圈，以利于断屑和排屑，如图 6-95 所示。

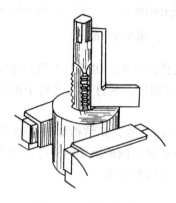

图 6-94　检查垂直度

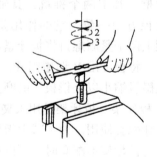

图 6-95　攻螺纹操作

1、3—攻螺纹切削

2—反转断屑

5）头锥攻完后反向退出，再依次用二锥、三锥加工。每换1锥，应先将丝锥旋入1~2圈扶正、定位，再用铰杠攻入，以防乱扣。

（4）攻螺纹注意事项

1）攻螺纹时双手用力要均匀，如果感到转矩很大时不可强行扭动，应将丝锥反转退出。

2）对于钢料工件，攻螺纹时要加机油润滑，这样会使螺纹光洁，同时能延长丝锥的使用寿命。对于铸铁工件，攻螺纹时可以用煤油润滑。

2. 套螺纹

（1）套螺纹前工件直径的确定　套螺纹时主要是切削金属形成螺纹牙形，但也有挤压作用。套螺纹前应首先确定工件直径，工件直径太大则难以套入，太小则套出的螺纹不完整。具体确定方法可以查表或用下面的公式计算：

$$d_0 \approx d - 0.13P$$

式中，d_0 是套螺纹前工件直径（mm）；d 是螺纹大径（mm）；P 是螺距（mm）。

（2）套螺纹方法

1）套螺纹前必须对工件倒角，以利于板牙顺利套入。

2）装夹工件时，工件伸出钳口的长度应稍大于螺纹长度。

3）套螺纹的过程与攻螺纹的相似，如图6-96所示。操作时用力要均匀，开始转动板牙时，要稍加压力，套入3~4圈后，可只转动不加压，并经常反转以便断屑。

图 6-96　套螺纹操作

1、3—套螺纹切削　2—反转断屑

四、技能训练

1. 实训任务

要求在备料上完成图6-97所示的六角螺母制作。

2. 实训准备

实训材料：Q235钢，ϕ30mm×32mm。

工、量具：划针、划规、样冲、锤子、V形铁、划线盘、划线平板、手锯、锉刀（粗、细各一把）、ϕ10.2mm钻头、M12丝锥、铰杠、游标高度尺、游标卡尺、直角尺、刀口形直尺、塞尺、120°角度样板、活络角尺、金属直尺等。

设备：钻床。

3. 操作步骤

（1）下料　根据图样要求，用手锯将备料锯削为两段，14mm一段，注意使锯面平整且与轴线垂直。

（2）锉削两端面　先选择较平整且与轴线垂直的端面进行粗、精锉，达到平面度和表面粗糙度要求，并作好标记，作为基准面A；以A面为基准，粗、精锉另一端面，达到尺寸

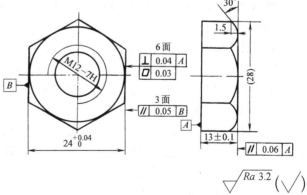

图 6-97　六角螺母

公差要求、平行度要求和表面粗糙度要求。

（3）划线并打样冲眼 根据图样要求，按六角体的划线方法在工件表面上划出六角体尺寸加工线，并在中心打上样冲眼以作钻孔定位用。

（4）锉削加工6个侧面 6个侧面的加工顺序如图6-98所示。

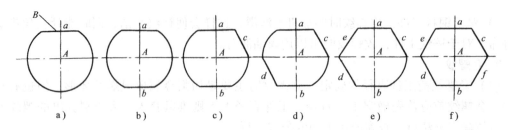

图6-98 六角体的加工顺序

a) 第1面 b) 第2面 c) 第3面 d) 第4面 e) 第5面 f) 第6面

1）检查原材料，测量出备料实际直径 d。

2）粗、精锉 a 面。除达到平面度、表面粗糙度以及与 A 面的垂直度要求外，同时要保证该面与对边圆柱母线的尺寸为 $(d+24mm)/2+0.04mm$，并作标记，作为基准面 B。

3）粗、精锉相对面（b 面）。以基准面 B 为基准，粗、精锉加工 a 面的相对面 b 面，达到尺寸公差、平行度、平面度、表面粗糙度以及与 A 面的垂直度要求。

4）粗、精锉第3面（c 面）。除达到平面度、表面粗糙度、与 A 面的垂直度要求外，同时还要保证该面与对边圆柱母线的尺寸为 $(d+24mm)/2+0.04mm$，并以基准面 B 为基准，锉准120°角。

5）粗、精锉第4面（d 面）。以第3面为基准，粗、精锉加工 c 面的相对面 d 面，达到尺寸公差、平行度、平面度、表面粗糙度以及与 A 面的垂直度要求。

6）粗、精锉第5面（e 面）。除达到平面度、表面粗糙度、与 A 面的垂直度要求外，同时还要保证该面与对边圆柱母线的尺寸为 $(d+24mm)/2+0.04mm$，并以基准面 B 为基准，锉准120°角。

7）粗、精锉第6面（f 面）。以第5面为基准，粗、精锉加工 e 面的相对面 f 面，达到尺寸公差、平行度、平面度、表面粗糙度以及与 A 面的垂直度要求。

8）全面检查和进行修整后，对锐边进行均匀倒棱。

（5）端面倒圆角

1）划六角形内切圆加工线和 $\phi10.2mm$ 底孔线。

2）用锉刀进行倒角，保证 $1.5\times30°$ 并去毛刺。

（6）加工底孔并攻螺纹

1）用 $\phi10.2mm$ 钻头钻底孔。

2）用 M12 丝锥攻出 M12 内螺纹。

（7）送检 自检合格后再送教师验收。

五、考核标准

六角螺母制作实训考核标准见表6-8。

表 6-8　六角螺母制作实训考核标准

序号	项目与技术要求	配分	评分标准	实训情况	得分
1	尺寸要求 $24^{+0.04}_{0}$mm（3 处）	4×3	超差 0.01mm 扣 4 分		
2	尺寸要求 13±0.1mm（1 处）	6	超差 0.01mm 扣 2 分		
3	平面度公差 0.03mm（6 处）	2×6	超差 0.01mm 扣 2 分		
4	平行度公差 0.05mm（3 处）	4×3	超差 0.01mm 扣 2 分		
5	平行度公差 0.06mm（1 处）	6	超差 0.01mm 扣 3 分		
6	垂直度公差 0.04mm（6 处）	3×6	超差 0.01mm 扣 3 分		
7	120°角面的倾斜度公差 0.03mm（6 处）	3×6	超差 0.01mm 扣 3 分		
8	螺纹孔垂直度公差 0.20mm	8	超差 0.05mm 扣 4 分		
9	表面粗糙度值小于等于 $Ra3.2\mu m$（8 面）	8	1 面不符合要求扣 1 分		
10	安全文明生产	扣分	违反规定酌情扣分		
11	工时 10h	扣分	每超 1h 扣 3 分		
	总　　分	100	实训成绩		

实训项目八　综 合 训 练

一、制作錾口锤子

1. 实训目的

1）巩固划线、锯削、锉削、钻孔等基本操作技能。

2）正确使用工、量具。

2. 实训任务

制作錾口锤子，其尺寸与技术要求如图 6-99 所示。

3. 实训准备

实训材料：由实训五中锉削长方体练习件转下。

工、量具：划针、划规、样冲、锤子、划线平板、手锯、扁锉、方锉、半圆锉、圆锉、$\phi9.7$mm 钻头、游标高度尺、游标卡尺、90°角尺、刀口形直尺、塞尺、半径样板、钢直尺等。

4. 操作步骤

（1）检查　检查来料尺寸。

（2）锉削长方体　锉削长方体时，其加工步骤可参照实训五中锉削长方体各面的顺序进行锉削加工。锉削后要求达到尺寸（20±0.05）mm ×（20±0.05）mm 及平行度公差 0.05mm、垂直度公差 0.03mm、表面粗糙度 $Ra\leqslant3.2\mu m$ 的要求。

（3）锉削一端面　以长面为基准锉削一端面，达到基本垂直，表面粗糙度 $Ra\leqslant3.2\mu m$。

（4）划形体加工线　以一长面及端面为基准，用錾口锤子样板划出形体加工线（两面同时划出），并按图样尺寸划出锤体右段棱线处 $4 \times C3.5$mm、长 29mm 的倒角加工线。

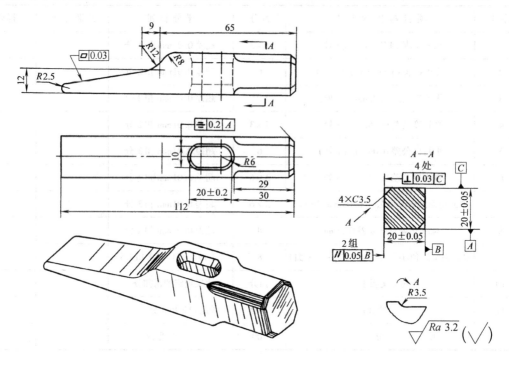

图 6-99 錾口锤子

（5）锉锤体右段棱线处 $4 \times C3.5$mm、长 29mm 的倒角达到要求 锉削时，先用圆锉粗锉出 $R3.5$mm 圆弧，然后分别用粗、细板锉粗、细锉倒角，再用圆锉细加工 $R3.5$mm 圆弧，最后用推锉法修整，并用砂布打光。

（6）钻孔 按图划出腰孔加工线及钻孔检查线，并用 $\phi9.7$mm 钻头钻孔。

（7）锉腰孔 用圆锉锉通两孔，然后用掏锉按图样要求锉好腰孔。

（8）斜面锯切 按划线在 $R12$mm 处钻 $\phi5$mm 孔，然后用手锯按加工线锯去多余部分（留锉削余量）。

（9）圆弧面、斜面锉削 用半圆锉按线粗锉 $R12$mm 内圆弧面，用板锉粗锉斜面与 $R8$mm 圆弧面至划线线条。然后用细板锉细锉斜面，用半圆锉细锉 $R12$ 内圆弧面，再用细板锉细锉 $R8$ 外圆弧面。最后用细板锉及半圆锉作推锉修整，达到各形面连接圆滑、光洁、纹理齐正。

（10）小锤头锉削 锉 $R2.5$mm 圆头，并保证工件总长为 112mm。

（11）大锤头端部倒角 大锤头端部倒角 $C3.5$mm。

（12）修整加工 用砂布将各加工面全部打光，交件待验。

（13）腰孔加工及热处理 待工件检验后，将腰孔各面倒出 1mm 弧形喇叭口，20mm 端面锉成略呈凸弧形面，然后将工件两端热处理淬硬。

5. 注意事项

1）用 $\phi9.7$mm 钻头钻孔时，要求钻孔位置正确，钻孔孔径没有明显扩大，以免造成加工余量不足，影响腰孔的正确加工。

2）锉削腰孔时，应先锉两侧平面，后锉两端圆弧面。在锉平面时，要注意控制好锉刀的横向移动，防止锉坏两端孔面。

3）加工四角 $R3.5mm$ 内圆弧时，横向锉要锉准锉光，然后推光就容易，且圆弧尖角处也不易坍角。

4）在加工 $R12mm$ 与 $R8mm$ 内外圆弧面时，横向必须平直，并与侧平面垂直，才能使弧形面连接正确，外形美观。

6. 考核标准

錾口锤子制作实训考核标准见表6-9。

表6-9 錾口锤子制作实训考核标准

序号	项目与技术要求	配分	评分标准	实训情况	得分
1	尺寸要求（20±0.05mm）（2处）	4×2	超差0.01mm扣4分		
2	平行度公差0.05mm（2处）	3×2	超差0.01mm扣3分		
3	垂直度公差0.03mm（4处）	3×4	超差0.01mm扣3分		
4	$C3.5mm$ 倒角尺寸正确（4处）	2×4	1处不正确扣2分		
5	$R3.5mm$ 内圆弧连接圆滑，尖端无坍角（4处）	2×4	1处不符合扣2分		
6	$R12mm$ 与 $R8mm$ 圆弧面连接圆滑	12	1处不圆滑扣4分		
7	舌部斜面平面度公差0.03mm	10	超差0.01mm扣5分		
8	腰孔长度要求（20±0.2）mm	10	超差0.10mm扣5分		
9	腰形孔对称度公差0.2mm	8	超差0.05mm扣4分		
10	$R2.5mm$ 圆弧面圆滑	8	1处不圆滑扣4分		
11	倒角均匀、各棱线清晰	5	每一棱线不符合要求扣1分		
12	表面粗糙度 $Ra \leqslant 3.2\mu m$，纹理齐正	5	每一面不符合要求扣1分		
13	安全文明生产	扣分	违反规定酌情扣分		
14	工时定额16h	扣分	每超1h扣5分		
总　　分		100	实训成绩		

二、角度样板锉配

1. 实训目的

1）熟练掌握划、锯、锉、钻的基本技能，并达到一定的加工精度要求，为锉配打下必要的基础。

2）初步掌握具有对称度要求的工件加工和测量方法。

3）掌握角度样板的锉配方法。

2. 实训任务

角度样板锉配，其尺寸与技术要求如图6-100所示。

3. 实训准备

实训材料：35钢，$60^{+0.2}_{+0.1}mm \times 40^{+0.2}_{+0.1}mm \times$（10±0.05）mm（刨削）。

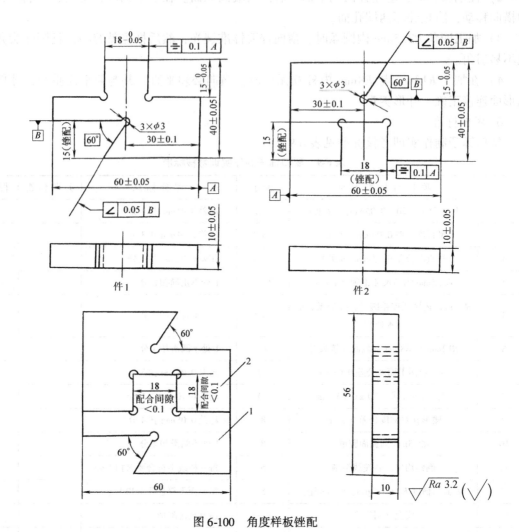

图 6-100　角度样板锉配
1—件1　2—件2

工、量具：划针、划规、样冲、锤子、扁錾、划线平板、手锯、扁锉（粗、细）、三角锉、方锉、$\phi3$mm 钻头、游标高度尺、游标卡尺、千分尺、90°角尺、刀口形直尺、60°标准角度样板、塞尺、金属直尺等。

4. 操作步骤

（1）加工外形尺寸　按图样要求，锉件1和件2，达到尺寸（40±0.05）mm、（60±0.05）mm 和垂直度公差的要求。

（2）划线、钻工艺孔　划件1和件2全部加工线，并钻 $3\times\phi3$mm 工艺孔。

（3）加工件1凸形面

1）按划线垂直锯去一角余料，粗、细锉两垂直面。

2）根据40mm处的实际尺寸，通过控制25mm的尺寸误差值（本处应控制在40mm处的实际尺寸减去 $15_{-0.05}^{0}$mm 的范围内），从而保证 $15_{-0.05}^{0}$mm 的尺寸要求。

3）根据 60mm 处的实际尺寸，通过控制 39mm 的尺寸误差值（本处应控制在 $\frac{1}{2} \times 60$mm 处的实际尺寸加 $9^{+0.025}_{-0.05}$mm 的范围内），从而保证在取得尺寸 $18^{0}_{-0.05}$mm 的同时，又能保证其对称度误差在 0.1mm 内。

4）按划线锯去另一侧一垂直角余料，用上述方法控制并锉对尺寸 $15^{0}_{-0.05}$mm；对于凸形面的 $18^{0}_{-0.05}$mm 尺寸要求，可直接测量锉对。

（4）加工件 2 凹形面

1）用手锯锯除凹形面的多余部分，然后粗锉至接触线条。

2）细锉两侧垂直面时，两面同样根据外形 60mm 和凸形面 18mm 的实际尺寸，通过控制 18mm 的尺寸误差值（如凸形面尺寸为 17.95mm，一侧面可用 $\frac{1}{2} \times 60$mm 处的实际尺寸减去 $9^{+0.05}_{-0.01}$mm，而另一侧面必须控制在 $\frac{1}{2} \times 60$mm 处的实际尺寸减去 $9^{+0.01}_{-0.05}$mm），来达到对称度公差的要求，并用件 1 凸形面锉配，从而达到配合间隙 <0.1mm、凹凸配合处的位置精度及对称度公差 0.1mm 的要求。

3）细锉凹形面顶端面时，根据 40mm 处的实际尺寸，通过控制 25mm 的尺寸误差值（本处与凸形面的两垂直面一样控制尺寸），从而保证达到与凸形体端面的配合精度要求。

（5）加工件 2 的 60°角　按划线锯去 60°角余料，锉削并按前述方法控制 25mm 的尺寸误差，来达到 $15^{0}_{-0.05}$mm 的尺寸要求。然后用 60°标准角度样板检验锉准 60°角度，并用 0.05mm 塞尺检查，以不得塞入为准。最后用圆柱间接测量来控制达到（30±0.1）mm 的尺寸要求。

注：角度样板斜面锉削时的尺寸测量一般都采用圆柱间接测量，其测量方法如图 6-101 所示。其测量尺寸 M 与样板的尺寸 B、圆柱直径 d 有如下关系：

$$M = B + \frac{d}{2}\cot\frac{\alpha}{2} + \frac{d}{2}$$

式中，M 是测量读数值（mm）；B 是样板斜面与槽底的交点至侧面的距离（mm）；d 是圆柱量棒的直径尺寸（mm）；α 是斜面的角度值。

当要求尺寸为 A 时，则可按下式进行换算：

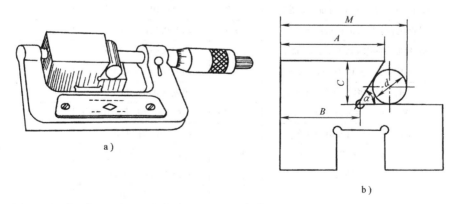

a）

b）

图 6-101　角度样板边角尺寸的测量

$$B = A - C\tan\alpha$$

式中，A 是斜面与槽口平面的交点（边角）至侧面的距离（mm）；C 是角度的深度尺寸（mm）。

（6）加工件 1 的 60°角　按划线锯去 60°角余料，照件 2 锉配，达到角度配合间隙不大于 0.1mm，同时也用圆柱间接测量，来控制达到（30±0.1）mm 的尺寸要求。

（7）送检　复检全部锐边倒棱、检查精度后送验。

5. 注意事项

1）加工 18mm 凸形面时，为了保证对称度精度，只能先去掉一垂直角料，待其加工至所要求的尺寸公差后，才能去掉另一垂直角料。同样，只允许在凸形面加工结束后才能去掉 60°角余料，完成角度锉削，以保证加工时便于测量控制。这是由于受测量工具限制，只能采用间接测量法，来得到所需要的尺寸公差。

2）因采用间接测量来达到尺寸要求值，故必须进行正确换算和测量，才能得到实际所要求的精度。

3）在整个加工过程中，加工面都比较窄，但一定要锉平和保证与大平面垂直，才能达到配合精度。

4）在锉配凹形面时，必须先锉一凹形侧面，根据 60mm 处的实际尺寸通过控制 21mm 的尺寸误差值（本处为 $\frac{1}{2} \times 60$mm 处的实际尺寸减凸形面 $\frac{1}{2} \times 18$mm 处的实际尺寸加 1/2 间隙值）来达到配合后的对称度的要求。

5）凹凸锉配时，应按已加工好的凸形面先锉配凹形两侧面，后锉配凹形端面。在锉配时，一般不再加工凸形面，否则会使其失去精度而无基准，使锉配难以进行。

6. 考核标准

角度样板锉配实训考核标准见表 6-10。

表 6-10　角度样板锉配实训考核标准

序号	项目与技术要求	配分	评分标准	实训情况	得分
1	尺寸要求（40±0.05）mm（2 处）	3×2	超差 0.01mm 扣 3 分		
2	尺寸要求（60±0.05）mm（2 处）	3×2	超差 0.01mm 扣 3 分		
3	尺寸要求 $15_{-0.05}^{0}$mm（3 处）	4×3	超差 0.01mm 扣 4 分		
4	尺寸要求 $18_{-0.05}^{0}$mm	3	超差 0.01mm 扣 3 分		
5	尺寸要求（30±0.1）mm（2 处）	3×2	超差 0.01mm 扣 3 分		
6	凹凸配合间隙 <0.1 mm（5 面）	5×5	超差 0.01mm 扣 5 分		
7	60°角配合间隙 <0.1 mm（2 面）	5×2	超差 0.01mm 扣 5 分		
8	60°角倾斜度公差 0.05 mm（2 面）	3×2	超差 0.01mm 扣 3 分		
9	凹凸配合后对称度公差 0.1 mm	10	超差 0.05mm 扣 5 分		
10	表面粗糙度 $Ra \leqslant 3.2\mu m$（20 面）	0.5×20	1 面不符合要求扣 0.5 分		
11	$\phi 3$mm 工艺孔位置正确（6 个）	1×6	1 个不正确扣 1 分		
12	安全文明生产	扣分	违反规定酌情扣分		
13	工时定额 12h	扣分	每超 30min 扣 3 分		
总　分		100	实训成绩		

三、四方体锉配

1. 实训目的

1）掌握四方体锉配的方法。

2）了解影响锉配精度的因素，并掌握锉配误差的检查和修正方法。

3）进一步掌握平面锉削技能，了解内表面加工过程及几何精度在加工中的控制方法。

2. 实训任务

四方体锉配，其尺寸与技术要求如图 6-102 所示。

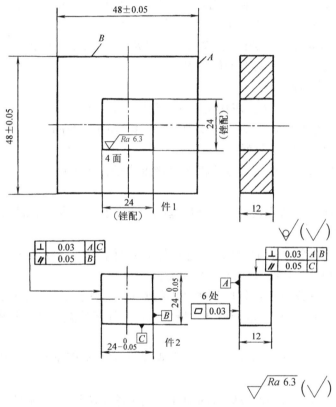

图 6-102　四方体锉配

3. 实训准备

实训材料：Q235 钢，28mm×28mm×16mm，48mm×48mm×12mm（刨削）。

工量具：划针、样冲、锤子、划线平板、手锯、扁锉（粗、细）、三角锉、方锉、游标高度尺、游标卡尺、千分尺、直角尺、刀口形直尺、塞尺、金属直尺等。

4. 操作步骤

（1）加工外四方体件 2

1）粗、细锉大基准面 A，达到平面度公差 0.03mm、表面粗糙度 $Ra \leqslant 6.3\mu m$ 的要求，并作上标记。

2）粗、细锉大基准面 A 的对面，用高度游标卡尺划出相距 12mm 尺寸的平面加工线，先粗锉，留 0.15mm 左右的细锉余量，再细锉达到平面度公差 0.03mm、表面粗糙度 $Ra \leqslant 6.3\mu m$ 的要求。

3）粗、细锉基准面 B，达到垂直度公差 0.03mm、平面度公差 0.03mm、表面粗糙度 $Ra \leqslant 6.3\mu m$ 的要求。

4）粗、细锉基准面 B 的对面，用游标高度尺划出相距 24mm 尺寸的平面加工线，先粗锉，留 0.15mm 左右的细锉余量，再细锉达到尺寸 $24_{-0.05}^{\ 0}$mm、平行度公差 0.05mm、垂直度公差 0.03mm、平面度公差 0.03mm、表面粗糙度 $Ra \leqslant 6.3\mu m$ 的要求。

5）粗、细锉基准面 C，达到垂直度公差 0.03mm、平面度公差 0.03mm、表面粗糙度 $Ra \leqslant 6.3\mu m$ 的要求。

6）粗、细锉基准面 C 的对面，用游标高度尺划出相距 24mm 尺寸的平面加工线，先粗锉，留 0.15mm 左右的细锉余量，再细锉达到尺寸 $24_{-0.05}^{\ 0}$mm、平行度公差 0.05mm、垂直度公差 0.03mm、平面度公差 0.03mm、表面粗糙度 $Ra \leqslant 6.3\mu m$ 的要求。

7）全部精度复检，并作必要的修整锉削。

（2）锉配内四方体件 1

1）修整外形基准面 A、B，使其互相垂直并与大平面垂直。

2）以 A、B 两面为基准，按图样划出内四方体 24mm × 24mm 尺寸加工线，并用已加工好的四方体校核所划线条的正确性。

3）先钻孔去除余料，然后用方锉粗锉至接近线条，每边留 0.1 ~ 0.2mm 作为细锉加工余量。

4）细锉第 1 面（可取靠近平行于外形基准 A 面的面），达到平面纵横平直，并与 A 面平行及与大平面垂直。

5）细锉第 2 面（第 1 面的对面），达到与第 1 面平行，尺寸 24mm 可用四方体件 2 试配，使其能较紧地塞入即可，以留有修整余量。

6）细锉第 3 面（靠近平行外形基准 B 面的面），达到平面纵横平直，并与大平面垂直，以及通过测量与 B 面的平行度进行控制，最后用角度样板检查修整，达到与第 1、2 面的垂直度和清角要求。

7）细锉第 4 面，达到与第 3 面平行，与两侧面及大平面垂直，并用四方体件 2 试配，达到能较紧地塞入。

8）精锉修整各面，即用四方体认向配锉。先用透光法检查接触部位，进行修整。当四方体塞入后，采用透光和涂色相结合的方法检查接触部位，然后逐步修锉达到配合要求。最后作转位互换的修整，达到转位互换并用手将四方体推出、推进无阻滞的要求。

（3）各锐边去毛刺、倒棱　检查配合精度，最大间隙处用两片 0.1mm 塞尺塞入进行对组面检查，其塞入深度不得超过 6mm，最大喇叭口用两片 0.14mm 塞尺检查，其塞入深度不得超过 3mm。

5. 注意事项

1）锉配件的划线必须准确，线条要细而清晰，两面要同时 1 次划出，以便加工时检查。

2）为得到转位互换的配合精度，基准四方体的 2 组尺寸误差值尽可能控制在最小范围内（必须控制在配合间隙的 1/2 范围内），其垂直度、平行度误差也尽量控制在最小范围内，并且要求将尺寸公差做在上限，使锉配时有可能作微量的修正。

3）锉配件外形基准面 A、B 的相互垂直及与大平面的垂直度，应控制在较小的差值

（<0.02mm），以保证在划线时的准确性和锉配时有较好的测量基准。

4）锉配时的修锉部位，应在透光与涂色检查后再从整体情况考虑，合理确定（特别要注意四角的接触）。避免仅根据局部试配情况就进行修锉，造成配合面局部出现过大的间隙。

5）当整体试配时，四方体轴线必须垂直于配锉件的大平面，否则不能反映正确的修锉部位。

6）正确选用小于90°的光边锉刀进行内四方清角的修锉，防止锉成圆角或锉坏相邻面。

7）在锉配过程中，只能用手推四方体，禁止使用锤子或硬金属敲击，防止将配锉面咬毛和锉配工件敲毛。

6. 考核标准

四方体锉配实训考核标准见表6-11。

表6-11　四方体锉配实训考核标准

序号	项目与技术要求	配分	评分标准	实训情况	得分
1	尺寸要求 $24_{-0.05}^{0}$ mm（2处）	8×2	超差0.01mm扣8分		
2	平行度公差0.05mm（2处）	5×2	超差0.01mm扣5分		
3	垂直度公差0.03mm（8处）	2×8	超差0.01mm扣2分		
4	平面度公差0.03mm（6处）	2×6	超差0.01mm扣2分		
5	换位配合间隙不大于0.1mm（4处）	6×4	超差0.01mm扣6分		
6	喇叭口小于0.14mm（4处）	3×4	超差0.01mm扣3分		
7	表面粗糙度 $Ra \leqslant 6.3\mu m$（10面）	1×10	1面不符合要求扣1分		
8	安全文明生产	扣分	违反规定酌情扣分		
9	工时定额12h	扣分	每超30min扣3分		
总　　分		100	实训成绩		

实训项目九　机械装置的拆卸

在对机械装置实施修理的过程中，拆卸工作是一个重要的环节。在拆卸过程中，若考虑不周、方法不当，就会损坏被拆装置的零、部件，甚至导致整台装置的精度、性能降低。

为了使拆卸工作能顺利进行，必须在机械装置拆卸前仔细阅读机械装置的图样和有关技术资料，深入分析了解机械装置的结构特点、传动系统的工作原理、零件间的配合关系，明确各自的用途和相互间的作用。在此基础上，确定合适的拆卸方法，选用合适的拆卸工具和设施，然后对机械装置进行解体。

一、拆卸机械装置的原则

拆卸机械装置时，应该按照与装配相反的顺序和方向进行。一般是从外部拆到内部，从上部拆到下部，先拆成部件或组件，再拆成零件的原则进行。另外，拆卸时还必须注意下列原则：

1）对不易拆卸或拆卸后就会降低连接质量和损坏一部分连接零件的连接，应当尽量避免拆卸。例如密封连接、过盈配合、铆接和焊接等。

2）用击卸法冲击零件时，必须垫好软衬垫，或者用软材料（如纯铜）做的锤子或冲棒敲击，以防止损坏零件表面。

3）拆卸时，用力应适当，特别要注意保护主要结构件，避免发生任何损坏。对于配合件，在不得已必须损坏其中1个才能拆卸的情况下，应保存价值较高、制造较难或质量较好的零件。

4）对于长径比较大的零件，如较精密的细长轴、丝杠等零件，拆下后应随即清洗、涂油、垂直悬挂；重型零件可用多支点支承卧放，以免变形。

5）拆下的零件应尽快清洗，并涂上润滑油。对精密零件，还需用油纸包好或浸入油盘中，以防生锈腐蚀或碰伤表面。零件较多时还应按部件分门别类，做好标记，有序放置。

6）拆下的较细小、易丢失的零件，如紧定螺钉、螺母、垫圈及销子之类的零件，清理后尽可能再装到主零件上，以防止遗失。装有较多零件的轴类组件，零件拆下后最好按原装配顺序装回轴上或用钢丝串起放置，如图 6-103 所示，严禁随意杂乱堆放。

7）拆下的导管、油杯之类的润滑或冷却用的油、水、气的通路，各种液压件在清洗后均应将进出口封好，以免灰尘杂质侵入。

8）在拆卸旋转部件时，应注意尽量不破坏原来的平衡状态。

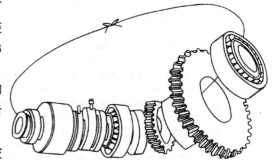

图 6-103 拆卸件的放置方法

9）容易产生位移而又无定位装置或有方向性的相配件，在拆卸后应先做好位置标记，以便在装配时容易辨认。

二、拆卸机械的常用工具

拆卸机械的常用工具如图 6-104 所示。这些工具有些是标准工具，如拔销器、各种扳手、挡圈装卸钳等，有些是自制工具，如钩形扳手、销子冲头、铜棒等。拆卸时，配置合适的工具是提高拆卸质量和工作效率的重要保证。

三、部件的拆卸

1. 部件拆卸时应注意的事项

1）部件与其他部件之间的拆卸方法。

2）部件本身的紧固与定位方式和拆卸的方法。

3）部件拆离与吊运中的安全措施。

例如，拆卸车床进给箱部件时应首先拆卸它的联系部件，如交换齿轮、丝杠、光杠和操纵杆等，使进给箱成为一个单独的部分，这时才能拆卸进给箱。进给箱拆卸的步骤为：用拔销器拆下两个定位销，接着用吊绳将箱体两端挂住，在紧固螺栓拆松之前吊绳不能挂得太紧，只要稍微受力即可。当拆卸紧固螺栓时，由于进给箱是安装在床身垂直面上的部件，所以其拆卸顺序应由下而上，即先拆螺栓 1、2，然后才能拆卸螺栓 3、4，如图 6-105a 所示。

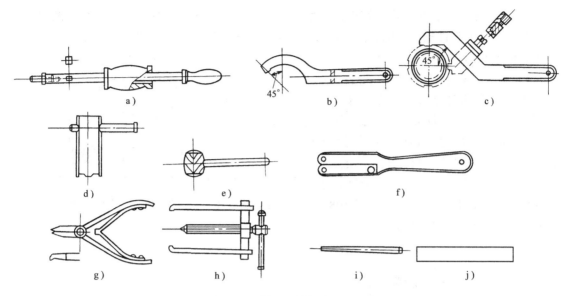

图 6-104　拆卸机械的常用工具

a) 拔销器　b) 钩形扳手　c) 可调式勾形扳手　d) 管子圆螺母扳手　e) 木锤
f) 双叉销扳手　g) 挡圈装卸钳　h) 顶拔器　i) 销子冲头　j) 铜棒

如果先拆螺栓 3、4，则当松开螺栓 1、2 时，因其重心高于支承点，部件会发生突然偏转，如图 6-105b 所示，这样有可能损坏螺栓或箱体边缘，甚至会发生人身事故。对于拆卸垂直面上安装的部件时，都应注意这种情况。

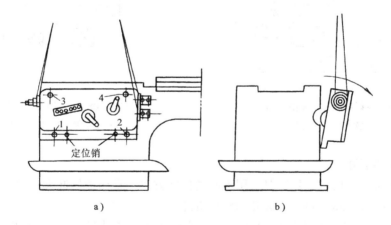

图 6-105　进给箱拆卸示意图

a) 合理拆卸　b) 不合理拆卸

2. 部件吊离时的安全措施

1) 部件的挂吊点必须选择能使部件保持稳定的位置。首先应使用原设计的挂吊位置。在无专用的挂吊位置时，应能正确估计到部件的重心位置，然后选择合理的挂吊位置。如图 6-106 所示，主轴箱吊离时，应将 a、b 两处同时挂住，如只挂 a 处或 b 处，主轴箱起吊时将会发生偏转。

2) 要充分估计挂吊处的强度，挂吊时吊绳应尽可能靠近箱壁。

3）部件吊离时，吊车应使用点起动吊，并用手试推部件，观察其是否完全脱离紧固装置，是否有其他部件挂住。图6-106所示主轴箱下面的定位螺钉较为隐蔽，容易漏拆，如不仔细查明就起吊，会发生事故。

4）对于具有垂直滑动面的部件，如图6-107所示的镗床主轴箱，拆卸时应将其降至最低位置，把滑动面锁住，下面用枕木垫实，以防止部件在拆卸过程中突然下滑。

5）部件在吊运过程中，应保持与地面的最低位置运行，一般不允许从人或机床上空越过。

6）部件在吊放时，要注意强度较小的尖角、边缘和凹凸部位，防止碰伤或压裂。如图6-108所示主轴箱放置时，应使枕木高于箱下的螺母高度。

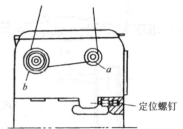

图6-106 主轴箱吊离示意图

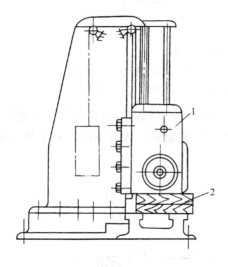

图6-107 拆卸镗床主轴箱示意图
1—主轴箱 2—枕木

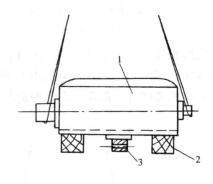

图6-108 主轴箱的放置示意图
1—主轴箱 2—枕木 3—螺母

四、零件的拆卸

拆卸零件时，应根据实际情况采用不同的拆卸方法。常用的拆卸方法有击卸法拆卸、拉卸法拆卸、压卸法拆卸、温差法拆卸和破坏拆卸。

（1）击卸法拆卸 击卸是利用锤子或其他重物在敲击或撞击零件时产生的冲击能量，把零件拆下。击卸的优点是工具简单，操作方便；不足之处是如果击卸方法不当，零件容易受到损伤或破坏。

用锤子击卸时应注意下列事项：

1）要根据拆卸零件的尺寸、重量及配合牢固程度，选用重量适当的锤子。

2）受击部位采取保护措施，一般使用铜锤、胶木棒、木块等保护受击的轴端、套端或轮辐。拆卸精密重要的部件时，还必须制作专用垫铁或垫套加以保护，如图6-109所示。

3）应选择合适的击锤点，以防止变形或破坏。如对于带有轮辐的带轮、齿轮、链轮，应锤击轮与轴配合处的端面，避免锤击外缘，锤击点要均匀分布。

4）配合面因为严重锈蚀而拆卸困难时，可加煤油浸润锈蚀面，待略有松动时再击卸。

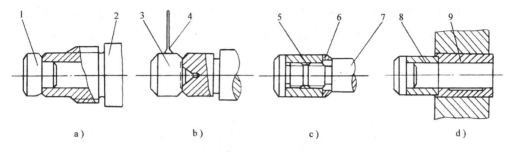

图 6-109　常用的击卸保护方法

a）保护空心轴的垫铁　b）保护顶尖孔的垫铁　c）保护螺纹的垫套　d）保护套端的垫套

1、3—垫铁　2—主轴　4—铁条　5—螺母　6、8—垫套　7—轴　9—击卸套

（2）拉卸法拆卸　拉卸是一种静力拆卸方法，这种方法不容易损坏零件，适用于拆卸精度比较高、不允许敲击或无法敲击的零件。

1）轴端零件的拉卸是利用顶拔器拉卸轴端的带轮、齿轮及轴承等零件，如图 6-110 所示。拉卸时，顶拔器的拉钩应保持互相平行，钩子与零件接触部位要平整，否则容易打滑。图 6-110e 所示为具有防滑装置的顶拔器。

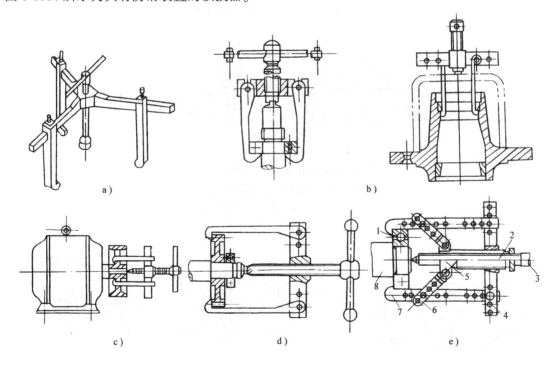

图 6-110　轴端零件的拉卸

a）顶拔器　b）拉卸滚动轴承　c）拉卸带轮　d）拉卸齿轮　e）具有防滑装置的顶拔器

1—轴承　2—螺纹套　3—螺杆　4—支臂　5—螺母　6—防滑板　7—拉钩　8—轴

2）轴的拉卸。图 6-111 所示为使用专用拉具拉卸万能铣床主轴。使用时，将拉杆 8 穿过主轴内孔，旋紧螺母 9，转动手柄便可将主轴拉出。

图 6-112 所示为用拔销器拉卸有中心螺孔的传动轴。拉卸时，应将连接螺钉拧紧，使螺纹保持一定的预紧力，否则容易拉坏螺纹。拉卸时，要仔细检查轴上的紧固件是否完全拆开，搞清轴的拆出方向是否正确，注意轴上的键能否通过轴上零件的内孔，防止卡圈、薄垫圈等再次落入槽内。

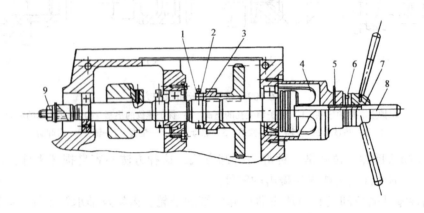

图 6-111 专用拉具拆卸铣床主轴

1—圆螺母 2—紧固螺钉 3—齿轮 4—支承体 5—螺钉销
6—推力球轴承 7、9—螺母 8—拉杆

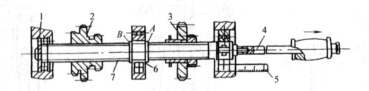

图 6-112 用拔销器拉卸传动轴

1—弹性挡圈 2—三联齿轮 3—双联齿轮 4—拔销器
5—钢直尺 6—衬套 7—外花键

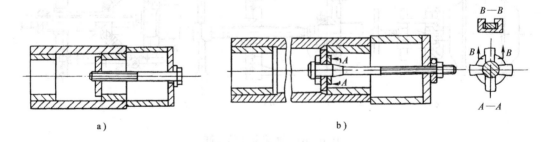

图 6-113 轴套的拉卸

3）轴套的拉卸。图 6-113 所示为利用特殊拉具拉卸卧式镗床主轴套。由于两端主轴套孔径相等，而且精度又较高，一般拉具无法进入。图 6-113b 所示拉具具有 4 个可伸缩的滑爪，当滑爪在拉杆轴径最细处时，受外周弹簧作用处于伸缩直径最小位置。拉卸时，将拉具通过轴套孔内，稍作轴向用力，利用惯性使滑爪处于拉杆锥部大端，从而能钩住套端，垫上垫套、垫片，转动螺母，便可将轴套拉出。

（3）压卸法拆卸　压卸也是一种静力拆卸方法，在各种手动压力机或油压机上进行。这种方法适用于形状简单、配合过盈量较大的零、部件的拆卸。图 6-114 所示为用千斤顶拆卸带轮。拆卸时，用吊钩将带轮吊住（主要起保护作用），将两只千斤顶对称放置在带轮的两侧，交替旋转千斤顶螺杆，便能逐渐将带轮顶出。

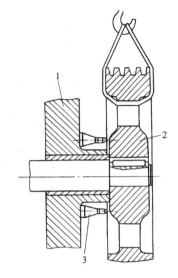

图 6-114　用千斤顶拆卸带轮
1—机床床身　2—带轮
3—千斤顶

（4）温差法拆卸　拆卸尺寸较大、配合过盈量较大或无法用击卸、压卸等方法拆卸的装置，或者为了使配合过盈较大的精度较高的相配件容易拆卸，往往采用温差法。温差法拆卸是用加热包容件或冷却被包容件的方法来拆卸过盈配合件。

（5）破坏拆卸　破坏拆卸可采用车、锯、凿、钻、割等方法进行。当必须拆卸焊接、铆接等固定连接件或互相咬死的轴与套时，才不得已采取这种保护主件、破坏副件的措施。

总之，在拆卸过程中，应根据具体零、部件不同的结构特点采用相应的拆卸方法。

五、技能训练

1. 实训任务

拆卸减速器，其装配图如图 6-115 所示。

2. 实训准备

工量具：螺钉旋具、活扳手、呆扳手、内六角扳手、锤子、木棒、铜棒、销子冲头、顶拔器等。

实训设备：圆柱齿轮减速器、锥齿轮减速器、蜗杆减速器。

3. 练习要求

1）仔细阅读减速器装配图，熟悉其结构。

2）认真分析各零件、部件间的连接形式和配合关系。

3）确定该减速器的拆卸步骤。

4）掌握正确的拆卸方法和拆卸工具的使用。

4. 注意事项

1）拆卸前准备工作要充分，考虑不周、方法不当会造成零、部件的损坏。

2）拆卸时用力不宜过大过猛。用顶拔器拆卸时，应做好保护措施。

3）零件拆卸后应清洗上油，并分门别类作好标记，有次序地放好，防止以后装配时造成混乱。

4）工作场地要求清洁整齐，切实做好安全文明生产。

5. 考核标准

减速器的拆卸实训考核标准见表 6-12。

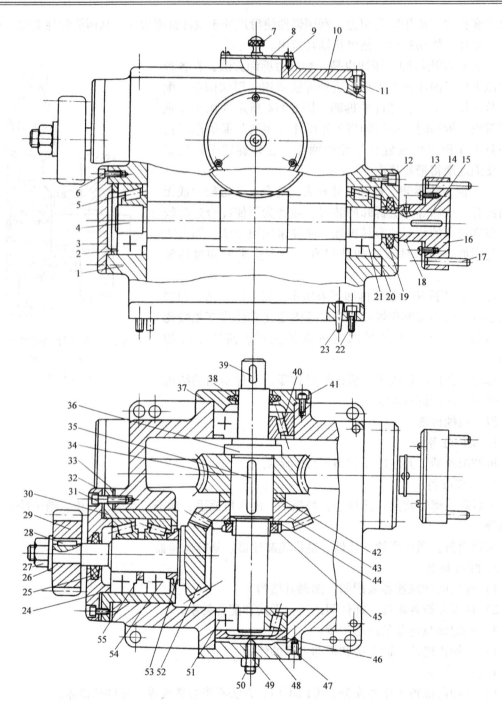

图 6-115 减速器的装配图

1—箱体 2、32、33、42—调整垫圈 3、20、24、37、48—轴承盖 4—蜗杆轴
5、21、40、51、54—轴承 6、9、11、12、14、22、31、41、47、50—螺钉 7—手把
8—盖板 10—箱盖 13—环 15、28、35、39—键 16—联轴器 17、23—销 18—防松
钢丝圈 19、25、38—毛毡 26—垫圈 27、45、49—螺母 29、43、52—齿轮 30—轴
承套 34—蜗轮 36—蜗轮轴 44—止动垫圈 46—压盖 53—衬垫 55—隔圈

表 6-12　减速器的拆卸实训考核标准

序号	项目与技术要求	配分	评分标准	实训情况	得分
1	拆卸前准备工作	10	酌情扣分		
2	拆卸过程应符合拆卸原则，步骤正确	30	每发现一次不正确扣10分		
3	拆卸工具选用合理，使用方法正确	25	每一次不符合要求扣5分		
4	拆卸时零、部件不得损伤	25	酌情扣5~25分		
5	拆卸的零件放置有序、妥当	10	酌情扣分		
6	安全文明生产	扣分	违反有关规定扣1~5分		
7	工时 4h	扣分	每超时30min扣5分		
总　　分		100	实训成绩		

实训项目十　装　　配

机械产品是由许多零件和部件组成的。所谓装配，就是按照规定的技术要求，将若干个零件结合成部件，或将若干个零件或部件组合成产品的工艺过程。

装配是机械产品制造的最后一道工序。装配工作的好坏，对整个产品的质量起着决定性的作用。如果装配后零件之间的配合不符合规定的技术要求，零部件之间、机构之间的相对位置不正确，零件表面损伤或配合面之间不清洁等，都将会导致产品精度降低、性能变差、能耗增大、寿命缩短，甚至不能正常使用。相反，假若有个别零部件的制造精度并不很高，但由于进行了仔细的修配、精确的调整，仍可能装配出性能良好的产品来。因此，在装配过程中，必须严格按照装配工艺要求去进行装配，才能确保产品的装配质量。

一、螺纹联接

螺纹联接是一种可拆卸的固定联接，它具有结构简单、联接可靠、装拆方便迅速、成本低廉等优点，因而在机械产品中的应用非常普遍。

1. 螺纹联接装配工具

为了保证螺纹联接的装配质量和装配工作的顺利进行，合理地选择和使用装配工具也是很重要的。常用的工具有螺钉旋具、扳手等。

（1）螺钉旋具　螺钉旋具是用来装拆螺钉头部带沟槽的螺钉的。图 6-116a 所示为一字旋具，图 6-116b 所示为十字旋具。螺钉旋具的规格由其长度来确定。常用的螺钉旋具有100mm、150mm、200mm、300mm 及 400mm 等几种，可根据螺钉的直径或头部的沟槽尺寸来选用。图 6-116c 所示为弯头旋具。

（2）活扳手　活扳手可用来装拆六角形、方形螺钉和各种螺母。使用时可根据需要调节开口的大小，使用比较方便。它的规格一般由其长度来确定。常用的有 100mm、150mm、200mm、250mm、300mm、350mm、400mm 和 450mm 等几种。使用活扳手时，应让其固定钳口受主要作用力，否则容易损坏扳手，如图 6-117 所示。不同规格的螺母（或螺钉）应选用相应规格的扳手，以免拧紧力矩太大而损坏扳手或螺钉。

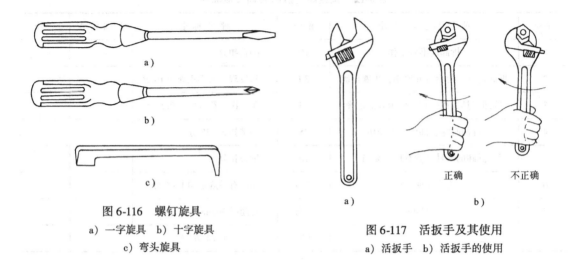

图 6-116 螺钉旋具

a) 一字旋具 b) 十字旋具

c) 弯头旋具

图 6-117 活扳手及其使用

a) 活扳手 b) 活扳手的使用

（3）呆扳手 呆扳手有单头和双头两种，如图 6-118 所示。其规格以开口的尺寸表示。使用时，扳手开口的尺寸一定要符合螺母的尺寸，否则会损坏螺母。

（4）梅花扳手 梅花扳手的内孔为 12 边形，其规格由内孔尺寸大小来确定，如图 6-119 所示。使用时只要转过 30°就能调换扳手的工作位置，所以适用于操作空间窄小的场合。

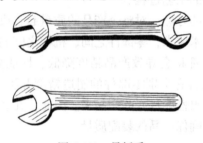

图 6-118 呆扳手

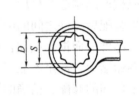

图 6-119 梅花扳手

（5）套筒扳手 套筒扳手是由一套尺寸不等的梅花套筒及扳手柄组成的，如图 6-120 所示。使用时可连续转动弓形手柄，以提高工作效率。

（6）钳形扳手 钳形扳手主要用来装拆圆螺母，形式有多种，如图 6-121 所示。

（7）内六角扳手 内六角扳手用于旋紧内六角螺钉，由一套不同规格的扳手组成，如图 6-122 所示。使用时，根据螺钉规格采用相应的扳手。

（8）棘轮扳手 棘轮扳手用于狭窄的地方，其结构如图 6-123 所示。工作时，正转手柄，棘爪 1 在弹簧 2 的作用下进入内六角套筒 3（即棘

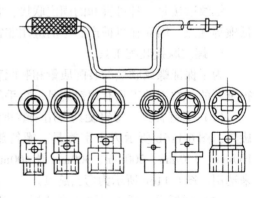

图 6-120 套筒扳手

轮）的缺口内，套筒便随着正转方向转动；当反转手柄时，由于棘爪在斜面的作用下从套筒缺口内退出而移到套筒外壁面滑动，因而不会使螺母跟着反转。旋转螺母时，只要将扳手翻转 180°使用即可。

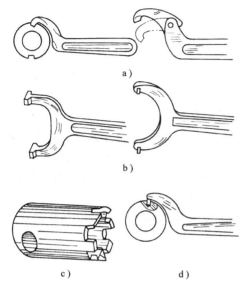

图 6-121 钳形扳手
a) 钩头钳形扳手 b) U 形钳形扳手
c) 冕形钳形扳手 d) 锁头钳形扳手

图 6-122 内六角扳手

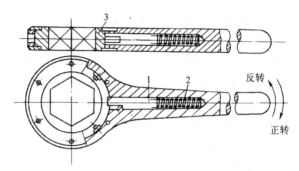

图 6-123 棘轮扳手
1—棘爪 2—弹簧 3—内六角套筒

（9）管子扳手 管子扳手是用来装拆其他扳手无法夹持的光滑圆形工件，如带管螺纹的管子等，其结构如图 6-124 所示。这种扳手的钳口带齿，转动时不易滑脱，但会将工件表面咬伤，所以不宜夹持工件的光滑工作面。

（10）指示式扭力扳手 对于重要螺纹联接，必须保证一定的拧紧力矩，此时就必须采用专门的装配工具，如指示式扭力扳手（图 6-125）。指示式扭力扳手有一个较长的弹性扳手杆 5，其一端装手柄 1，另一端装有带方头的圆柱 3，方头上带有钢球 4，用来套装梅花套筒。圆柱 3 上装有长指针 2，刻度板 6 固定在柄座上，每格的刻度值为 10N·m。扳动手柄 1 时，扳手杆 5 和刻度板 6 一起向旋转方向弯曲，指针尖 7 就在刻度板上指示出拧紧力矩的数值大小。

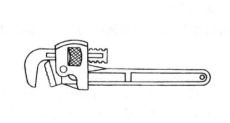

图 6-124 管子扳手

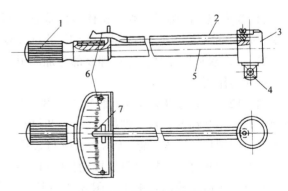

图 6-125 指示式扭力扳手
1—手柄 2—长指针 3—圆柱 4—钢球
5—扳手杆 6—刻度板 7—指针尖

2. 螺钉、螺栓和螺母的装配

螺钉、螺栓和螺母的装配要点如下：

1）螺纹配合应能用手自由旋入，过紧会咬坏螺纹，过松则受力后螺纹会折断。

2）螺钉、螺栓和螺母与被联接件接触的表面要光洁、平整，否则将影响联接的可靠性。

3）装配时最好在联接螺纹部分涂上润滑油，便于日后拆卸与更换。

4）装配一组螺钉、螺栓和螺母时，为使零件贴合面受力均匀和贴合面紧密，应按一定顺序拧紧，并且不可1次拧紧，而应按顺序分2~3次逐步拧紧。在拧紧条形或长方形布置的成组螺母时，应从中间开始，逐渐向两边对称地扩展，如图6-126a、b所示；在拧紧方形或圆形布置的成组螺母时，应对称地进行，如图6-126c、d所示。

5）为防止螺纹联接在使用过程中松动，多数情况下要加防松措施。常用的防松措施有双螺母、弹簧垫圈、开口销、止动垫圈等。

3. 双头螺柱的装配

双头螺柱的装配要点如下：

1）应保证双头螺柱与机体螺纹孔联接必须具有足够的紧固性。为此，可采用过渡配合，保证配合后中径有一定的过盈量；也可采用图6-127所示的台肩式或利用最后几圈较浅的螺纹，以达到配合的紧固性。

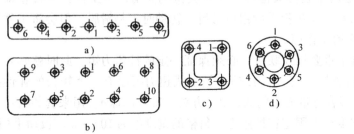

图 6-126 螺母拧紧顺序

a）条形 b）长方形 c）方形 d）圆形

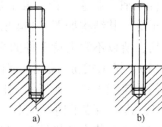

图 6-127 双头螺柱的紧固形式

a）带有台肩 b）带过盈
或后几圈较浅螺纹

2）双头螺柱的轴线必须与机体表面垂直。当有较小偏斜时，应把螺柱拧出来用丝锥校正螺纹孔；偏斜较大时，不得强行校正，以免影响联接的可靠性。

3）装入双头螺柱时，应在螺纹部分加润滑油（可减少拧入时的摩擦阻力，并有防锈和易于拆卸的作用）。

图6-128所示为双头螺柱的装拆方法和工具。图6-128a所示为双螺母装拆法，使用时先将两个螺母相互锁紧在双头螺柱上，装配时扳动上螺母即能拧紧螺柱，拆卸时反向扳动下螺母即能拧松螺柱。图6-128b所示为长螺母装拆法，使用时将长螺母旋在双头螺柱上，然后拧紧顶端止动螺钉，装拆时只要扳动长螺母，便可使双头螺柱紧、松。装拆完后应先将止动螺钉回松，然后再旋出长螺母。图6-128c所示为带有偏心盘的旋紧套筒装拆双头螺柱，偏心盘的周围有滚花，当套筒套入双头螺柱时，依拧紧方向转动手柄，偏心盘即可在双头螺柱的圆杆处楔紧，将它旋入螺孔中。回松时，将手柄倒转，偏心盘即可自动松开，套筒便可方便地取出。

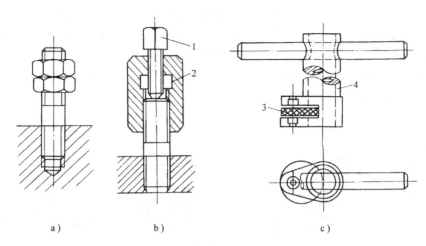

图 6-128 双头螺柱的装拆方法和工具

1—螺钉 2—长螺母 3—偏心盘 4—套筒

4. 螺纹联接的防松

螺纹联接一般都具有自锁性，但在冲击、振动或交变载荷的作用下，以及温度变化较大的场合，很容易发生松脱。为了保证联接的可靠性，必须采用防松装置。

（1）利用附加摩擦力防松装置 这类防松装置是利用螺母和螺栓的螺牙间产生附加摩擦力来达到防松的目的。利用附加摩擦力防松，结构简单、对联接件无特殊要求，但防松能力较弱。

1）对顶螺母防松。对顶螺母防松如图 6-129 所示。装配时先将主螺母拧紧至预定位置，再拧紧副螺母，依靠两螺母间正压力所产生的摩擦力达到锁紧防松的目的。

2）弹簧垫圈防松。弹簧垫圈防松如图 6-130 所示。将弹簧垫圈置于螺母下，当拧紧螺母时垫圈受压，由于弹性的作用产生轴向力，从而增大了螺纹联接的摩擦力，达到防松的目的。

（2）机械法防松装置 这类防松装置是利用机械的方法，使螺母和螺栓，或螺母与被联接件互相锁牢，以达到防松的目的。相对而言，机械法防松对联接件或被联接件在结构上有一

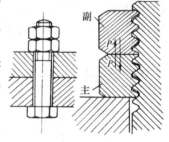

图 6-129 对顶螺母防松

定的要求，增加了成本；但机械法防松可靠，多用于变载、振动及工作温度变化较大的场合。

1）开口销与带槽螺母防松。其防松结构如图 6-131 所示。带槽螺母拧紧后，将开口销插入螺栓的销孔内，拨开销的开口使螺母与螺栓相互固定，即可达到防松的目的。这种装置

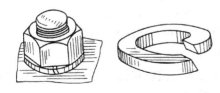

图 6-130 弹簧垫圈防松

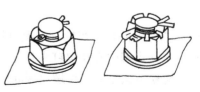

图 6-131 开口销与带槽螺母防松

防松可靠，但螺栓上的销孔位置不易与螺母最佳锁紧状态的槽口位置取得一致。

2）止动垫圈防松。图 6-132a 所示为圆螺母止动垫圈，其防松原理是把垫圈的内翅插入螺栓的槽中，然后拧紧螺母，再把外翅弯入螺母的外缺口内。图 6-132b 所示为带耳止动垫圈，它可以防止六角螺母回松，其防松原理是拧紧螺母后，将垫圈的耳边弯折，使被联接件及螺母的边缘贴紧，以达到可靠防松的目的。

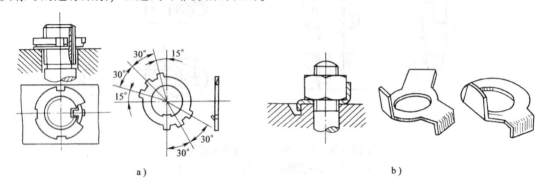

图 6-132 止动垫圈防松

a）圆螺母止动垫圈　b）带耳止动垫圈

3）紧定螺钉防松。其防松结构如图 6-133 所示。为了防止紧定螺钉损坏轴上的螺纹，装配时需在紧定螺钉的前端装入塑料或铜质保护块，避免紧定螺钉与螺纹直接接触。

4）串联钢丝防松。其防松结构如图 6-134 所示。用钢丝连续穿过一组螺钉头部或螺母和螺栓的小孔，利用钢丝的牵制来防止其回松。它适用于布置较紧凑的成组螺纹联接。图 6-134a 所示为成对串联；图 6-134b 所示为成组串联。图中实线串法正确，双点画线所示串绕方向错误，因为螺母并未被牵制住，仍有回松的余地。

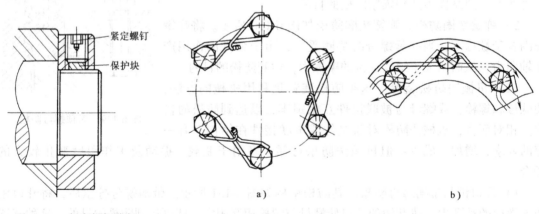

图 6-133 紧定螺钉防松

图 6-134 串联钢丝防松

a）成对串联　b）成组串联

（3）点铆法防松 当螺钉或螺母拧紧后，也可用点铆的方法防松。图 6-135a 所示为螺钉上点铆，其点铆中心在螺钉头直径上。图 6-135b 所示为侧面点铆。

这种防松方法是靠破坏螺纹副间的啮合或使螺钉头部与被联接件在接触处产生毛刺来达到防松的目的。它防松可靠，但拆卸后联接零件不能再用。

（4）粘接法防松 这种防松方法是依靠粘合剂将螺母与被联接件的接触面或螺母与螺

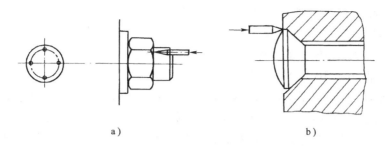

图 6-135 点铆法防松

a) 螺钉上点铆 b) 侧面点铆

栓粘接在一起来达到防松的目的。具体方法是在螺纹或螺母与被联接件的接触面上涂以厌氧性粘合剂（在没有氧气的情况下才能固化），拧紧螺母后，粘合剂固化。

二、键联接和销联接

1. 键联接

键用来联接轴和轴上的零件，起到周向固定以传递转矩的作用。被联接的零件有齿轮、带轮、联轴器等。键联接具有结构简单、工作可靠、装拆方便等优点，故应用广泛。

根据键的结构特点和用途的不同，键联接可分为松键联接、紧键联接和花键联接 3 大类。

（1）松键联接 松键联接时，靠键的两侧面来传递转矩，对轴上零件做周向固定，不能承受轴向力。松键联接所采用的键有普通平键、导向平键、半圆键等。

松键联接的装配要求如下：

1）键与键槽的配合应符合图样要求，装配前应对其尺寸进行测量。

2）键与键槽应具有良好的表面粗糙度。

3）键必须与槽底紧贴，键头与轴间应留有 0.1mm 的间隙。键的顶面和孔上键槽之间应有 0.3~0.5mm 的间隙。

（2）紧键联接 紧键联接常用楔键联接，即键的上表面和与它相接触的轮槽底面均有1:100 的斜度，键的侧面与键槽间有一定的间隙，如图 6-136 所示。装配时，将键打入而构成紧键联接，以传递转矩和承受单向轴向力。楔键联接对中性差，故多用于对中要求不高的地

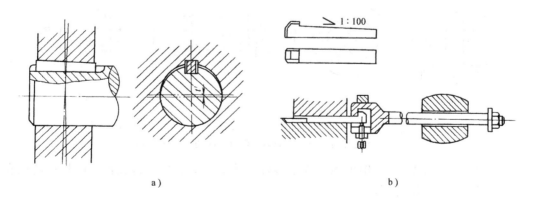

图 6-136 楔键及联接

a) 普通楔键 b) 钩头型楔键

方。钩头型楔键的一端有钩头，主要为了便于键的拆卸。

紧键联接的装配要求如下：

1）紧键的斜度要与轮槽的斜度一致，否则套件会发生歪斜。

2）紧键与槽的两侧面应留有一定间隙。

3）对于钩头型楔键，不能使钩头紧贴套件的端面，必须留有一定的距离，以便拆卸。

（3）花键联接　花键联接用于传递较大的转矩，其对中性及导向性好，在机床及汽车中应用较多。按其齿形的不同，可分为矩形花键、渐开线形花键及三角形花键3种，其中最常用的是矩形花键，如图6-137所示。

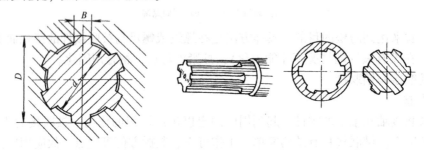

图6-137　矩形花键及联接

花键联接的装配要求如下：

1）固定联接的花键，当过盈量较小时，可用铜棒轻轻打入；对于过盈量较大的联接，可将套件加热至80~100℃后进行装配。

2）活动的花键联接应保证精确的间隙配合，使套件在轴上滑动自如，但用手摇动套件时不应感觉到间隙。

3）对于经过热处理的内花键，当孔径缩小时，可用花键推刀修整内花键后进行装配。

4）装配前应对孔和轴进行清理。

2. 销联接

销联接在机械中除起到联接作用外，还可起到定位和安全保护作用，如图6-138所示。销结构简单、联接可靠、定位正确、装拆方便，故在各种机械装配中被广泛应用。

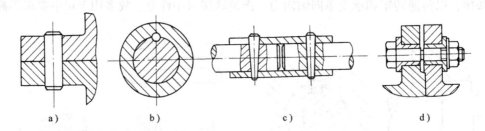

图6-138　销联接
a）、b）起定位作用　c）起联接作用　d）起安全保护作用

（1）圆柱销装配　圆柱销可用来固定零件、传递动力或作定位元件。圆柱销与销孔属于过盈配合，不宜多次装拆。

圆柱销装配时，被定位或联接的两零件销孔必须一起钻、铰，其表面粗糙度值不得大于$Ra1.6\mu m$；装配时，还应在销子上涂上润滑油，用铜棒将销子打入孔中，或在销子端面上垫铜棒后用锤子击入。

（2）圆锥销装配　圆锥销具有 1∶50 的锥度，定位准确，可多次装拆，主要用于定位。

圆锥销装配时，被联接的两销孔也应同时钻、铰，钻头直径按圆锥销小头直径选取，铰刀选用 1∶50 锥度铰刀；铰孔的深度以销子用手推入孔内占销子全长的 80% ~85% 为宜，然后用锤子击入。

三、过盈配合

过盈配合是依靠包容件（孔）和被包容件（轴）配合后的过盈值达到紧固联接的目的。装配后，由于材料的弹性变形，在包容件和被包容件的配合面间产生压力，工作时，依靠此压力产生的摩擦力来传递转矩或轴向力，如图 6-139 所示。这种联接的结构简单，对中性好，承载能力强，但配合面加工精度要求较高。

过盈配合常用的装配方法有锤击装配法、压合装配法和温差装配法。

（1）锤击装配法　这种装配方法用来装配过盈量较小的配合件，如图 6-140 所示。装配前，应对配合件的孔口及轴端进行倒角，并在联接表面涂润滑油。锤击时，应在工件锤击部位垫上软金属，锤击力方向不可偏斜，四周用力要均匀。

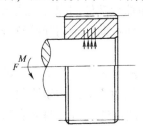 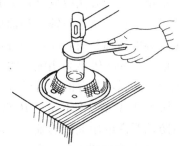

图 6-139　过盈配合　　　　　　　　　图 6-140　锤击装配法

（2）压合装配法　这是一种用压力机械将过盈配合的配合件压入的装配方法。与锤击法相比较，它的导向性好，配合件受力均匀，能装配尺寸较大和过盈量较大的配件。常用的压力机械有螺旋压力机、专用螺旋 C 形夹头、齿条压力机和气动压力机，如图 6-141 所示。压合装配时，压合速度要平稳，不允许有间断，否则配合表面因停留会产生压痕。

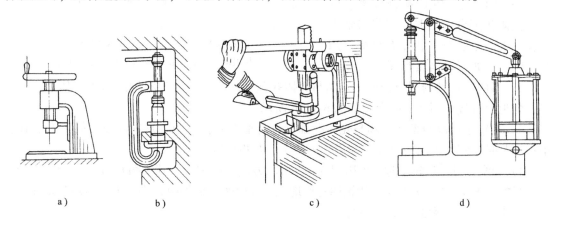

a)　　　　　　　b)　　　　　　　　　c)　　　　　　　　　d)

图 6-141　压力机械

a) 螺旋压力机　b) 专用螺旋 C 形夹头　c) 齿条压力机　d) 气动压力机

（3）温差装配法 温差装配法是利用金属材料所具有的热胀冷缩的特性，在装配时通过加热使孔径增大，或者通过冷却使轴径缩小的方法，来减小装配件之间的过盈量甚至产生间隙，这样就比较容易装配。装配后配合件恢复到室温，配合面间仍保证原定的过盈量。这种装配法多用于大型零件，或过盈量大、无法用锤击法或压合法进行装配的场合；也适用于装配时不允许锤击或压合的特别精密的零件。

热胀法是将孔件加热，使孔径增大，然后将轴件套入孔中，待冷却后，轴和孔便紧固地联接在一起的装配方法。热胀法装配时，一般中、小型零件可在燃气炉或电炉中加热，也可浸在油中加热；对于大型零件，可采用感应加热器加热。

冷缩法是将轴件冷却，使轴件尺寸缩小，然后将轴件套入孔中，当温度回升后，轴和孔便紧固地联接在一起的装配方法。冷缩法装配时，可采用干冰冷缩（可冷至 –78℃），也可用液氮冷缩（可冷至 –195℃）。冷缩法与热胀法相比，收缩变形量小，因而多用于过渡配合，有时也用于小过盈量的配合。

过盈量较大时，则可同时将孔类零件加热、轴类零件冷却的方法进行装配。

四、滚动轴承装配

滚动轴承的装配方法应根据轴承的结构、尺寸大小和轴承部件的配合性质来决定。装配的基本要求是：保证轴承与轴颈和轴承座孔的正确配合，使径向和轴向间隙符合要求，旋转灵活，工作温度、温升值和噪声等符合要求。

装配前，应先将轴承和相配合的零件进行清洗，并在配合表面上涂上润滑油。清洗轴承时，如轴承用防锈油封存的，可用汽油或煤油清洗干净；如用原油或防锈脂封存的，可用矿物油加热溶解清洗（温度不超过100℃）后再用汽油或煤油清洗；对于两面有防尘盖、密封圈或涂有防锈润滑两用油脂的轴承，则不需进行清洗。

（1）不可分离型轴承的装配 不可分离型轴承（如深沟球轴承）的内、外圈是不能分离的。装配时，应按座圈配合松紧程度来决定其安装顺序。其安装方法如下。

1）当内圈与轴颈配合较紧、外圈与壳体孔配合较松时，应先将轴承装在轴上；压装时，装配力直接作用在内圈上，如图 6-142a 所示。

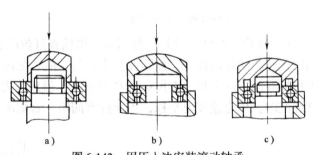

图 6-142 用压入法安装滚动轴承
a）先压装内圈 b）先压装外圈 c）内、外圈同时压装

2）当内圈与轴颈配合较松、外圈与壳体孔配合较紧时，应先将轴承压入壳体中；压装时，装配力直接作用在外圈上，如图 6-142b 所示。

3）当轴承内圈与轴、外圈与壳体孔都是过盈配合时，应把轴承同时压在轴上和壳体孔中；压装时，装配力应同时作用在内、外圈上，如图6-142c所示。

4）当配合过盈量较小时，可用图 6-143 所示方法装配轴承。其中图 6-143a 所示为用套筒敲入装配；图 6-143b、c 所示为用铜棒对称地在轴承内圈（或外圈）端面上用力均匀地敲击装配。严禁用锤子直接敲打轴承座圈。

5）当配合过盈量较大时，轴承可用压力机压入，也可将轴承放在可自动调温的电烘箱内或油箱中加热至80～100°C后，使轴承内圈稍微胀大后进行装配，如图 6-144 所示。

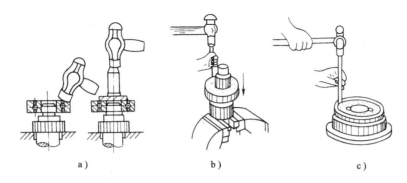

图 6-143　过盈量较小时的装配方法

（2）分离型轴承的装配　分离型轴承（如圆锥滚子轴承）的外圈可自由脱开。装配时，内圈和滚动体一起装在轴上，外圈装在壳体孔内。当用锤击法装配时，要将轴承放正放平，对准后左右对称轻轻敲入。当装入 1/3 以上时才可逐渐加大敲击力。

装配后轴承的间隙是通过改变轴承内、外圈的相对轴向位置来调整的。图 6-145 所示为圆锥滚子轴承间隙的调整方法。

（3）圆锥孔轴承的装配　圆锥孔轴承（如调心滚子轴承）的内圈带有一定的锥度。当过盈量较小时，可直接装在有锥度的轴颈上，如图 6-146a 所示；或装在紧定套的锥面上，如图 6-146b 所示；也可装在退卸套的锥面上，如图 6-146c 所示。

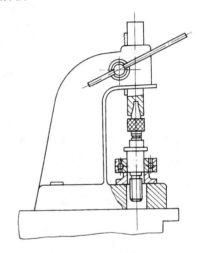

图 6-144　过盈量较大时
用压力机压入的装配方法

对于轴径尺寸较大或配合过盈量较大而又需要经常拆卸的圆锥孔轴承，常用液压套合法装拆，如图 6-147 所示。

装配时，通过调整轴承内圈在锥形轴径上的轴向位置，使内圈直径胀大来调整轴承的间隙。如图 6-148 所示，先将带锥孔的内圈套在锥形轴颈上，外圈则固定在轴承座孔中，然后旋紧调整螺母，使轴承内圈沿锥形轴径移动，直至达到所需要的间隙后，再将锁紧螺母锁紧。

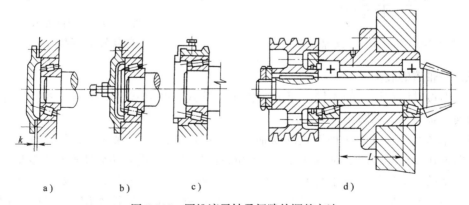

a）　　　　　b）　　　　　c）　　　　　　　　　d）

图 6-145　圆锥滚子轴承间隙的调整方法

a）用垫圈调整　b）用螺钉调整　c）用螺母调整　d）用内隔圈调整

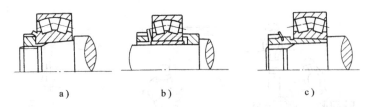

图 6-146 过盈量较小时的装配方法

a) 直接装在圆锥轴颈上 b) 装在紧定套上 c) 装在退卸套上

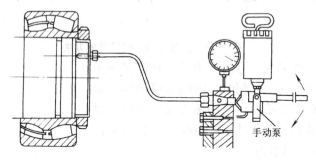

图 6-147 液压套合法装配锥孔轴承

（4）推力球轴承的装配 推力球轴承有紧圈和松圈之分，装配时要注意区分。紧圈的内孔比松圈的小，装配时应与轴肩紧靠，工作中与轴一起旋转。松圈则与轴有间隙，紧靠在轴承座孔的端面上，如图 6-149 所示。如果装反，将使紧圈与轴或轴承座孔端产生剧烈摩擦，造成配合零件迅速磨损。推力球轴承的间隙可用螺母来调整。

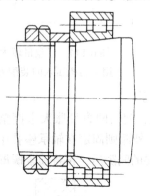

图 6-148 锥孔轴承的间隙调整

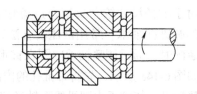

图 6-149 推力球轴承的装配和间隙调整

五、联轴器的装配

联轴器按其结构形式的不同，可分为锥销套筒式、凸缘式、十字滑块式、弹性圆柱销式、万向联轴器等，如图 6-150 所示。

（1）装配要点 无论哪种形式的联轴器，装配的要点是应保证两轴的同轴度，否则被联接的两轴在转动时将产生附加阻力并增加机械的振动，严重时还会使轴产生变形，以致造成轴和轴承的过早损坏。对于高速旋转的刚性联轴器，这一要求尤为重要。而挠性联轴器（如弹性圆柱销联轴器和齿套式联轴器），由于其具有一定的挠性作用和吸收振动的能力，同轴度要求比刚性联轴器的稍低。

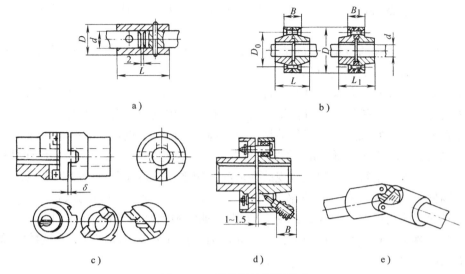

图 6-150　常见联轴器的形式

a) 锥销套筒式　b) 凸缘式　c) 十字滑块式　d) 弹性圆柱销式　e) 万向联轴器

（2）装配方法　图 6-151 所示为较常见的弹性柱销联轴器，其装配方法如下：

1）先在轴 1、2 上装入平键和半联轴器 3、4，并固定齿轮箱。按要求检查其径向和轴向圆跳动。

2）将百分表固定在半联轴器 4 上，使其测头抵在半联轴器 3 的外圆表面上。转动半联轴器 4，找正半联轴器 3 对半联轴器 4 的同轴度。

3）移动电动机，使半联轴器 3 上的圆柱销稍许进入半联轴器 4 的销孔内。

4）转动轴 2，调整间隙 Z 沿圆周方向均

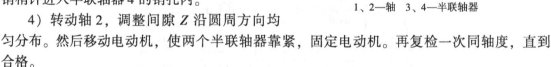

图 6-151　弹性柱销联轴器的装配

1、2—轴　3、4—半联轴器

匀分布。然后移动电动机，使两个半联轴器靠紧，固定电动机。再复检一次同轴度，直到合格。

六、齿轮的装配

齿轮传动是最常见的传动方式之一，具有传动比恒定、速度变化范围大、传动效率高、传递功率大、结构紧凑、使用寿命长等优点。但齿轮传动的制造、装配要求高，当其制造、装配精度低时，齿轮传动将会产生较大的冲击和噪声。

1. 齿轮传动机构的装配技术要求

1）齿轮孔与轴的配合要适当，应满足使用要求。空套齿轮在轴上不得有晃动现象；滑移齿轮应滑移自如；固定齿轮不得有偏心或歪斜现象。

2）保证两啮合齿轮有准确的安装中心距和适当的齿侧间隙。若间隙过小，则传动不灵活，会加剧齿面的磨损；间隙过大，则齿轮变换转向时会产生冲击。

3）齿轮啮合时，齿面应保证有一定的接触面积和正确的接触部位。

4）对于高速运转的大齿轮，装配到轴上后，应作平衡试验。

2. 圆柱齿轮传动机构的装配

(1) 齿轮与轴的装配 齿轮与轴的联接形式有：齿轮在轴上空转、滑移或与轴固定联接。

在轴上空转或滑移的齿轮，与轴的配合为小间隙配合，其装配精度主要取决于零件本身的制造精度，其装配方法比较简单。

在轴上固定的齿轮，若采用过渡配合或过盈量不大的过盈配合时，可用手工工具装配；过盈量较大时可用压力机压装；过盈量很大时，则需采用液压套合的装配方法。

齿轮在轴上安装好以后，对于传动精度要求高的，还应检查径向圆跳动和轴向圆跳动误差。图 6-152a 所示为检查径向圆跳动误差的方法：将齿轮轴支承在两顶尖间或两块 V 形块上，调整轴线与平板平行。将圆柱量规放在齿间，使之与轮齿在分度圆处相接触，然后用百分表测量圆柱。转动轴每隔 3~4 齿检测一次，百分表最大读数与最小读数之差即为齿轮分度圆上的径向圆跳动误差。图 6-152b 所示为检查轴向圆跳动误差的方法：用两顶尖顶住轴端，用百分表测量齿轮端面，转动轴，在一周范围内百分表最大读数与最小读数之差即为齿轮的轴向圆跳动误差。

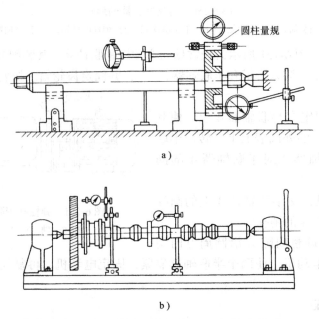

图 6-152 齿轮径向圆跳动和轴向圆跳动的检查
a) 径向圆跳动的检查 b) 轴向圆跳动的检查

(2) 齿轮轴组件的装配 将齿轮轴组件装入箱体是一项极为重要的工序，它是保证齿轮啮合质量的关键。其装配方式应根据轴在箱体中的结构特点而定。对于对开式箱体而言，齿轮轴组件的装入是很方便的；对于非对开式箱体的齿轮传动，齿轮与轴的装配只能是在装入箱体的过程中同时进行。

为了保证齿轮传动的装配质量，装配前应检验箱体的主要部件的尺寸精度、形状和位置精度。检验的主要内容：孔和平面的尺寸精度和形状精度；孔和平面的表面粗糙度及外观质量；孔和平面的位置精度。

(3) 啮合质量检查 齿轮装配后，应进行啮合质量检查。齿轮的啮合质量包括适当的齿侧间隙、一定的接触面积及正确的接触位置。

齿轮啮合的侧隙常用压软金属丝（如铅丝）的方法检验，如图 6-153 所示。在齿面沿齿宽两端平行放置两条铅丝，宽齿可放 3 ~ 4 条，铅丝直径不宜超过最小侧隙的 4 倍。转动齿轮使其挤压铅丝，测量铅丝挤压后最薄处的厚度，即为该啮合齿轮的侧隙。对于传动精度要求较高的齿轮副，侧隙可用百分表检查，如图 6-154 所示。测量时，将一个齿轮固定，在另一个齿轮上装上夹紧杆 1。由于侧隙存在，装有夹紧杆的齿轮便可摆动一定角度，从而触动百分表 2 的测头，得读数 C，则此时侧隙 C_n 值为

$$C_n = \frac{CR}{L}$$

式中，C_n 是侧隙（mm）；C 是百分表读数（mm）；R 是装夹紧杆齿轮的分度圆半径（mm）；L 是夹紧杆长度（mm）。

图 6-153 压铅丝法检查侧隙

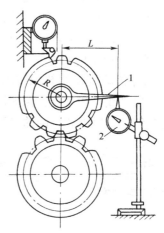

图 6-154 用百分表检查侧隙
1—夹紧杆 2—百分表

齿轮齿面的接触面积检查一般采用涂色法。将红丹粉涂于大齿轮齿面上，转动齿轮时被动轮应轻微制动。对双向工作的齿轮副，其正向、反向都应检查。正常啮合时，轮齿上接触印痕的面积，在轮齿的高度上接触斑点不少于 30% ~ 50%，在轮齿的宽度上不少于 40% ~ 70%，分布的位置应是自节圆处上下对称分布。通过印痕在齿面上的位置及分布情况，可以判断产生接触误差的原因，如图 6-155 所示。

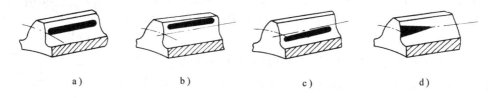

　　a) 　　　　　　　　b) 　　　　　　　　c) 　　　　　　　　d)

图 6-155 圆柱齿轮接触印痕
a) 正确 b) 中心距偏大 c) 中心距偏小 d) 轴线不平行

3. 锥齿轮传动机构的装配

锥齿轮传动机构的装配质量，首先取决于箱体孔的位置精度，即相关两孔轴线必须在同一平面内相交并保证它们之间的角度符合规定的要求。

锥齿轮传动机构的装配顺序和圆柱齿轮的装配顺序相似。装配时，主要调整两齿轮的轴

向位置和啮合接触位置。

1）两齿轮的轴向位置均用调整垫圈来调整，如图 6-156 所示。先将两齿轮啮合并使背锥面对齐对平，用塞尺测出安装垫圈处的间隙，然后按此间隙量配磨垫圈的厚度。装配后，再检查两齿轮的轴向圆跳动量和侧隙，要求齿轮正、反转动灵活，无明显间隙。

2）锥齿轮啮合情况的检查也用涂色法。根据接触印痕判断产生接触误差的原因，如图 6-157 所示，然后采取相应的调整措施。正常啮合时，齿面上接触印痕的分布情况应该是位于齿宽的中部，印痕长度约为齿宽的 2/3，稍偏近于小端；在小齿轮齿面上较高，大齿轮上较低，但都不到齿顶。

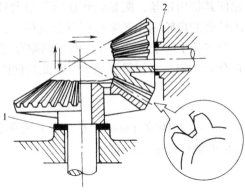

图 6-156　锥齿轮轴向位置的调整
1、2—调整垫圈

4. 蜗杆传动机构的装配

（1）蜗杆传动机构的装配技术要求　保证蜗杆轴线与蜗轮轴线互相垂直；保证蜗杆轴线在蜗轮轮齿的对称平面内；保证中心距要正确；保证有适当的啮合侧隙和正确的接触斑点。

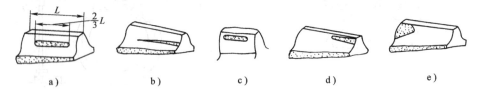

图 6-157　锥齿轮接触印痕
a）正常啮合　b）间隙太小　c）间隙太大　d）夹角过大　e）夹角过小

（2）蜗杆传动机构箱体装配前的检验　蜗杆传动机构在装配前，应首先进行箱体孔的轴心线间的垂直度误差和中心距检验。检验箱体轴线的垂直度误差的方法如图 6-158 所示。检验时将心棒 1 和 2 分别插入箱体孔中，在心棒 1 的一端套 1 个百分表架，用螺钉固定。旋转心棒 1，百分表上出现的读数差即是轴线的垂直度误差。检验两孔中心距的方法如图 6-159 所示。分别将测量心棒 1 和 2 插入箱体孔中，箱体用 3 个千斤顶支承在平板上，调整千斤顶使其中某一心棒与平板平行，然后分别测量两心棒至平板的距离，便可算出中心距。

（3）蜗杆传动机构的装配顺序　蜗杆传动机构的装配，按其结构的不同，有的先装蜗轮，后装蜗杆；有的则相反。大多数情况是从装配蜗轮开始的。其顺序是：

1）将蜗轮装在轴上。其安装和检查方法与圆柱齿轮副装配的相同。

2）把蜗轮轴组件装入箱体。

3）装入蜗杆。蜗杆轴线位置由箱体安装孔保证，蜗轮的轴向位置可通过改变垫圈厚度或其他方式进行调整。

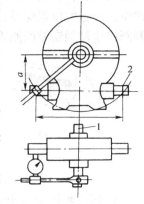

图 6-158　检验箱体轴线的垂直度误差
1、2—心棒

（4）装配后的检查与调整 蜗杆副装配后，可用涂色法检查其啮合质量，如图6-160所示。检验时，先将红丹粉涂在蜗杆的螺旋面上，转动蜗杆便可在蜗轮轮齿上获得接触斑点。图6-160a所示为正确接触，其接触斑点应在蜗轮中部稍偏于蜗杆旋出方向。图6-160b、c所示表示蜗轮轴向位置不正确，应配磨垫片来调整蜗轮的轴向位置。

由于蜗杆传动机构的结构特点，齿侧间隙采用压铅丝法或用塞尺的方法测量很困难，故一般用百分表测量，如图6-161a所示。测量时，在蜗杆轴上固定1个带量角器的刻度盘2，百分表测头抵在蜗轮齿面上。

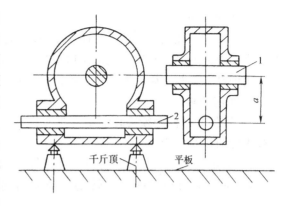

图6-159 检验蜗杆箱的中心距
1、2—心棒

转动蜗杆，在百分表指针不动的条件下，刻度盘相对于固定指针1的最大转角称为空程角。空程角的大小反映出了侧隙的大小。如用百分表直接与蜗轮齿面接触有困难时，可在蜗轮轴上装1个测量杆，如图6-161b所示。

空程角与侧隙有如下近似关系（不计蜗杆升角的影响）：

$$C_n = Z_1 \pi m \frac{\alpha}{360°}$$

式中，C_n 是侧隙（mm）；Z_1 是蜗杆头数；m 是模数（mm）；α 是空程角（°）。

装配后的蜗杆传动机构，还要检查它的转动灵活性。蜗轮在任何位置上，用手旋转蜗杆，应感到所需的转矩均相等，没有阻滞现象。

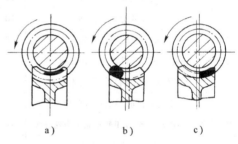

图6-160 用涂色法检验啮合质量
a）正确 b）蜗轮偏右 c）蜗轮偏左

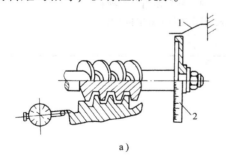

a）

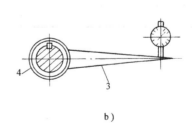

b）

图6-161 蜗杆传动机构侧隙检验
a）直接测量法 b）用测量杆的测量法
1—固定指针 2—带量角器的刻度盘 3—测量杆 4—蜗轮轴

七、技能训练

1. 实训任务

减速器的装配，其装配图参见图6-115所示。

2. 实训准备

工、量具：纯铜棒、锤子、10件内六角扳手、双头呆扳手、一字（十字）旋具、挡圈拆卸钳、游标卡尺、塞尺、纯铜钳口、垫木、柴油、润滑油、油盆、棉纱、百分表等。

实训设备：圆柱齿轮减速器、锥齿轮减速器、蜗杆减速器。

3. 练习要求

1）零件和组件必须按装配图（参见图6-115）要求安装在规定的位置。各轴线之间应该有正确的相对位置。

2）固定联接件（如键、螺钉、螺母等），必须保证零件或组件牢固地联接在一起。

3）旋转机构必须能灵活转动，轴承的间隙应调整合适，能保证良好润滑和无渗漏现象。

4）锥齿轮副和蜗杆副啮合必须符合技术要求。

4. 考核标准

减速器的装配实训考核标准见表6-13。

表6-13 减速器的装配实训考核标准

序号	项目与技术要求		配分	评分标准	实训情况	得分
1	组件预装工艺正确		10	每错1步扣2分		
2	蜗杆装配工艺正确		10			
3	蜗轮装配工艺正确		10			
4	装配后各部件调整工艺正确		10			
5	各部件位置正确，符合技术要求		15	1处不符合要求扣3分		
6	空运转试验精度符合要求		15	1项精度不符合要求扣3分		
7	零件的清洗、整形和补充加工方法正确		6	1次方法不正确扣2分		
8	零件预装工艺正确		14	每错1步扣2分		
9	安全文明生产	安全操作	6	违反操作规程扣6分		
		正确使用工具、量具、场地整洁	4	工具、量具使用不正确扣2分，其余不符合规定扣2分		
总 分			100	实训成绩		

参考文献

[1] 苏建修. 机械制造基础 [M]. 2版. 北京：机械工业出版社，2006.

[2] 赵玉奇. 焊条电弧焊实训 [M]. 2版. 北京：化学工业出版社，2009.

[3] 王长忠. 高级焊工技能训练 [M]. 北京：中国劳动社会保障出版社，2006.

[4] 项晓林. 初级焊工技术 [M]. 北京：中国劳动社会保障出版社，2011.

[5] 肖智清. 机械制造基础 [M]. 2版. 北京：机械工业出版社，2011.

[6] 刘会霞. 金属工艺学 [M]. 北京：机械工业出版社，2001.

[7] 葛春霖，盖雨聆. 机械工程材料及材料成型技术基础实验指导书 [M]. 北京：冶金工业出版社，2001.

[8] 路正泰. 钳工管工技术实习 [M]. 北京：化学工业出版社，2005.

[9] 罗友兰，周虹. FANUC-0i系统数控编程与操作 [M]. 北京：化学工业出版社，2004.

[10] 陈志雄. 数控机床与数控编程技术 [M]. 2版. 北京：电子工业出版社，2007.

[11] 陈梅春. 金属熔化焊基础 [M]. 北京：化学工业出版社，2002.

[12] 施怡蔚. 金工实习 [M]. 北京：化学工业出版社，2001.